SQL Server 2012中文版 数据库管理、应用与开发 实践教程

◎ 董志鹏 侯艳书 编著

清华大学出版社
北 京

内 容 简 介

本书讲述 SQL Server 2012 的数据库开发技术。全书共分为 16 章，内容包括关系数据库理论、SQL Server 2012 的新特性、sqlcmd 工具的使用、数据库的操作、数据表的操作、SELECT 查询、变量、常量、数据类型、运算符、控制流语句、注释、内置函数、存储过程、自定义函数、视图、触发器、索引、事务、游标、安全认证模式、登录账户、数据库用户、角色以及权限管理。本书还介绍了 SQL Server 2012 的高级技术，如数据库的联机、脱机、备份、还原、导入、导出、XML 技术、数据集成服务和报表服务等。最后通过一个综合案例介绍 SQL Server 2012 在实际项目中的开发应用。

本书可作为在校大学生学习使用 SQL Server 2012 进行数据库开发的参考资料，也适合作为高等院校相关专业的教学参考书。

图书在版编目（CIP）数据

SQL Server 2012 中文版数据库管理、应用与开发实践教程/董志鹏，侯艳书编著. —北京：清华大学出版社，2016（2024.9重印）

（清华电脑学堂）

ISBN 978-7-302-41804-7

Ⅰ. ①S… Ⅱ. ①董… ②侯… Ⅲ. ①关系数据库系统-教材 Ⅳ. ①TP311.138

中国版本图书馆 CIP 数据核字（2015）第 247980 号

责任编辑： 夏兆彦　薛　阳
封面设计： 张　阳
责任校对： 徐俊伟
责任印制： 宋　林

出版发行： 清华大学出版社
　　网　　址： https://www.tup.com.cn, https://www.wqxuetang.com
　　地　　址： 北京清华大学学研大厦 A 座　　**邮　　编：** 100084
　　社 总 机： 010-83470000　　**邮　　购：** 010-62786544
　　投稿与读者服务： 010-62776969，c-service@tup.tsinghua.edu.cn
　　质量反馈： 010-62772015，zhiliang@tup.tsinghua.edu.cn
印 装 者： 北京建宏印刷有限公司
经　　销： 全国新华书店
开　　本： 185mm×260mm　　**印　　张：** 27　　**字　　数：** 644 千字
版　　次： 2016 年 11 月第 1 版　　**印　　次：** 2024 年 9 月第 6 次印刷
定　　价： 59.00 元

产品编号：060057-01

前 言

FOREWORD

SQL（Structured Query Language），中文通常称为“结构化查询语言”。按照 ANSI（American National Standards Institute，美国国家标准协会）的规定，SQL 作为关系型数据库系统的标准语言。SQL 语句可以用来执行各种各样的操作，例如更新数据库中的数据、从数据库中提取数据等。

SQL Server 2012 在 SQL Server 2008 版本的基础上，又推出了许多新的特性和关键的改进，使得它成为至今为止的最强大和最全面的 SQL Server 版本。本书将对 SQL Server 2012 进行介绍，从实用和实际的角度，深入浅出地分析它的各个要点。

本书内容

全书共分 16 章，主要内容如下。

第 1 章　SQL Server 2012 入门基础。本章从数据库的概念开始介绍，讲解关系数据库概述及其范式。然后从 SQL Server 的发展史开始介绍，讲解 SQL Server 2012 的新特性和安装要求、安装过程以及安装后的简单应用，最后介绍了 sqlcmd 工具的使用。

第 2 章　操作数据库。本章重点介绍数据库的操作，包括系统数据库，文件和文件组，数据库的创建、修改和删除等内容。

第 3 章　操作数据表。本章重点介绍数据表的操作，包括表的创建、删除、修改、查看、列的数据类型以及约束类型等内容。

第 4 章　数据更新操作。本章重点介绍数据表中数据的更新操作，包括对数据的添加、修改和删除。

第 5 章　SELECT 基本查询。本章介绍 SELECT 基本查询，包括查询表中的所有数据，查询表中的指定数据，根据表中的数据计算数据，对查询结果集进行排序、分组、统计等。

第 6 章　SELECT 高级查询。本章详细介绍高级查询的方法，包括多表基本连接、内连接、外连接、交叉连接以及子查询等内容。

第 7 章　Transact-SQL 编程基础。本章重点介绍 Transact-SQL 语言的编程基础，包括常量、变量、运算符、控制语句、通配符以及注释等多个内容。

第 8 章　SQL Server 2012 内置函数。本章将详细介绍 SQL Server 2012 中的内置函数，包括数学函数、字符串函数、日期和时间函数、转换函数以及系统函数等。

第 9 章　存储过程和自定义函数。本章重点介绍存储过程和自定义函数，如存储过程的创建、修改、删除和使用，自定义标量函数、表格函数和多语句表值函数等。

第 10 章　创建和使用视图。本章重点介绍视图的基本知识，包括视图的分类、创建、管理以及具体使用等。

第 11 章　SQL Server 2012 触发器。本章首先介绍了 SQL Server 2012 中触发器的作用、执行环境及其类型，然后重点对触发器的使用进行讲解，包括创建 DML 触发器、禁用和启用触发器、数据库 DDL 触发器以及嵌套触发器等。

第 12 章　索引、事务和游标。本章首先从索引开始介绍，如索引的创建、查看、重命名、修改、删除和优化；然后介绍事务，如事务的概念、特性和语句；最后介绍游标，如游标的类型、实现、声明、打开、检索、关闭以及游标函数等内容。

第 13 章　数据库的安全机制。本章将介绍 SQL Server 2012 的安全机制，以及 SQL Server 2012 中的登录账户、数据库用户、角色和权限等内容。

第 14 章　数据库的备份和恢复。本章重点介绍数据库的一些高级操作，包括数据库的联机、脱机、备份、还原、导入和导出等内容。

第 15 章　高级技术。本章从 XML 技术、集成服务和报表服务三个方面讲解 SQL Server 2012 中常用的高级开发技术。首先介绍了 XML 技术，包括 XML 数据类型、XML 模式和 XML 查询，然后介绍集成服务中包的使用，最后对报表服务进行了简单介绍。

第 16 章　ATM 自动取款机系统数据库设计。本章以 ATM 自动取款机系统为背景进行需求分析，然后在 SQL Server 2012 中实现。具体实现包括创建数据库、创建表和视图，并在最后模拟实现常见业务的办理。

本书特色

本书是针对初、中级用户量身订做的，由浅入深地讲解 SQL Server 2012 关系型数据库的应用。本书采用大量的范例进行讲解，力求通过实际操作使读者更容易地使用 SQL Server 2012 操作数据。

❑ **知识点全面**

本书紧紧围绕 SQL Server 2012 的基础知识展开讲解，具有很强的逻辑性和系统性。

❑ **实例丰富**

书中各范例和综合实验案例均经过作者精心设计和挑选，它们大多数都是根据作者在实际开发中的经验总结而来，涵盖了在实际开发中所遇到的各种场景。

❑ **配套资料在线下载**

本书所有配套资料可以在出版社官网或公众号“书圈”用本书 ISBN 号（封底右下角条码下方）搜索下载。

读者对象

本书可作为在校大学生学习使用 SQL Server 2012 进行数据库开发的参考资料，也适合作为高等院校相关专业的教学参考书，还可以作为非计算机专业学生学习 SQL Server 2012 的参考书。

❑ SQL Server 2012 初学者。

❑ 想学习 SQL Server 2012 开发技术的人员。

- 利用 SQL Server 2012 做开发的技术人员。

除了封面署名人员之外，参与本书编写的人员还有李海庆、王咏梅、康显丽、王黎、汤莉、倪宝童、赵俊昌、方宁、郭晓俊、杨宁宁、王健、连彩霞、丁国庆、牛红惠、石磊、王慧、李卫平、张丽莉、王丹花、王超英、王新伟等。在编写过程中难免会有漏洞，欢迎读者通过清华大学出版社网站 www.tup.tsinghua.edu.cn 与我们联系，帮助我们改正提高。

目 录

CONTENTS

第 13 章 数据库的安全机制

第 14 章 数据库的备份和恢复

第 15 章 高级技术

第 1 章　SQL Server 2012 入门基础

SQL Server 作为关系数据库管理系统之一，以其安全性、完整性和稳定性的特点成为应用广泛的数据库产品之一。SQL Server 2012 是 Microsoft 发布的最新关系型数据库管理系统产品，它提供一个可靠的、高效的、智能化的数据平台，可运行需求最苛刻的、完成关键任务的应用程序。

本章从数据库的概念开始介绍，讲解关系数据库概述及其范式。然后从 SQL Server 的发展史开始介绍，讲解 SQL Server 2012 的新特性和安装要求、安装过程以及安装后的简单应用，最后介绍了 sqlcmd 工具的使用。

本章学习要点：

- ❑ 熟悉数据库模型
- ❑ 熟悉关系数据库的术语
- ❑ 理解关系范式
- ❑ 了解 SQL Server 2012 的新特性
- ❑ 了解 SQL Server 2012 对硬件和软件的要求
- ❑ 掌握 SQL Server 2012 的安装过程
- ❑ 掌握 SQL Server 2012 的服务器注册和身份配置方法
- ❑ 掌握 sqlcmd 工具的使用方法

1.1 认识关系数据库

在了解 SQL Server 2012 之前读者首先应该理解什么是数据库和关系数据库。SQL Server 2012 属于关系数据库，因此了解关系数据库的术语及范式也是非常重要的。下面向读者介绍这些理论知识，为后面的操作奠定基础。

1.1.1 数据库概述

数据（Data）最简单的定义是描述事物的标记符号。例如，一支铅笔的长度数据是 21，一本书的页数数据是 389 等。在计算机处理数据时，会将与事物特征相关的标记组成一个记录来描述。

例如，在学生管理系统中，人们对于学生信息感兴趣的是学号编号、学生姓名、所在班级、所学专业等，那么我们就可以用下列方式来描述这组信息：

```
(1001,祝红涛,商务 1201,电子商务)
```

所以上述的数据就组成了学生信息。而对于上述的数据，了解其含义的人就会得到如下解释：

```
学号为 1001 的学生祝红涛就读于电子商务专业的商务 1201 班
```

但是不了解上述语句的人则无法解释其含义。可见，数据的形式并不能完全表达其含义，这就需要对数据进行解释。所以数据和关于数据的解释是不可分的，数据的解释是指对数据含义的说明，数据的含义称为数据的语义，数据与其语义是不可分的。

所谓数据库（DataBase，DB）是指存放数据的仓库。只不过这个仓库是在计算机存储设备上，而且数据是按一定的格式存放的。人们收集并抽取出一个应用所需要的大量数据之后，应将其保存起来以供进一步加工处理，并抽取有用信息。过去人们把数据存放在文件柜里，现在人们借助计算机和数据库技术科学地保存和管理大量的复杂的数据，以便能方便而充分地利用这些宝贵的信息资源。

1.1.2 数据库模型

数据库模型描述了在数据库中结构化和操纵数据的方法，模型的结构部分规定了数据如何被描述（例如树、表等）；模型的操纵部分规定了数据的添加、删除、显示、维护、打印、查找、选择、排序和更新等操作。

根据具体数据存储需求的不同，数据库可以使用多种类型的系统模型，其中较为常见的有层次模型、网状模型和关系模型三种。

1. 层次模型

层次数据模型表现为倒立的树，用户把层次数据库理解为段的层次。一个段等价于一个文件系统的记录型。在层次数据模型中，文件或记录之间的联系形成层次。换句话说，层次数据库把记录集合表示成倒立的树结构，层次模型图如图 1-1 所示。

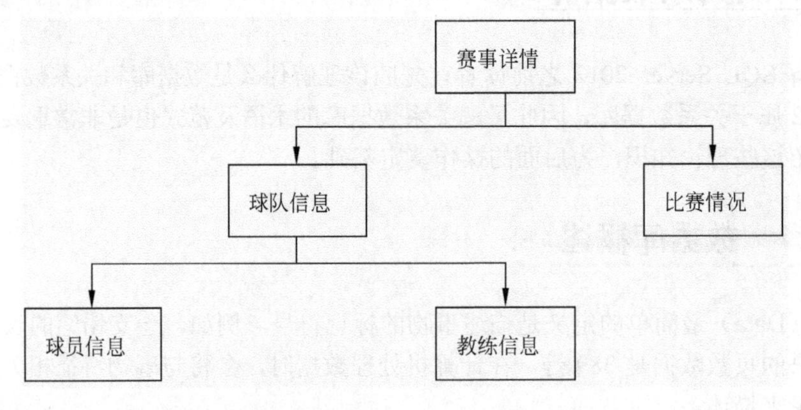

图 1-1　层次模型结构示意图

从图 1-1 中可以看出，这种类型的数据库的优点为：层次分明、结构清晰、不同层次间的数据关联直接简单。其缺点是：数据将不得不纵向向外扩展，节点之间很难建立横向的关联。对插入和删除操作限制较多，因此应用程序的编写比较复杂。

2. 网状模型

网状模型克服了层次模型的一些缺点。该模型也使用倒置树型结构，与层次结构不同的是网状模型的节点间可以任意发生联系，能够表示各种复杂的联系，如图 1-2 所示。网状模型的优点是可以避免数据的重复性，缺点是关联性比较复杂，尤其是当数据库变得越来越大时，关联性的维护会非常复杂。

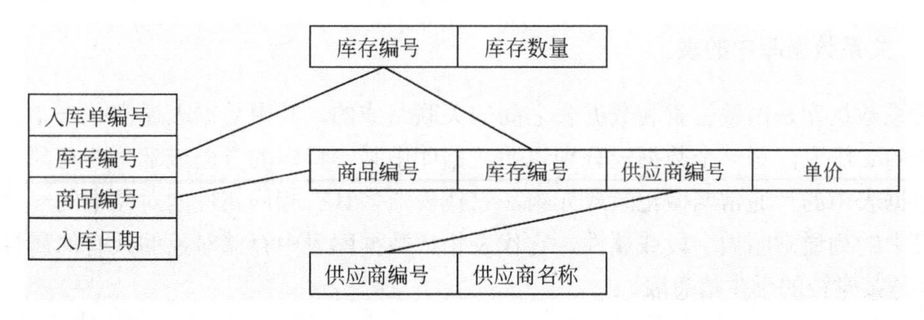

图 1-2 网状模型结构示意图

3. 关系模型

关系模型突破了层次模型和网状模型的许多局限。关系是指由行与列构成的二维表。在关系模型中，实体和实体间的联系都是用关系表示的。也就是说，二维表格中既存放着实体本身的数据，又存放着实体间的联系。关系不但可以表示实体间一对多的联系，通过建立关系间的关联，也可以表示多对多的联系。如图 1-3 所示为关系模型。

学号	姓名	性别	所在班级编号
201001	侯霞	女	1
201002	祝红涛	男	1
201003	周强	男	2

（a）学生表

班级编号	班级名称
1	Java班
2	C++班
3	.NET 班

（b）班级表

*此处使用学生的班级编号将学生表和班级表关联起来

图 1-3 关系模型结构示意图

从图 1-3 可以看出使用这种模型的数据库的优点是结构简单、格式统一、理论基础严格，而且数据表之间相对独立，可以在不影响其他数据表的情况下进行数据的增加、修改和删除。在进行查询时，还可以根据数据表之间的关联性，从多个数据表中查询抽取相关的信息。

> **注意**
> 这种存储结构是目前市场上使用最广泛的数据模型，使用这种存储结构的数据库管理系统很多，本书中介绍的 SQL Server 2012 就是使用这种存储结构。

1.1.3 关系数据库概述

关系数据库是建立在关系模型基础上的数据库，是利用数据库进行数据组织的一种方式，是现代流行的数据管理系统中应用最为普遍的一种，也是最有效率的数据组织方式之一。

1. 关系数据库中的表

关系数据库是由数据表和数据表之间的关联组成的。其中数据表通常是一个由行和列组成的二维表，每一个数据表分别说明数据库中某一特定的方面或部分的对象及其属性。数据表中的行通常叫做记录或元组，它代表众多具有相同属性的对象中的一个；数据库表中的列通常叫做字段或属性，它代表相应数据库表中存储对象的共有的属性。如图 1-4 是某学校的学生信息表。

学号	姓名	性别	出生日期	民族	政治面貌	所在班级编号
AYS200301	王晶	女	1990-08-05	汉	团员	LD0105
AYS200302	吴翠	女	1991-04-29	汉	预备党员	LD0104
AYS200303	任建荣	男	1990-12-01	回	党员	LD0209
AYS200304	诸李锋	男	1989-01-08	回	团员	LD0303

图 1-4 学生信息表

从这个学生信息表中可以清楚地看到，该表中的数据都是学校学生的具体信息。其中，表中的每条记录代表一名学生的完整信息，每一个字段代表学生的一方面信息，这样就组成了一个相对独立于其他数据表之外的学生信息表。可以对这个表进行添加、删除或修改记录等操作，而完全不会影响到数据库中其他的数据表。

2. 关系数据库中的关联

在关系型数据库中，表的关联是一个非常重要的组成部分。表的关联是指数据库中的数据表与数据表之间使用相应的字段实现数据表的连接。通过使用这种连接，无须再将相同的数据进行多次存储，同时，这种连接在进行多表查询时也非常重要。

在图 1-5 的项目表中使用负责人编号列将项目同负责人表连接起来；使用营销员编号列将项目计划表同营销员表连接起来。这样，在想通过项目名称查询项目负责人的工资或者营销员姓名时，只需要告知管理系统需要查询的项目名称，然后使用负责人和营销员列关联项目计划、负责人和营销员三个数据表就可以实现。

提示

在数据库设计过程中，所有的数据表名称都是唯一的。因此不能将不同的数据表命名为相同的名称。但是在不同的表中，可以存在同名的列。

负责人编号	姓名	职称
E050402	侯霞	经理
E050301	祝红涛	副经理
E050901	宋伟	经理

负责人表

营销员编号	姓名	职称
T110504	张波	经理
T120801	崔晓	副经理
T117097	李新法	经理

营销员表

项目表

项目编号	项目名称	负责人编号	营销员编号	开始日期	结束日期
PRJ13A1	项目1	E050402	T110504	2013-02-05	2013-05-01
PRJ5EA8	项目2	E050301	T120801	2013-02-14	2013-12-25
PRJ9DC3	项目3	E050901	T117097	2013-04-01	2013-10-01
PRJK2D1	项目4	E050402	T117097	2013-05-01	2013-11-11

图 1-5 表的关联

1.1.4 关系术语

关系数据库的特点在于它将每个具有相同属性的数据独立地存在一个表中。对任何一个表而言，用户可以新增、删除和修改表中的数据，而不会影响表中的其他数据。下面来了解一下关系数据库中的一些基本术语。

1. 键（Key）

关系模型中的一个重要概念，在关系中用来标识行的一列或多列。

2. 主关键字（Primary Key）

它是被挑选出来，作为表行的唯一标识的候选关键字，一个表中只有一个主关键字，主关键字又称为主键。主键可以由一个字段，也可以由多个字段组成，分别称为单字段主键或多字段主键。

3. 候选关键字（Candidate Key）

它是标识表中的一行而又不含多余属性的一个属性集。

4. 公共关键字（Common Key）

在关系数据库中，关系之间的联系是通过相容或相同的属性或属性组来表示的。如果两个关系中具有相容或相同的属性或属性组，那么这个属性或属性组被称为这两个关系的公共关键字。

5．外关键字（Foreign Key）

如果公共关键字在一个关系中是主关键字，那么这个公共关键字被称为另一个关系的外关键字。由此可见，外关键字表示了两个关系之间的联系，外关键字又称作外键。

警告

主键与外键的列名称可以是不同的。但必须要求它们的值集相同，即主键所在表中出现的数据一定要和外键所在表中的值匹配。

1.1.5 关系范式

关系范式通常作为理论原则来指导数据库实际设计阶段的分析和规划。其基本思想为：每个关系都应该满足一定的规范，从而使关系模式设计合理，达到减少数据冗余、提高查询效率的目的。

目前，关系范式有第一范式（1NF）、第二范式（2NF）、第三范式（3NF）、BCNF、第四范式（4NF）和第五范式（5NF）。满足最低要求的范式是第一范式（1NF），在第一范式的基础上进一步满足更多要求的称为第二范式（2NF），其余范式以此类推。一般说来数据库只需满足第三范式（3NF）就行了。

1．第一范式

第一范式是最基本的范式。第一范式是指数据库表的每一列都是不可分割的基本数据项，同一列中不能有多个值，即实体中的某个属性不能有多个值或者不能有重复的属性。第一范式包括下列指导原则。

（1）数组的每个属性只能包含一个值。

（2）关系中的每个数组必须包含相同数量的值。

（3）关系中的每个数组一定不能相同。

例如，由员工编号、员工姓名和电话号码组成一个表（一个人可能有一个办公室电话和一个家庭电话号码）。现在要使员工表符合第一规范，有如下三种方法：

（1）重复存储员工编号和姓名。这样，关键字只能是电话号码。

（2）员工编号为关键字，电话号码分为单位电话和住宅电话两个属性。

（3）员工编号为关键字，但强制每条记录只能有一个电话号码。

以上三个方法中第一种方法最不可取，按实际情况选取后方法情况（推荐第二种）。如图 1-6 所示的员工信息表使用第二种方法遵循第一范式的要求。

2．第二范式

第二范式在第一范式的基础之上更进一层。第二范式需要确保数据表中的每一列都和主键相关，而不能只与主键的某一部分相关（主要针对联合主键而言）。也就是说在一个数据表中只能保存一种数据，不可以把多种数据保存在同一张数据库表中。

员工编号	姓名	单位电话	住宅电话
E050402	侯霞	0372-6602195	0372-3190125
E050301	祝红涛	0371-56801100	0371-86500158
E050901	宋伟	0372-6602011	0372-5677890

图 1-6 符合第一规范的员工信息表

例如要设计一个订单信息表，因为订单中可能会有多种商品，所以要将订单编号和商品编号作为数据库表的联合主键，如图 1-7 所示。

订单编号	商品编号	商品名称	数量	单位	价格
ORD20130005441	P01541	天使牌奶瓶	1	个	￥15
ORD20130054242	P01542	飞鹤奶粉	2	灌	￥150
ORD20130054124	P01543	婴儿纸尿裤	4	包	￥20

图 1-7 订单信息表

这样就产生一个问题：这个表中是以订单编号和商品编号作为联合主键，这样在该表中商品名称、单位、商品价格等信息不与该表的主键相关，而仅仅是与商品编号相关。所以在这里违反了第二范式的设计原则。

而如果把这个订单信息表进行拆分，把商品信息分离到另一个表中，就非常完美了。拆分后的结果如图 1-8 所示。

订单编号	商品编号	数量
ORD20130005441	P01541	1
ORD20130054242	P01542	2
ORD20130054124	P01543	4

（a）订单表

商品编号	商品名称	单位	价格
P01541	天使牌奶瓶	个	￥15
P01542	飞鹤奶粉	灌	￥150
P01543	婴儿纸尿裤	包	￥20

（b）商品信息表

图 1-8 订单和商品表

这样设计，在很大程度上减小了数据库的冗余。如果要获取订单的商品信息，使用商品编号到商品信息表中查询即可。

3．第三范式

第三范式在第二范式的基础上更进一层。第三范式需要确保数据表中的每一列数据都和主键直接相关，而不能间接相关。

例如，存在一个部门信息表，其中每个部门有部门编号、部门名称、部门简介的信息。那么在员工信息表中列出所在部门编号后就不能再将部门名称、部门简介等与部门有关的信息再加入员工信息表中。如果不存在部门信息表，则根据第三范式（3NF）也应该构建它，否则就会有大量的数据冗余。简而言之，第三范式就是属性不依赖于其他非主属性。

如图 1-9 所示就是满足第三范式的数据表。

员工编号	员工名称	性别	所在部门编号
1	邓亮	男	ORD001
2	杜超	男	ORD002
3	常乐	女	ORD003

（a）员工信息表

部门编号	部门名称	部门简介
ORD001	人事部	无
ORD002	开发部	无
ORD003	财务部	无

（b）部门信息表

图 1-9　员工和部门信息表

提 示

BCNF（Boyce Codd Normal Form）范式比 3NF 又进一步，通常认为 BCNF 是对第三范式的修正，有时也称为扩充的第三范式。BCNF 的定义是：对于一个关系模式 R，如果对于每一个函数依赖 X? Y，其中的决定因素 X 都含有键，则称关系模式 R 满足 BCNF。

1.2 SQL Server 发展史

SQL Server 最初是由 Microsoft、Sybase 和 Ashton-Tate 三家公司共同开发的。1988 年，三家公司把该产品移植到 OS/2 上。Microsoft 公司、Sybase 公司则签署了一项共同开发协议，这两家公司的共同开发结果是发布了用于 Windows NT 操作系统的 SQL Server，1992 年将 SQL Server 移植到了 Windows NT 平台上。

1993 年，SQL Server 4.2 面世，它是一个桌面数据库系统，虽然其功能相对有限，但是采用 Windows GUI，向用户提供了易于使用的用户界面。

在 SQL Server 4 版本发行以后，Microsoft 公司和 Sybase 公司的合作到期，各自开发自己的 SQL Server。Microsoft 公司专注于 Windows NT 平台上的 SQL Server 开发，重写了核心的数据库系统，并于 1995 年发布了 SQL Server 6.05，该版本提供了一个廉价的可以满足众多小型商业应用的数据库方案；而 Sybase 公司则致力于 UNIX 平台上的 SQL Server 的开发。

SQL Server 6.0 是第一个完全由 Microsoft 公司开发的版本。1996 年，Microsoft 公司推出了 SQL Server 6.5 版本，由于受到旧结构的限制，微软再次重写 SQL Server 的核心数据库引擎，并于 1998 年发布 SQL Server 7.0，这一版本在数据存储和数据库引擎方面发生了根本性的变化，提供了面向中、小型商业应用数据库功能支持，为了适应技术的发展还包括了一些 Web 功能。此外，微软的开发工具 Visual Studio 6 也对其提供了非常不错的支持。SQL Server 7.0 是该家族第一个得到了广泛应用的成员。

又经过两年的努力开发，2000 年初，微软发布了其第一个企业级数据库系统——SQL

Server 2000，其中包括企业版、标准版、开发版、个人版 4 个版本，同时包括数据库服务、数据分析服务和英语查询三个重要组成。此外，它还提供了丰富的管理工具，对开发工具提供全面的支持，对 Internet 应用提供不同的运行平台，对 XML 数据也提供了基础的支持。借助这个版本，SQL Server 成为了使用最广泛的数据库产品之一。从 SQL Server 7.0 到 SQL Server 2000 的变化是渐进的，没有从 6.5 到 7.0 变化那么大，只是在 SQL Server 7.0 的基础上进行了增强。

2005 年，微软发布了新一代数据库产品——SQL Server 2005。

SQL Server 2005 为 IT 专家和信息工作者带来了强大的、易用的工具，同时减少了在从移动设备到企业数据系统的多平台上创建、部署、管理及使用企业数据和分析应用程序的复杂度。通过全面的功能集、现有系统的集成性，以及对日常任务的自动化管理能力，SQL Server 2005 为不同规模的企业提供了一个完整的数据解决方案。

2008 年，SQL Server 2008 正式发布，SQL Server 2008 是一个全面的、集成的、端到端的数据解决方案，它为组织中的用户提供了一个更安全可靠和更高效的平台用于企业数据和 BI 应用。

2012 年，为了适应“大数据”和“云”时代的到来，微软发布了 SQL Server 2012。

1.3 SQL Server 2012 简介

在 SQL Server 2008 的基础上，SQL Server 2012 又推出了许多新的特性和关键的改进，使得它成为至今为止的最强大和最全面的 SQL Server 版本。下面详细介绍 SQL Server 2012 中的重要新增功能和增强特性。

1.3.1 新特性

SQL Server 2012 新增了支持 Windows 服务器核心的功能，让 SQL Server 安装能够更简洁和高效、减小潜在的攻击面、减少打补丁的需要。

另外 AlwaysOn 选项是 SQL Server 2012 最大的一项新功能，它为 SQL Server 添加了一项新的高可用性功能。AlwaysOn 又称为高可用性和灾难恢复（HADR），它可支持多个数据库的故障转移，可支持最多 4 个活动辅助站点，镜像站点中的数据可进行查询和用于备份。

SQL Server 2012 在性能方面最重要的新特性之一就是列索引，列索引为数据库引擎带来了 Excel 的 PowerPivot 里面所用到的高性能、高压缩技术。有了列索引，索引数据按列的方式存储，只有需要的列作为列索引的查询结果返回来。由于减少了 I/O 操作，这项技术最多能提升查询性能十倍。

SQL Server 2012 还新增了 FileTable 的特性，借助 FileTable 的支持可以对 NTFS 系统中的文件和目录执行查询。

当然，SQL Server 2012 还有很多新的或改进的功能和特性，如下所示。

（1）通过 AlwaysOn 实现各种高可用级别。

（2）通过列存储索引技术实现超快速的查询，其中星型链接查询及相似查询的性能提升幅度可高达 100 倍，同时支持超快速的全文查询。

（3）通过 Power View 以及 PowerPivot 实现快速的数据发现。Power View 提供基于网络的高度的交互式拖放式数据查询及数据可视化能力，速度极快；通过 PowerPivot 插件，可以在 Excel 中用常规的分析方式，快速完成对大规模数据的分析研究。

（4）通过 BI 语义层模型和数据质量服务确保数据的可靠性和一致性。

（5）能够在单机设备、数据中心，以及云之间根据需要自由扩展。

（6）通过 SQL Server Data Tools 使得应用程序只经一次编写即可在任意环境下运行。

（7）新增了支持 Windows Server Core 的功能，从而极大地降低了安装更新 OS 补丁的需要。

（8）Active Secondary 功能可以将一些工作负载均衡到活动的备节点实例上，从而能够充分利用硬件水平扩展的能力，并使 IT 的投资利用率及应用性能得到提高。

（9）使用增强的联机操作功能来保证系统的正常运行时间，并通过 Hyper-V 提供的实时迁移（Live Migration）技术，最大化减少计划性停机时间。

（10）使用集成型配置及监控工具，简化了对高可用性解决方案的部署及管理的复杂度。

（11）压缩功能可使数据量存储削减 50%～60%，从而加快 I/O 处于高负荷状态下的工作速度，大幅度改善性能。

（12）资源调控器（Resource Governor）功能可以为不同的应用程序定义不同的资源使用阀值，这样就能确保 SQL Server 在并发负载及混合负载场景下的高性能。

（13）服务器角色自定义、内置服务默认关闭（可通过 Configuration Manager 开启所需服务）、内置的 IT 管控功能、Contained Database Authentication、内置的加密功能、审核功能及默认组架构（Default Schema for Groups）功能，这些内置的安全功能及 IT 管理功能，能够在极大程度上帮助企业提高安全级别并实现管理。

（14）主数据服务（Master Data Services，MDS）可以用于创建、维护、存储并访问用于对象映射、参考数据及元数据管理的主数据结构。并且内嵌于 Excel 中的全新 MDS 插件可以更加方便地管理和维护核心数据。

（15）能够完全按照实际业务需求，快速地实现商业方案从服务器到私有云或公有云的创建及扩展。

（16）通过易于扩展的开发技术，可以在服务器或云端对数据进行任意扩展。SQL Azure Data Sync 在数据中心和云端的 DB 之间提供双向数据同步；OData 可以提供一致、开放的数据馈送；通过使用任意的 API 标准（ADP.NET、ODBC、JDBC、PDO、ADO 之一），可以跨包括.NET、C/C++、Java、PHP 在内的多种平台连接到 SQL Server 及 SQL Azure 应用程序，从而实现多环境下的扩展。

1.3.2 安装过程的变更

SQL Server 2012 对 SQL Server 安装程序作了如下更改。

（1）Datacenter Edition。在 SQL Server 2008 R2 中引入的 Datacenter Edition 不再作为 SQL Server 2012 的一个版本提供。

（2）商业智能版。SQL Server 2012 包括一个新的 SQL Server Business Intelligence。新版提供了综合性平台，可支持组织构建和部署安全、可扩展且易于管理的 BI 解决方案。它提供基于浏览器的数据浏览与可见性等卓越功能、强大的数据集成功能，以及增强的集成管理。

（3）操作系统要求的变动。自 SQL Server 2012 开始，操作系统最低要求是安装 Service Pack 1 的 Windows 7 和 Windows Server 2008 R2。

（4）产品更新。产品更新是 SQL Server 2012 安装程序中的一项新功能。该安装程序可以将最新的产品更新与主安装程序相集成，以便在安装的过程中同时进行更新。

（5）Server Core 安装。从 SQL Server 2012 开始，允许在 Windows Server 2008 R2 Server Core SP1 上安装 SQL Server。

（6）SQL Server 数据工具（以前称作 Business Intelligence Development Studio） 从 SQL Server 2012 开始可以安装 SQL Server Data Tools（SSDT），它提供一个 IDE 以便为商业智能组件生成解决方案，包括 Analysis Services、Reporting Services 和 Integration Services。

（7）SMB 文件共享。是一种支持的存储选项，可以将系统数据库（Master、Model、MSDB 和 TempDB）和数据库引擎用户数据库安装在 SMB 文件服务器上的文件共享中。这同时适用于 SQL Server 独立安装和 SQL Server 故障转移群集安装。

（8）系统不会自动在 sysadmin 固定服务器角色中设置 BUILTIN\administrators 和 Local System（NT AUTHORITY\SYSTEM）。

1.3.3 硬件和软件要求

SQL Server 2012 分为 32 位和 64 位版本，在安装之前要了解如下内容。

（1）虽然支持 FAT32 格式，但是建议安装到 NTFS 格式文件系统上，因为 NTFS 比 FAT32 更安全。

（2）SQL Server 安装程序将阻止在只读驱动器、映射的驱动器或压缩驱动器上进行安装。

（3）为了确保 Visual Studio 组件可以正确安装，SQL Server 会要求安装更新。SQL Server 安装程序会检查此更新是否存在，然后要求下载并安装此更新，接下来才能继续 SQL Server 安装。

（4）如果通过 Terminal Services Client 启动安装程序，SQL Server 2012 的安装将失败。不支持通过 Terminal Services Client 启动 SQL Server 安装程序。

（5）SQL Server 安装程序安装时会安装另外两个组件，它们是 SQL Server Native Client 和 SQL Server 安装程序支持文件。

SQL Server 2012 安装时的具体软件和硬件要求如表 1-1 所示。

表 1-1 安装时的要求

组件名称	要求描述
.NET Framework	数据库引擎、Reporting Services、Master Data Services、Data Quality Services、复制或 SQL Server Management Studio 要求.NET 3.5 SP1，但不再由 SQL Server 安装程序安装。.NET 4.0 是 SQL Server 2012 所必需的，会在 SQL Server 安装程序中安装
Windows PowerShell	SQL Server 2012 不安装或启用 Windows PowerShell 2.0；但对于数据库引擎组件和 SQL Server Management Studio 而言，Windows PowerShell 2.0 是一个安装必备组件
网络软件	SQL Server 2012 支持的操作系统具有内置网络软件。独立安装的命名实例和默认实例支持以下网络协议：共享内存、命名管道、TCP/IP 和 VIA
Internet 软件	Microsoft 管理控制台（MMC）、SQL Server Data Tools（SSDT）、Reporting Services 的报表设计器组件和 HTML 帮助都需要 Internet Explorer 7 或更高版本
硬盘	SQL Server 2012 要求最少 6 GB 的可用硬盘空间
内存	建议 4 GB 或者更大
CPU	建议 2.0 GHz 或者更快

1.4 实验指导——安装 SQL Server 2012

在了解 SQL Server 发展过程、SQL Server 2012 的重要新增特性和安装要求之后，本节将介绍如何安装 SQL Server 2012。

下面以在 Windows 7 平台上安装 SQL Server 2012 为例进行介绍，主要步骤如下。

（1）如果使用光盘进行安装，将 SQL Server 安装光盘插入光驱，然后打开光驱双击根文件夹中的 setup.exe。如果不使用光盘进行安装，则双击下载的可执行安装程序即可。

（2）当安装启动后，首先检测是否有.NET Framework 3.5 SP1 环境。如果没有会弹出安装此环境的对话框，此时可以根据提示安装.NET Framework 3.5 SP1。

（3）.NET Framework 3.5 SP1 安装完成后，在打开的【SQL Server 安装中心】窗口左侧选择【安装】选项，如图 1-10 所示。

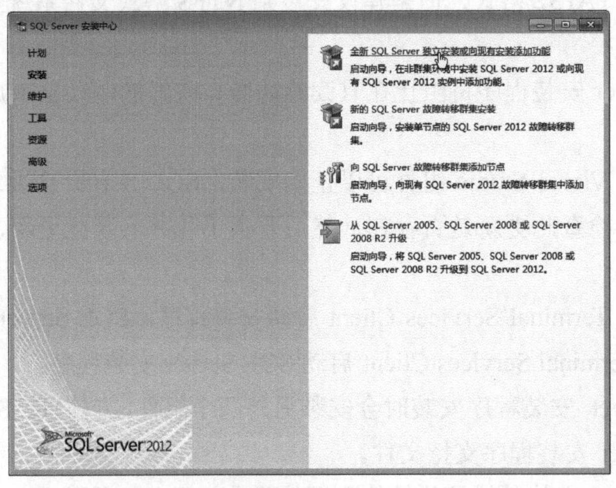

图 1-10 【SQL Server 安装中心】窗口

（4）在【安装】选项中，单击【全新 SQL Server 独立安装或向现有安装添加功能】超链接启动安装程序。此时进入【安装程序支持规则】页面，如图 1-11 所示。

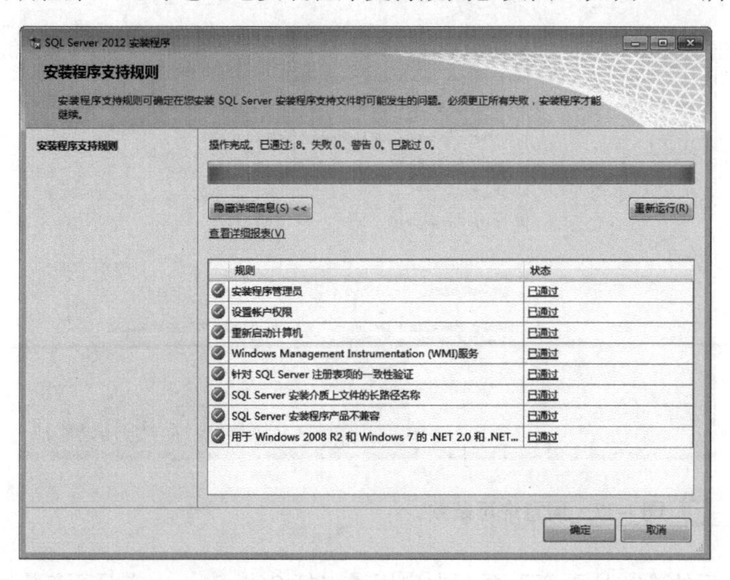

图 1-11　安装程序支持规则

注 意

在图 1-11 所示的页面中，安装程序检查安装 SQL Server 安装程序支持文件时可能发生的问题。所以必须更正所有失败，安装才能继续。

（5）单击【确定】按钮，进入【产品密匙】页面，选择要安装的 SQL Server 2008 版本，并输入正确的产品密匙，如图 1-12 所示。然后单击【下一步】按钮，在显示页面中启用【我接受许可条款】复选框，单击【下一步】按钮继续安装，如图 1-13 所示。

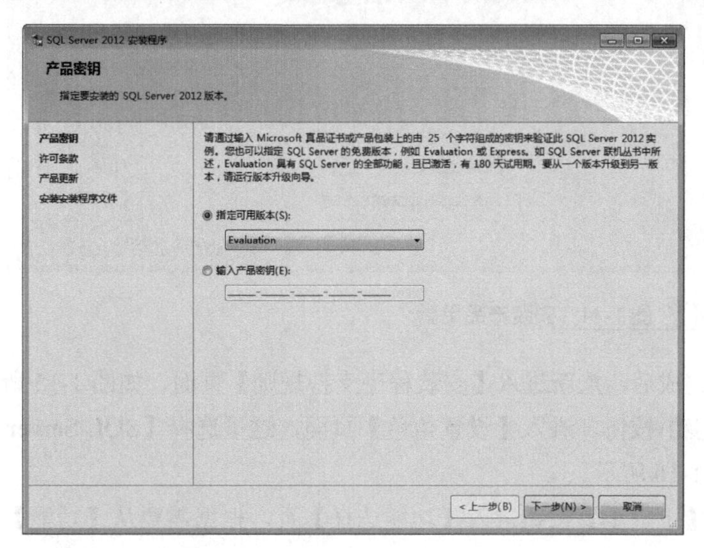

图 1-12　输入产品密钥

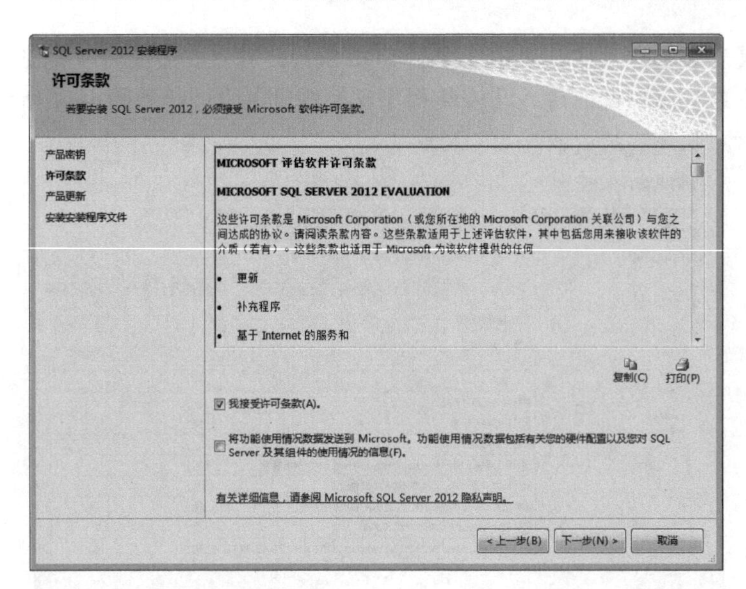

图 1-13 同意许可条款

（6）在显示的【产品更新】页面中启用【包括 SQL Server 产品更新】复选框安装更新，如图 1-14 所示。

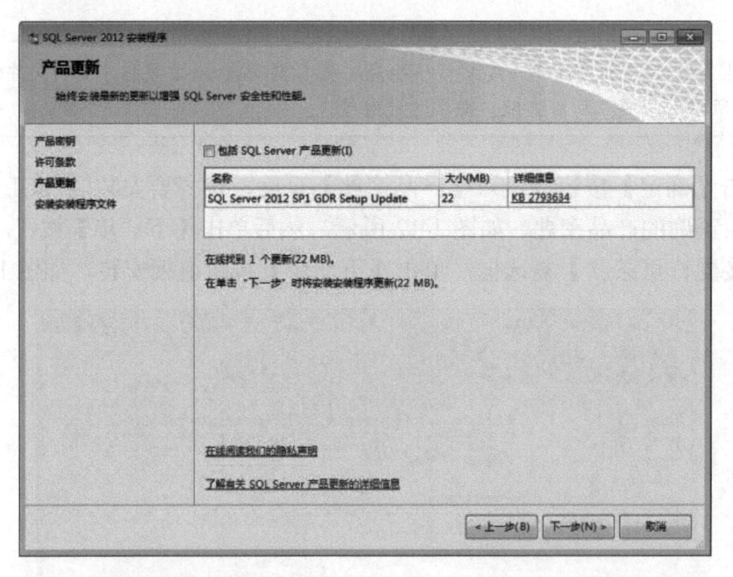

图 1-14 安装产品更新

（7）安装完成后，重新进入【安装程序支持规则】页面，如图 1-15 所示。在该页面中单击【下一步】按钮，进入【设置角色】页面，这里选择【SQL Server 功能安装】单选按钮，如图 1-16 所示。

（8）单击【下一步】按钮进入【功能选择】页，根据需要从【功能】区域中启用复选框，选择要安装的组件，如图 1-17 所示。

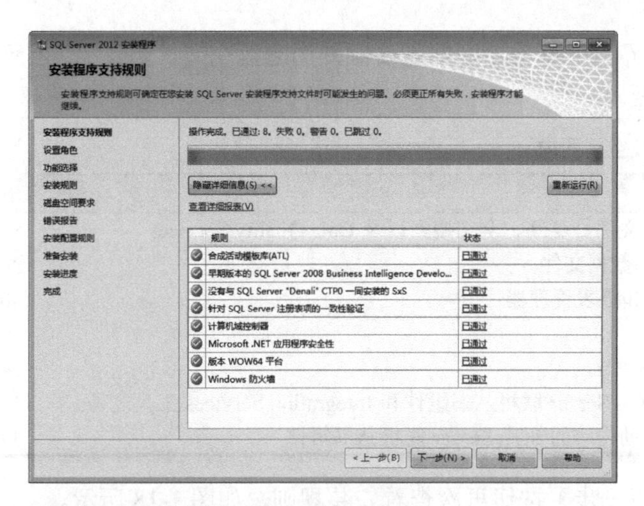

图 1-15　检测安装程序支持规则

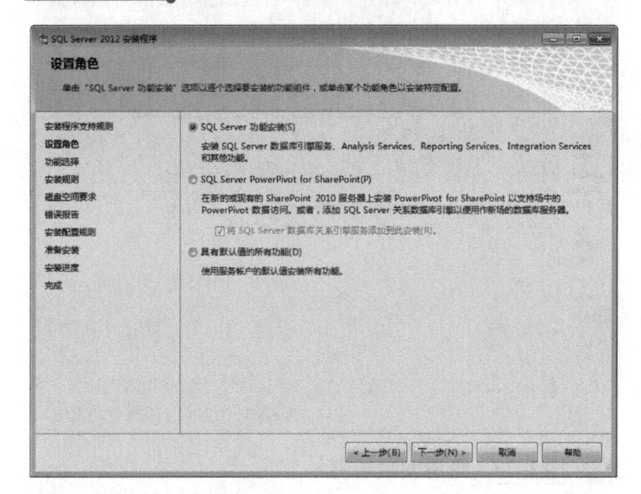

图 1-16　设置角色

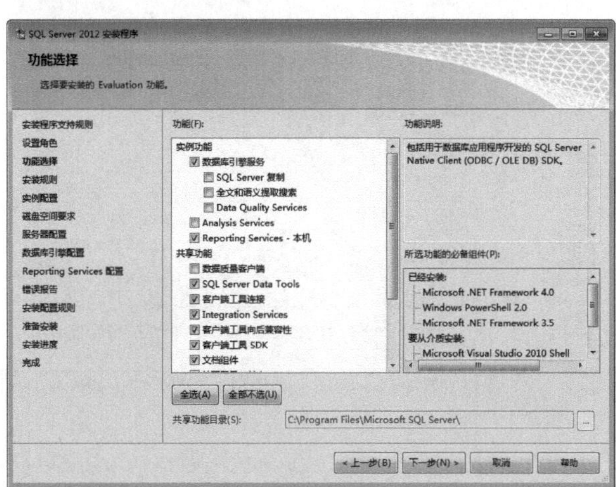

图 1-17　功能选择

在图 1-17 的界面中每项功能都需要额外的磁盘空间，如表 1-2 所示列出了其中的核心功能及其空间要求。

表 1-2 功能及空间要求

功能名称	磁盘空间要求
数据库引擎和数据文件、复制、全文搜索以及 Data Quality Services	811 MB
Analysis Services 和数据文件	345 MB
Reporting Services 和报表管理器	304 MB
Integration Services	591 MB
Master Data Services	243 MB
客户端组件（除 SQL Server 联机丛书组件和 Integration Services 工具之外）	1823 MB
用于查看和管理帮助内容的 SQL Server 联机丛书组件	375 KB

（9）单击【下一步】按钮再次查看安装规则，如图 1-18 所示。

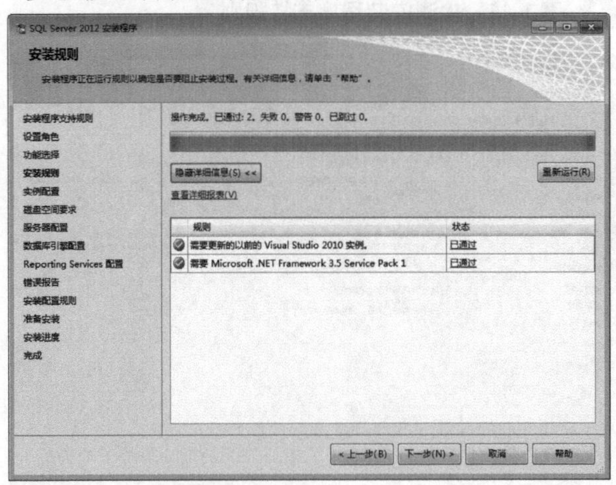

图 1-18 查看安装规则

（10）单击【下一步】按钮指定实例配置，如图 1-19 所示。如果选择命名实例还需要指定实例名称。

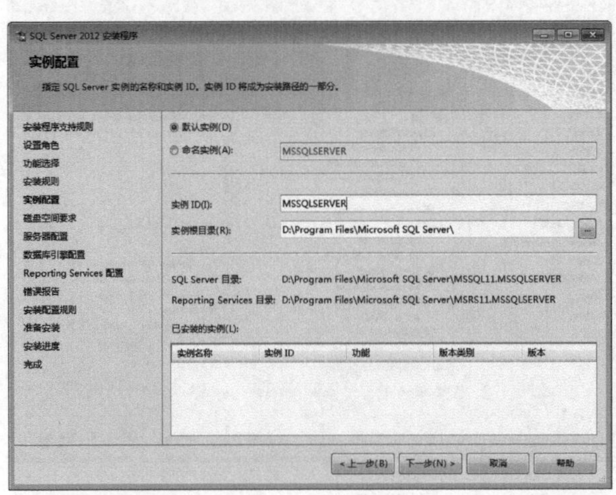

图 1-19 实例配置

提示

在图 1-19 的【已安装的实例】列表中，显示运行安装程序的计算机上的 SQL Server 实例。如果要升级其中一个实例而不是创建新实例，可选择实例名称并验证它显示在区域中，然后单击【下一步】按钮。

（11）单击【下一步】按钮，在进入的页面中安装程序会根据选择的功能计算所需空间，并统计是否有空间进行安装，如图 1-20 所示。

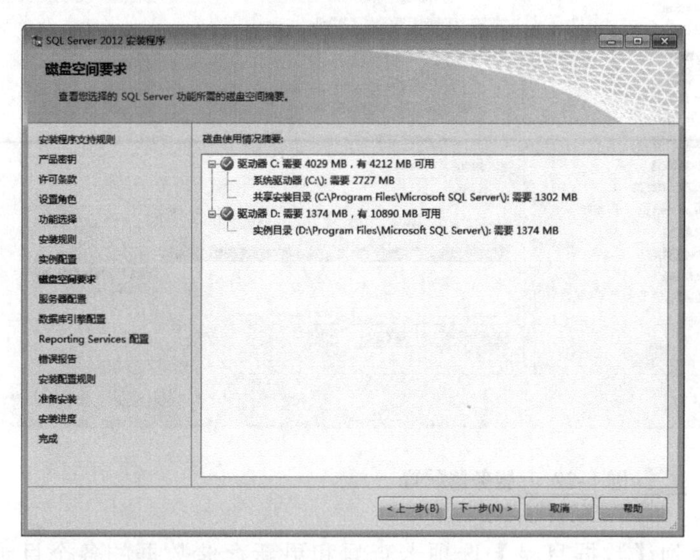

图 1-20　查看磁盘空间要求

（12）单击【下一步】按钮指定【服务器配置】。在【服务账户】选项卡中为每个 SQL Server 服务单独配置用户名、密码以及启动类型，如图 1-21 所示。

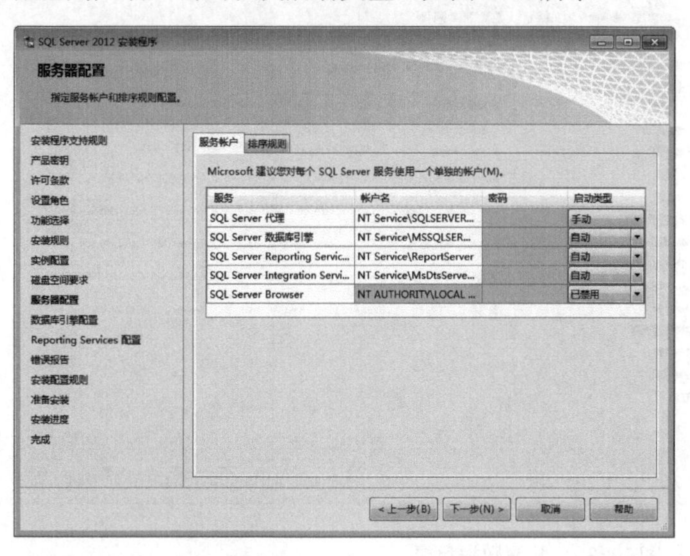

图 1-21　服务器配置

（13）单击【下一步】按钮，打开【数据库引擎配置】窗口，在【服务器配置】选项卡中指定身份验证模式、内置的 SQL Server 系统管理员账户和 SQL Server 管理员，如图 1-22 所示。

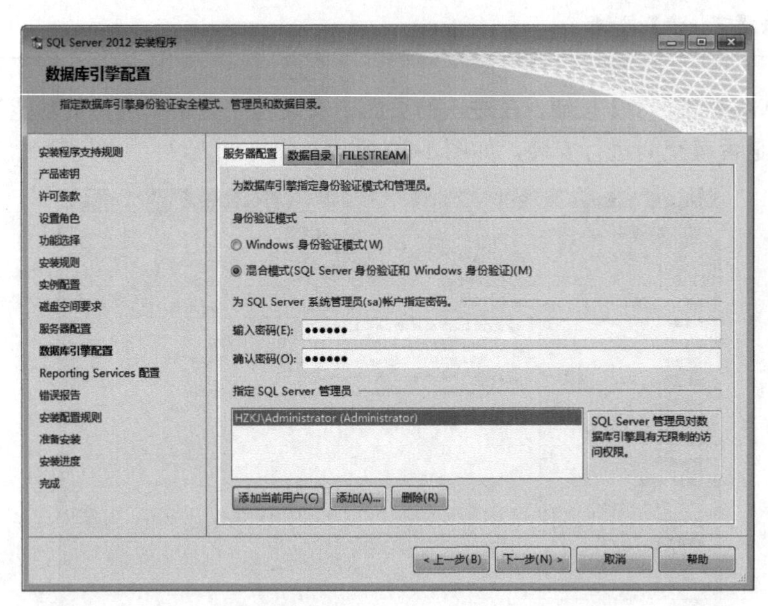

图 1-22 服务器配置

（14）切换到【数据目录】选项卡查看和更新存储数据的各个目录，如图 1-23 所示。

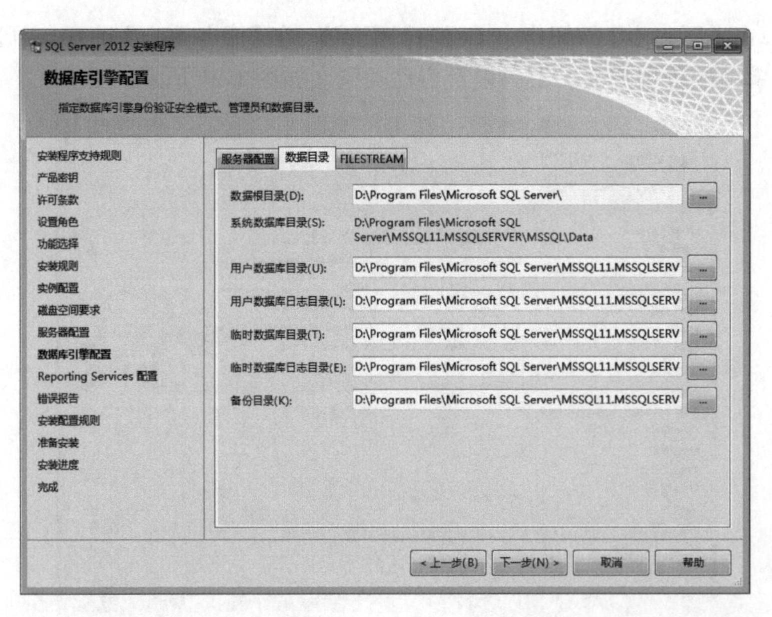

图 1-23 配置数据目录

（15）切换到 FILESTREAM 选项卡设置是否启用 FILESTREAM 功能，如图 1-24 所示。

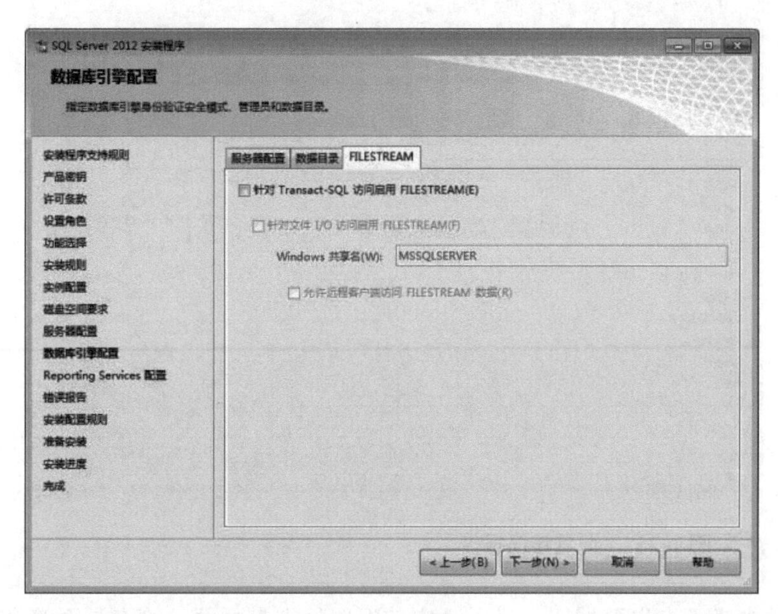

图 1-24　配置 FILESTREAM 功能

（16）单击【下一步】按钮对 Reporting Services 的功能进行配置，如图 1-25 所示。

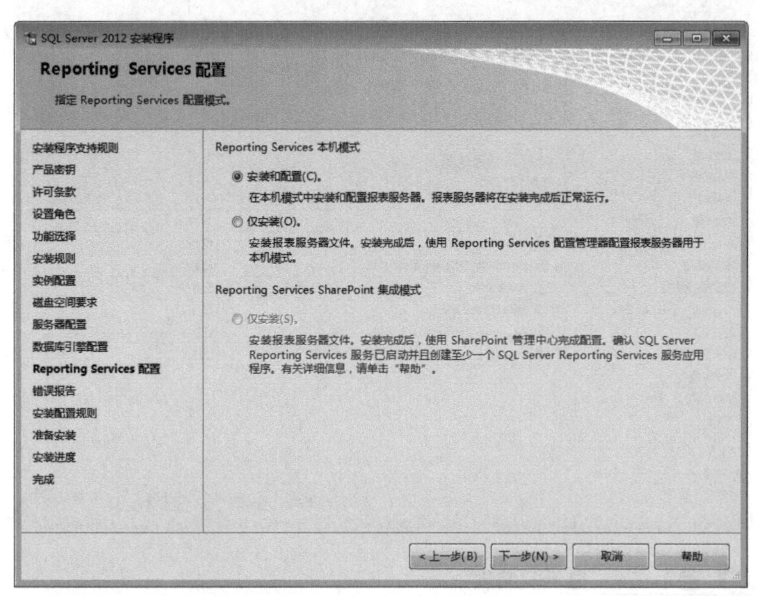

图 1-25　配置 Reporting Services 功能

（17）然后单击【下一步】按钮，在打开的页面中通过启用复选框来针对 SQL Server 2012 的错误和使用情况报告进行设置，如图 1-26 所示。

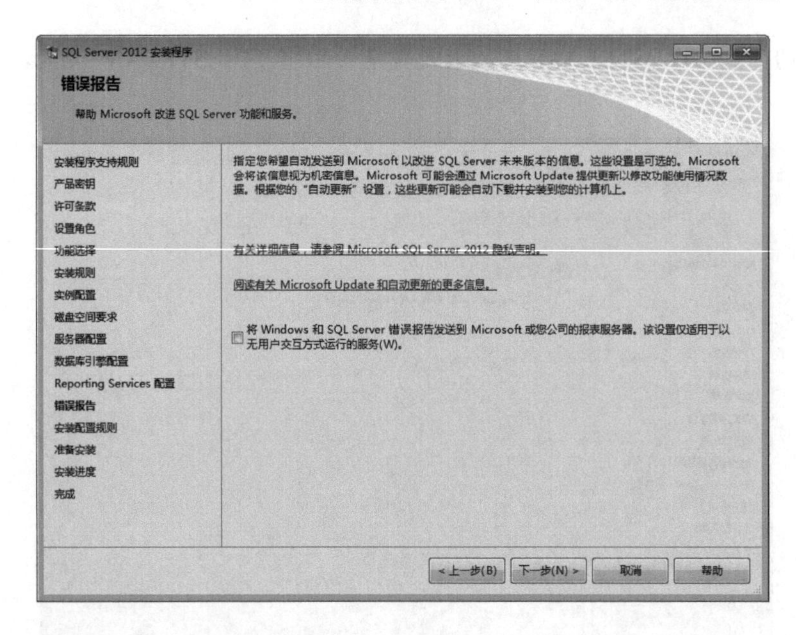

图 1-26 配置错误报告

（18）单击【下一步】按钮，进入【安装配置规则】页面，检查是否符合安装规则，如图 1-27 所示。

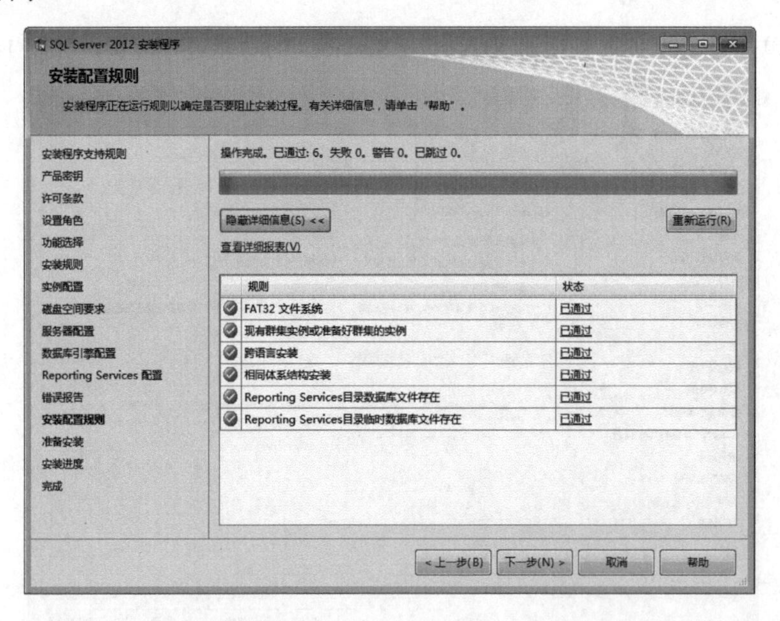

图 1-27 显示安装规则

（19）单击【下一步】按钮，在打开的页面中显示了所有要安装的组件，确认无误后单击【安装】按钮开始安装，如图 1-28 所示。

（20）安装程序会根据用户对组件的选择复制相应的文件到计算机，并显示正在安装的功能名称、安装状态和安装结果，如图 1-29 所示。

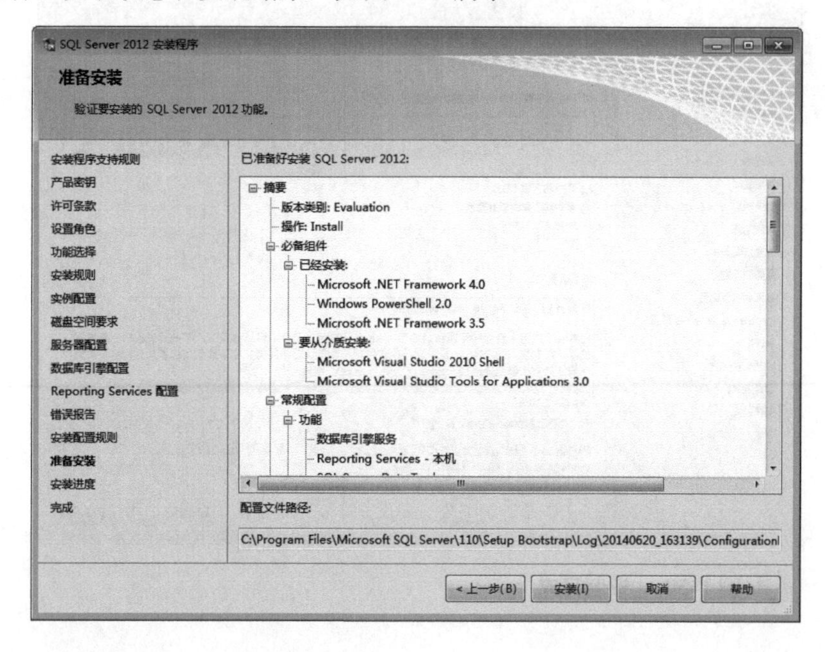

图 1-28 【准备安装】窗口

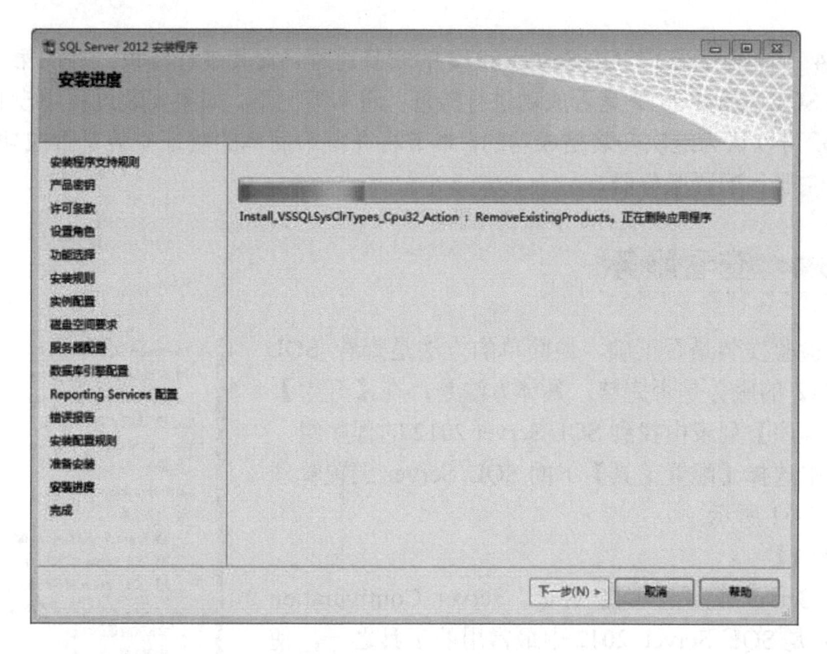

图 1-29 【安装进度】窗口

（21）在图 1-28 所示的功能列表中的所有项安装成功后，进入如图 1-30 所示的【完成】页面，最后单击【关闭】按钮结束安装。

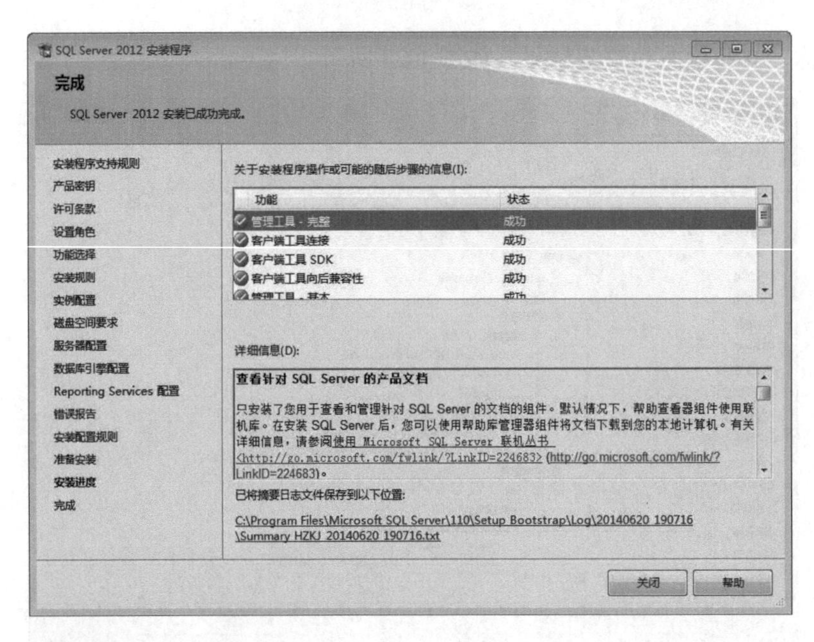

图 1-30 安装完成

1.5 验证安装

在 1.4 节详细介绍了 SQL Server 2012 的安装过程。安装过程结束之后的第一件事就是对安装 SQL Server 2012 是否成功进行验证。通常情况下，如果安装过程中没有出现错误提示，就可以认为这次安装是成功的。本节将介绍最简单的验证安装是否成功的方法，以及如何注册和配置服务器。

1.5.1 查看服务

为了检验安装是否正确，最简单的方法是查看 SQL Server 2012 的服务是否完整。具体方法是：在【开始】菜单的【程序】列表中找到 SQL Server 2012 的程序组，展开后从中选择【配置工具】下的 SQL Server 配置管理器，如图 1-31 所示。

图 1-31 选择 SQL Server 配置管理器

【范例 1】

SQL Server 配置管理器（SQL Server Configuration Manager）是 SQL Server 2012 中最常用的工具之一。使用它可以启动、停止、重新启动、继续或暂停服务，还可以查看或更改服务属性。【SQL Server 配置管理器】窗口默认会显示当前所有的 SQL Server 服务，如图 1-32 所示。

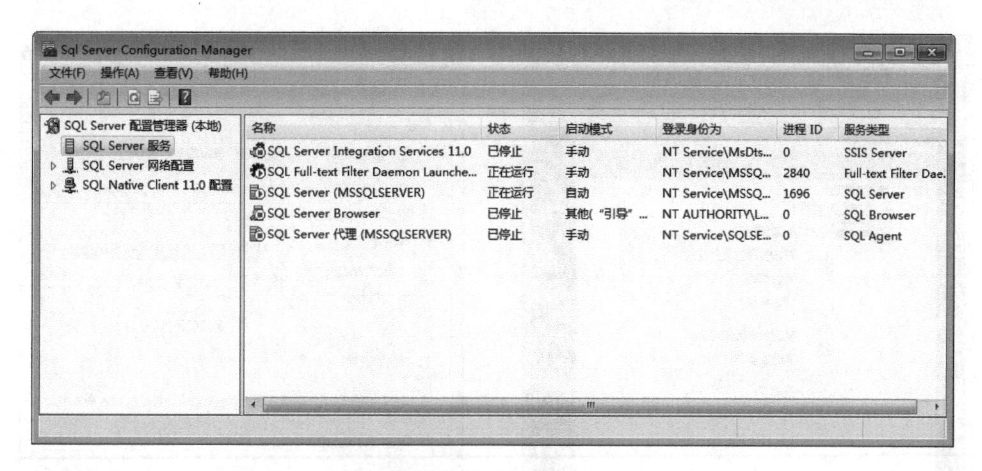

图 1-32 【SQL Server 配置管理器】窗口

在图 1-32 所示的窗口右侧的服务列表中，如果能看到 SQL Server 等一些服务已经正常启动，就说明 SQL Server 2012 确实已经安装成功。

1.5.2 注册服务器

注册服务器就是为客户机确定一台 SQL Server 数据库所在的机器，该机器作为服务器，可以为客户端的各种请求提供服务。

在本系统中运行的 SQL Server Management Studio 就是客户机，现在要做的是让它连接到本机启动着的 SQL Server 服务。

【范例 2】

（1）在图 1-31 所示的 SQL Server 2012 程序组中选择 SQL Server Management Studio，打开 SQL Server Management Studio 窗口，并在弹出的【连接到服务器】对话框中单击【取消】按钮，取消本次连接。

（2）选择【视图】|【已注册的服务器】命令，在【已注册的服务器】窗格中展开【数据库引擎】节点，右键单击【本地服务器组】（或者是 Local Server Group）选择【新建服务器注册】命令，如图 1-33 所示。

（3）打开如图 1-34 所示的【新建服务器注册】对话框。在该对话框中输入或选择要注册的服务器名称；在【身份验证】下拉列表中选择【SQL Server 身份验证】选项，输入登录名和密码。单击【连接属性】标签打开【连接属性】选项卡，如图 1-35 所示，可以设置连接到的数据库、网络以及其他连接属性。

（4）在【连接到数据库】下拉列表中指定当前用户要连接到的数据库名称。其中，【默认值】选项表示连接到 Microsoft SQL Server 系统中当前用户默认使用的数据库。【浏览服务器】选项表示可以从当前服务器中选择一个数据库。当选择【浏览服务器】选项时，打开【查找服务器上的数据库】对话框，如图 1-36 所示。从该窗口中可以指定当前用户连接服务器时默认的数据库。

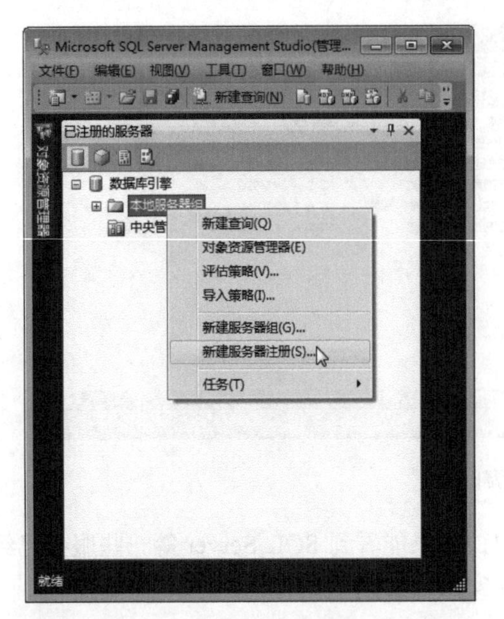

图 1-33 选择【新建服务器注册】命令

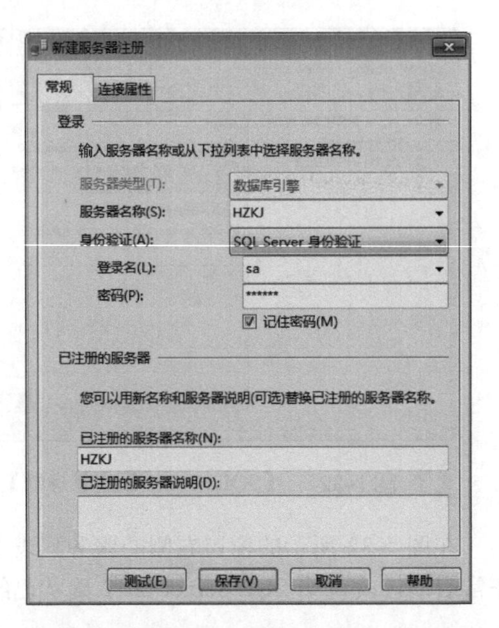

图 1-34 【新建服务器注册】对话框

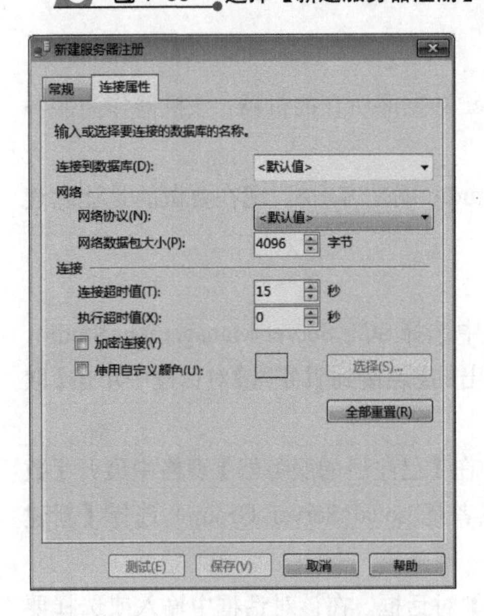

图 1-35 【连接属性】选项卡

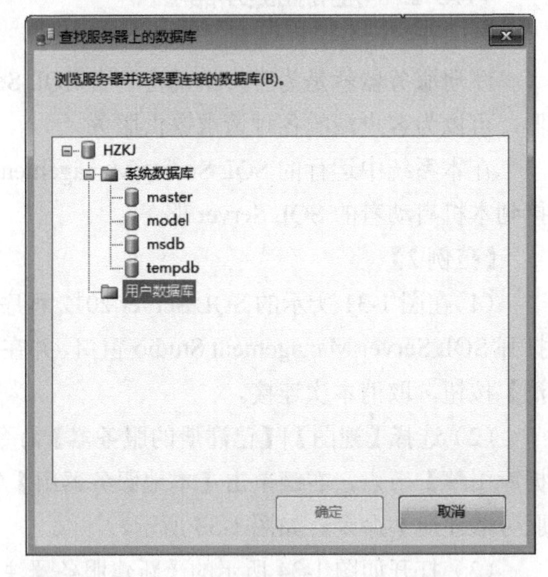

图 1-36 【查找服务器上的数据库】对话框

（5）设定完成后，单击【确定】按钮，返回【连接属性】选项卡，单击【测试】按钮，可以验证连接是否成功，如果成功，会弹出提示对话框表示连接属性的设置正确。

（6）最后，单击【确定】按钮，返回【连接属性】窗口，单击【保存】按钮完成注册服务器操作。

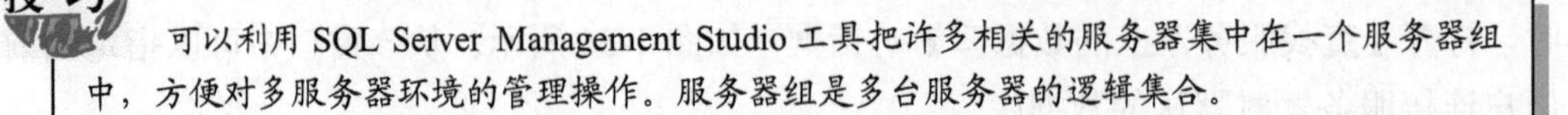

技巧

可以利用 SQL Server Management Studio 工具把许多相关的服务器集中在一个服务器组中，方便对多服务器环境的管理操作。服务器组是多台服务器的逻辑集合。

1.5.3 配置身份验证模式

在介绍如何安装 SQL Server 2012 服务器时，配置服务器接收 SQL Server 和 Windows 两种身份验证模式，这样可以在客户端使用这两种不同的身份验证方式登录服务器。

对于这个验证模式也可以在安装后使用 SQL Server Management Studio 实用工具进行配置，本次实例将介绍这种方式的配置过程。

使用 SQL Server 2008 中提供的 SQL Server Management Studio 工具可以配置 SQL Server 服务器的各种属性，像常规、内存、处理器和安全性等。SQL Server 服务器的身份验证模式就是在【安全性】选项页中进行配置，具体操作如下。

（1）运行 SQL Server Management Studio，使用任意一种身份验证模式登录服务器。

（2）登录成功以后，在【对象资源管理器】窗格中右键单击要设置的服务器名称，在弹出的菜单中选择【属性】命令，打开【服务器属性】窗口。

（3）在【服务器属性】窗口左侧的【选择页】一栏中选择【安全性】一项，打开 SQL Server 服务器安全性配置页面，如图 1-37 所示。

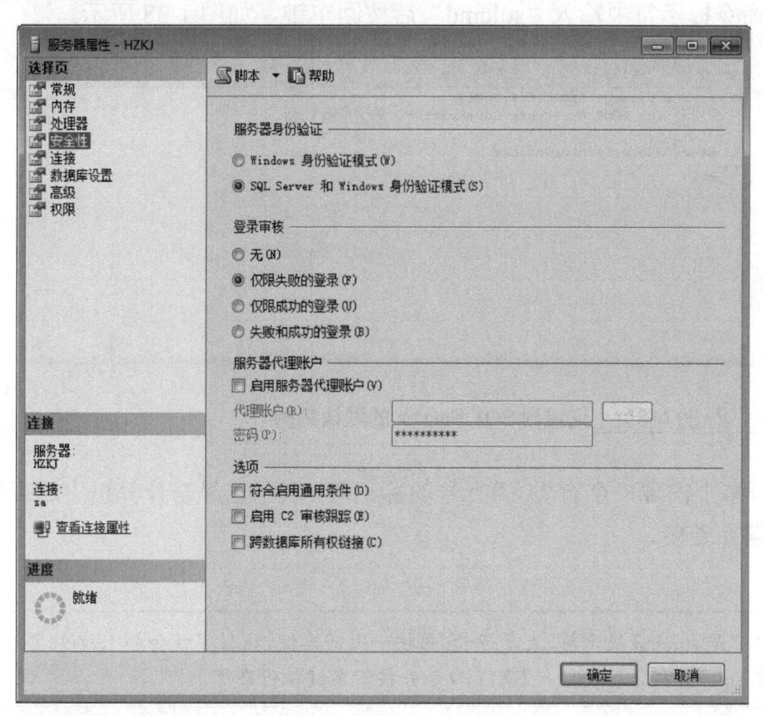

图 1-37 【服务器属性】窗口

（4）在【服务器属性】对话框的【安全性】页面中的【服务器身份验证】选项组里选择【Windows 身份验证模式】，然后单击【确定】按钮进行保存。

（5）在保存安全性设置的时候系统会提示修改安全性需要重新启动 SQL Server 服务器，关掉该提示框后回到 SQL Server Management Studio 中。重启 SQL Server 服务器以后安全验证方式即可生效。

1.6 实验指导——使用 sqlcmd 工具

sqlcmd 最初是作为 osql 和 isql 的替代工具而增加的，它通过 OLE DB 与服务器进行通信。使用 sqlcmd 工具可以在命令提示窗口中输入 Transact-SQL 语句、系统过程和脚本文件。

1.6.1 连接到数据库

在使用 sqlcmd 之前，需要首先启动该实用工具，并连接到一个 SQL Server 实例。可以连接到默认实例，也可以连接到命名实例。

启动 sqlcmd 实用工具并连接到 SQL Server 的默认实例的操作步骤如下。

（1）在【开始】菜单上执行【运行】命令，在打开对话框中输入“cmd”，然后单击【确定】按钮打开命令提示符窗口。

（2）在命令提示符中输入“sqlcmd”后按回车键，如图 1-38 所示。

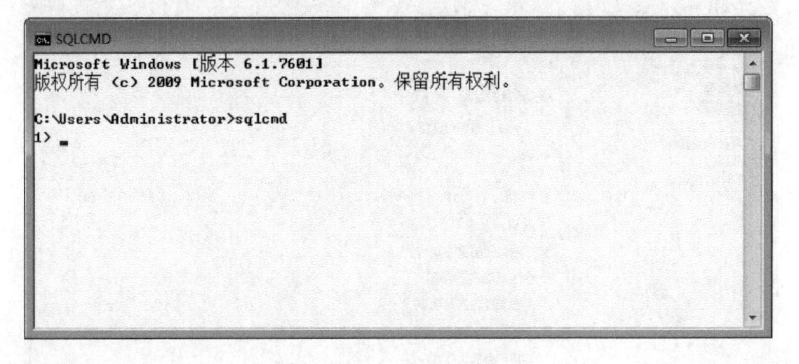

图 1-38 连接到 SQL Server 的默认实例

（3）当屏幕上出现一个有“1>”行号的标记时，表示已经与计算机上运行的默认 SQL Server 实例建立连接。

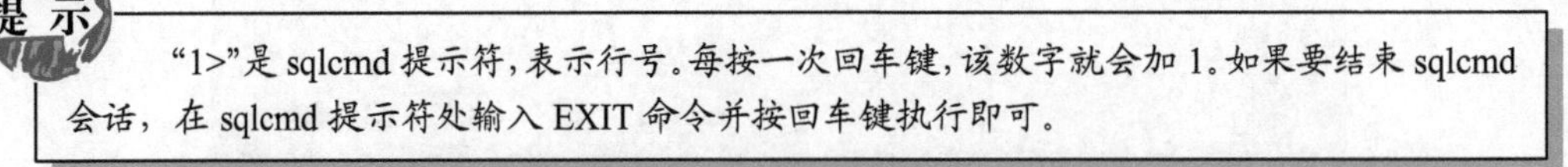

提示

“1>”是 sqlcmd 提示符，表示行号。每按一次回车键，该数字就会加 1。如果要结束 sqlcmd 会话，在 sqlcmd 提示符处输入 EXIT 命令并按回车键执行即可。

当然，使用 sqlcmd 也可以连接到 SQL Server 的命名实例。可以在命令提示符窗口中输入“sqlcmd -S myServer\instanceName”连接到指定计算机中的指定实例中。使用计算机名称和 SQL Server 实例名称替换“myServer\instanceName”，然后按回车键。

假设要连接到本机的默认 SQL Server 命名实例可以用如下语句：

```
sqlcmd -s local\mssqlserver
```

1.6.2 执行语句

使用 sqlcmd 连接到数据库后，就可以使用 sqlcmd 实用工具以交互方式在命令提示符窗口中执行 Transact-SQL 语句。

例如，在 msdb 系统数据库的 sys.sysusers 视图中查询出 uid、status、name 和 sid 列的信息，可以使用如下操作。

首先使用 USE 命令将 msdb 数据库指定为当前的数据库，然后输入 GO 命令并按回车键后将该命令语句发送到 SQL Server。

使用查询语句查询 sys.sysusers 视图中 uid、status、name 和 sid 列的信息，运行效果如图 1-39 所示。

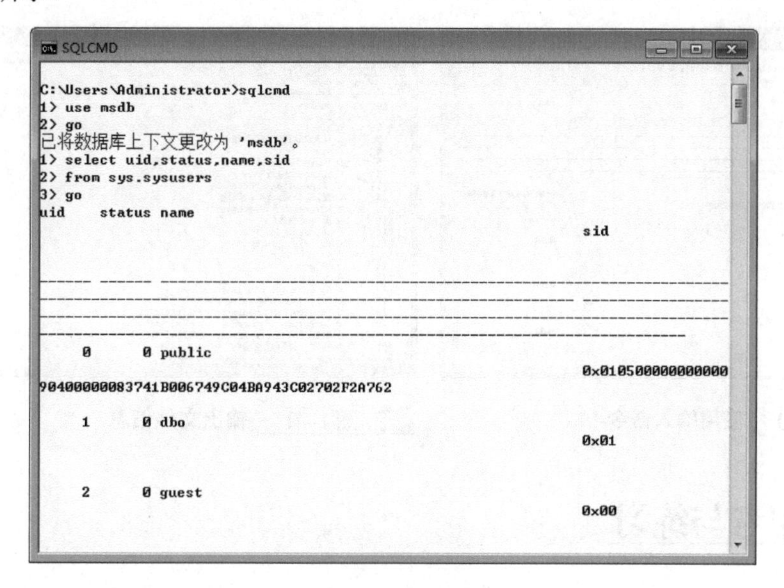

图 1-39 查询 sys.sysusers 视图信息

GO 命令是将当前的 Transact-SQL 批处理语句发送给 SQL Server 的信号。

1.6.3 使用输入和输出文件

使用 sqlcmd 还可以运行 Transact-SQL 脚本文件。Transact-SQL 脚本文件是一个文本文件，可以包含 Transact-SQL 语句、sqlcmd 命令以及脚本变量的组合。

例如，在 sqlcmd 中执行 Transact-SQL 脚本文本来查询 medicine 数据库中 EmployeerInfo 表的内容。

（1）使用 Windows 记事本创建一个简单的 Transact-SQL 脚本文件。

（2）将以下代码复制到该文件中，并将文件保存为 D:\script1.sql。

```
USE msdb
GO
SELECT uid,status,name,sid
FROM sys.sysusers
GO
```

（3）打开命令提示符窗口。输入“sqlcmd -i D:\script1.sql”命令并回车，如图 1-40 所示。

（4）如果要将此输出保存到文本文件中，可以在提示符窗口中输入“sqlcmd -i D:\script1.sql-o D:\result.txt”并按回车键。

（5）此时命令提示符窗口中不会返回任何输出，而是将输出发送到 result.txt 文件。可以打开 result.txt 文件来查看本次输出操作，如图 1-41 所示。

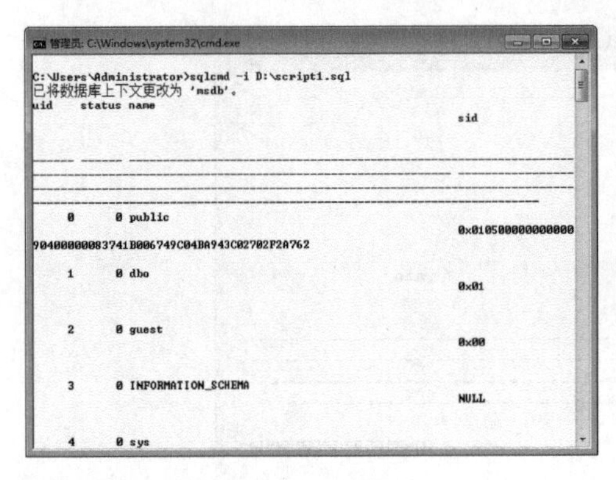

图 1-40　使用输入命令

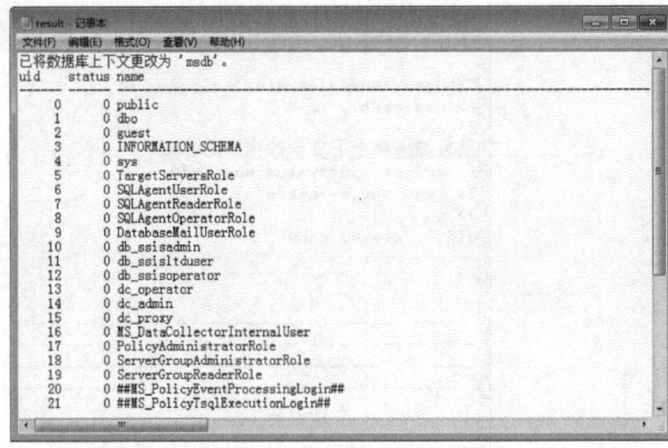

图 1-41　输出文件信息

1.7 思考与练习

一、填空题

1．在关系数据库中，__________是关系模型的一个重要概念，用来标识行（元组）的一个或几个列（属性）。

2．__________范式的目标是确保数据库表中的每一列都和主键相关，而不能只与主键的某一部分相关。

3．SQL Server 2012 对操作系统的最低要求是安装 Service Pack 1 的__________。

4．若要结束 sqlcmd 会话，在 sqlcmd 提示符处输入__________。

二、选择题

1．以下属于不是数据模型的是________。

A．层次模型

B．网状模型

C．关系模型

D．概念模型

2．在一个数据库表中，__________是用于唯一标识一条记录的表关键字。

A．主关键字

B．外关键字

C．公共关键字

D．候选关键字

3．下列关于数据库模型的描述正确的是__________。

A．关系模型的缺点是这种关联错综复杂，维护关联困难

B．层次模型的优点是结构简单、格式唯一、理论基础严格

C．网状模型的缺点是不容易反映实体之间的关联

D．层次模型的优点是数据结构类似金字塔，不同层次之间的关联性直接而且简单

4．SQL Server 2012 的__________功能支持多个数据库的故障转移。

A．AlwaysOn

B．列索引

C．FileTable

D．主数据服务

5．SQL Server 2012 使用__________工具来启动/停止与监控服务。

A．数据库引擎优化顾问

B．SQL Server 配置管理器

C．SQL Server Profiler

D．SQL Server Management Studio

三、简答题

1．解释键、主键和候选键的区别。

2．简述三大范式各自的特点和规则。

3．简述 SQL Server 2012 的发展过程。

4．简述如何安装 SQL Server 2012。

5．如何使用 sqlcmd 连接到数据库。

第 2 章　操作数据库

数据库是按照数据结构来组织、存储和管理数据的仓库，是所有数据库对象的承载，也是 SQL Server 2012 相关知识学习的起点。因此，对数据库的管理是 SQL Server 很重要的一部分。本章重点介绍数据库的操作，例如，如何在 SQL Server 2012 中创建、修改以及删除数据库。在介绍这些操作之前，首先介绍 SQL Server 2012 中系统自带的几个数据库。

本章学习要点：

- 了解 SQL Server 的系统数据库
- 掌握三种类型的数据库文件
- 熟悉文件组和文件的创建
- 掌握如何创建数据库
- 熟悉如何修改数据库
- 掌握如何删除数据库
- 掌握如何查看数据库详细信息
- 了解 sys.databases 和 sys.sysdatabases 的使用
- 熟悉数据库状态和文件状态

2.1 SQL Server 系统数据库

每个 SQL Server 都包含两种类型的数据库，即系统数据库和用户数据库。系统数据库存储有关 SQL Server 的信息，SQL Server 使用系统数据库来管理系统。用户数据库由用户创建，SQL Server 中可以不包含用户数据库，也可以包含一个或者多个用户数据库。

本节介绍 SQL Server 2012 中提供的几个系统数据库，如 master 数据库、model 数据库、msdb 数据库、tempdb 数据库和 Resource 数据库。

2.1.1 master 数据库

master 数据库记录 SQL Server 系统的所有系统级信息，包括实例范围的元数据（如登录账户）、端点、链接服务器和系统配置设置。从 SQL Server 2005 开始，系统对象不再存储在 master 数据库中，而是存储在 Resource 数据库中。另外，master 数据库还记录了所有其他数据库的存在、数据库文件的位置以及 SQL Server 的初始化信息。因此，如果 master 数据库不可用，则 SQL Server 无法启动。

当 SQL Server 2012 中的 master 数据库不可用时，可以通过以下任意一种方式将该数据库返回到可用状态。

（1）从当前数据库备份还原 master。如果可以启动服务器实例，则应该能够从完整数据库备份还原 master。

（2）完全重新生成 master。如果由于 master 严重损坏而无法启动 SQL Server，则必须重新生成 master。

如果计算机上安装了一个 SQL Server 数据库，那么系统首先会建立一个 master 数据库来记录系统有关的登录账户、系统配置和数据库文件等信息。如果用户在 SQL Server 中创建一个用户数据库，系统马上会将用户数据库的有关信息写入 master 数据库。

用户不能在 master 数据库中执行以下操作。

（1）添加文件或文件组。

（2）更改排序规则。默认排序规则为服务器排序规则。

（3）更改数据库所有者，master 由 dbo 拥有。

（4）创建全文目录或全文索引。

（5）在数据库的系统表上创建触发器。

（6）删除数据库。

（7）从数据库中删除 guest 用户。

（8）启用变更数据捕获。

（9）参与数据库镜像。

（10）删除主文件组、主数据文件或日志文件。

（11）重命名数据库或主文件组。

（12）将数据库设置为 OFFLINE。

（13）将数据库或主文件组设置为 READ_ONLY。

2.1.2 model 数据库

model 数据库用作在 SQL Server 实例上创建所有数据库的模板。因为每次启动 SQL Server 时都会创建 tempdb，所以 model 数据库必须始终存在于 SQL Server 系统中。model 数据库的全部内容（包括数据库选项）都会被复制到新的数据库。启动期间，也可使用 model 数据库的某些设置创建新的 tempdb。新创建的用户数据库与 model 数据库使用相同的恢复模式，默认值是用户可配置的。

用户不能在 model 数据库中执行以下操作。

（1）添加文件或文件组。

（2）更改排序规则。默认排序规则为服务器排序规则。

（3）更改数据库所有者，model 由 dbo 拥有。

（4）删除数据库。

（5）从数据库中删除 guest 用户。

（6）启用变更数据捕获。

（7）参与数据库镜像。

（8）删除主文件组、主数据文件或日志文件。

（9）重命名数据库或主文件组。

（10）将数据库设置为 OFFLINE。

（11）将主文件组设置为 READ_ONLY。

（12）使用 WITH ENCRYPTION 选项创建过程、视图或触发器。加密密钥与在其中创建对象的数据库绑定在一起。在 model 数据库中创建的加密对象只能用于 model 中。

2.1.3 msdb 数据库

SQL Server 代理使用 msdb 数据库来计划警报和作业。当很多用户在使用一个数据库时，经常会出现多个用户对同一个数据的修改而造成数据不一致的现象，或是用户对某些数据和对象的非法操作等。为了防止上述现象的发生，SQL Server 中有一套代理程序能够按照系统管理员的设置监控上述现象的发生，及时向系统管理员发出警报。那么当代理程序调度警报作业、记录操作时，系统要用到或实时产生许多相关信息，这些信息一般存储在 msdb 数据库中。

用户不能在 msdb 数据库中执行下列操作。

（1）更改排序规则，默认排序规则为服务器排序规则。

（2）删除数据库。

（3）从数据库中删除 guest 用户。

（4）启用变更数据捕获。

（5）参与数据库镜像。

（6）删除主文件组、主数据文件或日志文件。

（7）重命名数据库或主文件组。

（8）将数据库设置为 OFFLINE。

（9）将主文件组设置为 READ_ONLY。

2.1.4 tempdb 数据库

tempdb 系统数据库是一个全局资源，可供连接到 SQL Server 实例的所有用户使用。它是临时数据库，在 SQL Server 2012 每次启动时都重新创建，因此，该数据库在系统启动时总是空的，上一次的临时数据库都被清除掉了。临时表和存储过程在连接断开时自动清除，而且当系统关闭后将没有任何连接处于活动状态，因此 tempdb 数据库中没有任何内容会从 SQL Server 的一个启动工作保存到另一个启动工作之中。默认情况下，在 SQL Server 2012 运行时，tempdb 数据库会根据需要自动增长。不过，与其他数据库不同，每次启动数据库引擎时，它会重置初始大小。

用户不能对 tempdb 数据库执行以下操作。

（1）添加文件组。

（2）备份或还原数据库。

（3）更改排序规则。默认排序规则为服务器排序规则。
（4）更改数据库所有者，tempdb 由 dbo 拥有。
（5）创建数据库快照。
（6）删除数据库。
（7）从数据库中删除 guest 用户。
（8）启用变更数据捕获。
（9）参与数据库镜像。
（10）删除主文件组、主数据文件或日志文件。
（11）重命名数据库或主文件组。
（12）运行 DBCC CHECKALLOC。
（13）运行 DBCC CHECKCATALOG。
（14）将数据库设置为 OFFLINE。
（15）将数据库或主文件组设置为 READ_ONLY。

2.1.5 Resource 数据库

打开 SQL Server 2012 的资源管理器可以发现，系统数据库只包含 master、model、msdb 和 tempdb 数据库。实际上，Resource 是一个只读数据库，它包含了 SQL Server 中的所有系统对象。SQL Server 系统对象在物理上保留在 Resource 数据库中，但是在逻辑上显示在每个数据库的 sys 架构中。Resource 数据库不包含用户数据或用户元数据，它支持更为轻松快捷地升级到新的 SQL Server 版本。

Resource 数据库的物理文件名为 mssqlsystemresource.mdf 和 mssqlsystemresource.ldf。这些文件位于“<drive>:\Program Files\Microsoft SQL Server\MSSQL11.<instance_name>\MSSQL\Binn\”中，其中<drive>表示磁盘驱动器，<instance_name>表示实例对象。每个 SQL Server 实例都具有一个（也是唯一的一个）关联的 mssqlsystemresource.mdf 文件，并且实例间不共享此文件。

Resource 数据库只能由 Microsoft 客户支持的服务部门的专家修改或在其指导下修改。Resource 数据库的 ID 始终为 32767，与它相关联的其他重要值是版本号和数据库的上次更新时间。

如果要确定 Resource 数据库的版本号，可用以下代码：

```
SELECT SERVERPROPERTY('ResourceVersion')
GO
```

如果要确定 Resource 数据库的上次升级时间，可用以下代码：

```
SELECT SERVERPROPERTY('ResourceLastUpdateDateTime')
GO
```

如果要访问系统对象的 SQL 定义，可用 OBJECT_DEFINITION()函数：

```
SELECT OBJECT_DEFINITION(OBJECT_ID('sys.objects'))
GO
```

注 意

SQL Server 不能备份 Resource 数据库。通过将 mssqlsystemresource.mdf 文件作为二进制（.EXE）文件而不是作为数据库文件，可以执行基于文件的备份或基于磁盘的备份，但是不能使用 SQL Server 还原所做的备份。只能手动还原 mssqlsystemresource.mdf 的备份副本，并且必须谨慎，不要使用过时版本或可能不安全的版本覆盖当前的 Resource 数据库。

2.2 文件和文件组

每个 SQL Server 数据库至少有两个操作系统文件：一个数据文件和一个日志文件。数据文件包含数据和对象，例如表、索引、存储过程和视图。日志文件包含恢复数据库中的所有事务所需的信息。为了便于分配和管理，可以将数据文件集合起来放到文件组中。

2.2.1 数据库文件

SQL Server 数据库中有三种类型的文件，分别是主要数据文件、次要数据文件和事务日志文件。

1．主要数据文件

主要数据文件包含数据库的启动信息，并指向数据库中的其他文件。用户数据和对象可以存储在这个文件中，也可以存储在次要数据文件中。每个数据库有一个主要数据文件，该文件以“.mdf”作为扩展名。

2．次要数据文件

次要数据文件是可选的，由用户定义并存储用户数据。通过将每个文件放在不同的磁盘驱动器上，次要文件可用于将数据分散到多个磁盘上。另外，如果数据库超过了单个 Windows 文件的最大大小，可以使用次要数据文件，这样数据库就能继续增长。次要数据文件以“.ndf”作为扩展名。

3．事务日志文件

事务日志文件保存用于恢复数据库的日志信息，每个数据库必须至少有一个日志文件。事务日志文件以“.ldf”作为扩展名。

例如，可以创建一个简单的 Sales 数据库，其中包括一个包含所有数据和对象的主要数据文件和一个包含事务日志信息的日志文件。也可以创建一个相对复杂的 Orders 数据库，其中包括一个主要数据文件和5个次要数据文件。

注意

默认情况下，数据和事务日志放在同一个驱动器上的同一个路径下，这是处理单磁盘系统而采用的方法。

2.2.2 文件组

每个数据库都有一个主要文件组，这个文件组包含主要数据文件和未放入其他文件组的所有次要文件。可以创建用户定义的文件组，将数据文件集合起来，以便于管理、数据分配和放置。

例如，可以分别在三个磁盘驱动器上创建三个文件，即 Data1.ndf、Data2.ndf 和 Data3.ndf，然后将它们分配给文件组 fgroup1。这样，可以明确地在文件组 fgroup1 上创建一个表，对表中数据的查询将分散到三个磁盘上，从而提高性能。

如果在数据库中创建对象时没有指定对象的文件组，对象将被分配给默认文件组。不论何时，只能将一个文件组指定为默认文件组，默认文件组中的文件必须足够大，能够容纳未分配给其他文件组的所有新对象。PRIMARY 文件组是默认文件组，除非使用 ALTER DATABASE 语句进行更改。

使用文件和文件组时，需要注意以下几点。

（1）一个文件或者文件组只能用于一个数据库，不能用于多个数据库。

（2）一个文件只能属于某一个文件组，而不能属于多个文件组。

（3）日志文件永远不能是任何文件组的一部分。

（4）数据库的数据文件和日志文件不能放在同一个文件或文件组中，也就是数据文件和日志文件总是分开的。

2.2.3 创建文件组和文件

用户可以通过图形界面和 Transact-SQL 语句两种方式创建文件组与文件。对于一个数据库来说，既可以在创建时增加文件组和文件，也可以向现在的数据库添加文件和文件组。在 SQL Server 2012 中，通过图形界面向现在的数据库中添加文件和文件组的主要步骤如下：打开【对象资源管理器】窗格，展开该窗格下的【数据库】节点，右键单击某一个数据库（以系统数据库 tempdb 为例），在弹出的快捷菜单中选择【属性】命令，弹出【数据库属性】对话框，在该对话框中选择【文件组】选项，如图 2-1 所示。

在图 2-1 中，用户可以单击【添加】按钮创建新的文件组。将某个文件组设置为默认值后，在创建表或者索引时会默认加进这个文件组。文件组创建好以后可以向现有文件组中添加文件，如图 2-2 所示。在创建文件时可以选择添加到的具体文件组，如果不选择，则添加到默认的文件组。文件所属的文件组一旦创建，则不能更改。

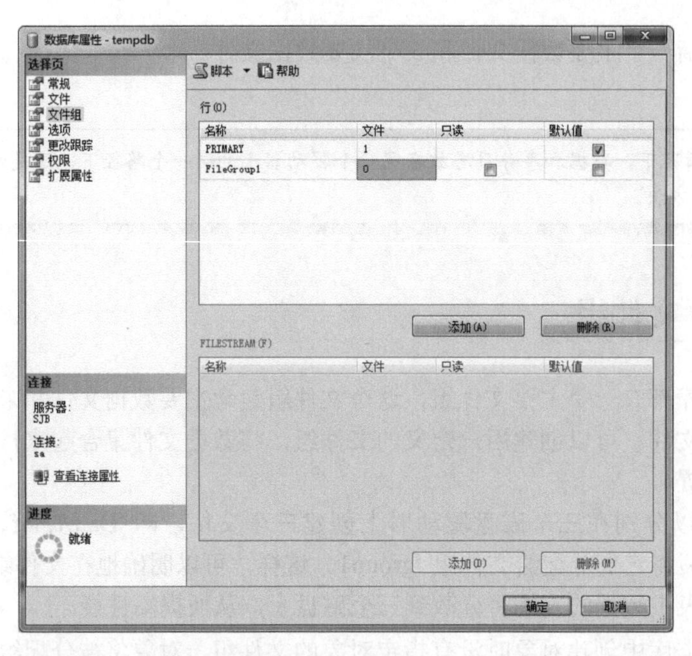

图 2-1 创建文件组

图 2-2 向文件组中添加文件

2.3 创建数据库

在一个 SQL Server 2012 系统中，通常有两种方式创建数据库：一种是使用图形界面工具，另一种是使用 Transact-SQL 语句。

2.3.1 图形界面创建

用户可以通过图形界面创建数据库，使用这种方式创建数据库的步骤很简单，下面通过范例 1 说明。

【范例 1】

通过图形界面创建名称为 mtest 的数据库，步骤如下。

（1）打开 SQL Server 2012 数据库，右键单击【对象资源管理器】窗格中的【数据库】节点，如图 2-3 所示。

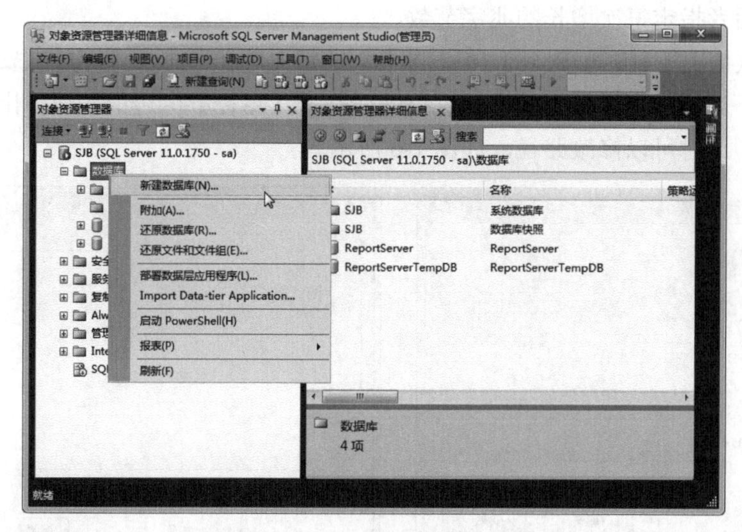

图 2-3 右击【数据库】弹出快捷菜单

（2）在弹出的快捷菜单中选择【新建数据库】命令，弹出如图 2-4 所示的对话框。

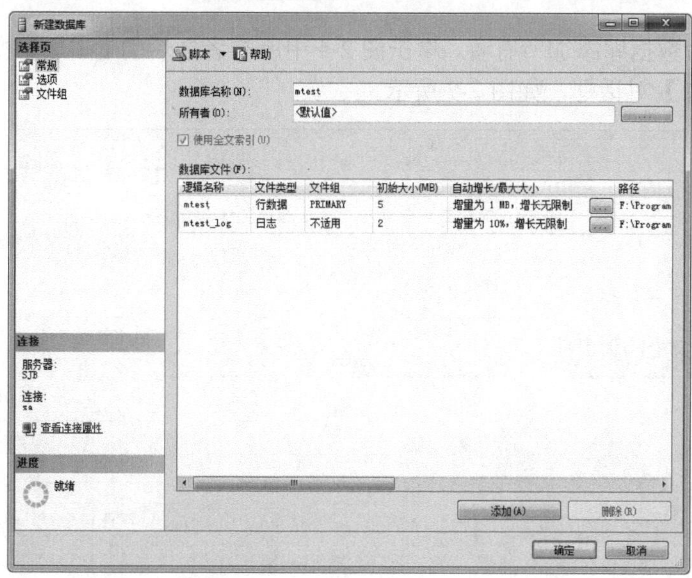

图 2-4 【新建数据库】对话框

（3）在图 2-4 所示的对话框中输入数据库名称，这时系统会以该数据库名称为前缀创建主数据库文件和事务日志文件。主数据库文件和事务日志文件的初始大小与 model 系统数据库指定的默认大小相同，其中数据库文件的初始大小为 5MB，增量为 1MB，不限制增长的总量，事务日志文件的初始大小为 2MB，每次增长 10%，也不限制增长的总量。

（4）如果要自定义自动增长和最大文件大小，那么可以单击【自动增长】旁边的按钮，这时弹出【更改 mtest 的自动增长设置】对话框，如图 2-5 所示。

在图 2-5 中可以设置【按百分比】和【按 MB】两种增长方式，前者指定每次增长的百分比，后者指定每次增长的兆字节数。

（5）默认情况下，SQL Server 2012 将主数据库文件和日志文件存放在安装目录下的 DATA 目录下。用户可以根据情况进行更改，单击【路径】旁边的按钮弹出【定位文件夹】对话框，这时可以修改路径，如图 2-6 所示。

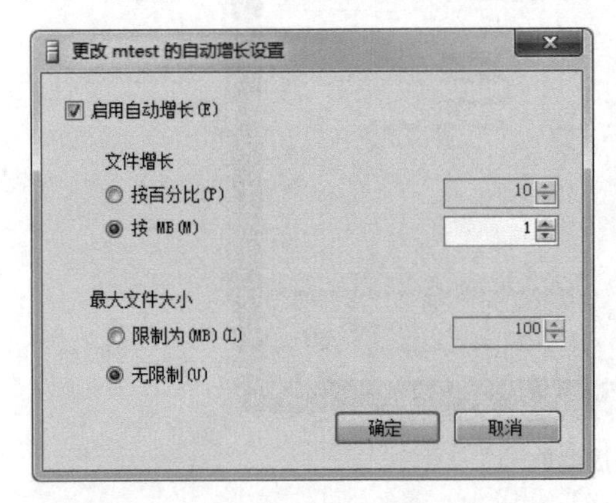

图 2-5 更改自动增长设置

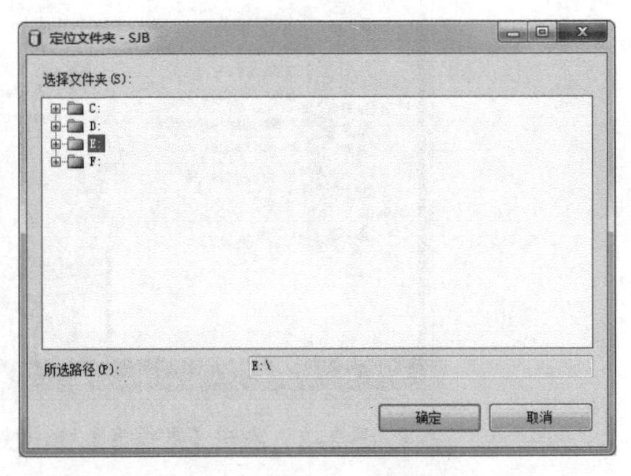

图 2-6 【定位文件夹】对话框

（6）可以为数据库添加所有者，单击图 2-4 中所有者之后的【添加】按钮，弹出【选择数据库所有者】对话框，如图 2-7 所示。

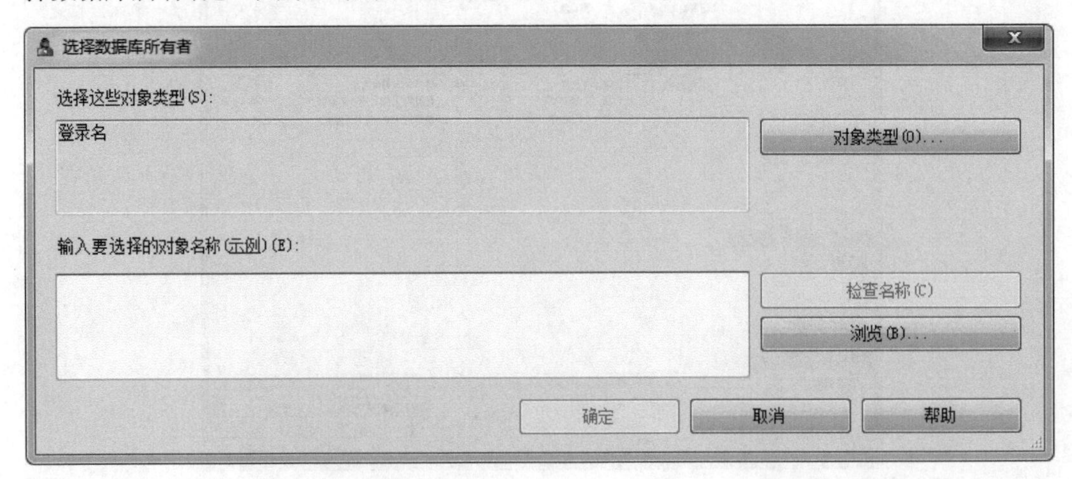

图 2-7 【选择数据库所有者】对话框

（7）在图 2-4 中选择【选项】可以设置数据库的一些其他信息，如图 2-8 所示。

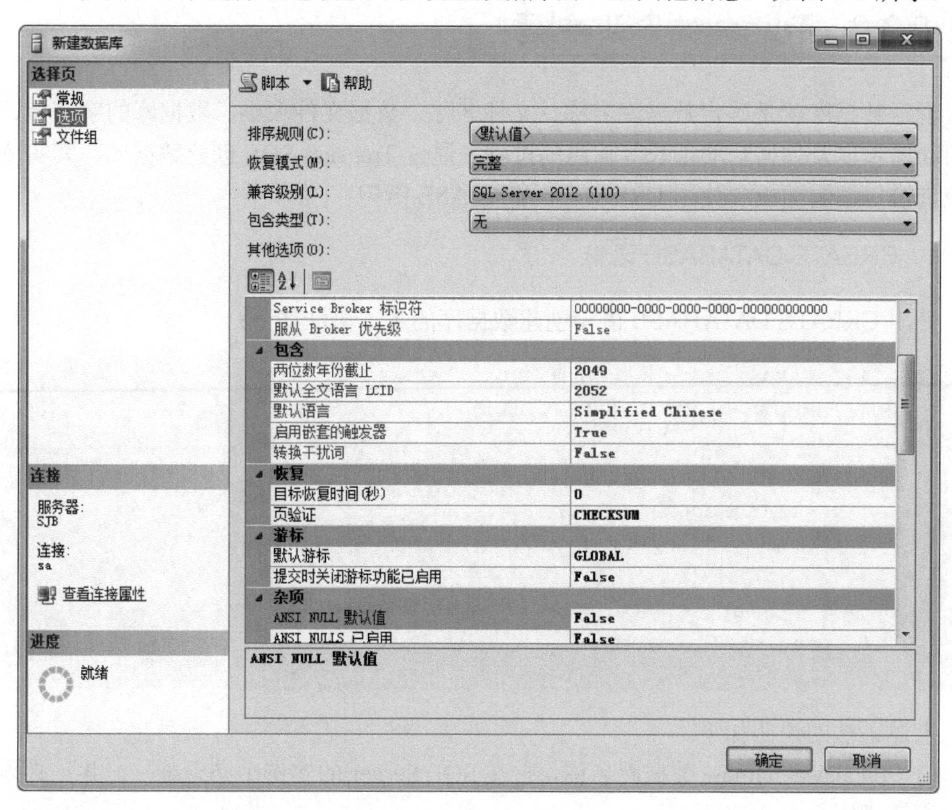

图 2-8 【选项】界面

（8）所有的设置完成之后单击如图 2-4 所示的界面中的【确定】按钮完成创建，数据库创建完成后会自动显示到【对象资源管理器】窗格中，如图 2-9 所示。

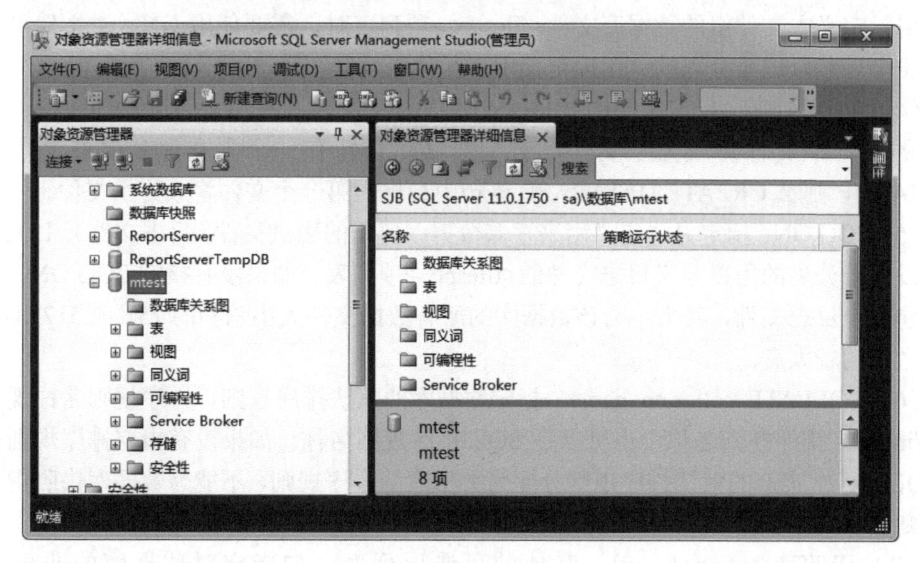

图 2-9 创建数据库后的【对象资源管理器】窗口

2.3.2 Transact-SQL 创建

创建数据库就是确定数据库名称、文件名称、数据文件大小、数据库的字符集、是否自动增长以及如何自动增长等信息的过程。通过 Transact-SQL 创建数据库，其实就是在查询窗口编辑面板中使用 CREATE DATABASE 语句。

1. CREATE DATABASE 语句

使用 CREATE DATABASE 语句创建数据库的基本语法如下：

```
CREATE DATABASE database_name
[ CONTAINMENT = { NONE | PARTIAL } ]
[ ON
      [ PRIMARY ] <filespec> [ ,...n ]
      [ , <filegroup> [ ,...n ] ]
      [ LOG ON <filespec> [ ,...n ] ]
]
[ COLLATE collation_name ]
[ WITH  <option> [,...n ] ]
[;]
```


上述语法的说明如下。

（1）database_name：数据库名称，它在 SQL Server 的实例中必须唯一，并且必须符合标识符规则。

（2）CONTAINMENT：指定数据库的包含状态，NONE 表示非包含数据库；PARTIAL 表示部分包含的数据库。

（3）ON：指定显式定义用来存储数据库数据部分的磁盘文件。当后面是以逗号分隔的、用以定义主文件组的数据库文件<filespec>项列表时，需要使用 ON。主文件组的文件列表可后跟以逗号分隔的、用以定义用户文件组及其文件<filegroup>项列表。

（4）PAIMARY：指定关联的<filespec>列表定义文件。在主文件组的<filespec>项中指定的第一个文件将成为主文件。一个数据库只能有一个主文件。如果没有指定 PRIMARY，那么 CREATE DATABASE 语句中列出的第一个文件将成为主文件。

（5）LOG ON：指定显式定义用来存储数据库日志的磁盘文件（日志文件）。LOG ON 后跟以逗号分隔的用以定义日志文件的<filespec>项列表。如果没有指定 LOG ON，将自动创建一个日志文件，其大小为该数据库的所有数据文件大小总和的 25%或 512KB，取两者之中的较大者。

（6）COLLATE collation_name：指定数据库的默认排序规则，排序规则名称既可以是 Windows 排序规则名称，也可以是 SQL 排序规则名称。如果没有指定排序规则，则将 SQL Server 实例的默认排序规则分配为数据库的排序规则，不能为数据库快照指定排序规则名称。

（7）[WITH<option>[,...*n*]]：其他的可选项列表，如指定对数据库的非事务性 FILESTREAM 访问的级别。

2．控制文件属性的语法格式

在上述语法中提到的<filespec>项列表用于控制文件属性。基本语法如下：

```
<filespec> ::=
{
(
    NAME = logical_file_name ,
    FILENAME = { 'os_file_name' | 'filestream_path' }
    [ , SIZE = size [ KB | MB | GB | TB ] ]
    [ , MAXSIZE = { max_size [ KB | MB | GB | TB ] | UNLIMITED } ]
    [ , FILEGROWTH = growth_increment [ KB | MB | GB | TB | % ] ]
)
}
```

上述语法的说明如下。

（1）NAME=logical_file_name：指定文件的逻辑名称。引用文件时在 SQL Server 中使用的名称 logical_file_name 在数据库中必须是唯一的，且必须符合标识符的规则。

（2）FILENAME={'os_file_name'|'filestream_path'}：指定操作系统（物理）文件的名称。os_file_name 是创建文件时由操作系统使用的路径和文件名。filestream_path 对应于 FILESTREAM 文件组，FILENAME 指向将存储 FILESTREAM 数据的路径。

（3）SIZE=size：指定文件的大小。size 指定文件的初始大小，如果没有为主文件提供 size，则数据库引擎使用 model 数据库中的主文件的大小。如果指定了辅助数据文件或日志文件，但未指定该文件的 size，则数据库引擎将以 1MB 作为该文件的大小。指定大小时可以使用 KB、MB（默认值）、GB 或 TB 后缀。

（4）MAXSIZE=max_size：指定文件可增大到的最大大小。max_size 指定最大的文件大小，可以使用 KB、MB（默认值）、GB 或 TB 为后缀。

（5）UNLIMITED：指定文件将增长到磁盘充满。在 SQL Server 中，指定为不限制增长的日志文件的最大大小是 2TB，而数据文件的最大大小为 16TB。

（6）FILEGROWTH=growth_increment：指定文件的自动增量。支持 FILEGROWTH 设置不能超过 MAXSIZE 设置，FILEGROWTH 不能适用于 FILESTREAM 文件组。其中，growth_increment 指定每次需要新空间时为文件添加的空间量。如果不指定 FILEGROWTH，则数据文件的默认值为 1MB，日志文件的默认增长比例为 10%，并且最小值为 64KB。

3．控制文件组属性的语法

<filegroup>表示控制文件组属性，不能对数据库快照指定文件组。基本语法如下：

```
<filegroup> ::=
{
FILEGROUP filegroup_name [ CONTAINS FILESTREAM ] [ DEFAULT ]
    <filespec> [ ,...n ]
}
```

其中 FILEGROUP 指定文件组的逻辑名称；filegroup_name 必须在数据库中唯一，不能是系统提供的名称 PRIMARY 和 PRIMARY_LOG，名称可以是字符或 Unicode 常量，也可以是常规标识符或分隔标识符，而且必须符合标识符规则；CONTAINS FILESTREAM 指定文件组在文件系统中存储 FILESTREAM 二进制大型对象；DEFAULT 指定命名文件组为数据库中的默认文件组。

【范例 2】

创建名称为 mytest 的数据库，创建完成后通过 SELECT 语句查询数据库的名称和大小等信息。代码如下：

```
USE master
GO
CREATE DATABASE mytest
GO
SELECT name, size, size*1.0/128 AS [Size in MBs] FROM sys.master_files
WHERE name = N'mytest'
GO
```

在上述代码中没有设置<filespec>项的相关参数，因此主数据库文件的大小为 model 数据库主文件的大小，事务日志将设置为 512KB 或主数据库大小的 25%，这里取较大的值。而且上述代码没有指定 MAXSIZE，因此文件可以增大到填满所有可用的磁盘空间为止。

【范例 3】

范例 2 创建未指定文件的数据库，本范例创建指定数据和事务日志文件的数据库。代码如下：

```
USE master
GO
CREATE DATABASE Sales
ON
( NAME = Sales_dat,
   FILENAME = 'D:\DATA\saledat.mdf',
   SIZE = 10,
   MAXSIZE = 50,
   FILEGROWTH = 5 )
LOG ON
( NAME = Sales_log,
   FILENAME = 'D:\DATA\salelog.ldf',
   SIZE = 5MB,
   MAXSIZE = 25MB,
   FILEGROWTH = 5MB )
GO
```

在上述代码中，由于没有使用 PRIMARY 关键字，因此第一个文件 Sales_dat 将成为主文件。另外，在 Sales_data 文件的 SIZE 参数中没有指定 MB 或 KB，将使用 MB 并按 MB 分配。Sales_log 文件以 MB 为单位进行分配，因为 SIZE 参数中显式声明了 MB 后缀。

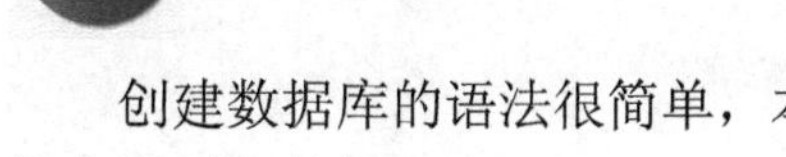

2.4 实验指导——创建具有文件组的数据库

创建数据库的语法很简单，本节通过实验指导创建具有文件组的数据库。该数据库具有以下文件组：

（1）包含文件 Spri1_dat 和 Spri2_dat 的主文件组，将这些文件的 FILEGROWTH 增量指定为 15%。

（2）包含名为 SalesGroup1 的文件组，其中包含 SGrp1File1 和 SGrp1File2 文件。

（3）包含名为 SalesGroup2 的文件组，其中包含 SGrp2File1 和 SGrp2File2 文件。

为了提高性能，可以将数据和日志文件放在不同的磁盘驱动器中。完整的实现代码如下：

```
USE master
GO
CREATE DATABASE Sales
ON PRIMARY
( NAME = SPri1_dat,
    FILENAME = 'D:\SalesData\SPri1dat.mdf',
    SIZE = 10,
    MAXSIZE = 50,
    FILEGROWTH = 15% ),
( NAME = SPri2_dat,
    FILENAME = 'D:\SalesData\SPri2dt.ndf',
    SIZE = 10,
    MAXSIZE = 50,
    FILEGROWTH = 15% ),
FILEGROUP SalesGroup1
( NAME = SGrp1File1_dat,
    FILENAME = 'D:\SalesData\SG1File1dt.ndf',
    SIZE = 10,
    MAXSIZE = 50,
    FILEGROWTH = 5 ),
( NAME = SGrp1File2_dat,
    FILENAME = 'D:\SalesData\SG1File2dt.ndf',
    SIZE = 10,
    MAXSIZE = 50,
    FILEGROWTH = 5 ),
FILEGROUP SalesGroup2
( NAME = SGrp2File1_dat,
    FILENAME = 'D:\SalesData\SG2File1dt.ndf',
    SIZE = 10,
    MAXSIZE = 50,
    FILEGROWTH = 5 ),
( NAME = SGrp2File2_dat,
    FILENAME = 'D:\SalesData\SG2File2dt.ndf',
    SIZE = 10,
```

```
    MAXSIZE = 50,
    FILEGROWTH = 5 )
LOG ON
( NAME = Sales_log,
    FILENAME = 'E:\SalesLog\salelog.ldf',
    SIZE = 5MB,
    MAXSIZE = 25MB,
    FILEGROWTH = 5MB )
GO
```

2.5 修改数据库

对于已经存在的数据库，用户可以更改其基本信息，修改数据库时既可以通过图形界面进行操作，也可以通过 Transact-SQL 语句操作。

2.5.1 图形界面修改

通过图形界面修改数据库信息的一般步骤是：右键单击【对象资源管理器】窗格中的【数据库】节点，在弹出的快捷菜单中选择【属性】命令，打开一个对话框窗口，在这些选项的展开页面中可以管理文件增长、扩展数据库、缩小数据库、修改文件（组）设置和增加新数据库等。例如，在图 2-10 中打开 mytest 数据库的属性对话框窗口，将该数据库的大小修改为 10MB，单击【确认】按钮后修改数据就会生效。

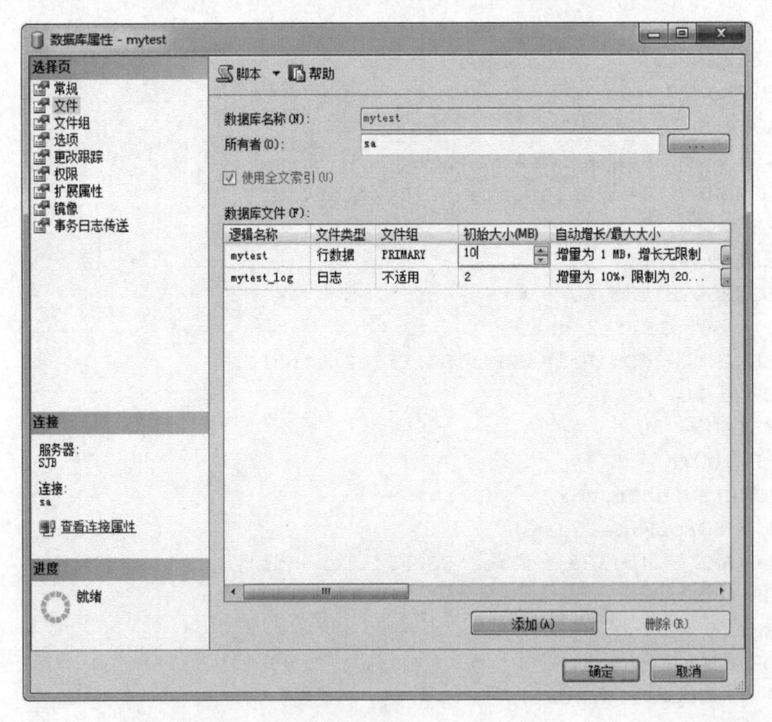

图 2-10 修改 mytest 数据库的大小

2.5.2 Transact-SQL 修改

ALTER TABLE 语句在 SQL Server 中经常用到，它既可以修改一个数据库或与该数据库关联的文件和文件组，也可以在数据库中添加或删除文件和文件组、更改数据库的属性或其文件和文件组、更改数据库排序规则和设置数据库选项。

1. 更改数据库名称和排序规则

使用 ALTER TABLE 语句更改数据库的名称和排序规则的语法如下：

```
ALTER DATABASE { database_name  | CURRENT }
{
    MODIFY NAME = new_database_name
  | COLLATE collation_name
  | <file_and_filegroup_options>
  | <set_database_options>
}
[;]
```

上述语法的说明如下。

（1）database_name：要修改的数据库的名称。

（2）CURRENT：指定应更改当前使用的数据库。

（3）MODIFY NAME=new_database_name：使用 new_database_name 指定的名称重命名数据库。

（4）COLLATE collation_name：指定数据库的排序规则，collatin_name 既可以是 Windows 排序规则名称，也可以是 SQL 排序规则名称。如果不指定排序规则，则将 SQL Server 实例的排序规则指定为数据库的排序规则。

【范例 4】

如下代码将 mytest 数据库的名称更改为 MyNameTest：

```
USE master
GO
ALTER DATABASE mytest Modify Name = MyNameTest
GO
```

【范例 5】

首先创建名称为 test1、排序规则为 SQL_Latin1_General_CP1_CI_AS 的数据库，然后将 test1 数据库的排序规则更改为 COLLATE French_CI_AI。代码如下：

```
USE master
GO
CREATE DATABASE test1 COLLATE SQL_Latin1_General_CP1_CI_AS
GO
ALTER DATABASE test1 COLLATE French_CI_AI
GO
```

2. ALTER TABLE 文件和文件组选项

通过 ALTER TABLE 从数据库中添加和删除文件与文件组以及更改文件与文件组的属性的有关语法如下：

```
ALTER DATABASE database_name
{
    <add_or_modify_files>
  | <add_or_modify_filegroups>
}
[;]
<add_or_modify_files>::=
{
    ADD FILE <filespec> [ ,...n ]
        [ TO FILEGROUP { filegroup_name } ]
  | ADD LOG FILE <filespec> [ ,...n ]
  | REMOVE FILE logical_file_name
  | MODIFY FILE <filespec>
}
```


上述代码中，database_name 指定要修改的数据库的名称。<add_or_modify_files>指定要添加、修改或删除的文件，参数说明如下。

（1）ADD FILE：指要向数据库中添加的文件。

（2）TO FILEGROUP：将指定文件添加到文件组。

（3）ADD LOG FILE：将要添加的日志文件添加到指定的数据库。

（4）REMOVE FILE logical_file_name：从 SQL Server 的实例中删除逻辑文件说明并删除物理文件，除非文件为空，否则无法删除文件。

（5）MODIFY FILE：指定应修改的文件，一次只能更改一个<filespec>属性，必须在<filespec>中指定 NAME，以标识要修改的文件，如果指定 SIZE，那么新大小必须比文件当前大小要大。

<add_or_modify_filegroups>指定在数据库中添加、修改或删除文件组。基本语法如下：

```
<add_or_modify_filegroups>::=
{
    | ADD FILEGROUP filegroup_name [ CONTAINS FILESTREAM ]
    | REMOVE FILEGROUP filegroup_name
    | MODIFY FILEGROUP filegroup_name
       { <filegroup_updatability_option> | DEFAULT | NAME = new_filegroup_ name }
}
```

上述语法的说明如下。

（1）ADD FILEGROUP filegroup_name：向数据库中添加文件组。

（2）CONTAINS FILESTREAM：指定文件组在文件系统中存储 FILESTREAM 二进

制大型对象。

（3）REMOVE FILEGROUP filegroup_name：从数据库中删除文件组。除非文件组为空，否则无法将其删除。

（4）MODIFY FILEGROUP filegroup_name {<filegroup_updatability_option>|DEFAULT|NAME=new_filegroup_name}：通过将状态设置为 READ_ONLY 或 READ_WHITE，将文件组设置为数据库的默认文件组成或者更改文件组名称来修改文件组。<filegroup_updatability_option>的语法如下：

```
<filegroup_updatability_option>::=
{
    { READONLY | READWRITE } | { READ_ONLY | READ_WRITE }
}
```

【范例 6】

如下代码将一个 5MB 的数据文件添加到 test1 数据库中：

```
USE master
GO
ALTER DATABASE test1
ADD FILE
(
    NAME = Test1dat2,
    FILENAME = 'F:\Program Files\Microsoft SQL Server\MSSQL10_50.
    MSSQLSERVER\MSSQL\DATA\t1dat2.ndf',
    SIZE = 5MB,
    MAXSIZE = 100MB,
    FILEGROWTH = 5MB
)
GO
```

提示

ALTER DATABASE 的功能很强大，通过使用该语句可以完成多种功能，这里不再详细介绍，感兴趣的读者可以自己查找资料。

2.6 删除数据库

删除数据库很简单，但是需要注意的是，如果某个数据库正在使用，则无法对该数据库进行删除。可以使用图形界面工具和 Transact-SQL 语句两种方式删除数据库，下面简单进行介绍。

2.6.1 图形界面删除

通过图形界面删除数据库的主要步骤是：右键单击要删除的数据库（如 test1），在弹出的快捷菜单中选择【删除】命令，弹出【删除对象】对话框，如图 2-11 所示。

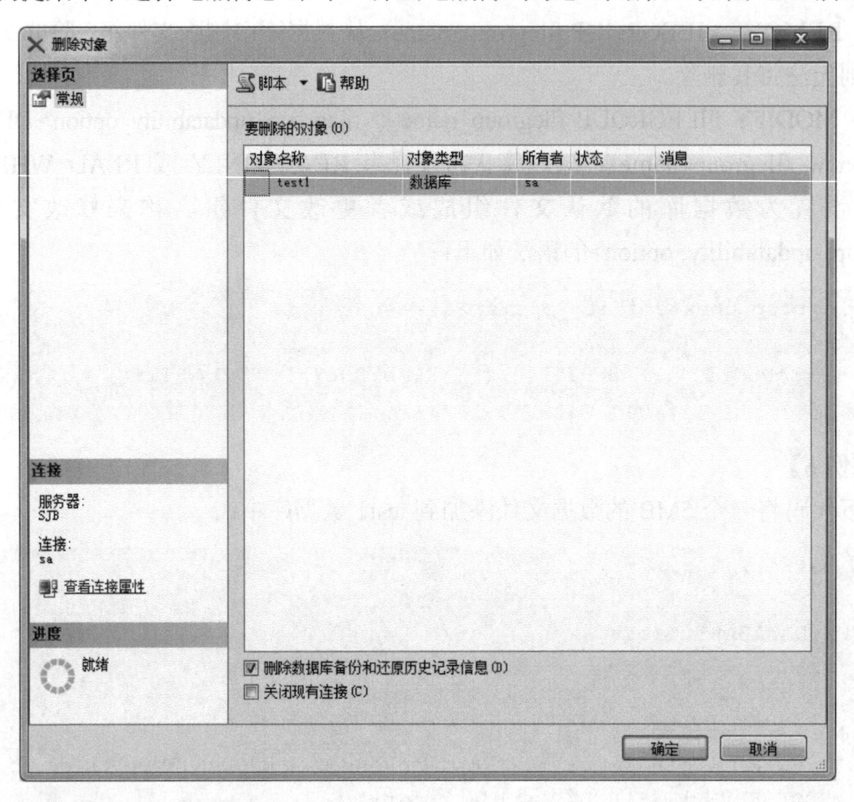

图 2-11 删除数据库

在图 2-11 所示的窗口中直接单击【确定】按钮删除 test1 数据库，单击【取消】按钮取消对数据库的删除，即数据库不会被删除。

2.6.2 Transact-SQL 删除

通过 Transact-SQL 在查询窗口中删除数据库时需要使用 DROP DATABASE 语句。基本语法如下：

```
DROP DATABASE database_name [;]
```

其中 database_name 指定要删除的数据库名称。

通过 DROP DATABASE 语句删除数据库时，无法删除 SQL Server 提供的系统数据库。DROP DATABASE 语句必须在自动提交模式下运行，并且不允许在显式或隐式事务中使用，自动提交模式是默认的事务管理模式。不能删除当前正在使用的数据库，这表示数据库正处于打开状态，以供用户读写。如果要从数据库中删除用户，需要使用 ALTER DATABASE 将数据库设置为 SINGLE_USER。

【范例 7】

如下代码删除名称为 Sales 的数据库：

```
DROP DATABASE Sales
```

【范例 8】

通过 DROP DATABASE 语句可以删除多个数据库，删除多个数据库时，不用多次执行 DROP DATABASE 语句，因为这样很麻烦，直接通过逗号将要删除的数据库隔开即可。如下代码删除 test1、mtest 和 MyNewTest 数据库：

```
DROP DATABASE test1,mtest,MyNewTest
```

2.7 数据库其他内容

创建、修改和删除数据库是常见的操作，除了这些操作外，用户还可以查看数据库的详细信息，查询 SQL Server 中的所有数据库，或者了解数据库的状态。

2.7.1 显示数据库列表

如果要显示数据库列表，需要使用 sys.databases 目录视图。system.databases 对于 Microsoft SQL Server 实例或者 Windows Azure SQL Database 服务器中的每个数据库，都对应包含一行。如果数据库没有处于 ONLINE 状态，或者 AUTO_CLOSE 设置为 ON 且数据库已关闭，则某些列的值可能为 NULL。如果数据库处于 OFFLINE 状态，则低权限的用户无法看到对应行。如果在数据库处于 OFFLINE 状态的情况下查看对应行，用户必须至少具有 ALTER ANY DATABASE 服务器级权限或者 master 数据库中的 CREATE DATABASE 权限。

用户可以执行以下语句显示数据库列表：

```
SELECT * FROM sys.databases
```

运行上述代码并查看效果，如图 2-12 所示。

结果 消息

	name	database_id	source_database_id	owner_sid	create_date	compatibility_level	collation_
1	master	1	NULL	0x01	2003-04-08 09:13:36.390	110	Chinese_PR
2	tempdb	2	NULL	0x01	2014-07-03 08:21:02.267	110	Chinese_PR
3	model	3	NULL	0x01	2003-04-08 09:13:36.390	110	Chinese_PR
4	msdb	4	NULL	0x01	2011-11-04 22:38:12.077	110	Chinese_PR
5	ReportServer	5	NULL	0x0105000000...	2014-04-28 08:50:50.060	110	Latin1_Gen
6	ReportServerTempDB	6	NULL	0x0105000000...	2014-04-28 08:50:53.383	110	Latin1_Gen
7	test	7	NULL	0x01	2014-06-16 17:44:15.417	110	Chinese_PR
8	studenttest	8	NULL	0x01	2014-06-17 09:14:27.030	110	Chinese_PR
9	bookmanage	9	NULL	0x01	2014-06-18 11:39:46.080	110	Chinese_PR

图 2-12 查看数据库列表

从图 2-12 可以看出，查询结果中包含多个列，表 2-1 对部分列进行说明。

表 2-1 sys.databases 中字段列的部分说明

列名称	数据类型	说明
name	sysname	数据库名称
database_id	int	数据库的 ID
source_database_id	int	值为 NULL 表示非数据库快照，值为 Non-NULL 表示该数据库快照的源数据库 ID
owner_sid	varbinary(85)	注册到服务器的数据库外部所有者的 SID（安全标识符）
create_date	datetime	数据库的创建或重命名日期。对于 tempdb，该值在每次重新启动服务器时都更改
compatibility_level	tinyint	对应于兼容行为的 SQL Server 版本的整数
collation_name	sysname	数据库的排序规则。作为数据库中的默认排序规则。取值为 NULL 表示数据库没有联机，或 AUTO_CLOSE 设置为 ON 且数据库已关闭
user_access	tinyint	用户访问设置，取值为 0 表示已指定 MULTI_USER；取值为 1 表示已指定 SINGLE_USER；取值为 2 表示已指定 RESTRICTED_USER
user_access_desc	nvarchar(60)	用户访问设置的说明，值包括 MULTI_USER、SINGLE_USER 和 RESTRICTED_USER
is_read_only	bit	值为 1 表示数据库为 READ_ONLY；值为 0 表示数据库为 READ_WRITE
is_auto_close_on	bit	值为 1 表示 AUTO_CLOSE 为 ON；值为 0 表示 AUTO_CLOSE 为 OFF
is_auto_shrink_on	bit	值为 1 表示 AUTO_SHRINK 为 ON；值为 0 表示 AUTO_SHRINK 为 OFF
state	tinyint	数据库状态
state_desc	nvarchar(60)	数据库状态的说明
is_in_standby	bit	对于还原日志而言，数据库是只读的
is_cleanly_shutdown	bit	取值为 1 表示数据库完全关闭，在启动时不需要恢复；取值为 0 表示数据库并未完全关闭，在启动时需要恢复
is_supplemental_logging_endbled	bit	取值为 1 表示 SUPPLEMENTAL_LOGGING 为 ON；取值为 0 表示 SUPPLEMENTAL_LOGGING 为 OFF
snapshot_isolation_state	tinyint	允许的快照隔离事务状态
recovery_model	tinyint	选定的恢复模式，值为 1 表示 FULL；值为 2 表示 BULK_LOGGED；值为 3 表示 SIMPLE
recovery_model_desc	nvarchar(60)	选定的恢复模式的说明，取值为 FULL、BULK_LOGGED 和 SIMPLE

提示

通过 sys.databases 查询数据库列表时，获取到的结果包含多个字段列，表 2-1 只是列出了常见的几种字段列的说明。关于其他的列说明，读者可以在 SQL Server 2012 联机丛书上查看。

除了 sys.databases 外，用户还可以通过 sys.sysdatabases 或者 sysdatabases 查询数据库列表，为了保证兼容性，通过该语句查询的结果字段列较少。使用代码如下：

```
SELECT * FROM sys.sysdatabases
```

或者：

```
SELECT * FROM sysdatabases
```

2.7.2 数据库详细信息

用户可以查看某一个数据库的详细信息，包括数据库名称、状态、所有者、大小、可用空间、用户数、排序规则以及数据库和数据库日志上次备份的日期等。在图形界面查看数据库详细信息的一般步骤如下：展开【对象资源管理器】窗格中的【数据库】节点，右键单击要查看的数据库，在弹出的快捷菜单中选择【属性】命令，弹出【数据库属性】对话框，如图 2-13 所示。在该对话框中可以选择任何一个选项页进行查看，如选择【文件】选项页可以查看数据和日志文件的信息。

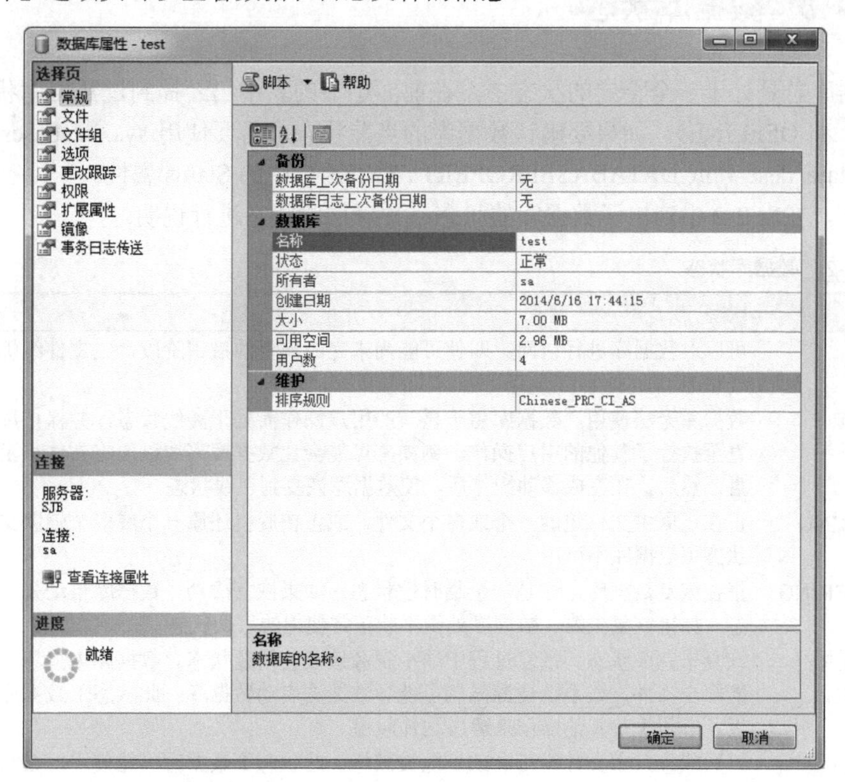

图 2-13 查看数据库详细信息

实际上，在 Transact-SQL 语句格式中，有许多查看数据库信息的语句。例如，可以使用存储过程 sp_helpdb 显示有关数据库和数据库参数的信息，如图 2-14 所示为查询结果。

在图 2-14 中，使用系统存储过程 sp_helpdb 对数据库 test 进行查询，查询的信息包括数据库的所有者、状态、创建时间、文件大小以及文件增长属性等。

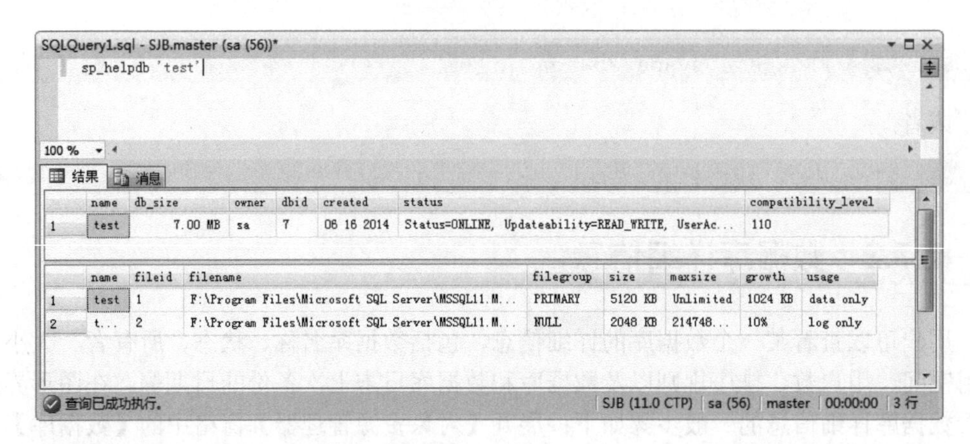

图 2-14 sp_helpdb 显示数据库信息

2.7.3 数据库状态

数据库总是处于一个特定的状态中，在前面小节的表中已经提到过数据库状态（如 ONLINE 和 OFFLINE）。如果要确认数据库的当前状态，需要使用 sys.databases 目录视图中的 state_desc 列或 DATABASEPROPERTYEX()函数中的 Status 属性。

例如，在表 2-2 中列出了数据库的状态，并对这些状态进行说明。

表 2-2 数据库状态

状态	说明
ONLNE	可以对数据库进行访问。即使可能尚未完成恢复的撤销阶段，主文件组仍处于在线状态
OFFLINE	数据库无法使用。数据库由于显式的用户操作而处于离线状态，并保持离线状态直至执行了其他的用户操作。例如，可能会让数据库离线以便将文件移至新的磁盘。然后，在完成移动操作后，使数据库恢复到在线状态
RESTORING	正在还原主文件组的一个或多个文件，或正在脱机还原一个或多个辅助文件。此状态下数据库不可用
RECOVERING	正在恢复数据库，这是一个临时性状态。如果恢复成功，数据库自动处于在线状态。如果恢复失败，数据库处于不能正常使用的可疑状态
RECOVERY PENDING	恢复未完成状态。恢复过程中缺少资源造成的问题状态。数据库未损坏，但是可能缺少文件，或系统资源限制可能导致无法启动数据库。此状态下数据库不可使用，必须执行其他操作来解决这种问题
SUSPECT	可疑状态，主文件组可疑或可能被破坏。此状态下数据库不能使用，必须执行其他操作来解决这种问题
EMERGENCY	紧急状态，可以人工设置数据库为该状态。数据库处于单用户模式，可以修复或还原。此状态下数据库标记为 READ_ONLY，禁用日志记录，只能由 sysadmin 固定服务器角色成员访问。该状态主要用于对数据库的故障排除

【范例 9】

如下代码使用 sys.databases 查看数据库 test 的状态：

```
SELECT name AS '数据库名',state_desc AS '状态' FROM sys.databases WHERE
```

```
name='msdb'
```

执行上述语句后的结果如下：

```
数据库名          状态
----------------------------------------
test              ONLINE
```

2.7.4 文件状态

在 SQL Server 中，数据库文件的状态独立于数据库的状态，文件始终处于一个特定状态，如 ONLINE 或 OFFLINE。如果要查看文件的当前状态，可以使用 sys.master_files 或 sys.database_files 目录视图。如果数据库处于离线状态，则可以从 sys.master_files 目录视图中查看文件的状态。

文件组中文件的状态确定了整个文件组的可用性，文件组的所有文件都必须联机，文件组才可用。如果要查看文件组的当前状态，可以使用 sys.filegroups 目录视图。如果文件组处于离线状态，使用 Transact-SQL 语句访问文件组时将失败并显示一条错误。

例如，表 2-3 定义了文件的状态，并对这些状态进行说明。

表 2-3 文件状态

状态	说明
ONLINE	文件可用于所有操作。如果数据库本身处于在线状态，则主文件组中的文件始终处于在线状态。如果主文件组中的文件处于离线状态，则数据库将处于离线状态，并且辅助文件的状态未定义
OFFLINE	文件不可访问，并且可能不显示在磁盘中。文件通过显式用户操作变为离线，并在执行其他用户操作之前保持离线状态
RESTORING	正在还原文件。文件处于还原状态（因为还原命令会影响整个文件，而不仅是页还原），并且在还原完成及文件恢复之前，一直保持此状态
RECOVERY PENDING	文件恢复被推迟。由于在段落还原过程中未还原和恢复文件，因此文件将自动进入此状态。需要用户执行其他操作来解决该错误，并允许完成恢复过程
SUSPECT	联机还原过程中，恢复文件失败。如果文件位于主文件组，则数据库还将标记为可疑。否则，仅文件处于可疑状态，而数据库仍处于在线状态 在通过以下方法之一将文件变为可用之前，该文件将保持可疑状态。这两种方法分别是还原和恢复、包含 REPAIR_ALLOW_DATA_LOSS 的 BCC CHECKDB
DEFUNCT	当文件不处于在线状态时被删除。删除离线文件组后，文件组中的所有文件都将失效

2.8 思考与练习

一、填空题

1．__________是一个全局资源的临时数据库，可供连接到SQL Server实例的所有用户使用。

2．如果要访问系统对象的 SQL 定义，可用__________函数。

3．主要数据文件、次要数据文件以及__________是 SQL Server 数据库具有的三种类型的文件。

4．Transact-SQL 创建数据库时需要执行

__________语句。

二、选择题

1．SQL Server 2012 提供的系统数据库不包括__________。

A．master

B．msdb

C．tempdb

D．testdb

2．次要数据文件的扩展名是__________。

A．.mdf

B．.ndf

C．.ldf

D．.data

3．关于 SQL Server 数据库中的文件和文件组，下列说法错误的是__________。

A．一个文件或者文件组只能用于一个数据库，不能用于多个数据库

B．一个文件只能属于某一个文件组，而不能属于多个文件组

C．数据库的数据文件和日志文件必须放在同一个文件或文件组中

D．日志文件永远不能是任何文件组的一部分

4．DROP DATABASE 表示__________。

A．创建数据库

B．删除一个数据库

C．删除一个或多个数据库

D．更改数据库的基本信息

5．数据库状态为__________时表示可以对数据库进行访问。

A．ONLINE

B．OFFLINE

C．RESTORING

D．RECOVERING

三、简答题

1．SQL Server 中存在的系统数据库有哪些？它们是用来做什么的？

2．简单说明创建、修改和删除数据库时需要执行的 Transact-SQL 语句。

3．数据库状态和文件状态有哪些？请对这些状态进行简单说明。

第3章　操作数据表

创建数据库以后，接下来的工作就是创建和管理数据表。数据表是数据库的基本构成单元，是数据库中最重要的对象，用来保存用户的各类数据，后期的各种操作也是在数据表的基础上进行的，因此对表的管理是对 SQL Server 数据库管理的重要内容。在实际应用中，数据表常用的操作有创建、删除、数据管理以及约束等，本节将重点介绍如何在 SQL Server 2012 中操作数据库表。

本章学习要点：

- ❑ 了解 SQL Server 中的系统表
- ❑ 掌握创建数据表的几种方式
- ❑ 熟悉表和列的相关操作
- ❑ 掌握列的数据类型
- ❑ 掌握主键约束和自动增长标识
- ❑ 掌握唯一性约束
- ❑ 了解空与非空约束
- ❑ 熟悉默认值约束和检查约束
- ❑ 掌握外键约束

3.1 了解表

表是 SQL Server 数据库中最主要的数据库对象，用于存储数据库中的所有数据。在介绍用户如何创建表之前，首先了解一下数据表的概念和常用的一些系统表。

3.1.1 表的概念

数据库中的所有数据存储在表中，数据表包括行和列。列决定表中数据的类型，行包含实际的数据。数据在表中的组织方式与在电子表格中相似，都是按行和列的格式组织的。每一行代表一条唯一的记录，每一列代表记录中的一个字段。例如，图 3-1 是一个基本的员工信息表，表中的每一行代表一条人员信息，每一列代表人员的详细资料，如编号、名称、年龄、联系电话、出生日期、进公司工作的日期以及个人说明等。

数据表代表实体，并且有唯一的名称，由该名称确定实体。例如，employee 表表示员工实体，在该实例中保存每名员工的基本信息。

数据表由行和列组成，行有时也称为记录，列有时也称为字段或者域。表中每一列都有一个列名用来描述该列的特性。每个表包含若干行，表的第一行为各列标题，其余行都是数据。

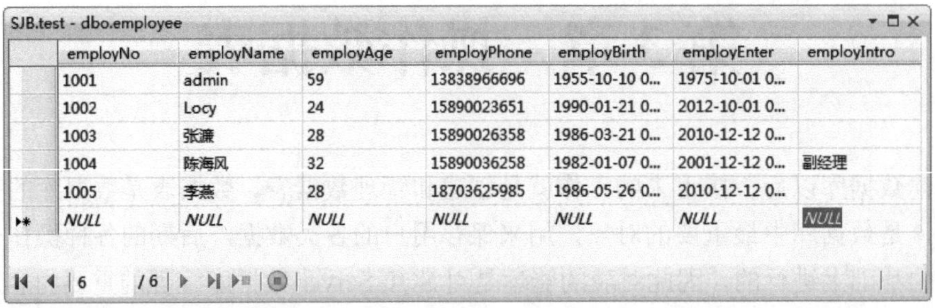

SJB.test - dbo.employee

	employNo	employName	employAge	employPhone	employBirth	employEnter	employIntro
	1001	admin	59	13838966696	1955-10-10 0...	1975-10-01 0...	
	1002	Locy	24	15890023651	1990-01-21 0...	2012-10-01 0...	
	1003	张濂	28	15890026358	1986-03-21 0...	2010-12-12 0...	
	1004	陈海风	32	15890036258	1982-01-07 0...	2001-12-12 0...	副经理
	1005	李燕	28	18703625985	1986-05-26 0...	2010-12-12 0...	
▸*	NULL	NULL	NULL	NULL	NULL	NULL	NULL

6 /6

图 3-1 **employee 表**

在表中，行和列的顺序可以任意。但是对于每一个表，最多可以定义 1024 列。在同一个表中列名必须唯一。在定义表时，用户还必须为每一个列指定一种数据类型。

注意

列名在表中的唯一性是由 SQL Server 2012 强制实现的。而行在表中的唯一性是由用户通过增加主键约束来强制实现的，即在一个表中，为了满足实际应用的需要，两行相同的记录毫无意义。

3.1.2 系统表

SQL Server 2012 通过一系列表来存储所有对象、数据类型、约束、配置选项、可利用资源的相关信息，这一系列表被称为系统表。任何用户都不应该直接更改系统表，例如，不要尝试使用 DELETE、UPDATE 和 INSERT 语句或用户定义的触发器修改系统表。将系统表分类时，可以将其分为备份和还原表、日志传送表、变更数据捕获表、复制表、数据库维护计划表、SQL Server 代理表以及 SQL Server 扩展事件表等。

系统表中还有一种系统基表，它是基础表，用于实际存储特定数据库的元数据。在该方面，master 数据库有些特别，因为它包含一些在其他任何数据库中都找不到的表，这些表包含服务器范围内的持久化元数据。例如，表 3-1 中列出了 SQL Server 2012 中的部分系统基表，并对它们进行说明。

表 3-1 **SQL Server 2012 中的部分系统基表**

系统基表	说明
sys.sysschobjs	存在于每个数据库中。每一行表示数据库中的一个对象
sys.sysbinobjs	存在于每个数据库中。数据库中的每个 Service Broker 实体都存在对应的一行。Service Broker 实体包括消息类型、服务合同和服务
sys.sysclsobjs	存在于每个数据库中。共享相同通用属性的每个分类实体均存在对应的一行，这些属性包括程序集、备份设备、全文目录、分区函数、分区方案、文件组和模糊处理键
sys.sysnsobjs	存在于每个数据库中。每个命名空间范围内的实体均存在对应的一行。此表用于存储 XML 集合实体

续表

系统基表	说明
sys.sysiscols	存在于每个数据库中。每个持久化索引和统计信息列均存在对应的一行
sys.sysscalartypes	存在于每个数据库中。每个用户定义类型或系统类型均存在对应的一行
sys.sysdbreg	仅存在于 master 数据库中。每个注册数据库均存在对应的一行
sys.sysxsrvs	仅存在于 master 数据库中。每个本地服务器、链接服务器或远程服务器均存在对应的一行
sys.sysxlgns	仅存在于 master 数据库中。每个服务器主体均存在对应的一行
sys.sysusermsg	仅存在于 master 数据库中。每一行表示用户定义的错误消息
sys.ftinds	存在于每个数据库中。数据库中的每个全文索引均存在对应的一行
sys.sysxprops	存在于每个数据库中。每个扩展属性均存在对应的一行
sys.sysallocunits	存在于每个数据库中。每个存储分配单元均存在对应的一行
sys.sysrowsets	存在于每个数据库中。索引或堆的每个分区行集均存在对应的一行
sys.sysrowsetrefs	存在于每个数据库中。行集引用的每个索引均存在对应的一行
sys.sysobjvalues	存在于每个数据库中。实体的每个常规值属性均存在对应的一行
sys.sysguidrefs	存在于每个数据库中。每个 GUID 分类 ID 引用均存在对应的一行

提示

SQL Server 2012 中包含多种系统表和多个系统基表，表 3-1 中只列出了部分系统基表，关于其他的系统基表和系统表，读者可以在 SQL Server 2012 在线文档上查找到更多资料。

3.2 创建表

在 SQL Server 2012 中创建表的常用两种方式是通过图形界面创建表和通过 Transact-SQL 语句创建表，下面分别介绍这两种方式。

3.2.1 图形界面创建

在一个基本的学生管理系统中，需要包含学生的基本信息，如学生编号、姓名、性别、年龄、出生日期、联系电话以及家庭住址等。在范例 1 中介绍如何通过图形界面工具创建数据表。

【范例 1】

通过图形界面在 studenttest 数据库中创建数据表的一般步骤如下。

（1）展开【对象资源管理器】窗格中 studenttest 数据库下的【表】节点。因为 studenttest 数据库尚未添加新表，因此展开它的子选项时只存在【系统表】节点，如图 3-2 所示。

（2）右键单击【表】选项，在弹出的快捷菜单中选择【新建表】命令，这时会在对象资源管理器右侧出现编辑窗口，如图 3-3 所示。

（3）可以在编辑窗口中输入或选择表的列名、数据类型、是否允许为 Null 值。例如，在如图 3-3 所示的编辑窗口中添加 stuNo 列，指定该列的数据类型为 nvarchar(10)，且不允许为 Null 值，如图 3-4 所示。

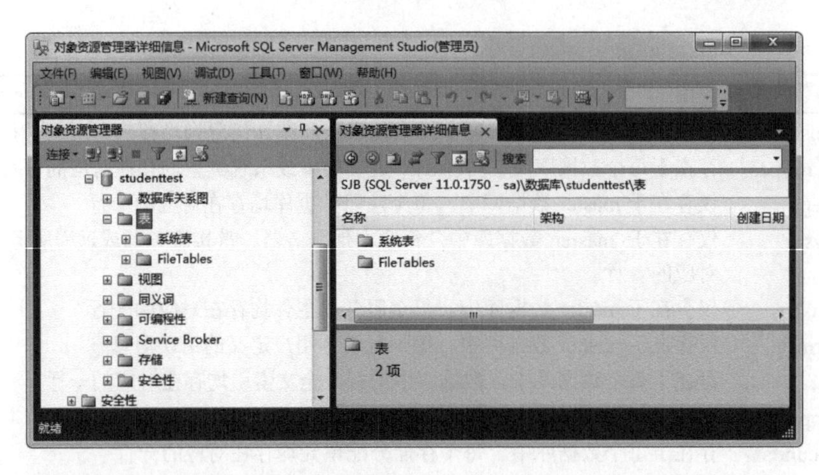

图 3-2 创建 studenttest 数据库

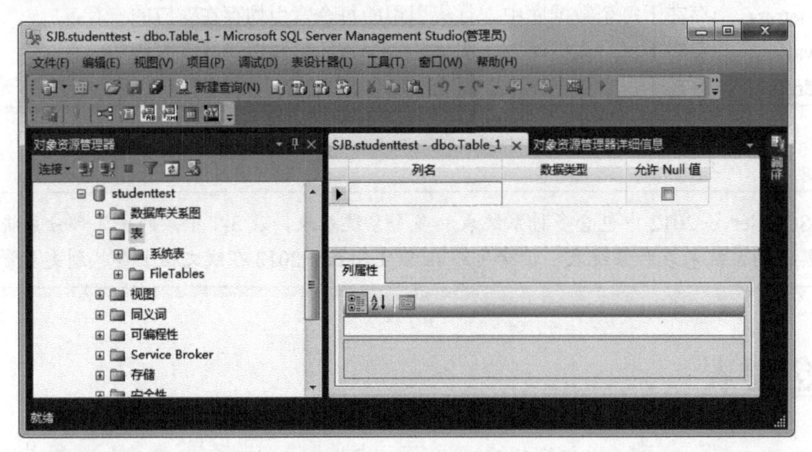

图 3-3 新建表时的编辑窗口

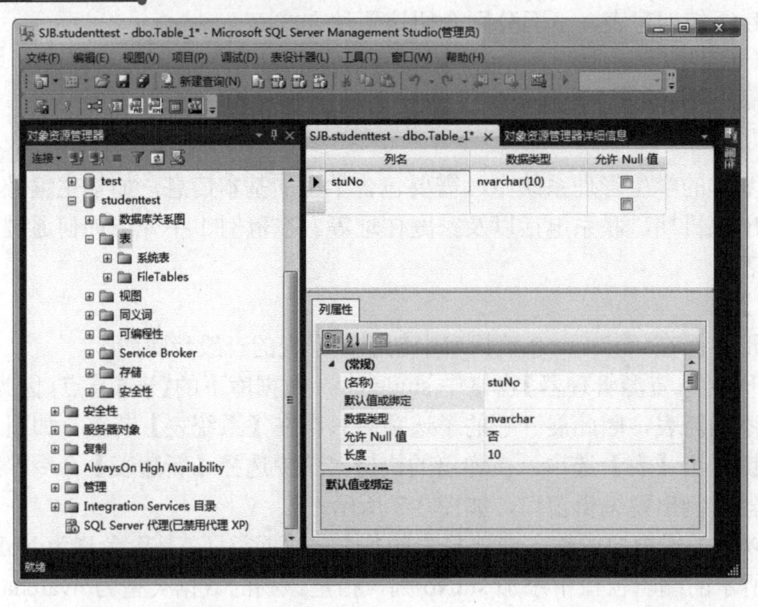

图 3-4 为表添加 stuNo 列

从图 3-4 中可以看出，在表中添加字段列后，在编辑窗口的底部设置列的属性，如名称、默认值、数据类型和长度等。

（4）在表中继续添加剩余的列，包括 stuName、stuAge、stuAge、stuBirth、stuPhone 以及 stuAddress，并完成相关数据类型的设置。

（5）完成所有列的添加后，需要考虑对列的主键的设置。选定选作主键的列（如 stuNo），右键单击列名弹出如图 3-5 所示的快捷菜单。

图 3-5　将字段列设置为主键

（6）在图 3-5 中选择【设置主键】命令完成主键的设置，这时会在 stuNo 列的前面出现一个钥匙标记，这说明该列已经被设置为主键，如图 3-6 所示。

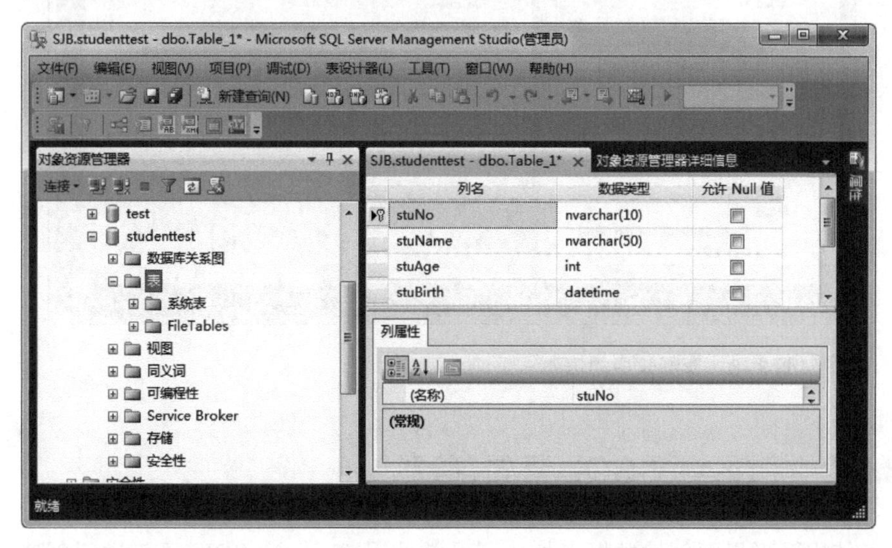

图 3-6　完成对主键列的添加

（7）单击工具栏中的【保存】按钮或者按 Ctrl+S 键，弹出【选择名称】对话框，如图 3-7 所示。在对话框中输入表的名称 StudentBaseInfo，然后单击【确定】按钮保存表。

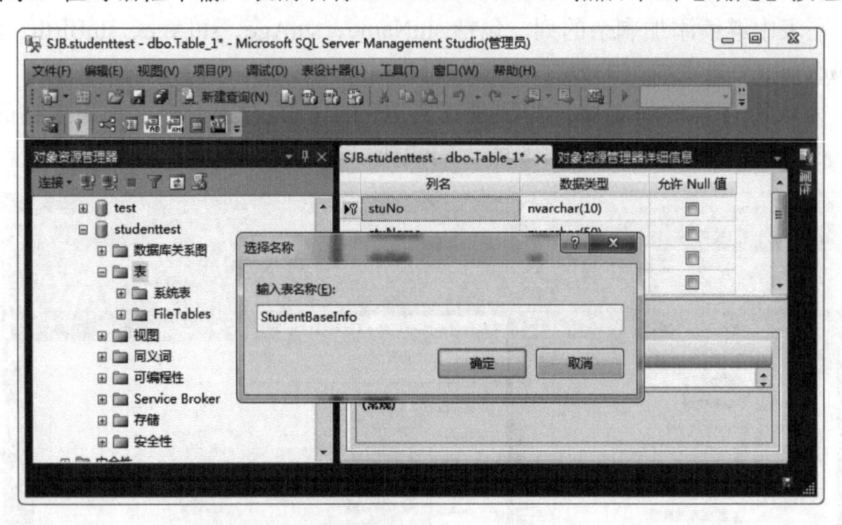

图 3-7　保存表时输入表的名称

（8）完成保存后，在【对象资源管理器】窗格中将看到创建的 StudentBaseInfo 表，单击该表可以查看表中的各个节点（如列、键、约束和索引等），如图 3-8 所示。

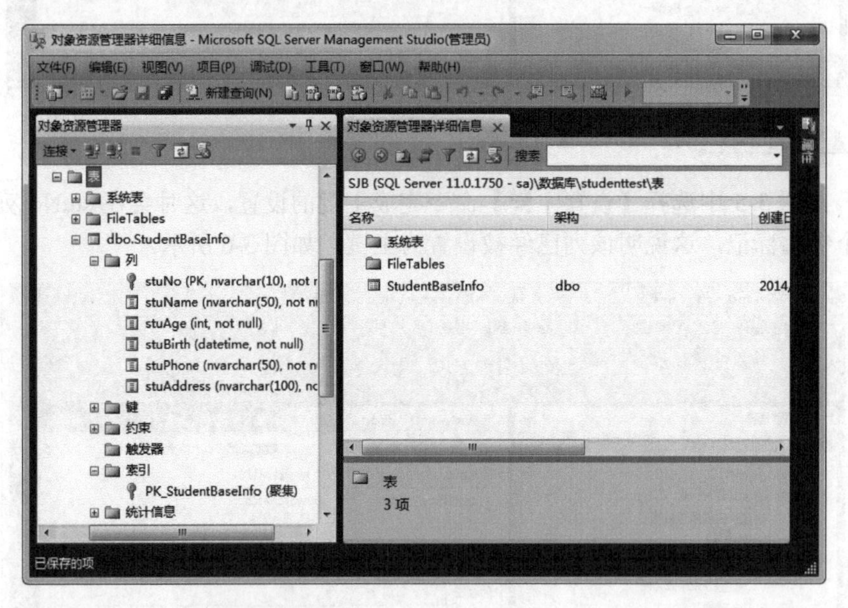

图 3-8　查看表中的信息

3.2.2　Transact-SQL 语句创建

除了使用图形界面创建数据表外，还经常使用 Transact-SQL 语句进行创建。通过 Transact-SQL 语句创建表时需要使用 CREATE TABLE 命令。完整语法如下：

```
CREATE TABLE
    [ database_name . [ schema_name ] . | schema_name . ] table_name
    [ AS FileTable ]
    ( { <column_definition> | <computed_column_definition>
        | <column_set_definition> | [ <table_constraint> ] [ ,...n ] } )
    [ ON { partition_scheme_name ( partition_column_name ) | filegroup |
    "default" } ]
    [ { TEXTIMAGE_ON { filegroup | "default" } ]
    [ FILESTREAM_ON { partition_scheme_name | filegroup | "default" } ]
    [ WITH ( <table_option> [ ,...n ] ) ]
[ ; ]
```

上述语法的说明如下。

（1）database_name：表示在其中创建表的数据库的名称，它必须指定现有数据库的名称。如果未指定，则 database_name 默认为当前数据库。

（2）schema_name：创建数据库表的所有者名，如果为空，则默认新表的创建者在当前数据库中的用户名。

（3）table_name：创建数据表的名称，表名必须遵循有关标识符的规则。

（4）AS FileTable：将新表创建为 FileTable，用户无须指定列，因为 FileTable 具有固定架构。

（5）<column_definition>：表示数据列的语句结构。

（6）<table_constraint>：表示对数据表的约束进行设置。

<column_definition>用于定义数据列的语句结构。它的完整语法如下：

```
<column_definition> ::=
column_name <data_type>
    [ FILESTREAM ]
    [ COLLATE collation_name ]
    [ SPARSE ]
    [ NULL | NOT NULL ]
    [
        [ CONSTRAINT constraint_name ] DEFAULT constant_expression ]
      | [ IDENTITY [ ( seed ,increment ) ] [ NOT FOR REPLICATION ]
    ]
    [ ROWGUIDCOL ]
    [ <column_constraint> [ ...n ] ]
<data type> ::=
[ type_schema_name . ] type_name
    [ ( precision [ , scale ] | max |
        [ { CONTENT | DOCUMENT } ] xml_schema_collection ) ]
```

上述语法的说明如下。

（1）column_name：表中列的名称。

（2）<data type>：定义列的数据类型。在它的语法中，[type_schema_name.]type_name 指定列的数据类型以及该列所属的架构；precision 和 scale 分别表示指定数据类型的精度和指定数据类型的小数位数。

（3）COLLATE collation_name：指定列的排序规则。

（4）NULL|NOT NULL：确定列中是否允许有空值。

（5）CONSTRAINT：可选关键字，表示 PRIMARY KEY、NOT NULL、UNIQUE、FOREIGN KEY 或 CHECK 约束定义的开始。

（6）constraint_name：约束的名称，它必须在表所属的架构中唯一。

（7）DEFAULT：如果在插入过程中未显式提供值，则指定为列提供的值。

（8）constant_expression：它是用作列的默认值的常量、NULL 或系统函数。

（9）IDENTITY：指示新列是标识列，每个表只能创建一个标识列。在表中添加新行时，数据库引擎将为该列提供一个唯一的增量值。标识列通常与 PRIMARY KEY 约束一起用作表的唯一行标识符。

（10）seed：加载到表中的第一个行时所使用的值。

（11）increment：加载到前一行的标识值中要添加的增量值。

（12）NOT FOR REPLICATION：在 CREATE TABLE 语句中，可为 IDENTITY 属性、FOREIGN KEY 约束和 CHECK 约束指定 NOT FOR REPLICATION 子句。如果为 IDENTITY 属性指定了该子句，则复制代理执行插入时，标识列中的值将不会增加。如果为约束指定了此子句，则当复制代理执行插入、更新或删除操作时，将不会强制执行此约束。

（13）ROWGUIDCOL：指示新列是行 GUID（Globally Unique Identifier，全局唯一标识符）列。

注意

GUID 是唯一的二进制数，世界上的任何两台计算机都不会生成重复的 GUID 值。GUID 主要用在拥有多个节点、多台计算机的网络中，分配必须具有唯一性的标识符。

【范例 2】

了解 CREATE TABLE 命令的语法后，通过 CREATE TABLE 语句在 studenttest 数据库中创建 PurchaseOrderDetail 表。代码如下：

```
USE studenttest;
GO
CREATE TABLE dbo.PurchaseOrderDetail
(
   purchaseOrderID int NOT NULL,
   lineNumber smallint NOT NULL,
   productID int NULL,
   unitPrice money NULL,
   orderQty smallint NULL,
   receivedQty float NULL,
   rejectedQty float NULL,
   dueDate datetime NULL
);
```

从上述代码可以看出，PurchaseOrderDetail 表中包含多个列。在定义数据列时，数据列之间需要使用逗号（,）分隔。

3.3 维护表

创建数据表完成后，对数据表的维护也很重要。例如，在表中增加新的数据列、删除不需要的数据列，或者更改表的名称等。

3.3.1 管理表中的列

管理表中的列是指列的添加和删除，用户可以通过两种方式添加或删除表中的列，即使用图形界面和使用 Transact-SQL 语句。

1．通过图形界面操作

在图形界面中添加或删除列，可使用下列步骤。

（1）右键单击【对象资源管理器】窗格中要操作的数据库中的表。

（2）在弹出的快捷菜单中选择【设计】命令打开设计器窗口。

（3）如果要在表中添加列，在所有列的后面设置要添加的列名称、类型和是否为 Null 值即可；如果要删除某列，只需要右键单击该列，然后在弹出的快捷菜单中选择【删除列】命令即可，如图 3-9 所示。

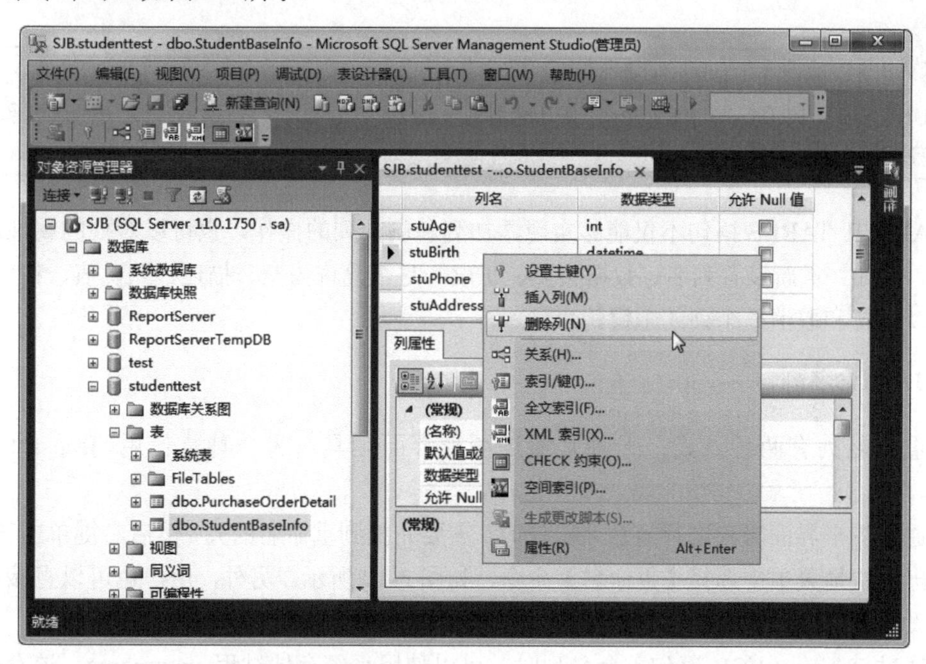

图 3-9 添加或删除列的操作界面

（4）设置完成后，保存并关闭设计器窗口。

2．Transact-SQL 语句操作

使用 ALTER TABLE 语句也可以完成添加或删除列的操作。

【范例 3】

如下代码通过 ALTER TABLE 语句在 studenttest 数据库的 StudentBaseInfo 表中添加 stuIntro 列：

```
USE studenttest;
GO
ALTER TABLE StudentBaseInfo ADD stuIntro text NULL;
```

从上述代码可以看出，在 StudentBaseInfo 表中添加 stuIntro 列时，该列的数据类型为 text，并且允许该列有 NULL 值。

可以一次使用 ALTER TABLE 语句添加多个列，在添加多个列时，多个列之间通过逗号（,）进行分隔。

【范例 4】

通过 ALTER TABLE 语句添加列时需要用到 ADD 关键字，但是通过该语句删除列时需要使用 DROP COLUMN 关键字。删除 stuIntro 列的代码如下：


```
USE studenttest;
GO
ALTER TABLE StudentBaseInfo DROP COLUMN stuIntro;
```

注 意

> 在删除列时，如果列具有以下特征，则列不能删除：用于 CHECK、FOREIGN KEY、UNIQUE 或 PRIMARY KEY 约束；用于索引；与 DEFAULT 定义管理或绑定到某一默认对象；绑定到规则；用作表的全文键；已注册支持全文。

ALTER TABLE 语句不仅能够实现添加列和删除列的操作，也可以对列的属性进行修改。例如，重新设置列名、数据类型、长度、是否允许为空、描述、默认值、精度等，还可以设置和取消一个列的主键约束。

3．重命名列

重命名列有两种方式：一种是通过图形界面工具；另一种是使用 Transact-SQL 语句。

通过图形界面对列进行重命名操作时，需要先找到重命名的列，然后右键单击该列，在弹出的快捷菜单中选择【重命名】命令，如图 3-10 所示。另外，用户也可以直接打开表的设计器窗口，在窗口中进行更改，更改完成后保存即可。

通过 Transact-SQL 语句重命名列时，可以使用系统存储过程 sp_rename。该存储过程表示在当前数据库中更改用户创建对象的名称，该对象可以是表、索引、列、别名数据类型或用户定义类型。基本语法如下：

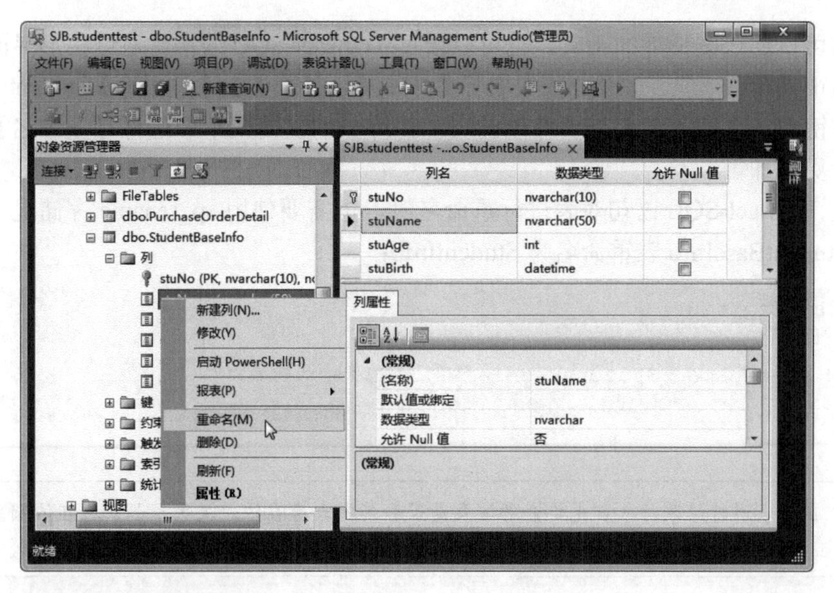

图 3-10 重命名列

```
sp_rename [ @objname = ] 'object_name' , [ @newname = ] 'new_name' [ ,
[ @objtype = ] 'object_type' ]
```

上述语法的说明如下。

（1）[@objname=]'object_name'：用户对象或数据类型的当前限定或非限定名称。如果要重命名的对象是表中的列，则 object_name 的形式必须是 table.column 或 schema.table.column；如果要重命名的对象是索引，则 object_name 的形式必须是 table.index 或 schema.table.index；如果要重命名的对象是约束，则 object_name 的形式必须是 schema.constraint。

（2）[@newname=]'new_name'：指定对象的新名称。

（3）[@objtype=]'object_type'：要重命名的对象的类型。object_type 的数据类型是 varchar(13)，默认值为 NULL，且可以是 COLUMN、DATABASE、INDEX、Object、STATISTICS、USERDATATYPE 的值之一。

【范例 5】

sp_rename 返回的值为 0 或者非零数字，返回 0 时表示执行成功，否则表示执行失败。下面的代码将 StudentBaseInfo 表中的 stuAddress 列重命名为 stuNewAddress：

```
USE studenttest;
GO
EXEC sp_rename 'StudentBaseInfo.stuAddress', 'stuNewAddress', 'COLUMN';
GO
```

3.3.2 修改表名

当用户向数据库中添加表之后，发现表的名称出现了一个错误，这时需要修改表名。

修改表名可以通过图形界面工具，也可以通过 Transact-SQL 语句。通过图形界面的方式修改表名很简单，一般步骤是：依次展开【对象资源管理器】|【数据库】|studenttest|【表】节点，右键单击【表】节点下要修改的表，在弹出的快捷菜单中选择【重命名】命令，然后进行更改即可。

通过 Transact-SQL 语句对表进行重命名时，也需要使用 sp_rename 存储过程。如下代码将 StudentBaseInfo 表重命名为 StudentInfo：

```
USE studenttest;
GO
EXEC sp_rename 'StudentBaseInfo', 'StudentInfo';
GO
```

提示

在对表进行修改时，首先要查看该表是否和其他表存在依赖关系，如果存在依赖关系，那么应该解除该表的依赖关系后再对表进行修改操作，否则将有可能导致其他表出错。

3.3.3 删除表

用户在 SQL Server 2012 中可以通过使用图形界面或 Transact-SQL 语句从数据库中删除表。通过图形界面删除表的一般步骤是：展开【数据库】节点下的【表】节点，右键单击要删除的表，在弹出的快捷菜单中选择【删除】命令即可。

通过 Transact-SQL 删除表时需要使用 DROP TABLE 语句。DROP TABLE 用于删除一个或多个表定义以及这些表中的所有数据、索引、触发器、约束和权限规范。任何引用已删除表或存储过程时都必须使用 DROP VIEW 或 DROP PROCEDURE 显式删除。DROP TABLE 语句的基本语法如下：

```
DROP TABLE [ database_name . [ schema_name ] . | schema_name . ] table_name
[ ,...n ] [ ; ]
```

其中，database_name 表示要在其中创建表的数据库的名称，schema_name 表示表所属架构的名称，table_name 表示要删除的表的名称。

【范例 6】

如下代码通过 DROP TABLE 删除 PurchaseOrderDetail 表：

```
DROP TABLE dbo.PurchaseOrderDetail;
```

通过 DROP TBALE 语句删除表时，存在以下的限制和约束。

（1）不能删除被 FOREIGN KEY 约束引用的表。必须先删除引用 FOREIGN KEY 的约束或引用表。如果要在同一个 DROP TABLE 语句中删除引用表以及包含主键的表，则必须先列出引用表。

（2）删除表时，表的规则或默认值将被解除绑定，与该表关联的任何约束或触发器将被自动删除。如果要重新创建表，则必须重新绑定相应的规则和默认值，重新创建某些触发器，并添加所有必需的约束。

（3）如果删除的表包含带有 FILESTREAM 属性的 varbinary(max)列，则不会删除在文件系统中存储的任何数据。

（4）不应在同一个批处理中对同一个表执行 DROP TABLE 和 CREATE TABLE，否则可能出现意外错误。

（5）任何引用已删除表的视图或存储过程都必须显式删除或修改，以便删除对该表的引用。

3.3.4 查看表定义

用户可以通过图形界面或 Transact-SQL 语句查看某个表的属性。通过图形界面显示表属性时，需要右键单击选中的表，然后在弹出的快捷菜单中选择【属性】命令，弹出【表属性】对话框，如图 3-11 所示。在该对话框中，单击不同的选项页可查看表的基本信息、权限、扩展属性以及存储等内容。

图 3-11 查看表属性

通过 Transact-SQL 查看表属性时，可以使用 sys.tables 目录视图。sys.tables 为每个表的对象返回一行，当前仅用于 sys.objects.type=U 的表对象。如图 3-12 所示的查询当前数据库中存在的表，并返回一系列与表有关的属性。

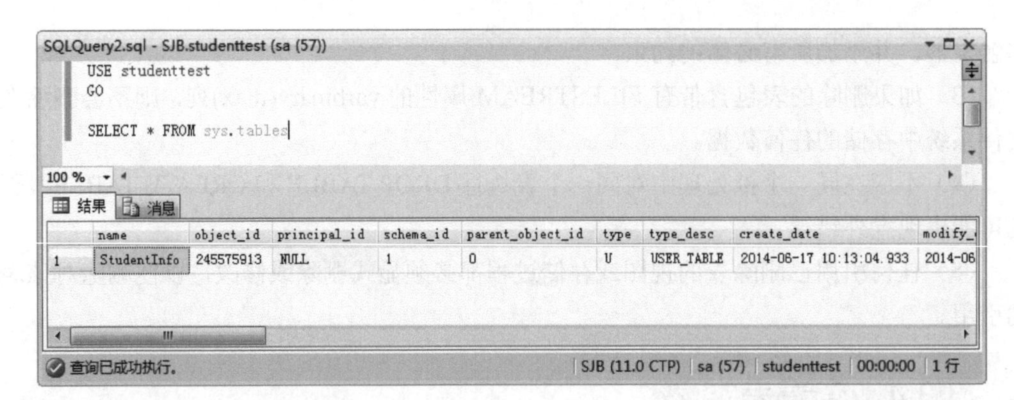

图 3-12 sys.tables 的使用

3.4 指定列数据类型

SQL Server 数据库使用不同的数据类型存储数据，并且要求所有的列中的数值都有相同的数据类型（除非指定 SQL_VARIANT 数据类型的值）。数据类型是一种属性，用于指定对象可保存的数据的类型。SQL Server 提供系统数据类型集，该类型集定义了可与 SQL Server 一起使用的所有数据类型。

本节介绍指定列时 SQL Server 提供的数据类型，如数字类型、日期和时间类型、字符串类型以及 Unicode 字符串类型等。

3.4.1 数字类型

数字类型是指与数字有关的类型，大体可以将数字类型分为精确数字类型和近似数字类型。精确数字类型能够精确到准确的数字，SQL Server 中的精确数字类型有 bigint、bit、decimal、int、money、numeric、smallint、smallmoney 和 tinyint，近似数字类型有 float 和 real 两种。

1．bigint、int、smallint、tinyint 类型

在这 4 种类型中，int 类型最经常被用到，bigint 数据类型用于整数值可能超过 int 数据类型支持范围的情况。在数据类型优先次序表中，bigint 介于 smallmoney 和 int 之间。如表 3-2 所示是对 bigint、int、smallint 和 tinyint 类型进行的简单说明。

表 3-2 bigint、int、smallint 和 tinyint 类型

数据类型	范围	存储
bigint	-2^{63}(-9 223 372 036 854 775 808)～2^{63}-1(9 223 372 036 854 775 807)	8 字节
int	-2^{31}(-2 147 483 648)～2^{31}-1(2 147 483 647)	4 字节
smallint	-2^{15}(-32 768)～2^{15}-1(32 767)	2 字节
tinyint	0～255	1 字节

2. bit 类型

bit 是可以取值为 1、0 或 NULL 的 integer 数据类型。SQL Server 数据库引擎可优化 bit 列的存储。如果表中的列为 8bit 或者更少，则这些列作为 1 个字节存储；如果列为 9～16bit，则这些列作为 2 个字节存储，以此类推。

字符串值 True 或者 False 可转换为 bit 值，True 将转换为 1，False 将转换为 0。转换时 bit 会将任何非零值转换为 1。

3. decimal 和 numeric 类型

decimal 和 numeric 是带固定精度和小数位数的数值数据类型。使用最大精度时，有效值的范围为-10^{38}+1～10^{38}-1。语法如下：

```
decimal [ (p[ ,s] )] 和 numeric[ (p[ ,s] )]
```

其中 p 表示精度，最多可以存储的十进制数字的总位数，包括小数点左边和右边的位数。该精度必须是从 1 到最大精度 38 之间的值。默认精度为 18。s 表示小数位数，小数点右边可以存储的十进制数字的位数，从 p 中减去此数字可确定小数点左边的最大位数，小数位数必须是 0 到 p 之间的值。仅在指定精度后才可以指定小数位数，默认的小数位数为 0。因此 $0 \leqslant s \leqslant p$。

4. money 和 smallmoney 类型

money 和 smallmoney 是代表货币或货币值的数据类型，这两种数据类型精确到它们所代表的货币单位的万分之一。money 数据类型存储 8 字节，范围是-922 337 203 685 477.5808～922 337 203 685 477.5807。smallmoney 数据类型存储 4 字节，范围是-214 748.3648 到 214 748.3647。

5. float 和 real 类型

float 和 real 是用于表示浮点数值数据的大致数值数据类型。浮点数据为近似值，因此，并非数据类型范围内的所有值都能精确地表示。float 类型的语法如下：

```
float [ (n) ]
```

其中 n 为用于存储 float 数值尾数的位数（以科学记数法表示），因此可以确定精度和存储大小。如果指定了 n，则它必须是介于 1～53 之间的某个值，默认值为 5。当 n 的取值在 1～24 之间时，精度为 7 位数，存储大小为 4 字节；当 n 的取值在 25～53 之间时，精度为 15 位数，存储大小为 8 字节。

3.4.2 日期和时间类型

SQL Server 2012 中支持 6 种日期和时间类型，它们的简单说明如下。

1. date 类型

date 数据类型定义一个日期，支持的日期范围从 0001-01-01～9999-12-31，即公元元年 1 月 1 日到公元 9999 年 12 月 31 日，默认值为 1900-01-01。存储 date 数据类型磁盘开销需三个字节，如果只需要存储日期值而没有时间，使用 date 可以比 smalldatetime 节省一个字节的磁盘空间。

date 数据类型的默认字符串文字格式是 YYYY-MM-DD，其中 YYYY 是表示年份的 4 位数字，范围是 0001～9999；MM 是表示指定年份中的月份的两位数字，范围是 01～12；DD 是表示指定月份中的某一天的两位数字，范围是 01～31。

2. datetime 类型

datetime 类型用于定义一个与采用 24 小时制并带有秒小数部分的一日内时间相结合的日期。支持的日期范围是 1753 年 1 月 1 日～9999 年 12 月 31 日，时间范围是 00:00:00～23:59:59.997，默认值为 1900-01-01 00:00:00。

datetime 数据类型的一般格式是 YYYY-MM-DD hh:mm:ss。其中 YYYY 是表示年份的 4 位数字，范围为 1753～9999；MM 是表示指定年份中的月份的两位数字，范围是 01～12；DD 是表示指定月份中的某一天的两位数字，范围是 01～31；hh 是表示小时的两位数字，范围是 00～23；mm 是表示分钟的两位数字，范围是 00～59；ss 是表示秒钟的两位数字，范围是 00～59。

3. datetime2 类型

datetime2 类型定义结合了 24 小时制时间的日期，可将 datetime2 视作现有 datetime 类型的扩展，其数据范围更大、默认的小数精度更高，并具有可选的用户定义的精度。datetime2 类型指定的日期范围是 0001-01-01～9999-12-31，即公元元年 1 月 1 日到公元 9999 年 12 月 31 日，时间范围是指 00:00:00～23:59:59.9999999。

4. datetimeoffset 类型

datetimeoffset 类型用于定义一个与采用 24 小时制并可识别时区的一日内时间相组合的日期。该类型要求存储的日期和时间（24 小时制）是与时区一致的，时间部分能够支持高达 100 ns 的精确度。

5. smalldatetime 类型

smalldatetime 类型定义结合了一天中的时间的日期，该时间为 24 小时制，秒始终为零，并且不带秒小数部分。smalldatetime 类型的默认值为 1900-01-01 00:00:00，该类型定义的日期范围是 1900-01-01～2079-06-06，即 1900 年 1 月 1 日～2079 年 6 月 6 日，时间范围是 00:00:00～23:59:59，如 2007-05-09 23:59:59 将舍入为 2007-05-10 00:00:00。

6. time 类型

time 类型定义一天中的某个时间，此时间不能感知时区且基于 24 小时制。time 类型的范围是 00:00:00.0000000～23:59:59.9999999，它支持高达 100ns 的精确度。如果想要存储一个特定的时间信息而不涉及具体的日期，time 数据类型非常有用。

3.4.3 字符串类型

在 SQL Server 2012 中，提供了 char、varchar 和 text 三种字符串类型。

1．char 类型

char 类型表示固定长度，非 Unicode 字符串数据。基本形式如下：

```
char [ ( n ) ]
```

其中，*n* 用于定义字符串长度，并且它必须为 1～8 000 之间的值。存储大小为 *n* 字节，在列数据项的大小一致时使用。

2．varchar 类型

varchar 类型表示可变长度，非 Unicode 字符串数据。基本形式如下：

```
varchar [ ( n | max ) ]
```

其中，*n* 用于定义字符串长度，并且它可以为 1～8 000 之间的值。max 指示最大存储大小是 2^{31}-1 个字节，即 2GB。存储大小为所输入数据的实际长度+2 个字节。

如果列数据项的大小差异相当大，则使用 varchar；如果列数据项大小相差很大，而且大小可能超过 8 000 字节，则使用 varchar(max)。

3．text 类型

text 类型为服务器代码页中长度可变的非 Unicode 数据，字符串最大长度为 2^{31}-1（2 147 483 647）个字节。当服务器代码页使用双字节字符时，存储仍是 2 147 483 647 字节。根据字符串，存储大小可能小于 2 147 483 647 字节。

3.4.4 Unicode 字符串类型

Unicode 是一种在计算机上使用的字符编码。在 SQL Server 2012 中，提供了 nchar、nvarchar 和 ntext 三种 Unicode 字符串类型。

1．nchar 类型

nchar 类型的长度固定，在列数据项的大小可能相同时使用。基本形式如下：

```
nchar[ ( n ) ]
```

其中，*n* 的值必须在 1～4 000 之间。如果没有在数据定义或变量声明语句中指定 *n*，则默认值长度为 1。

2. nvarchar 类型

nvarchar 类型存储可变长度 Unicode 字符数据。在列数据项的大小可能差异很大时使用。基本形式如下：

```
nvarchar[ ( n | max ) ]
```

其中，*n* 的值在 1～4 000 之间。如果没有在数据定义或变量声明语句中指定 *n*，则默认值长度为 1。

3. ntext 类型

ntext 类型存储长度可变的 Unicode 数据，字符串最大长度为 2^{30}-1（1 073 741 823）个字节。存储大小是所输入字符串长度的两倍（以字节为单位）。

3.4.5 二进制字符串

SQL Server 2012 中支持二进制类型，二进制类型用于存储二进制数据。下面介绍 binary、varbinary 和 image 三种二进制字符串类型。

1. binary 类型

如果列数据项的大小一致时，可以使用 binary 类型。binary 类型表示长度为 *n* 字节的固定长度二进制数据，其中 *n* 是指从 1～8 000 的值，存储大小为 *n* 字节。如果 *n* 没有指定，则默认长度为 1。基本形式如下：

```
binary [ ( n ) ]
```

2. varbinary 类型

varbinary 存储可变长度的二进制数据。基本形式如下：

```
varbinary [ ( n | max) ]
```

其中，*n* 的取值范围为 1～8 000 之间，max 指示最大存储大小是 2^{31}-1 个字节。存储大小为所输入数据的实际长度+2 个字节。如果 *n* 没有指定，则默认长度为 1。

如果列数据项的大小差异相当大，则使用 varbinary 类型；当列数据条目超出 8 000 字节时，则使用 varbinary(max)类型。

3. image 类型

image 代表长度可变的二进制数据，可以存储 0～2^{31}-1（2 147 483 647）个字节。

3.4.6 其他数据类型

除了前面介绍的几种数据类型外，SQL Server 2012 中还提供了其他的数据类型，如 cursor、timestamp、hierarchyid 和 uniqueidentifier 等。

1. cursor 类型

cursor 是变量或存储过程 OUTPUT 参数的一种数据类型，这些参数包含对游标的引用。使用 cursor 数据类型创建的变量可以为空，对于 CREATE TABLE 语句中的列，不能使用 cursor 数据类型。

2. timestamp 类型

timestamp 类型表示时间戳，一般用作给表行加版本戳的机制。timestamp 值是一个二进制数值，表明数据库中的数据修改发生的相对顺序。

3. hierarchyid 类型

hierarchyid 是一种长度可变的系统数据类型。使用它来表示层次结构中的位置，类型为 hierarchyid 的列不会自动表示数。由应用程序来生成和分配 hierarchyid 值，使行与行之间的所需关系反映在这些值中。

4. uniqueidentifier 类型

uniqueidentifier 可以存储 16 字节的二进制值，其作用与全局唯一标识符（即 GUID）一样。uniqueidentifier 列的 GUID 值可以在 Transact-SQL 语句、批处理或脚本中调用 NEWID()函数获取。

5. sql_variant 类型

sql_variant 也是一种数据类型，用于存储 SQL Server 支持的各种数据类型的值。sql_variant 可以用在列、参数、变量和用户定义函数的返回值中，它使这些数据库对象能够支持其他数据类型的值。

6. xml 类型

xml 是一种用于存储 XML 数据的数据类型，可以在列中或者 xml 类型的变量中存储 xml 实例。基本语法如下：

```
xml ( [ CONTENT | DOCUMENT ] xml_schema_collection )
```

其中，CONTENT 将 xml 实例限制为格式正确的 XML 片段，XML 数据的顶层可包含多个零或者多个元素，还允许在顶层使用文本节点，这是默认行为。DOCUMENT 将 xml 实例限制为格式正确的 XML 文档，XML 数据必须且只能有一个根元素，不允许在顶层使用文本节点。xml_schema_collection 是 XML 架构集合的名称，如果要创建类型化的 xml 列或变量，可以选择指定的 XML 架构集合名称。

7. table 类型

table 是一种特殊的数据类型，可用于存储结果集以进行后续处理。table 主要用于临时存储一组作为表值函数的结果集返回的行，可将函数和变量声明为 table 类型。table

变量可用于函数、存储过程和批处理中，如果要声明 table 类型的变量，需要使用 DECLARE @local_variable。

8. 空间类型

SQL Server 2012 支持 geography 和 geometry 两种空间类型，分别说明如下。

（1）geography 类型：表示地理空间类型，它在 SQL Server 中作为公共语言运行时数据类型实现。该类型表示圆形地球坐标系中的数据，用于存储诸如 GPS 纬度和经度坐标之类的椭球体数据。

（2）geometry 类型：表示平面空间数据类型，它在 SQL Server 中作为公共语言运行时数据类型实现。该类型表示平面坐标系中的数据。

3.4.7 用户自定义数据类型

所谓的用户自定义数据类型，是指用户基于系统的数据类型而设计并实现的数据类型。创建用户定义的数据类型时必须提供数据类型的名称、所基于的系统数据类型和是否允许为空三个参数。

在 SQL Server 2012 中，用户通常可以通过图形界面和 Transact-SQL 语句来自定义数据类型。

1. 通过图形界面创建类型

通过图形界面创建数据类型的方法很简单，下面通过范例 7 进行说明。

【范例 7】

通过图形界面自定义数据类型 mysc，它基于 float 系统数据类型，并且不允许为空。实现步骤如下。

（1）在【对象资源管理器】窗格找到某一个数据库下的【可编程性】节点，并展开该节点。

（2）右键单击【可编程性】|【类型】节点，如图 3-13 所示。

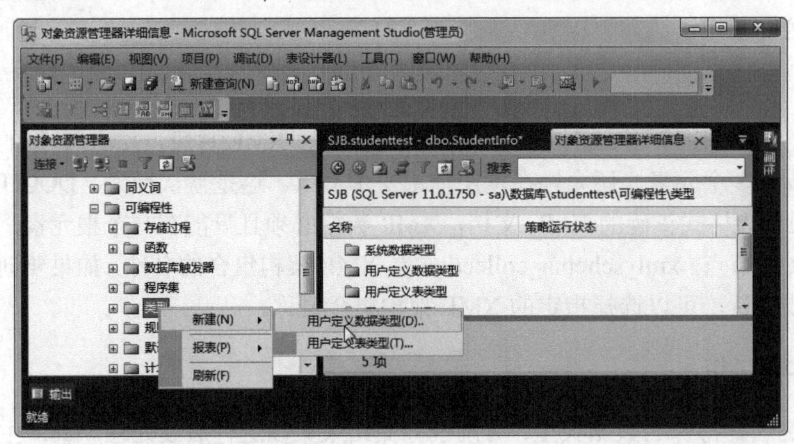

图 3-13 用户定义数据类型

（3）在图 3-13 弹出的快捷菜单中选择【新建】|【用户定义数据类型】命令，弹出如图 3-14 所示的对话框。在该对话框中的【名称】文本框中输入 mysc，然后选择数据类型为 float，且保证文本“允许 NULL 值”之前的复选框不被选中。

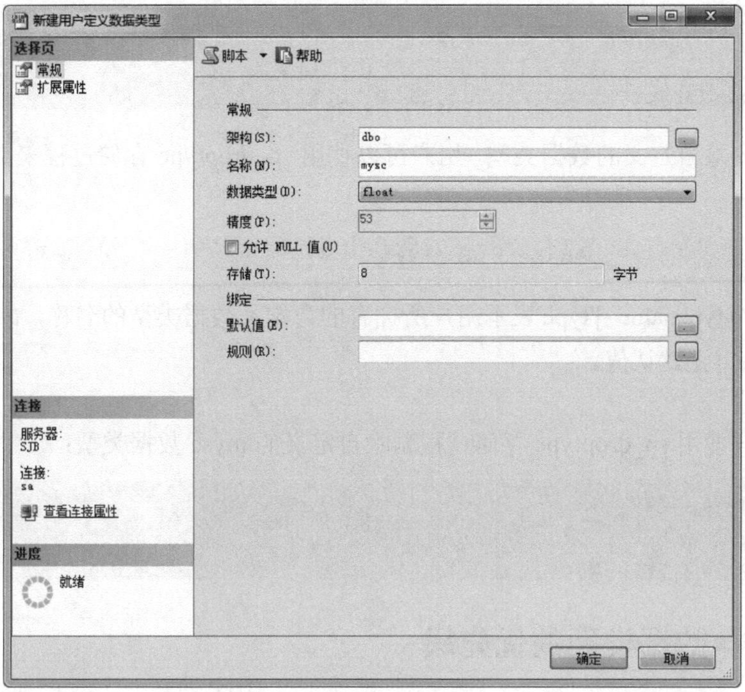

图 3-14 新建用户定义数据类型

（4）设置完成后单击【确定】按钮，添加完成后可以在【可编程性】节点下找到该类型。

2. 通过 Transact-SQL 语句创建类型

通过 Transact-SQL 语句自定义数据类型时，需要调用 sp_addtype 存储过程。基本语法如下：

```
sp_addtype [ @typename = ] type, [ @phystype = ] system_data_type [ ,
[ @nulltype = ] 'null_type' ] ;
```

上述语法的说明如下。

（1）[@typename=]type：自定义数据类型的名称，该名称必须遵循标识符规则，并且在每个数据库中是唯一的。type 的数据类型为 sysname，无默认值。

（2）[@phystype=]system_data_type：自定义数据类型所基于的物理数据类型或 SQL Server 提供的数据类型。system_data_type 的数据类型为 sysname，无默认值。

（3）[@nulltype=]'null_type'：指定自定义数据类型处理空值的方式。null_type 的数据类型为 varchar(8)，默认值为 NULL，并且必须用单引号引起来（'NULL'、'NOT NULL'或'NONULL'）。

【范例 8】

使用 sp_addtype 存储过程定义基于 float 系统数据类型、且不允许有空值的 mysc 数据类型。代码如下：

```
USE studenttest;
GO
EXEC sp_addtype mysc,'float','NOT NULL';
```

如果要删除自定义的数据类型，用户可以使用 sp_droptype 存储过程来完成。基本语法如下：

```
sp_droptype [ @typename = ] 'type'
```

其中，[@typename=]'type'表示用户所拥有的自定义数据类型的名称，type 的数据类型为 sysname，无默认值。

【范例 9】

如下代码使用 sp_droptype 存储过程删除自定义的 mysc 数据类型：

```
USE studenttest;
GO
EXEC sp_droptype mysc;
```


3.4.8 数据类型的优先级

当两个不同数据类型的表达式用运算符组合后，数据类型优先级规则指定将优先级较低的数据类型转换为优先级较高的数据类型。如果此转换不是所支持的隐式转换，则会返回错误。当两个操作数表达式具有相同的数据类型时，运算的结果便为该数据类型。

在 SQL Server 的数据类型中，数据类型的优先级是：用户自定义数据类型（最高）>sql_variant>xml>datetimeoffset>datetime2>datetime>smalldatetime>date>time>float>real>decimal>monty>smallmoney>bigint>int>smallint>tinyint>bit>ntext>text>image>timestamp>uniqueidentifier>nvarchar（包括 nvarchar(max)）>nchar>varchar（包括 varchar(max)）>char>varbinary（包括 varbinary(max)）>binary（最低）。

3.5 约束类型

约束是 SQL Server 强制实行的应用规则，建立和使用约束的目的是保证数据的完整性。约束能够限制用户存放到表中数据的格式和可能值，它作为数据库定义的一部分在 CREATE TABLE 语句中声明，因此又称作声明完整性约束。

约束独立于表结构，可以在不改变表结构的情况下，通过 ALTER TABLE 语句来添加或者删除。在删除一个表时，该表所带的所有约束定义也被随之删除。

3.5.1 主键约束

在表中经常有一列或多列的组合，其值能够唯一标识表中的每一行。这样的一列或多列称为表的主键，一个表只能包含一个主键约束，通过它可以强制表的实体完整性。由于主键约束可保证数据的唯一性，因此经常对标识列定义这种约束。

如果为表指定了主键约束，数据库引擎将通过为主键列自动创建唯一索引来强制数据的唯一性。当在查询中使用主键时，此索引还允许对数据进行快速访问。如果对多列定义了主键约束，则一列中的值可能会重复，但是来自主键约束定义中所有列的值的任何组合必须是唯一的。

1. 创建主键约束

创建主键将自动创建相应的唯一索引、聚集索引或非聚集索引。用户可以图形界面和 Transact-SQL 语句两种方式创建主键约束。在范例 1 中通过图形界面创建表时已经演示了主键约束的创建，因此这里不再详细说明。

通过 Transact-SQL 语句定义主键时可以分为两种方式：一种是在创建表时创建，需要使用 PRIMARY KEY；另一种是修改表中的主键，需要使用 ALTER TABLE。

【范例 10】

创建名称为 Persons 的数据表，该表包含 personId、personName 和 personAddress 三个列，在创建时指定 personId 列为主键。代码如下：

```
CREATE TABLE Persons
(
   personId int NOT NULL PRIMARY KEY,
   personName varchar(50) NOT NULL,
   personAddress varchar(100)
)
```

【范例 11】

除了范例 10 的创建方式外，还可以在表的字段列创建完成后通过 CONSTRAINT 指定主键。如下代码等价于范例 10 的代码：

```
CREATE TABLE Persons
(
   personId int NOT NULL,
   personName varchar(50) NOT NULL,
   personAddress varchar(100),
   CONSTRAINT pk_PersonID PRIMARY KEY (personID)
)
```

【范例 12】

通过 ALTER TABLE 语句为现有的表添加主键。如下代码等价于范例 10 和范例 11

的代码：

```
CREATE TABLE Persons
(
    personId int NOT NULL,
    personName varchar(50) NOT NULL,
    personAddress varchar(100)
)
GO
ALTER TABLE Persons ADD CONSTRAINT pk_PersonID PRIMARY KEY (personId)
```

注意

如果使用 ALTER TABLE 语句添加主键，那么在表首次创建时必须把主键列声明为不包含 NULL 值。

2. 修改主键约束

用户可以通过图形界面修改主键约束，首先打开要修改主键的表的设计器，然后右键单击主键列，在弹出的快捷菜单中选择【索引/键】命令，弹出【索引/键】对话框，如图 3-15 所示。在该对话框中，从左侧【选定的主/唯一键或索引】列表中选中主键索引，然后在右侧【列】选项后单击按钮，弹出【索引列】对话框，如图 3-16 所示，在该对话框中修改主键。修改完成后单击对话框中的【确定】按钮。

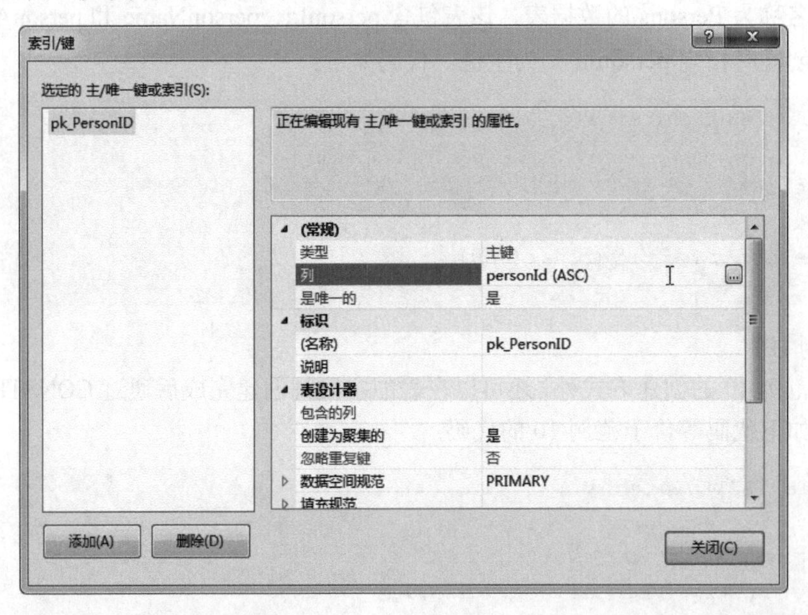

图 3-15 修改主键约束 1

如果要使用 Transact-SQL 修改主键约束，那么必须先删除现有的主键约束，然后再用 PRIMARY KEY 重新创建该约束。

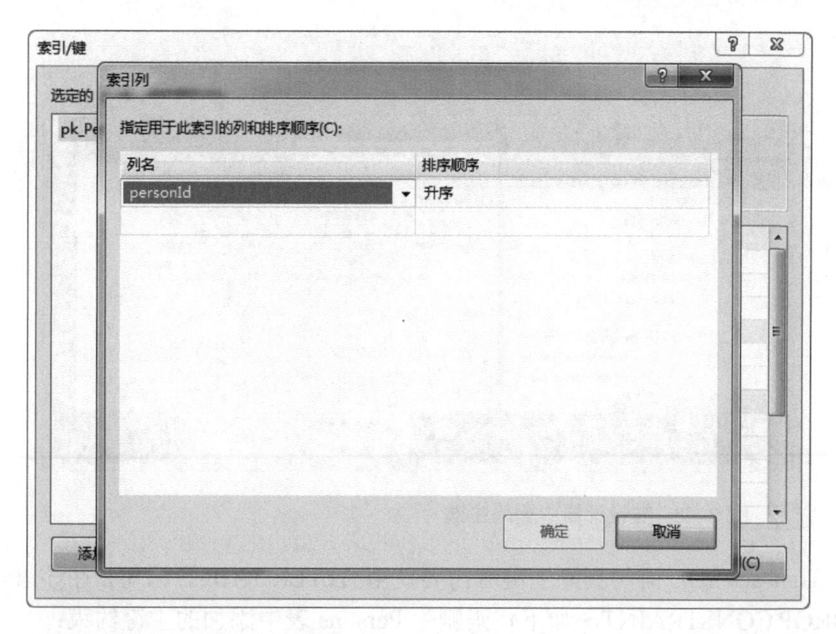

图 3-16 修改主键约束 2

3．删除主键约束

删除主键约束时可以在对象资源管理器中删除，也可以在打开的设计器窗口删除，还可以通过 Transact-SQL 语句进行删除。在对象资源管理器中删除主键时，需要右键单击主键列，在弹出的快捷菜单中选择【删除】命令，如图 3-17 所示。

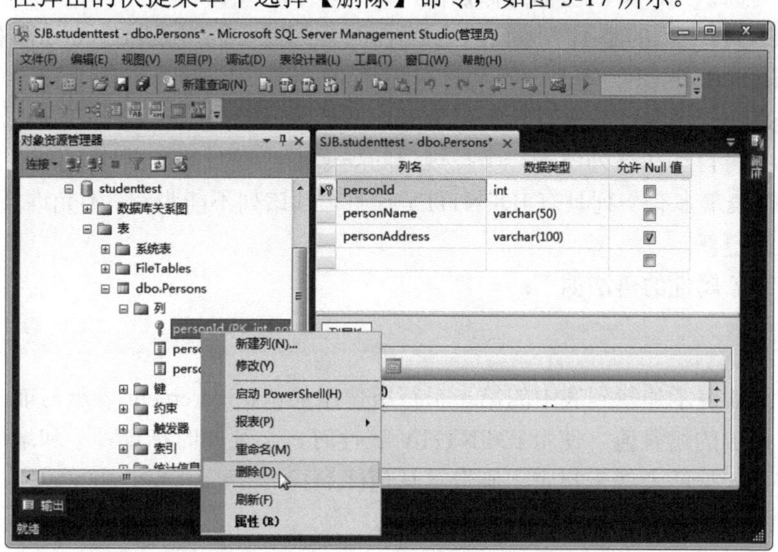

图 3-17 在对象资源管理器中删除主键

通过打开的设计器中删除主键时，需要右键单击要删除的主键列，在弹出的菜单中选择【删除主键】命令，如图 3-18 所示。

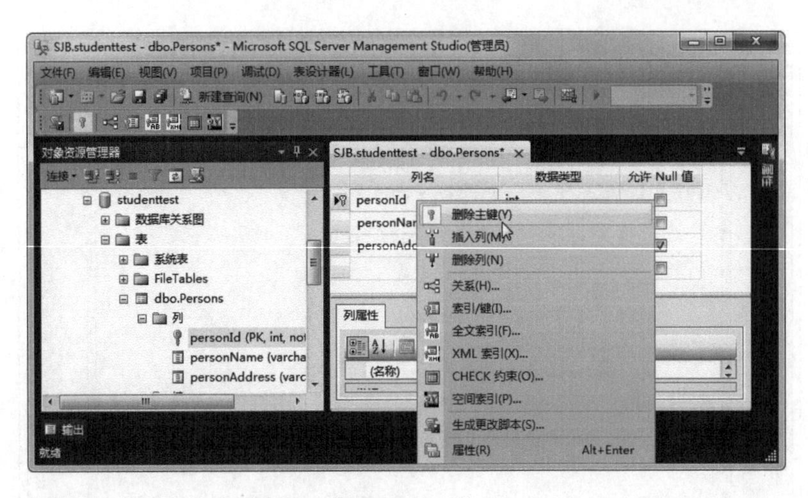

图 3-18 在设计器中删除主键

通过 Transact-SQL 语句删除主键时需要使用 ALTER TABLE 语句，在该语句中还需要用到 DROP CONSTRAINT。如下代码删除 Persons 表中添加的主键约束：

```
ALTER TABLE Persons DROP CONSTRAINT pk_PersonID
```


3.5.2 自动增长标识

SQL Server 为自动进行顺序编号引入了自动编号的 IDENTITY 属性，具有 IDENTITY 属性的列称为标识列，其取值称为标识值，具有以下特点。

（1）IDENTITY 列的数据类型只能为 tinyint、smallint、int、bigint、numeric 和 decimal。当为 numeric 和 decimal 类型时，不允许有小数位。

（2）当用户向表中插入一行新的记录时，不必也不能向具有 IDENTITY 属性的列输入数据，系统将自动在该列添加一个按规定间隔递增或递减的数据。

（3）每个表最多有一列具有 IDENTITY 属性，且该列不能为空，不允许具有默认值，也不能由用户更新。

IDENTITY 属性的语法如下：

```
IDENTITY [ (seed , increment) ]
```

其中，seed 表示加载到表中的第一个行所使用的值，increment 表示与前一个加载的行的标识值相加的增量值。使用 IDENTITY 属性时，必须同时指定种子和增量，或者二者都不指定。如果两者都未指定，则取默认值(1,1)。

【范例 13】

通过 CREATE TABLE 语句创建 Persons 表，在创建表时通过 IDENTITY(1，1)设置自动增长列和主键。代码如下：

```
CREATE TABLE Persons
(
    personId int IDENTITY(1,1) PRIMARY KEY NOT NULL,
```

```
    personName varchar(50) NOT NULL,
    personAddress varchar(100)
)
```

提示

除了在创建时使用 IDENTITY 指定自动增长的种子和增量外，还可以通过 ALTER TABLE 设置自动增量，也可以在表的设计器窗口中设置列属性（如图 3-10 所示），这里以及后面的小节只介绍常用的操作方式，不再对每一种方式进行介绍。

3.5.3 唯一性约束

一个表只能有一个主键，如果有多列或多个列组合需要确保数据唯一性，这时需要通过 UNIQUE 进行定义。通常情况下，也将唯一性约束称为唯一约束。唯一性约束指定的列可以有 NULL 属性。由于主键值是具有唯一性的，因此主键列不能再设定唯一性约束。

尽管 UNIQUE 约束和 PRIMARY KEY 约束都强制唯一性，但如果要强制一列或多列组合（不是主键）的唯一性时应使用 UNIQUE 约束而不是 PRIMARY KEY 约束。两者的区别如下。

（1）可以对一个表定义多个 UNIQUE 约束，但只能定义一个 PRIMARY KEY 约束。

（2）UNIQUE 约束允许 NULL 值，这一点与 PRIMARY KEY 约束不同。不过，当和参与 UNIQUE 约束的任何值一起使用时，每列只允许一个空值。

（3）FOREIGN KEY 约束可以引用 UNIQUE 约束。

【范例 14】

在创建 Persons 表时，指定该表中 personEmail 列的值是唯一的。代码如下：

```
CREATE TABLE Persons
(
    personId int IDENTITY(1,1) PRIMARY KEY NOT NULL,
    personName varchar(50) NOT NULL,
    personAddress varchar(100),
    personEmail nvarchar(50),
    CONSTRAINT AK_OneEmail UNIQUE(personEmail)
)
GO
```

如果要删除唯一性约束，可以使用 ALTER TABLE 语句。代码如下：

```
ALTER TABLE Persons DROP CONSTRAINT AK_OneEmail;
```

根据上述代码以及删除主键约束的代码可以总结出删除约束的一般语法，内容如下：

```
ALTER TABLE 表名 DROP CONSTRAINT 约束名称;
```

这种删除约束的语法正好与 ALTER TABLE 添加约束的语法对应，如下为添加唯一性约束的语法：

```
ALTER TABLE 表名 ADD CONSTRAINT 约束名称 UNIQUE(字段列);
```

其中，UNIQUE 表示创建唯一性约束，如果要创建主键约束，则使用 PRIMARY KEY；如果要创建检查约束，可以使用 CHECK。

3.5.4 空与非空约束

列的为空性决定了在表中该列上是否可以使用空值。出现 NULL 通常表示值未知或未定义。空值（或 NULL）不同于零、空白或者长度为零的字符串。如果使用 NULL 约束，需要注意以下几点。

（1）如果插入了一行，但没有为允许 NULL 值的列包含任何值，除非存在 DEFAULT 定义或 DEFAULT 对象，否则数据库引擎将提供 NULL 值。

（2）用 NULL 关键字定义的列接受用户输入的 NULL 显式输入，不论它是何种数据类型，或者是否有默认值与之关联。

（3）NULL 值不应该放在引号内，否则会被解释为字符串 NULL 而不是空值。

指定某一列不允许为空值有助于维护数据的完整性，因为这样可以确保行中的列永远包含数据。如果不允许为空，用户向表中输入数据时必须在列中输入一个值，否则数据库将不接受该表行。

在前面的范例创建表时，已经使用到了 NOT NULL，它表示该列不能为空，如果不设置，则该列默认为空。以范例 14 创建 Persons 表为例，personId、personName 列不允许为空值，且 personId 列为主键，主键的值自动增长；personAddress 列和 personEmail 列允许有空值。

3.5.5 默认值约束

在向表中插入数据时，如果没有指定某一列字段的数值，则该字段的数据存在以下三种情况。

（1）如果该字段定义有默认值，则系统将默认值插入字段。

（2）如果该字段定义没有默认值，但允许为空，则插入空值。

（3）如果该字段定义没有默认值，但不允许为空，则报错。

用户在创建表时可以通过 DEFAULT 创建默认值约束，当然也可以通过 ALTER TABLE 更改现有表的 DEFAULT 约束。

【范例 15】

在范例 14 的基础上添加代码，通过 ALTER TABLE 修改 Persons 表的默认值约束。将 personAddress 字段列的默认值指定为“河南省郑州市”。代码如下：

```
ALTER TABLE Persons ADD CONSTRAINT DK_Address DEFAULT('河南省郑州市') for
personAddress;
```

通过默认值约束时需要使用 DEFAULT 关键字，如果使用默认值约束，则需要注意以下几点。

（1）DEFAULT 约束定义的默认值仅在执行 INSERT 操作插入数据时有效。

（2）一列最多有一个默认值，其中包括 NULL 值。

（3）具有 IDENTITY 属性或 timestamp 数据类型属性的列不能使用数据值，text 和 image 类型的列只能以 NULL 为默认值。

3.5.6 检查约束

通过 CHECK 可以设置检查约束，检查约束用来检查用户输入数据的取值是否正确，只有符合约束条件的数据才能输入。在一个表中可以创建多个检查约束，在一个列上也可以创建多个 CHECK 约束，只要它们不相互矛盾。

用户可以在创建表时添加检查约束，也可以更改现有表的检查约束。

【范例 16】

下面创建 Persons 表，分别为表中的 personId 和 personAddress 添加 Check 约束，指定 personId 列的值必须大于 100，personAddress 列的值必须等于“郑州”。代码如下：

```
CREATE TABLE Persons
(
   personId int PRIMARY KEY CHECK(personId>100) NOT NULL,
   personName varchar(50) NOT NULL,
   personAddress varchar(100) CHECK(personAddress='郑州'),
   personEmail nvarchar(50)
)
```

上述代码等价于如下代码：

```
CREATE TABLE Persons
(
   personId int PRIMARY KEY NOT NULL,
   personName varchar(50) NOT NULL,
   personAddress varchar(100),
   personEmail nvarchar(50),
   CONSTRAINT CK_Person CHECK(personId>100 AND personAddress='郑州')
)
```

或者等价于如下代码：

```
CREATE TABLE Persons
(
   personId int PRIMARY KEY NOT NULL,
   personName varchar(50) NOT NULL,
   personAddress varchar(100),
   personEmail nvarchar(50)
)
GO
ALTER TABLE Persons ADD CONSTRAINT PK_Persons CHECK(personId>100 AND
personAddress='郑州');
```

3.5.7 外键约束

外键（FOREIGN KEY）约束保证了数据库各个表中数据的一致性和正确性。外键是用于在两个表中的数据之间建立和加强链接的一列或多列的组合，可控制可在外键表中存储的数据。在外键引用中，当包含一个表的主键值的一个或多个列被另一个表中的一个或多个列引用时，就在这两个表之间创建链接，这个列就成为第二个表的外键。

例如，销售订单和销售人员之间存在着一种逻辑关系，订单表含有一个指向销售人员表的外键链接。订单表中的 salesOrderPersonId 列与 SalesPerson 表中的主键列相对应，salesOrderPersonId 列是指向 SalesPerson 表的外键。

【范例 17】

下面在创建 SalesOrder 表时，将表中的 salesOrderId 列指定为主键，将表中的 salesOrderPersonId 列指定为外键。代码如下：

```
CREATE TABLE SalesOrder(
   salesOrderId int NOT NULL,
   salesOrderNo int NOT NULL,
   salesOrderPersonId int,
   PRIMARY KEY(salesOrderId),
   FOREIGN KEY (salesOrderPersonId) REFERENCES SalesPerson(salePersonId)
)
```


如果需要指定外键约束的名称，或者为多个列定义外键约束，那么可以使用 CONSTRAINT 定义。

【范例 18】

下面指定外键约束的名称为 FK_OrderPerson，代码如下：

```
CREATE TABLE SalesOrder(
   salesOrderId int NOT NULL,
   salesOrderNo int NOT NULL,
   salesOrderPersonId int,
   PRIMARY KEY(salesOrderId),
   CONSTRAINT FK_OrderPerson FOREIGN KEY (salesOrderPersonId) REFERENCES
   SalesPerson(salePersonId)
)
```

【范例 19】

用户可以首先创建有关的表，然后为现有的表添加外键约束。代码如下：

```
CREATE TABLE SalesOrder(
   salesOrderId int PRIMARY KEY NOT NULL,
   salesOrderNo int NOT NULL,
   salesOrderPersonId int
)
GO
```

```
ALTER TABLE SalesOrder ADD CONSTRAINT FK_OrderPerson FOREIGN KEY
(salesOrderPersonId) REFERENCES SalesPerson(salePersonId);
```

3.6 实验指导——创建图书管理系统的相关表

一个完整的图书管理系统包含的功能非常强大。在管理系统的后台数据库中，可以包含图书基本信息表、图书类型表、图书借阅表、图书会员表、会员类型表以及归还表等。本节通过完整的代码创建图书表、作者表和图书类型表，并为它们添加关系，实现步骤如下。

（1）判断当前数据库中是否存在 bookmanage 数据库，如果存在则通过 DROP DATABASE 语句删除，然后再创建新的数据库。代码如下：

```
IF EXISTS(SELECT * FROM sys.databases WHERE name='bookmanage')
    DROP DATABASE bookmanage;
CREATE DATABASE bookmanage;
GO
```

（2）通过 USE 语句指定使用 bookmanage 数据库，代码如下：

```
USE bookmanage;
GO
```

（3）向 bookmanage 数据库中添加 BookType 表，该表包含 typeId、typeName、typeParentId 和 typeRemark 4 个列。代码如下：

```
CREATE TABLE BookType
(
   typeId int IDENTITY(1,1) PRIMARY KEY NOT NULL,
    typeName nvarchar(50) NOT NULL,
    typeParentId int,
    typeRemark nvarchar(200) DEFAULT '暂无'
)
```

在上述代码中，将 typeId 列设置为主键，自动增长种子和增量都是 1，将 typeRemark 列的默认值设置为“暂无”，且 typeId 和 typeName 列不允许有空值。

（4）向 bookmanage 数据库中添加 BookAuthor 表，该表包含 authorId、authorName、authorSex、authorCountry 和 authorIntro 5 个列。代码如下：

```
CREATE TABLE BookAuthor
(
    authorId int IDENTITY(1,1) PRIMARY KEY NOT NULL,
    authorName nvarchar(50) NOT NULL,
    authorSex nvarchar(2) DEFAULT('女'),
    authorCountry nvarchar(20) DEFAULT('不详'),
    authorIntro text
)
```

在上述代码中，将 authorId 列设置为主键，该列自动增长种子和增量都是 1，将

authorSex 列的默认值设置为“女”，将 authorCountry 列的默认值设置为“不详”，且 authorId 和 authorName 列不允许有空值。

（5）向 bookmanage 数据库中添加 Book 表，该表包含 bookNo、bookName、bookAuthorId、bookTypeId、bookOldPrice、bookNewPrice、bookPublish、bookInventory 以及 bookIntro 多个列。代码如下：

```
CREATE TABLE Book
(
    bookNo nvarchar(20) PRIMARY KEY NOT NULL,
    bookName nvarchar(50) NOT NULL,
    bookAuthorId int,
    bookTypeId int,
    bookOldPrice decimal NOT NULL,
    bookNewPrice decimal NOT NULL,
    bookPublish nvarchar(50),
    bookInventory int DEFAULT(0),
    bookIntro text
)
```

（6）通过 ALTER TABLE 语句为 Book 表添加外键约束。在 Book 表中，bookAuthorId 列对应 BookAuthor 表中的 authorId 列，bookTypeId 列对应 BookType 表中的 typeId 列。代码如下：


```
ALTER TABLE Book ADD CONSTRAINT FK_Book_BookAuthor FOREIGN KEY
(bookAuthorId) REFERENCES BookAuthor(authorId);
ALTER TABLE Book ADD CONSTRAINT FK_Book_BookType FOREIGN KEY(bookTypeId)
REFERENCES BookType(typeId);
```

（7）执行前面步骤中的语句查看效果，如图 3-19 所示。

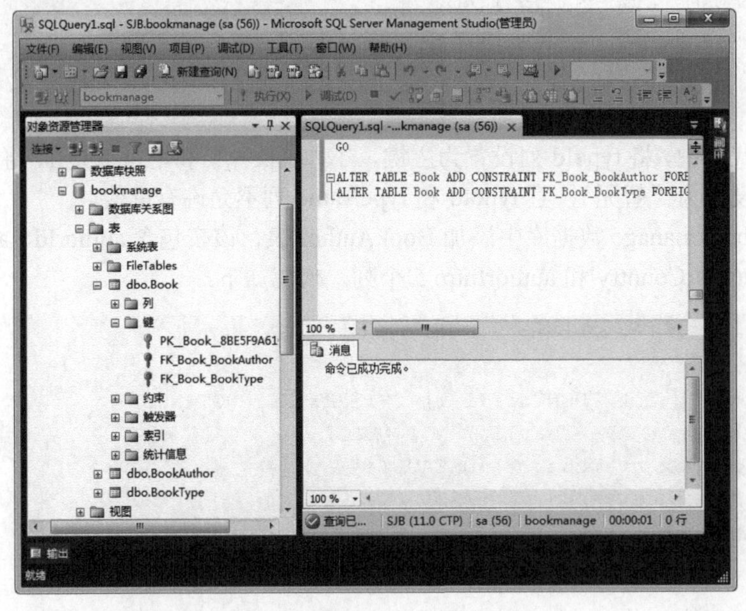

图 3-19 bookmanage 数据库

3.7 思考与练习

一、填空题

1. 用户通过 Transact-SQL 语句查看表的属性时，可以使用__________目录视图。

2. __________和 smallmoney 是 SQL Server 中代表货币或货币值的数据类型。

3. char、varchar 和__________是 SQL Server 2012 提供的字符串类型。

4. Transact-SQL 语句通过__________创建主键约束。

二、选择题

1. 创建表的 Transact-SQL 语句是__________。

A. CREATE DATABASE
B. CREATE TABLE
C. ALTER DATABASE
D. ALTER TABLE

2. 关于 DROP TABLE 语句，下列说法正确的是__________。

A. 使用 DROP TABLE 语句可以删除被 FOREIGN KEY 约束引用的表
B. 使用 DROP TABLE 语句只会删除表，不会删除表中的存储数据、索引器和视图等内容
C. DROP TABLE 语句删除被 FOREIGN KEY 约束引用的表时，必须先删除引用 FOREIGN KEY 约束或引用表
D. B 和 C 都正确

3. Unicode 字符串类型不包括__________。

A. nchar
B. nvarchar
C. ntext
D. nvarbinary

4. 以下优先级最高的数据类型是________。

A. text
B. varchar
C. int
D. 用户自定义类型

5. 关于 SQL Server 中的约束类型，下列说法错误的是__________。

A. 一个表中可以定义多个 UNIQUE 约束，但是只能定义一个 PRIMARY KEY 约束
B. 一个表可以定义多个 PRIMARY KEY 约束，但是列最多只能定义一个默认值
C. IDENTITY 列的数据类型只能为 tinyint、smallint、int、bigint、numeric 和 decimal。当为 numeric 和 decimal 类型时，不允许有小数位
D. 一列最多有一个默认值，其中包括 NULL 值

6. 假设某个数据库中存在 person 表和 company 表，person 表中的 inCompanyId 列与 company 表中的主键列 companyId 相对应。为 person 表中的 inCompanyId 列添加外键约束，下列代码错误的是__________。

A.

```
CREATE TABLE SalesOrder(
    personId int PRIMARY KEY NOT
    NULL,personName int NOT NULL,
    inCompanyId int,
    ALTER TABLE person ADD CONSTR-
    AINT FK_person_company FOREIGN
    KEY (inCompanyId) REFERENCES
    company (companyId)
)
```

B.

```
CREATE TABLE person(
    personId int PRIMARY KEY NOT
    NULL,
    personName int NOT NULL,
    inCompanyId int,
)
ALTER TABLE person ADD CONSTRAINT
FK_person_company FOREIGN KEY
(inCompanyId) REFERENCES company
(companyId)
```

C.

```
CREATE TABLE SalesOrder(
```

```
    personId int PRIMARY KEY NOT
    NULL,
    personName int NOT NULL,
    inCompanyId int,
    CONSTRAINT FK_person_company
    FOREIGN KEY (inCompanyId)
    REFERENCES company(companyId)
)
```

D.

```
CREATE TABLE person(
    personId int PRIMARY KEY NOT
    NULL,
    personName int NOT NULL,
    inCompanyId int,
    FOREIGN KEY (inCompanyId)
    REFERENCES company(companyId)
)
```

三、简答题

1．在数据库中创建表和删除表需要使用的Transact-SQL语句是什么？

2．指定列的数据类型有哪些？对这些数据类型进行说明。

3．本章介绍的约束类型有哪些？对这些约束类型进行举例说明。

第 4 章　数据更新操作

第 2 章和第 3 章分别介绍了数据库和数据表的操作。实际上，只有前两章的内容是远远不够的，表是数据库中最基本、最重要的组成元素，在表中包含多个数据，对数据表中的操作是必不可少的一部分，数据操作主要包含两部分：一种是查询操作，即使用 SELECT 语句，这将在下一章中介绍；另一种是更新操作。

本章重点介绍数据表中数据的更新操作，包括对数据的添加、修改和删除。添加是向数据表中添加不存在的记录，修改是对已存在的数据进行更新，删除是删除数据表中已存在的记录。

本章学习要点：

- 熟悉 INSERT 语句的完整语法
- 掌握 INSERT 如何添加数据
- 掌握 INSERT INTO 语句的使用
- 熟悉 SELECT INTO 语句的使用
- 熟悉 UPDATE 语句的完整语法
- 掌握 UPDATE 如何修改数据
- 熟悉 DELETE 语句的完整语法
- 掌握 DELETE 如何删除数据
- 掌握如何通过图形界面操作数据

4.1 添加数据

添加数据是指向数据库表中插入新记录，这些数据可以从其他来源得到，需要被转存或引入表中；也可能是新数据要被添加到新创建的表中或已存在的表中。

4.1.1 INSERT 语句的语法

INSERT 语句表示将一行或多行数据添加到 SQL Server 2012 的表或视图中。完整语法如下：

```
[ WITH <common_table_expression> [ ,...n ] ]
INSERT
{
        [ TOP ( expression ) [ PERCENT ] ]
        [ INTO ]
        { <object> | rowset_function_limited
```

```
            [ WITH ( <Table_Hint_Limited> [ ...n ] ) ]
          }
      {
          [ ( column_list ) ]
          [ <OUTPUT Clause> ]
          { VALUES ( { DEFAULT | NULL | expression } [ ,...n ] ) [ ,...n      ]
          | derived_table
          | execute_statement
          | <dml_table_source>
          | DEFAULT VALUES
          }
      }
  }
  [;]
```

在上述语法中，尖括号“<>”为必选项，方括号“[]”为可选项，大括号“{}”为可重复出现选项。其他常用内容的说明如下。

（1）WITH <common_table_expression>：指定在 INSERT 语句作用域内定义的临时命名结果集（也称为公用表表达式）。结果集源自 SELECT 语句。

（2）TOP(expression)[PERCENT]：指定将插入的随机行的数目或百分比。expression 可以是行数或行的百分比。

（3）INTO：一个可选的关键字，可以将它用在 INSERT 和目标表之间。

（4）<object>：这是一个必选项，该项的语法如下。

```
<object> ::=
{
    [ server_name . database_name . schema_name . | database_name .
    [ schema_name ] . | schema_name .]
  table_or_view_name
}
```

其中 server_name 表示表或视图所在的链接服务器的名称，database_name 表示数据库名称，schema_name 表示表或视图所属架构的名称，table_or_view_name 表示要接收数据的表或视图的名称。

（5）WITH(<Table_Hint_Limited>[...n])：指定目标表允许的一个或多个表提示，需要有 WITH 关键字和括号。

（6）(column_list)：要在其中插入数据的一列或多列的列表，必须用括号将 column_list 括起来，并且用逗号进行分隔。如果某列不在 column_list 中，则数据库引擎必须能够基于该列的定义提供一个值，否则不能加载行。如果列满足下面的条件，则数据库引擎将自动为列提供值。

① 具有 IDENTITY 属性，使用下一个增量标识值。

② 有默认值，使用列的默认值。

③ 具有 timestamp 数据类型，使用当前的时间戳值。

④ 可以为 NULL，使用 NULL 值。

⑤ 是一个计算列，使用计算值。

（7）OUTPUT 子句：将插入行作为插入操作的一部分返回，结果可返回到处理应用程序或插入列表或表变量中以供进一步处理。

（8）VALUES：引入要插入的数据值的一个或多个列表。对于 column_list（如果已指定）或表中的每个列，都必须有一个数据值，必须用圆括号将值列表括起来。

（9）DEFAULT：强制数据库引擎加载为列定义的默认值。

（10）expression：一个常量、变量或表达式，表达式不能包含 EXECUTE 语句。

（11）derived_table：任何有效的 SELECT 语句，它返回将加载到表中的数据行。

（12）execute_statement：任何有效的 EXECUTE 语句，它使用 SELECT 或 READTEXT 语句返回数据。

（13）<dml_table_source>：指定插入目标表的行是 INSERT、UPDATE、DELETE 或 MERGE 语句的 OUTPUT 子句返回的行；可以通过 WHERE 子句对行进行筛选。如果指定<dml_table_source>，外部 INSERT 语句的目标必须满足以下限制。

① 必须是基表而不是视图。

② 不能是远程表。

③ 不能对其定义任何触发器。

④ 不能参与任何主键-外键关系。

⑤ 不能参与合并复制或事务复制的可更新订阅。

（14）DEFAULT VALUES：强制新行包含为每个列定义的默认值。

4.1.2 插入单条记录

虽然 4.1.1 节介绍的 INSERT 语句语法看起来复杂，但是它的使用非常简单。在使用 INSERT 语句添加新数据时，可以为表的所有字段列添加数据，也可以为指定的字段列添加数据。

1．为表的所有字段列添加数据

优化 INSERT 语句的语法，通过 INSERT 语句在表中的所有字段列添加数据时，简单语法如下：

```
INSERT INTO 表名 VALUES(值1, 值2, 值3, ..., 值n)[;]
```

其中，“表名”是指将记录添加到哪个表中，“值 1”“值 2”“值 3”和“值 *n*”表示要添加的数据，其中“1”“2”和“*n*”分别对应表中的字段。表中定义了多少个字段，INSERT 语句就应该对应几个值，添加数据的顺序与表中字段的顺序是一致的。而且，添加的值的类型要与表中对应字段的数据类型一致。

第 3 章在操作数据表时，在实验指导中的 bookmanage 数据库中添加了三个表，本章以 BookAuthor 表为例进行操作。在操作之前，首先回顾一下表的列，如图 4-1 所示。

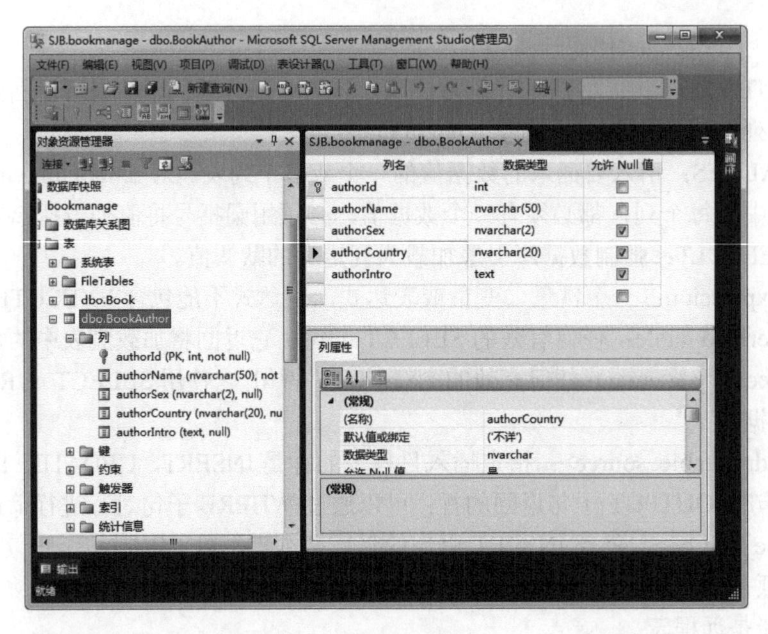

图 4-1 查看 BookAuthor 表的字段列

从图 4-1 中可以看出，BookAuthor 表包含 5 个字段列，其中 authorId 列的主键是自动增长的；authorSex 列的默认值为“女”；authorCountry 列的默认值为“不详”。

【范例 1】

通过 INSERT 语句向 BookAuthor 表中添加记录，由于 authorId 列的值自动生成，因此用户不必手动添加，只需要添加其他 4 个列。代码如下：

```
INSERT INTO BookAuthor VALUES('巴金','男','中国','巴金，汉族，四川成都人，祖籍浙江嘉兴。原名李尧棠，字芾甘，笔名有王文慧、欧阳镜蓉、黄树辉、余一等。 中国作家、翻译家、社会活动家、无党派爱国民主人士')
```

执行上述语句返回如下结果：

```
(1 行受影响)
```

返回结果说明已经向数据表中成功插入数据，可以使用 SELECT 语句查看新添加的数据记录，如图 4-2 所示。

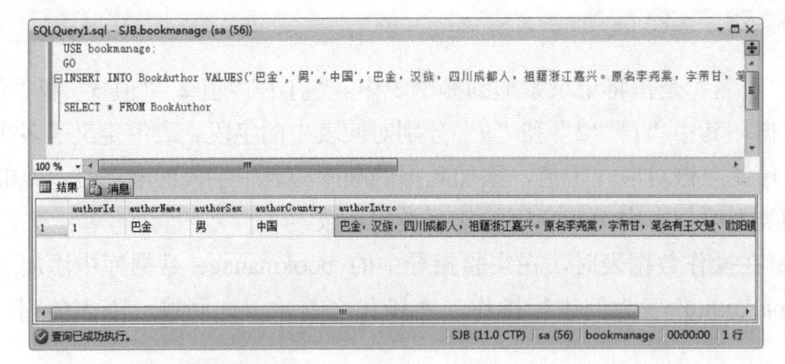

图 4-2 查询结果集

2. 为指定的字段列添加数据

当为数据表中的列指定了默认值时，不必再向列中添加数据，可以使用默认值，这时可以在表名之后指定字段列的列表。优化 INSERT 语句的语法，内容如下：

```
INSERT INTO 表名(字段1, 字段2, ..., 字段n) VALUES(值1, 值2, ..., 值n)[;]
```

其中，“字段 1”“字段”和“字段 n”等指定数据库表中列的名称，“值 1”“值 2”和“值 n”表示与字段名称对应的数据。没有指定赋值的字段，数据库系统会为其插入默认值，这个默认值是在创建表时就已经定义的。如果没有为其设置指定的默认值，那么字段的默认值显示为 NULL。

【范例 2】

继续使用 INSERT 语句插入新数据，只向 BookAuthor 表中添加 authorName 和 authorIntro 列的值。代码如下：

```
INSERT INTO BookAuthor(authorName,authorIntro) VALUES('冰心','冰心原名谢婉莹，福建长乐人 ，中国诗人、现当代作家、翻译家、儿童文学作家、社会活动家,散文家。')
INSERT INTO BookAuthor(authorName,authorIntro) VALUES('林徽因','中国著名建筑师、诗人、作家。人民英雄纪念碑和中华人民共和国国徽深化方案的设计者、建筑师梁思成的第一任妻子。')
```

执行上述代码完成后，重新通过 SELECT 语句查看数据记录，如图 4-3 所示。从图 4-3 中可以看到，已经成功添加了两条记录，而且添加记录时，使用了默认值。

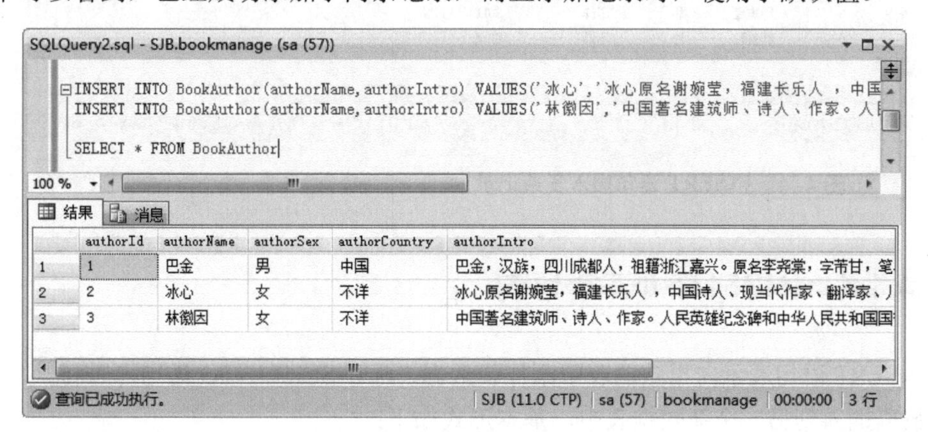

图 4-3 INSERT 语句指定字段列

4.1.3 插入多条记录

范例 2 通过两条 INSERT 语句分别插入数据记录，如果要插入的数据过多时，则需要多次执行 INSERT 语句，这样显得麻烦，而且影响执行效率。用户可以直接通过 INSERT 语句添加多条记录，将每一行记录用括号括起来，记录与记录之间通过逗号（,）进行分隔。

【范例 3】

通过 INSERT 语句一次插入三条记录，这里只插入 authorName 和 authorSex 列的值。代码如下：

```
INSERT INTO BookAuthor(authorName,authorSex) VALUES('郭德纲','男'),('徐志摩','男'),('张爱玲','女')
```

执行上述语句返回如下结果：

```
(3 行受影响)
```

从返回结果可以看出，通过 INSERT 语句一次性插入多条记录已经成功。通过 SELECT 语句查看数据记录，如图 4-4 所示。由于 authorIntro 列允许为空，而且没有指定默认值，因此会默认插入 NULL。

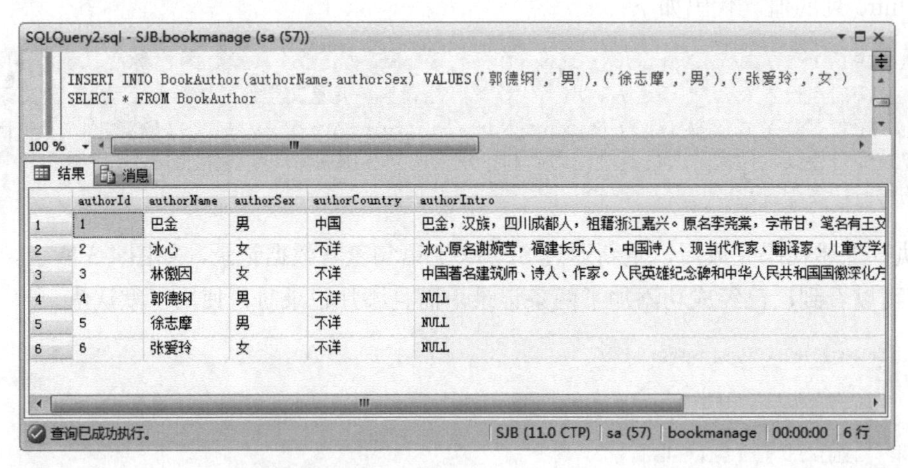

图 4-4 **INSERT 语句插入多条记录**

4.1.4 INSERT INTO 语句

INSERT 语句表示向指定的表中添加新数据，而 INSERT INTO 语句可以将某一个表中的数据插入到另一个新数据表中。基本形式如下：

```
INSERT INTO 表名 1（字段名列表 1） SELECT 字段名列表 2 FROM 表名 2 WHERE 条件表达式
```

其中，“表名 1”表示将获取到的记录插入到哪个表中，“表名 2”表示从哪个表中查询记录，“字段名列表 1”表示为哪些字段进行赋值，“字段名列表 2”表示从表中查询出哪些字段的数据，“条件表达式”参数设置为 SELECT 语句查询的查询条件。

【范例 4】

首先创建 BookAuthorCopy 表，该表中包含 bacId、bacName、bacSex 和 bacIntro 4

个字段列。代码如下：

```
CREATE TABLE BookAuthorCopy
(
    bacId int PRIMARY KEY NOT NULL,
    bacName nvarchar(50) NOT NULL,
    bacSex nvarchar(2),
    bacIntro text
)
```

使用 INSERT INTO 语句向 BookAuthorCopy 表中插入数据，将从 BookAuthor 表中查询出来的 authorId 列的值小于 3 的记录插入到 BookAuthorCopy 表中。代码如下：

```
INSERT INTO BookAuthorCopy SELECT authorId,authorName,authorSex,authorIntro
FROM BookAuthor WHERE authorId<3
```

通过 SELECT 语句查询 BookAuthorCopy 表中的数据，如图 4-5 所示。

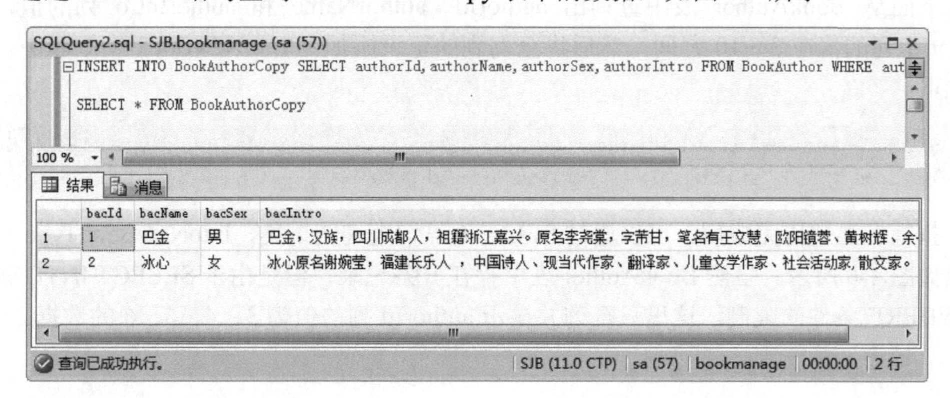

图 4-5 INSERT INTO 语句

INSERT INTO 语句中 INTO 并不是必需的，可以将其省略，这时通常将语句称为 INSERT SELECT 语句。

【范例 5】

获取 BookAuthor 表中 authorId 列的值为 5 的记录，并将该记录添加到 BookAuthorCopy 表中。代码如下：

```
INSERT BookAuthorCopy SELECT authorId,authorName,authorSex,authorIntro
FROM BookAuthor WHERE authorId=5
```

用户在使用 INSERT INTO 或 INSERT SELECT 语句时，需要注意以下几点。

（1）在最外面的查询表中插入所有满足 SELECT 语句的行。

（2）必须检验插入了新行的表是否在数据库中。

（3）必须保证接受新值的表中列的数据类型与源表中相应列的数据类型一致。

（4）必须明确是否存在默认值，或所有被忽略的列是否允许为空值。如果不允许空值，必须为这些列提供值。

4.1.5 SELECT INTO 语句

SELECT INTO 语句可以将查询到的结果添加到一个新表中。SELECT INTO 语句是向不存在的表中添加数据，如果表已经存在将报错，因为它会自动创建一个新表。而使用 INSERT INTO 语句时，是向已经存在的表中添加数据。

SELECT INTO 的基本形式如下：

```
SELECT 字段列表 INTO 新表 FORM 源表1,源表2 WHERE 条件表达式;
```

其中，“字段列表”是指从一个或多个表中查询出来的字段列；“新表”是指查询出来的数据要插入到的那个表；“源表 1”和“源表 2”分别指要查询数据的表，多个表之间通过逗号分隔；条件表达式指定查询数据的条件。

【范例 6】

下面从 BookAuthor 表中查询出 authorId、authorName 和 authorIntro 列的值，且 authorId 列的值在 3～10 之间，然后将查询到的记录添加到 IntoNewBookType 表中。代码如下：

```
SELECT authorId,authorName,authorIntro INTO IntoNewBookType FROM Book
Author WHERE authorId>=3 AND authorId<=10
```


执行上述代码完成后，可以通过 SELECT 语句查询结果集，IntoNewBookType 表的结果如图 4-6 所示。虽然 BookAuthor 表中存在 6 条记录，但是由于 SELECT INTO 语句中 WHERE 条件的限制，这里只查询并显示 authorId 列的值为 3、4、5、6 的数据。

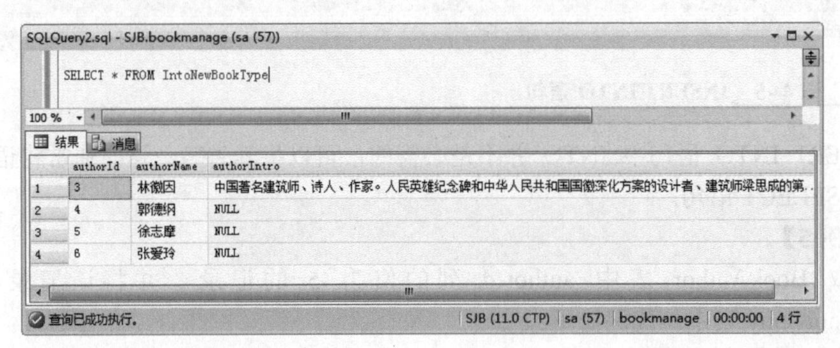

	authorId	authorName	authorIntro
1	3	林徽因	中国著名建筑师、诗人、作家。人民英雄纪念碑和中华人民共和国国徽深化方案的设计者、建筑师梁思成的第...
2	4	郭德纲	NULL
3	5	徐志摩	NULL
4	6	张爱玲	NULL

图 4-6 SELECT INTO 语句

4.1.6 图形界面操作

在前面的小节中，都是通过 Transact-SQL 语句执行添加数据操作的。实际上，用户也可以在界面中进行数据添加操作。一般步骤是：在打开的【对象资源管理器】窗格中找到添加数据的表，然后右键单击该表，在弹出的快捷菜单中选择【编辑前 200 行】命令打开一个新窗口。用户可以在打开的窗口中添加单条或多条记录，添加完成后保存即可，如图 4-7 所示。

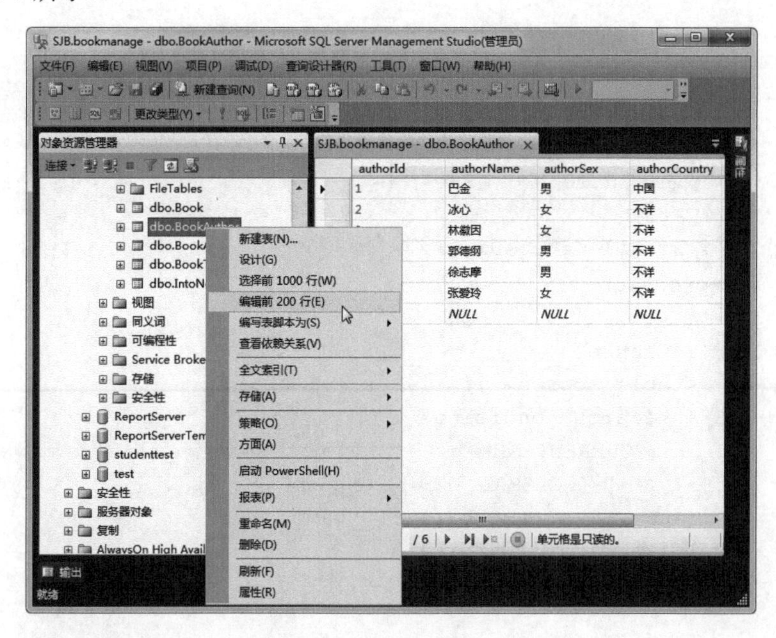

图 4-7 在对象资源管理器中添加数据

4.2 修改数据

最初在表中添加的数据并不总是正确的、无须更改和不会变化的，当现实需求有所变化时，就需要在数据库中修改相应的记录，这样才能保证数据的及时性和准确性。

4.2.1 UPDATE 语句的语法

SQL Server 2012 更新表中的数据有多种方法，最常用的两种方式是通过 Transact-SQL 的 UPDATE 语句和图形界面。UPDATE 语句更改表或视图中的现有数据，完整语法如下：

```
[ WITH <common_table_expression> [...n] ]
UPDATE
    [ TOP ( expression ) [ PERCENT ] ]
    { { table_alias | <object> | rowset_function_limited
         [ WITH ( <Table_Hint_Limited> [ ...n ] ) ]
      }
      | @table_variable
    }
    SET
        { column_name = { expression | DEFAULT | NULL }
          | { udt_column_name.{ { property_name = expression
                                | field_name = expression }
```

```
                    | method_name ( argument [ ,...n ] )
                  }
          }
          | column_name { .WRITE ( expression , @Offset , @Length ) }
          | @variable = expression
          | @variable = column = expression
          | column_name { += | -= | *= | /= | %= | &= | ^= | |= } expression
          | @variable { += | -= | *= | /= | %= | &= | ^= | |= } expression
          | @variable = column { += | -= | *= | /= | %= | &= | ^= | |= }
          expression
        } [ ,...n ]
    [ <OUTPUT Clause> ]
    [ FROM{ <table_source> } [ ,...n ] ]
    [ WHERE { <search_condition>
            | { [ CURRENT OF
                  { { [ GLOBAL ] cursor_name }
                      | cursor_variable_name
                  }
                ]
              }
            }
    ]
    [ OPTION ( <query_hint> [ ,...n ] ) ]
[ ; ]
<object> ::=
{
    [ server_name.database_name.schema_name. | database_name. [ schema_
    name ] . | schema_name. ]
    table_or_view_name
}
```

在上述语法中，UPDATE 和 SET 子句是必选的，而 WHERE 子句是可选的。在 UPDATE 子句中，必须指定将要更新的数据表的名称；WHERE 子句可以指定条件，以限制只对满足条件的行进行更新。

另外，在上述语法中包含多个参数，下面只对常用的内容进行说明。另外，有些参数与 INSERT 语句中的语法相似，这里也不再具体解释。

（1）[WITH <common_table_expression>：指定在 UPDATE 语句作用域内定义的临时命名结果集或视图，也称为公用表达式。

（2）SET：指定要更新的列或变量名称的列表。

（3）column_name：包含要更改的数据的列，column_name 必须位于 table_or view_name 中，不能更新标识列。

（4）FROM <table_source>：指定将表、视图或派生表源用于为更新操作提供条件。

（5）WHERE：指定条件来限定所更新的行。根据所使用的 WHERE 子句的形式，有以下两种形式。

① 搜索更新指定搜索条件来限定要删除的行。

② 定位更新使用 CURRENT OF 子句指定游标，更新操作发生在游标的当前位置。

（6）<search_condition>：为要更新的行指定需满足的条件，搜索条件也可以是链接所基于的条件。

（7）CURRENT OF：指定更新在指定游标的当前位置进行。

（8）GLOBAL：指定 cursor_name 表示全局游标。

（9）cursor_name：要从中进行提取的开放游标的名称。如果同时存在名为 cursor_name 的全局游标和局部游标，那么在指定了 GLOBAL 时该参数是指全局游标，否则是指局部游标。

（10）cursor_variable_name：游标变量的名称，它必须引用允许更新的游标。

（11）OPTION<query_hint>[,...*n*]：指定优化器提示用于自定义数据库引擎处理语句的方式。

4.2.2 基本的 UPDATE 语句

简单地了解过 UPDATE 语句的语法之后，本节通过 UPDATE 语句更新单条记录。观察图 4-7 可以发现，对于图书作者的信息，只有第一条记录显示 authorCountry 列的值为“中国”，其他记录 authorCountry 列的值为“不详”，因此，可以更改某条数据 authorCountry 列的值。

【范例 7】

通过 UPDATE 语句更改 authorCountry 列的值，其条件是 authorId 列的值为 3，即更改 authorId 列的值为 3 的数据记录中的 authorCountry 列的值，将其更改为“中国”。代码如下：

```
UPDATE BookAuthor SET authorCountry='中国' WHERE authorId=3
```

执行语句完成后将返回以下结果：

```
(1 行受影响)
```

返回上述结果表示已经将数据信息更新完毕。用户可以通过 SELECT 语句查询更新后的数据集，如图 4-8 所示。

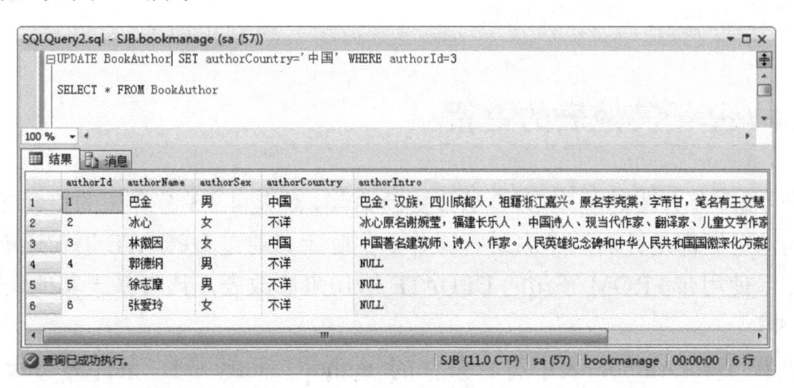

	authorId	authorName	authorSex	authorCountry	authorIntro
1	1	巴金	男	中国	巴金，汉族，四川成都人，祖籍浙江嘉兴。原名李尧棠，字芾甘，笔名有王文慧
2	2	冰心	女	不详	冰心原名谢婉莹，福建长乐人 ，中国诗人、现当代作家、翻译家、儿童文学作家
3	3	林徽因	女	中国	中国著名建筑师、诗人、作家。人民英雄纪念碑和中华人民共和国国徽深化方案
4	4	郭德纲	男	不详	NULL
5	5	徐志摩	男	不详	NULL
6	6	张爱玲	女	不详	NULL

图 4-8 查询更改数据后的结果集

提示

UPDATE 语句可以更新多条记录，例如，将范例 7 中的 WHERE 条件的值指定为 authorSex='女'，这时会将 authorSex 列的值为“女”的数据进行更改。感兴趣的读者可以亲自动手指定更改条件，这里不再列举。

4.2.3 更新多个列的值

UPDATE 语句可以更新多个列的值，通过指定 WHERE 条件，可以更新一条数据的单列或多列，也可以更新多条数据的单列或多列。更新多个列的值时，需要将多个列之间通过逗号进行分隔。

【范例 8】

通过 UPDATE 语句更改 authorSex 列的值为“男”的数据，将 authorCountry 列的值设置为“中国”、authorIntro 列的值设置为“亲，他的简介很少，您帮忙补充吧。”。代码如下：

```
UPDATE BookAuthor SET authorCountry='中国',authorIntro='亲，他的简介很少，您帮忙补充吧。' WHERE authorSex='男'
```


执行完成后通过 SELECT 语句查看更新后的数据集，如图 4-9 所示。

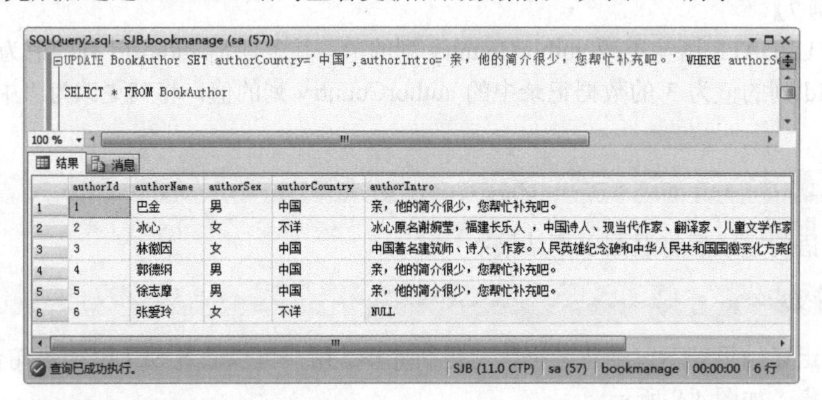

	authorId	authorName	authorSex	authorCountry	authorIntro
1	1	巴金	男	中国	亲，他的简介很少，您帮忙补充吧。
2	2	冰心	女	不详	冰心原名谢婉莹，福建长乐人 ，中国诗人、现当代作家、翻译家、儿童文学作家
3	3	林徽因	女	中国	中国著名建筑师、诗人、作家。人民英雄纪念碑和中华人民共和国国徽深化方案
4	4	郭德纲	男	中国	亲，他的简介很少，您帮忙补充吧。
5	5	徐志摩	男	中国	亲，他的简介很少，您帮忙补充吧。
6	6	张爱玲	女	不详	NULL

图 4-9 更新多个列的值

4.2.4 基于其他表的更新

无论是 4.2.2 节介绍的基本 UPDATE 更新语句，还是 4.2.3 节介绍的更新多个列的值的更新语句，它们都是针对一个表进行操作。实际上，通过 UPDATE 语句还能在多个表中进行操作，使用带 FROM 子句的 UPDATE 语句来修改表，该表基于其他表中的值。

【范例 9】

下面更新 BookAuthor 表中符合条件的 authorCountry 列，条件为 authorId 列在 BookAuthorCopy 表中的 bacId 列中存在。代码如下：

```
UPDATE BookAuthor SET authorCountry='中国_China' WHERE authorId in(SELECT
bacId FROM  BookAuthorCopy)
```

用户执行上述代码后，可以通过 SELECT 语句查看更新的结果集，如图 4-10 所示。

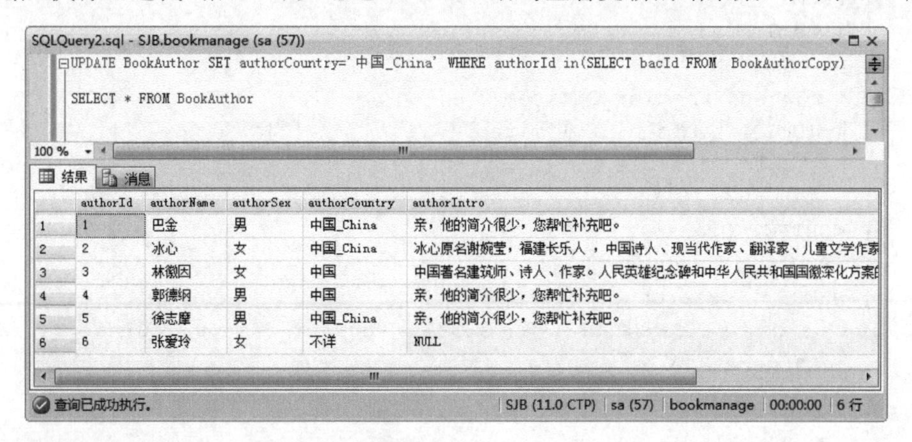

图 4-10 基于其他表的数据更新

在范例 9 介绍的基于其他表的数据更新中，通常会使用到子查询或联接查询，这需要注意以下几点。

（1）在一个单独的 UPDATE 语句中，SQL Server 不会对同一行作两次更新。这是一个内置限制，可以使在更新中写入日志的数量减至最小。

（2）使用 SET 关键字可以引入列的列表或各种要更新的变量名。其中 SET 关键字引用的列必须明确。

（3）如果子查询没有返回值，必须在子查询中引入 IN、EXISTS、ANY 或 ALL 等关键字。

提示

使用 UPDATE 语句在基于其他的表进行更新时，可以考虑在子查询中使用聚合函数。这是因为，在单独的 UPDATE 语句中，SQL Server 不会对同一行做两次更新。另外，通过图形界面也可以实现对数据的修改，直接打开如图 4-7 所示的界面修改内容即可。

4.3 删除数据

数据库创建成功后，随着时间的变长，可能会出现一些无用的数据。这些无用的数据不仅会占用空间，还会影响修改和查询的速度，因此应该及时删除它们。

4.3.1 DELETE 语句的语法

在 SQL Server 2012 中 Transact-SQL 通过 DELETE 语句删除表或视图中的一行或多行数据。DELETE 语句的完整语法如下：

```
[ WITH <common_table_expression> [ ,...n ] ]
DELETE
    [ TOP ( expression ) [ PERCENT ] ]
    [ FROM ]
    { { table_alias
      | <object>
      | rowset_function_limited
      [ WITH ( table_hint_limited [ ...n ] ) ] }
      | @table_variable
    }
    [ <OUTPUT Clause> ]
    [ FROM table_source [ ,...n ] ]
    [ WHERE { <search_condition>
            | { [ CURRENT OF { { [ GLOBAL ] cursor_name } | cursor_variable_
            name }]}
            }
    ]
    [ OPTION ( <Query Hint> [ ,...n ] ) ]
[; ]
<object> ::=
{
    [ server_name.database_name.schema_name. | database_name. [ schema_
    name ] . | schema_name. ]
    table_or_view_name
}
```


4.3.2 使用 DELETE 语句

DELETE 语句的使用很简单，使用该语句可以删除数据表中的单行数据、多行数据以及所有数据，同时在 WHERE 子句中也可以通过子查询删除数据。

【范例 10】

通过 DELETE 语句删除 BookAuthor 表中 authorId 列的值为 5 的记录。语句如下：

```
DELETE FROM BookAuthor WHERE authorId=5
```

上述代码中的 FROM 是可选的，因此可以等价于以下代码：

```
DELETE BookAuthor WHERE authorId=5
```

执行上述代码 1 行受影响，通过 SELECT 语句查询删除后的数据集，效果如图 4-11 所示。

【范例 11】

通过 DELETE 语句删除 BookAuthor 表中 authorId 列的值大于 8 并且小于 11 的数据。代码如下：

```
DELETE BookAuthor WHERE authorId>8 AND authorId<11
```

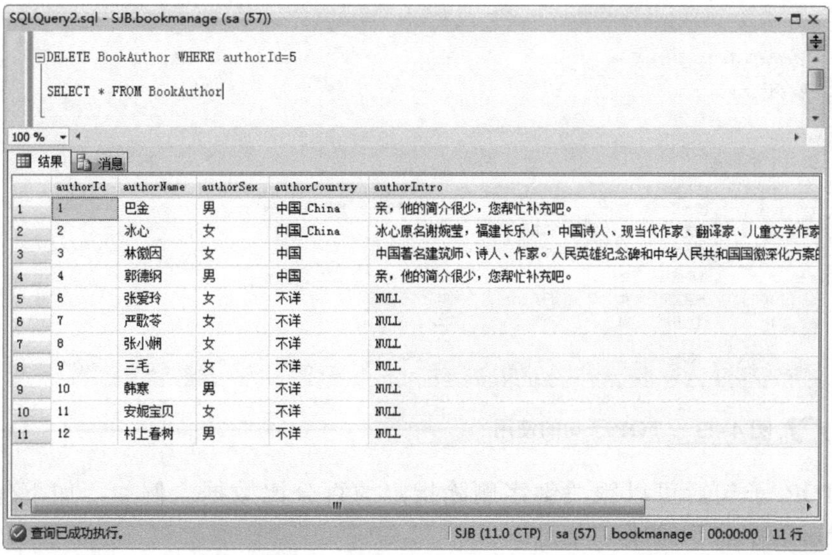

SQLQuery2.sql - SJB.bookmanage (sa (57))

```
DELETE BookAuthor WHERE authorId=5

SELECT * FROM BookAuthor
```

100 %

结果 | 消息

	authorId	authorName	authorSex	authorCountry	authorIntro
1	1	巴金	男	中国_China	亲，他的简介很少，您帮忙补充吧。
2	2	冰心	女	中国_China	冰心原名谢婉莹，福建长乐人 ，中国诗人、现当代作家、翻译家、儿童文学作家
3	3	林徽因	女	中国	中国著名建筑师、诗人、作家。人民英雄纪念碑和中华人民共和国国徽深化方案
4	4	郭德纲	男	中国	亲，他的简介很少，您帮忙补充吧。
5	6	张爱玲	女	不详	NULL
6	7	严歌苓	女	不详	NULL
7	8	张小娴	女	不详	NULL
8	9	三毛	女	不详	NULL
9	10	韩寒	男	不详	NULL
10	11	安妮宝贝	女	不详	NULL
11	12	村上春树	男	不详	NULL

查询已成功执行。 | SJB (11.0 CTP) | sa (57) | bookmanage | 00:00:00 | 11 行

图 4-11 删除单行数据

执行上述代码 2 行受影响，执行完成后通过 SELECT 语句查询数据集，效果如图 4-12 所示。

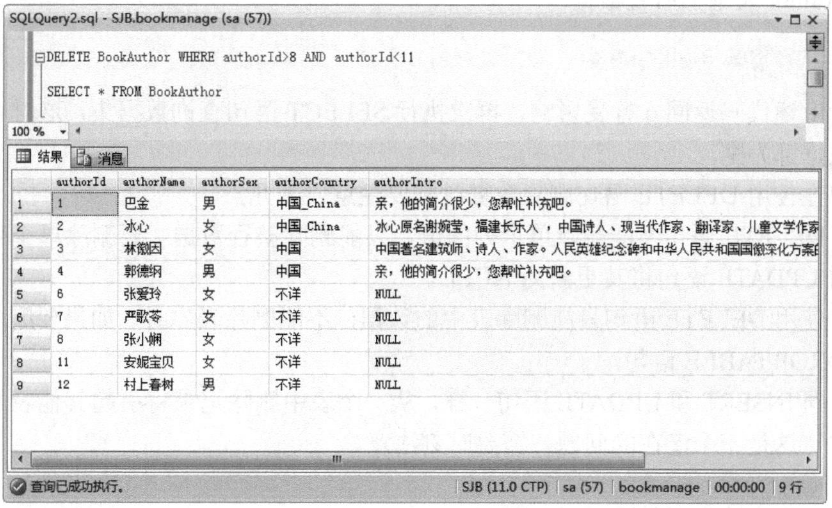

SQLQuery2.sql - SJB.bookmanage (sa (57))

```
DELETE BookAuthor WHERE authorId>8 AND authorId<11

SELECT * FROM BookAuthor
```

100 %

结果 | 消息

	authorId	authorName	authorSex	authorCountry	authorIntro
1	1	巴金	男	中国_China	亲，他的简介很少，您帮忙补充吧。
2	2	冰心	女	中国_China	冰心原名谢婉莹，福建长乐人 ，中国诗人、现当代作家、翻译家、儿童文学作家
3	3	林徽因	女	中国	中国著名建筑师、诗人、作家。人民英雄纪念碑和中华人民共和国国徽深化方案
4	4	郭德纲	男	中国	亲，他的简介很少，您帮忙补充吧。
5	6	张爱玲	女	不详	NULL
6	7	严歌苓	女	不详	NULL
7	8	张小娴	女	不详	NULL
8	11	安妮宝贝	女	不详	NULL
9	12	村上春树	男	不详	NULL

查询已成功执行。 | SJB (11.0 CTP) | sa (57) | bookmanage | 00:00:00 | 9 行

图 4-12 删除多行数据

【范例 12】

INSERT 和 UPDATE 语句都可以结合 TOP 子句操作数据，DELETE 语句也不例外。如下代码删除 BookAuthor 表中的前 3 条数据：

```
DELETE TOP(3) BookAuthor
```

执行上述代码 3 行受影响，执行完成后通过 SELECT 语句查询数据集，效果如图 4-13 所示。

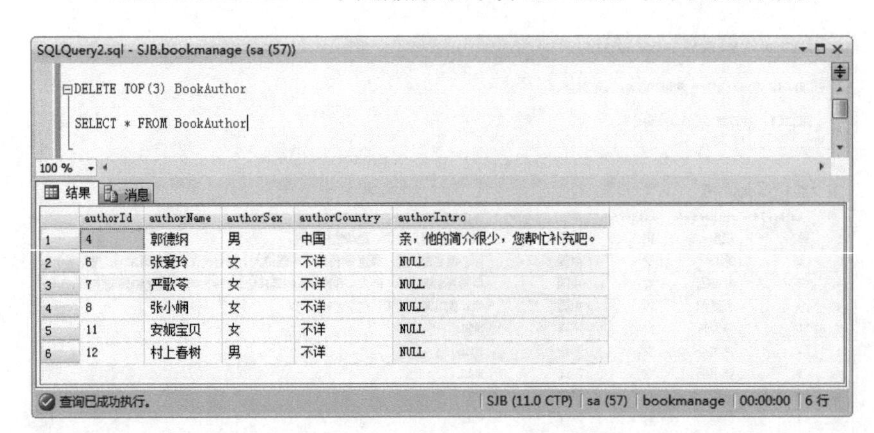

图 4-13 TOP 子句的使用

在 TOP 子句后可以跟关键字删除指定的百分比数据。例如，如下代码删除 BookAuthor 表中前 5%的作者信息：

```
DELETE TOP (5) PERCENT FROM BookAuthor
```

【范例 13】

如果 DELETE 语句中不要 WHERE 子句，则表中所有的数据都会删除。如下代码删除 BookAuthor 表中的所有数据：


```
DELETE FROM BookAuthor
```

执行上述代码返回 6 行受影响，再次执行 SELECT 语句查询数据集，这时可以发现表中的数据都为空。

用户在使用 DELETE 语句删除数据时需要注意以下几点。

（1）DELETE 语句不能删除单个列的值，只能删除整行数据。要删除单个列的值，可以使用 UPDATE 语句将其更新为 NULL。

（2）使用 DELETE 语句只能删除表中的数据，不能删除表本身。如果要删除表，需要使用 DROP TABLE 语句。

（3）同 INSERT 和 UPDATE 语句一样，从一个表中删除记录将引起其他表的参照完整性问题。这是一个潜在的问题，需要时刻注意。

4.3.3 基于其他表的删除

使用带有联接或子查询的 DELETE 语句可以删除基于其他表的行数据。在 DELETE 语句中，WHERE 引用自身表中的值，并决定删除哪些行。如果使用附加的 FROM，就可以引用其他表来决定删除哪些行。当使用带有附加 FROM 的 DELETE 语句时，第一个 FROM 子句指出要删除行所在的表，第二个 FROM 子句引入一个联接作为 DELETE 语句的约束标准。

【范例 14】

重新向 BookAuthor 表中添加数据，添加完成后通过 DELETE 语句删除符合条件的数据。条件为 BookAuthor 表中 authorName 列的值在 BookAuthorCopy 表 bacName 列的值中存在。代码如下：

```
DELETE FROM BookAuthor WHERE authorName in (SELECT bacName FROM
BookAuthorCopy)
```

4.3.4 图形界面操作

用户可以通过图形界面工具删除一行或多行数据，删除时很简单，在打开的窗口中选中要删除的行，然后右键单击该行数据，在弹出的快捷菜单中选择【删除】命令即可，如图 4-14 所示。

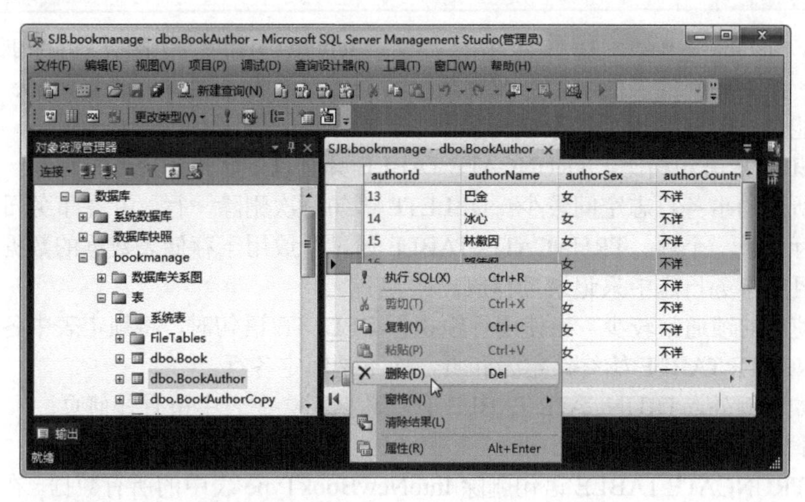

图 4-14 删除单行记录

通过对象资源管理器也可以删除多行记录，先按下 Ctrl 键，然后再选择要删除的数据，接着右键单击这些数据，选择【删除】命令即可完成多行记录的删除，如图 4-15 所示。

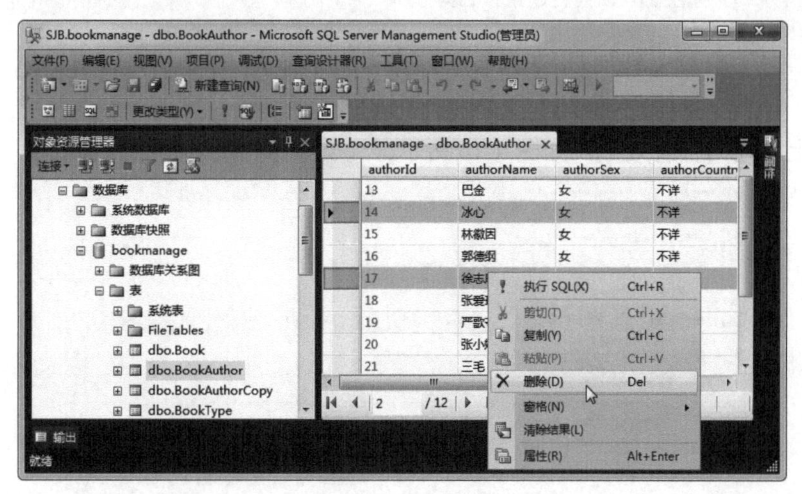

图 4-15 删除多行记录

4.3.5 使用 TRUNCATE TABLE 语句

Transact-SQL 提供了 TRUNCATE TABLE 语句删除表中的所有行，而不记录单个行删除操作。TRUNCATE TABLE 与没有 WHERE 子句的 DELETE 语句类似，但是 TRUNCATE TABLE 速度更快，使用的系统资源和事务日志资源更少。

TRUNCATE TABLE 的基本语法如下：

```
TRUNCATE TABLE
    [ { database_name .[ schema_name ] . | schema_name . } ]
    table_name
[ ; ]
```

其中，database_name 指数据库的名称；schema_name 指表所属架构的名称；table_name 指要截断的表的名称，或要删除其全部行的表的名称。table_name 必须是文字值，不能是 OBJECT_ID()函数或变量。

与 DELETE 语句相比，TRUNCATE TABLE 具有以下优点。

（1）所用的事务日志空间较少。DELETE 语句每次删除一行，并在事务日志中为所删除的每行记录一个项。TRUNCATE TABLE 通过释放用于存储表数据的数据页来删除数据，并且在事务日志中只记录页释放。

（2）使用的锁通常较少。当使用行锁执行 DELETE 语句时，将锁定表中各行以便删除。TRUNCATE TABLE 始终锁定表和页，而不是锁定各行。

（3）如无例外，TRUNCATE TABLE 删除数据不会在表中留有任何页。

【范例 15】

通过 TRUNCATE TABLE 语句删除 IntoNewBookType 表中的所有数据。在该语句之前和之后使用 SELECT 语句比较结果。代码如下：

```
SELECT COUNT(*) AS '删除数据前的总数据记录' FROM IntoNewBookType
GO
TRUNCATE TABLE IntoNewBookType
GO
SELECT COUNT(*) AS '删除数据后的总数据记录' FROM IntoNewBookType
GO
```

执行上述代码查看效果，如图 4-16 所示。

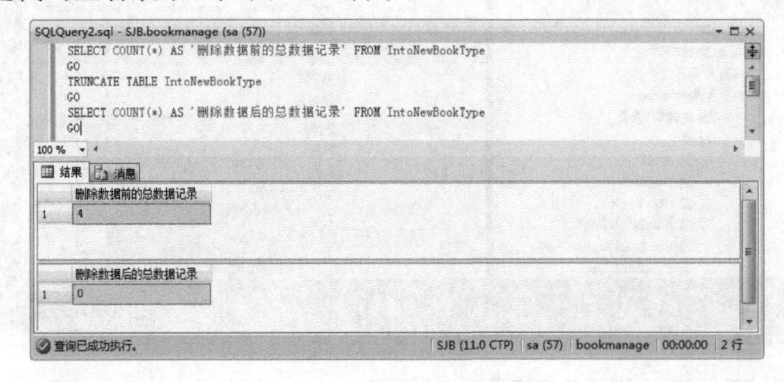

图 4-16 TRUNCATE TABLE 语句效果

注意

TRUNCATE TABLE 语句之后不能跟 WHERE 子句。使用 TRUNCATE TABLE 删除表的数据后，如果表包含标识列，则列的计数器会重置为该列定义的种子值。如果未定义种子，则使用默认值 1。如果要保留标识计数器，则应该使用 DELETE 语句删除数据。

在删除数据时，不能对以下表使用 TRUNCATE TABLE 语句。

（1）由 FOREIGN KEY 约束引用的表。

（2）参与索引视图的表。

（3）通过使用事务复制或合并复制发布的表。

4.4 思考与练习

一、填空题

1．在 SQL Server 中通过使用__________语句实现对数据的添加操作。

2．__________语句可以将某一个表中的数据插入到另一个新数据表中。

3．在 DELETE 语句中，使用__________子句删除表中指定的行。

4．要快速地删除表中的全部数据，最好使用__________语句。

二、选择题

1．下列选项中，说法正确的是________。

A．INSERT、DELETE 和 UPDATE 只能对单条数据进行操作，不能操作多条记录

B．INSERT、DELETE 和 UPDATE 只能对多条数据进行操作，不能操作单条记录

C．INSERT、DELETE 和 UPDATE 既可以操作单条记录，又可以操作多条记录

D．INSRET 和 UPDATE 语句可操作单条或多条记录，DELETE 语句只能删除单条数据

2．关于 SELECT INTO 语句，下列描述正确的是__________。

A．向已有的表中插入数据

B．该语句有语法错误，不能使用

C．一次最多只能插入一行数据

D．向不存在的表中插入数据

3．假设当前数据库存在一个客户信息表，表中包含客户编号、名称和邮箱等信息。现在需要更改其中一名客户的邮箱地址，应该使用__________语句。

A．INSERT

B．UPDATE

C．DELETE

D．SELECT

4．假设当前 MyBookOper 表中存在 10 条记录，如果要删除表中的全部数据，不能通过选项__________实现。

A．DELETE TOP(50) PERCENT IntoNewBookType

B．DELETE FROM MyBookOper

C．DELETE MyBookOper

D．TRUNCATE TABLE MyBookOper

三、简答题

1．通过 INSERT 语句向指定的字段列中添加数据的语法是什么？

2．UPDATE 语句如何更新多个列的值？

3．请说明 DELETE 语句和 TRUNCATE TABLE 语句的异同点。

第5章 SELECT基本查询

SELECT 基本查询是指使用 SELECT 语句对数据库中的数据进行筛选查询。通过 SELECT 语句可以实现查询表中的所有数据，查询表中的指定数据，根据表中的数据计算数据，对查询结果集进行排序、分组、统计等，甚至还可以同时连接多个表，查询这些表中相联系的数据。

本章介绍 SELECT 基本查询，包括查询表中的所有数据，查询表中的指定数据，根据表中的数据计算数据，对查询结果集进行排序、分组、统计等。

本章学习要点：

- 理解 SELECT 查询的基本语法
- 能够使用 SELECT 获取所有数据
- 能够使用 SELECT 获取指定列和对列使用别名
- 能够获取不重复的数据
- 能够获取前几条数据
- 能够获取计算列
- 掌握比较运算符和逻辑运算符的使用方法
- 掌握范围运算符的使用方法
- 掌握 IN、LIKE 关键字的使用方法
- 掌握结果集的排序
- 掌握结果集的分组统计

5.1 SELECT语法简介

SELECT 语句是一个查询表达式，它以关键字 SELECT 开头，并且包含大量构成表达式的元素。SELECT 语句语法格式如下所示：

```
SELECT [ALL | DISTINCT] select_list
FROM table_name
[WHERE <search_condition>]
[GROUP BY <group_by_expression>]
[HAVING <search_condition>]
[ORDER BY <order_expression> [ASC | DESC]]
```

其中，在[]内的子句表示可选项。下面对语法格式中的各参数进行说明。

（1）SELECT 子句：用来指定查询返回的列。

（2）ALL | DISTINCT：用来标识在查询结果集中对相同行的处理方式。关键字 ALL 表示返回查询结果集的所有行，其中包括重复行；关键字 DISTINCT 表示如果结果集中

有重复行，那么只显示一行，默认值为 ALL。

（3）select_list：如果返回多列，各列名之间用“,”隔开；如果需要返回所有列的数据信息，则可以用“*”表示。

（4）FROM 子句：用来指定要查询的表名。

（5）WHERE 子句：用来指定限定返回行的搜索条件。

（6）GROUP BY 子句：用来指定查询结果的分组条件。

（7）HAVING 子句：与 GROUP BY 子句组合使用，用来对分组的结果进一步限定搜索条件。

（8）ORDER BY 子句：用来指定结果集的排序方式。

（9）ASC|DESC：ASC 表示升序排列，DESC 表示降序排列。

注意

在 SELECT 语句中，FROM、WHERE、GROUP BY 和 ORDER BY 子句必须按照语法中列出的次序依次执行。例如，如果把 GROUP BY 子句放在 ORDER BY 子句之后，就会出现语法错误。

5.2 基本查询

查询就是根据具体需求从一个或几个表中查找数据。就像在商场里面找某个品牌某个型号的冰箱，要先找到商场的电器区域，再找到冰箱所在的区域，最后根据冰箱的品牌和型号找到这个冰箱。

查询数据就是根据列的名称查出这个列的数据，结果以列表的形式显示，包括列名和列的数据。本节介绍 SELECT 基本查询，包括查询所有的列数据、查询指定列数据、排除重复数据和查询前几条数据等。

5.2.1 获取所有列

获取所有的列相当于获取表中的所有数据，使用符号“*”，它表示“所有的”。将*代替字段列表就包含了所有字段。获取整张表的数据使用 Transact-SQL 语言语法如下：

```
USE 数据库名
SELECT *FROM 表名
```

【范例 1】

获取 Firm 数据库中 Workers 表的所有数据，需要用 SQL Server Management Studio 连接上 SQL Server 服务器，在工具栏中找到【新建查询】并单击，可打开查询语句界面，输入如下代码：

```
USE Firm
SELECT *FROM Workers
```

上述代码是在 Firm 数据库的基础上查询 Workers 表的所有数据，单击工具栏的【执行】按钮可执行上述代码，其效果如图 5-1 所示。

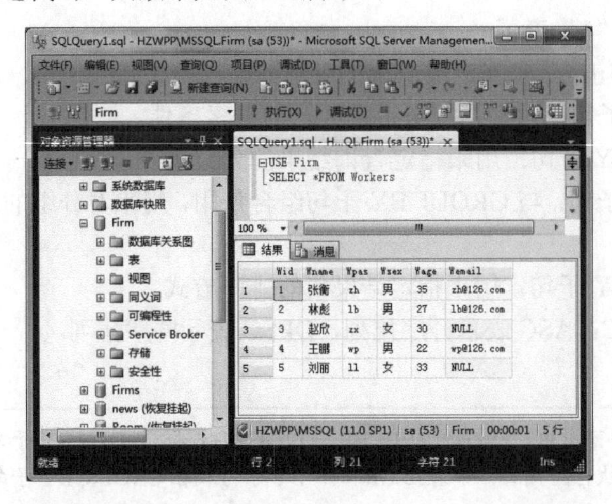

图 5-1 查询 Firm 数据库中 Workers 表的所有数据

5.2.2 获取指定列

获取指定列只需要将范例 1 中的“*”符号换成字段列表即可。若将表中所有的列都放在这个列表中，将查询整张表的数据。语法如下：

```
USE 数据库名
SELECT 字段列表 FROM 表名
```

【范例 2】

获取 Firm 数据库中 Workers 表的姓名、性别、年龄字段的值，可新建查询并使用如下代码：

```
USE Firm
SELECT Wname,Wsex,Wage FROM Workers
```

执行上述代码，其效果如下所示：

```
Wname   Wsex    Wage
张衡    男      35
林彪    男      27
赵欣    女      30
王鹏    男      22
刘丽    女      33
```

5.2.3 对列使用别名

由范例 2 可以看出，虽然查询的是职员的姓名、性别和年龄，但字段显示的是 Wname、

Wsex 和 Wage。这是在表创建时为表指定的字段名，表中的字段使用英文字母更有利于数据的维护，却不利于用户观看。

此时可以在查询时对列进行重命名，使用 AS 关键字。对表字段的重命名并不是作用在数据库中的表，而仅限于查询出来的数据显示，不会改变原表中的字段名。语法如下：

```
USE 数据库名
SELECT 原字段名 AS 新字段名,…
FROM 表名
```

【范例 3】

同样是获取 Firm 数据库中 Workers 表的姓名、性别、年龄字段的值，为列定义别名，代码如下：

```
USE Firm
SELECT Wname AS 姓名,Wsex AS 性别,Wage AS 年龄 FROM Workers
```

上述代码的执行效果如下所示

```
姓名    性别    年龄
张衡    男      35
林彪    男      27
赵欣    女      30
王鹏    男      22
刘丽    女      33
```

5.2.4 获取不重复的数据

表中不可避免会有重复的数据，如在网购系统中查询一个商品，可能不同的商家有同一款商品，并且价格一样。此时重复的数据会增加用户的工作量，使用 DISTINCT 关键字筛选结果集，可以对重复行只保留并显示一行。

这里的重复行是指结果集的每个字段值都一样。例如查询学生的姓名和年龄，有两个同学姓名一样但年龄不同，那么使用 DISTINCT 关键字筛选时这两个同学的数据都将保留，因为他们的年龄字段值不同。

【范例 4】

某公司工人信息中有重复的工人信息，他们的用户名、密码、性别、年龄等字段的值都是一样的，分别获取工人信息和使用 DISTINCT 关键字获取工人信息，步骤如下。

（1）获取 Firm 数据库 Worker 表中的工人信息，代码如下：

```
USE Firm
SELECT * FROM Worker
```

（2）使用 DISTINCT 关键字获取 Firm 数据库 Worker 表中不重复的工人信息，代码如下：

```
USE Firm
```

```
SELECT DISTINCT * FROM Worker
```

（3）分别运行步骤（1）和步骤（2），其效果如图 5-2 和图 5-3 所示。对比这两个图，可以看到名为张彪的工人被记录了两次，在图 5-2 中有两条显示，而在图 5-3 中仅显示了一条。

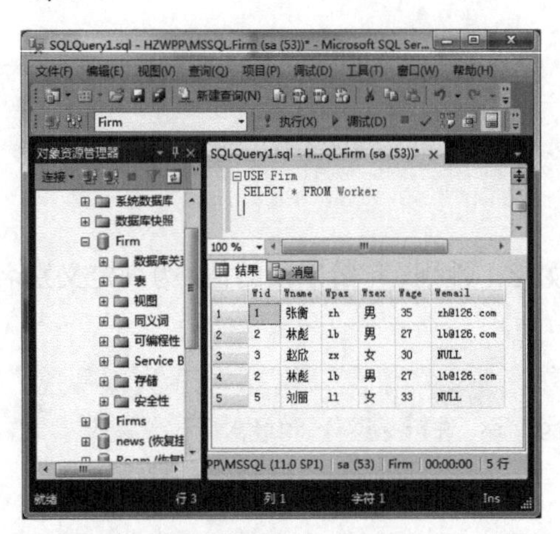

图 5-2 查询所有工人记录

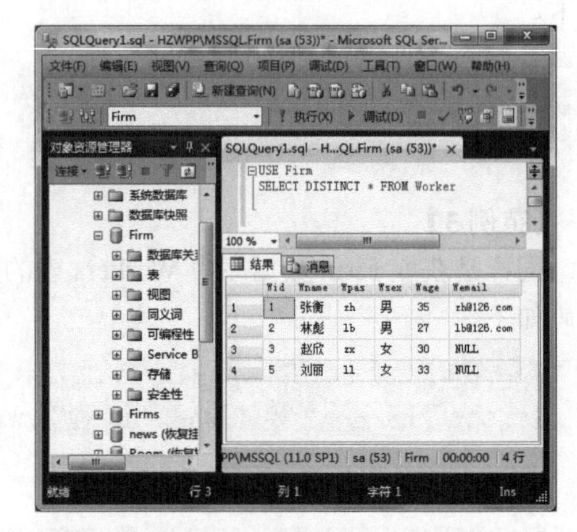

图 5-3 查询不重复的工人记录

5.2.5 获取前几条数据

数据量很大的系统，通常仅获取最近添加的记录。如新闻网站的首页，通常仅显示最新的新闻列表，但之前的新闻并没有删除，都在数据库中保存着。这样的应用是使用 TOP 关键字获取前几天的数据。TOP 的用法有三种，分别如下。

（1）使用 TOP 和整型数值，返回确定条数的数据。

（2）使用 TOP 和百分比，返回结果集的百分比。

（3）若 TOP 后的数值大于数据总行数，则显示所有行。

具体语法如下：

```
SELECT TOP 整数/百分数 PERCENT *
FROM 表名
```

【范例 5】

获取 Firm 数据库 Workers 表中的前 3 条记录，代码如下：

```
USE Firm
SELECT TOP 3 * FROM Workers
```

上述代码并没有指出根据哪个字段的值来获取前 3 条记录，默认是根据主键的值从小到大排序来获取最小的记录。上述代码的执行效果如下所示：

```
Wid Wname   Wpas    Wsex    Wage    Wemail
1   张衡    zh      男      35      zh@126.com
2   林彪    lb      男      27      lb@126.com
```

```
3    赵欣    zx    女    30    NULL
```

【范例 6】

获取 Firm 数据库 Workers 表中 80%的记录，代码如下：

```
USE Firm
SELECT TOP 80PERCENT *
FROM Workers
```

上述代码的执行效果如下所示：

```
Wid Wname   Wpas   Wsex   Wage   Wemail
1   张衡    zh     男     35     zh@126.com
2   林彪    lb     男     27     lb@126.com
3   赵欣    zx     女     30     NULL
4   王鹏    wp     男     22     wp@126.com
```

在 5.4.1 节将要介绍结果集的排序，根据指定字段的值排序并结合 TOP 关键字的使用，可获取指定的前几条数据。

5.2.6 使用计算列

在数据查询过程中，SELCET 子句后的列也可以是一个表达式，表达式的值是经过对某些列的计算而得到的结果。通过在 SELECT 语句中根据指定运算方法计算列的值可以实现对表达式的查询。

【范例 7】

范例 3 使用别名获取了 Workers 表中的姓名、性别和年龄字段。根据年龄字段的值，计算员工的出生年份，使其作为一个字段来显示，代码如下：

```
USE Firm
SELECT Wname AS 姓名,Wsex AS 性别,Wage AS 年龄,2014-Wage AS 出生年份
FROM Workers
```

上述代码的执行结果如下所示：

```
姓名    性别    年龄    出生年份
张衡    男      35      1979
林彪    男      27      1987
赵欣    女      30      1984
王鹏    男      22      1992
刘丽    女      33      1981
```

5.3 条件查询

项目中经常会对数据查询有限制条件，例如提取成绩小于 60 分的学生参加补考，需要根据特定成绩来查询；用户登录时，根据用户名查询用户详细信息来转入系统等。

SQL Server 提供了一系列方式来限制查询结果，使用 WHERE 加限制条件，基本语法如下：

```
USE 数据库名
SELECT * FROM 表名
WHERE 限制条件
```

这里的限制条件与 CHECK 约束的验证表达式语法一样，本节提供了多种方式以满足不同的查询需求，如使用比较运算符、逻辑运算符、范围运算符等。

5.3.1 使用比较运算符查询

比较运算符，顾名思义用来将两个数值表达式进行对比。参与对比的表达式可以是具体的值，也可以是函数或表达式，但对比的两个参数数据类型要一致。字符型的数值要用“‘’”引用，如民族=‘汉’。比较运算符的符号及含义如表 5-1 所示。

表 5-1 比较运算符

运算符	>	<	=	<>	>=	<=
含义	大于	小于	等于	不等于	大于等于	小于等于

参与对比的表达式、比较运算符和 WHERE 结合，基本语法如下：

```
WHERE 表达式 1 比较运算符 表达式 2
```

【范例 8】

获取 Firm 数据库 Workers 表中，年龄小于 32 的职员信息，代码如下：

```
USE Firm
SELECT * FROM Workers
WHERE Wage<32
```

上述代码的执行效果如下所示：

```
Wid Wname   Wpas   Wsex   Wage   Wemail
2   林彪    lb     男     27     lb@126.com
3   赵欣    zx     女     30     NULL
4   王鹏    wp     男     22     wp@126.com
```

5.3.2 使用逻辑运算符查询

逻辑运算符用于连接一个或多个条件表达式，相关符号和具体含义，以及注意事项有以下几点。

（1）AND：与，当相连接的两个表达式都成立时，才成立。

（2）OR：或，当相连接的两个表达式中有一个成立时就成立。

（3）NOT：非，当原表达式成立时，不成立；当原表达式不成立时，语句成立。

（4）三个逻辑运算符的优先级从高到低为 NOT、AND、OR。使用小括号改变系统执行顺序。

与 WHERE 关键字结合，基本语法如下：

```
WHERE 表达式 AND 表达式
WHERE 表达式 OR 表达式
WHERE NOT 表达式
```

【范例 9】

获取 Firm 数据库 Workers 表中性别为女或年龄小于等于 30 的职工，代码如下：

```
USE Firm
SELECT Wname AS 姓名,Wsex AS 性别,Wage AS 年龄,2014-Wage AS 出生年份
FROM Workers WHERE Wsex='女' OR Wage<=30
```

上述代码的执行效果如下所示：

```
姓名    性别    年龄    出生年份
林彪    男      27      1987
赵欣    女      30      1984
王鹏    男      22      1992
刘丽    女      33      1981
```

上述执行结果中，要么职员是女性，要么职员的年龄小于等于 30。

【范例 10】

获取 Firm 数据库 Workers 表中性别为女并且年龄小于等于 30 的职工，代码如下：

```
USE Firm
SELECT Wname AS 姓名,Wsex AS 性别,Wage AS 年龄,2014-Wage AS 出生年份
FROM Workers WHERE Wsex='女' AND Wage<=30
```

上述代码的执行效果如下所示：

```
姓名    性别    年龄    出生年份
赵欣    女      30      1984
```

上述执行结果中，职员为女性并且年龄小于等于 30。

5.3.3 使用范围运算符查询

范围运算符描述一个范围，使用 BETWEEN AND 关键字和 NOT BETWEEN AND 关键字与 WHERE 关键字结合，语法如下：

```
WHERE 列名 BETWEEN | NOT BETWEEN 表达式 1  AND 表达式 2
```

上述语法结构要满足以下几个条件。

（1）两个表达式的数据类型要和 WHERE 后的列的数据类型一致。

（2）表达式 1≤表达式 2。

【范例 11】

获取 Firm 数据库 Workers 表中年龄在 20～30 之间的职员的数据，代码如下：

```
USE Firm
```

```
SELECT Wname AS 姓名,Wsex AS 性别,Wage AS 年龄,2014-Wage AS 出生年份
FROM Workers WHERE  Wage BETWEEN 20 AND 30
```

上述代码的执行效果如下所示：

```
姓名      性别      年龄      出生年份
林彪      男        27        1987
赵欣      女        30        1984
王鹏      男        22        1992
```

5.3.4 使用 IN 查询

使用 IN 关键字指定一个包含具体数据值的集合，以列表形式展开，并查询数据值在这个列表内的行。列表可以有一个或多个数据值，放在（）内并用半角逗号隔开。具体语法如下：

```
WHERE 列名 IN 列表
```

【范例 12】

使用 IN 关键字获取 Firm 数据库 Workers 表中性别为男的职业信息，代码如下：

```
USE Firm
SELECT Wname AS 姓名,Wsex AS 性别,Wage AS 年龄,2014-Wage AS 出生年份
FROM Workers WHERE  Wsex IN ('男')
```

上述代码的执行效果如下所示：

```
姓名      性别      年龄      出生年份
张衡      男        35        1979
林彪      男        27        1987
王鹏      男        22        1992
```

上述代码中，IN 后面的括号内只有一个值，那么相当于字段等于该值时获取信息。

5.3.5 使用 LIKE 查询

上网搜索某个问题，又不确定关键字，但是只输入了一两个字就查到了要找的内容。这就需要本节要讲的 LIKE 关键字和通配符。

通配符是一种符号，通常跟 LIKE 关键字结合使用，描述一种范围。常见的通配符如表 5-2 所示。

表 5-2 通配符

通配符	含义
%	一个或多个任意字符
_	单个字符
[]	自定范围内的字符
[^]或[!]	不在范围内的字符

上述通配符的用法介绍如下。

（1）%：使用字符与%结合，如查找姓名时使用‘胡%’找出所有姓胡的人。

（2）_：使用字符与_结合，与使用%相比精确了字符个数，如‘胡_’只能是两个字并且第一个字为胡。

（3）[]：在[]内的任意单个字符，如[H-J]可以是 H、I 或 J。

（4）[^]或[!]：不在[^]或[!]内的任意单个字符，如[^H-J]可以是 1、2、3、d、e、A 等。

其中_、[]、[^]和[!]都是有明确字符个数的，%可以是一个或多个字符。

【范例 13】

获取 Firm 数据库 Workers 表中，姓张的职员的信息，代码如下：

```
USE Firm
SELECT Wname AS 姓名,Wsex AS 性别,Wage AS 年龄,2014-Wage AS 出生年份
FROM Workers WHERE  Wname LIKE '张%'
```

上述代码的执行效果如下所示：

```
姓名    性别    年龄    出生年份
张衡    男      35      1979
```

由于表中只有一个姓张的职员，上述查询结果中只有一条数据。

5.3.6 根据数据是否为空查询

数据量大的情况下，漏填不可避免。使用 IS NULL 关键字可以查询数据库中为 NULL 的值，语法格式如下：

```
WHERE 字段名 IS NULL
```

【范例 14】

获取 Firm 数据库 Workers 表中，电子邮箱为空的数据，代码如下：

```
USE Firm
SELECT * FROM Workers WHERE  Wemail IS NULL
```

上述代码的执行效果如下所示：

```
Wid Wname   Wpas    Wsex    Wage    Wemail
3   赵欣    zx      女      30      NULL
5   刘丽    ll      女      33      NULL
```

5.4 格式化结果集

日常生活中需要的数据不只局限于简单的查询，人们往往需要更专业的统计，SQL Server 中提供了规范查询结果的方法，包括排序、分组和统计。

5.4.1 排序结果集

使用 ORDER BY 对查询结果按指定字段进行排序。ASC 关键字表示升序排序，为系统默认排列方式；DESC 关键字为降序排序。可以和 TOP 关键字结合使用，完成排序并提取前几行数据。语法如下：

```
SELECT [TOP 数值] 字段列表
FROM 表名
WHERE 表达式
ORDER BY 字段名[ASC | DESC]
```

排序可以使用多个字段，在第一个字段数据值相等时按第二个字段排序，之后是第三个字段，以此类推。

通常将 ORDER BY 语句与 TOP 关键字结合使用，查找指定列前几行或百分比的数据值。

【范例 15】

获取 Firm 数据库 Workers 表中的数据，根据年龄降序排序，代码如下：

```
USE Firm
SELECT * FROM Workers ORDER BY Wage DESC
```


上述代码的执行效果如下所示：

```
Wid Wname   Wpas    Wsex    Wage    Wemail
1   张衡    zh      男      35      zh@126.com
5   刘丽    ll      女      33      NULL
3   赵欣    zx      女      30      NULL
2   林彪    lb      男      27      lb@126.com
4   王鹏    wp      男      22      wp@126.com
```

5.4.2 分组结果集

使用 GROUP BY 关键字对查询结果集分组和数据处理。通过一定的规则将一个数据集划分成若干个小的区域，然后对这些小的区域数据进行处理。语法格式如下：

```
SELECT 字段列表
FROM 表名 WHERE 表达式
GROUP BY [ALL] 字段列表 [WITH ROLLUP | CUBE]
```

对上述代码的解释如下。

（1）上述最后一行的字段列表必须包含 SELECT 后的字段列表。

（2）ALL：通常和 WHERE 一同使用，表示被 GROUP BY 分类的数据，即使不满足 WHERE 条件也要显示在查询结果中。

（3）ROLLUP：在存在多个分组条件时使用，只返回第一个分组条件指定的列的统计行。

（4）CUBE：ROLLUP 的扩展，除了返回 GROUP BY 子句指定的列以外，还要返回按照组统计的行。

GROUP BY 语句通常与聚合函数结合使用，聚合函数跟数学公式类似，通过数据的计算返回单个值，如表 5-3 所示。

表 5-3 聚合函数

函数名	含义
SUM（表达式）	表达式中数据值的和
AVG（表达式）	表达式中数据值的平均数
MAX（表达式）	表达式中数据值中的最大数值
MIN（表达式）	表达式中数据值中的最小数值
COUNT（*）	选定的行数
COUNT(表达式)	表达式中数据值的个数

【范例 16】

使用 COUNT（*）统计 Firm 数据库 Workers 表中的男性职员和女性职员的人数，代码如下：

```
USE Firm
SELECT Wsex AS 性别, COUNT(*) AS 人数
FROM Workers GROUP BY Wsex
```

上述代码的执行效果如下所示：

```
性别      人数
男        3
女        2
```

5.4.3 统计结果集

使用 GROUP BY 语句和统计函数结合可以完成结果集的粗略统计，本节使用 HAVING 实现结果集的统计。

使用 HAVING 语句查询和 WHERE 关键字类似，在关键字后面插入条件表达式来规范查询结果，不同的是：

（1）WHERE 关键字针对的是列的数据，HAVING 针对统计组。

（2）WHERE 关键字不能与统计函数一起使用，HAVING 语句可以而且一般都和统计函数结合使用。

（3）WHERE 关键字在分组前对数据进行过滤，HAVING 语句只过滤分组后的数据。

HAVING 语句一般和 GROUP BY 语句结合使用，结合例子说明如下。

【范例 17】

获取 Firm 数据库 Worker 表中职员的姓名、性别和部门，根据姓名、性别和部门来统计分组，并找出结果集中男性职员的信息，代码如下：

```
USE Firm
SELECT Wname AS 姓名, Wsex AS 性别 , Wbranch AS 部门
FROM Work GROUP BY Wsex,Wbranch,Wname
HAVING Wsex='男'
```

上述代码的执行效果如下所示：

```
姓名    性别    部门
林彪    男      1
张衡    男      1
王鹏    男      2
```

5.5 实验指导——水果信息统计

现有水果信息表，其字段及其内部的数据如表 5-4 所示。根据表中的数据，实现下列操作。

（1）根据水果成熟的月份排序。

（2）用两种方式找出性寒水果中，7 月成熟的水果记录。

（3）用两种方式找出 6 月份和 7 月份成熟的水果。

表 5-4 水果信息表

Fid	Ftype	Ftypename	Ftime	Fattribute
1	苹果	红星	9 月	性平
2	苹果	红富士	9 月	性平
3	苹果	黄元帅	9 月	性平
4	香蕉	仙人焦	1 月	性寒
5	香蕉	西贡焦	1 月	性寒
6	西瓜	黑美人	7 月	性寒
7	西瓜	特小凤	7 月	性寒
8	樱桃	红灯	6 月	性温
9	樱桃	黄蜜	6 月	性温

实现上述操作，步骤如下。

（1）根据水果成熟的月份排序，代码如下：

```
USE Firm
SELECT Ftype AS 水果,Ftypename AS 品种,Ftime AS 成熟时间,Fattribute AS 性质
FROM Fruit ORDER BY Ftime
```

上述代码的执行效果如下所示：

```
水果    品种      成熟时间    性质
香蕉    仙人焦    1 月        性寒
香蕉    西贡焦    1 月        性寒
樱桃    红灯      6 月        性温
樱桃    黄蜜      6 月        性温
西瓜    黑美人    7 月        性寒
```

```
西瓜	特小凤	7月	性寒
苹果	红星	9月	性平
苹果	红富士	9月	性平
苹果	黄元帅	9月	性平
```

（2）用两种方式找出性寒水果中 7 月成熟的水果记录，可以使用分组统计的方法和使用逻辑运算符的方法来实现。首先使用分组统计的方法，代码如下：

```
USE Firm
SELECT Ftype AS 水果,Ftypename AS 品种,Ftime AS 成熟时间,Fattribute AS 性质 FROM Fruit WHERE Ftime='7月'
GROUP BY Ftype,Ftypename,Ftime,Fattribute
HAVING Fattribute='性寒'
```

上述代码的执行效果如下所示：

```
水果	品种	成熟时间	性质
西瓜	黑美人	7月	性寒
西瓜	特小凤	7月	性寒
```

（3）使用逻辑运算符找出性寒水果中 7 月成熟的水果记录，代码如下：

```
USE Firm
SELECT Ftype AS 水果,Ftypename AS 品种,Ftime AS 成熟时间,Fattribute AS 性质
FROM Fruit WHERE Ftime='7月' AND Fattribute='性寒'
```

上述代码的执行效果与步骤（2）的执行效果一致。

（4）用两种方式找出 6 月份和 7 月份成熟的水果，可以使用范围运算符或 IN 关键字。首先使用范围运算符找出符合条件的记录，代码如下：

```
USE Firm
SELECT Ftype AS 水果,Ftypename AS 品种,Ftime AS 成熟时间,Fattribute AS 性质
FROM Fruit WHERE Ftime BETWEEN '6月' AND '7月'
```

上述代码的执行效果如下所示：

```
水果	品种	成熟时间	性质
西瓜	黑美人	7月	性寒
西瓜	特小凤	7月	性寒
樱桃	红灯	6月	性温
樱桃	黄蜜	6月	性温
```

（5）使用 IN 关键字找出 6 月份和 7 月份成熟的水果记录，代码如下：

```
USE Firm
SELECT Ftype AS 水果,Ftypename AS 品种,Ftime AS 成熟时间,Fattribute AS 性质
FROM Fruit WHERE Ftime IN( '6月', '7月')
```

上述代码的执行结果与步骤（4）一致，除此之外，还可以使用逻辑运算符来获取 6 月份和 7 月份成熟的水果，读者可以自己试一试。

5.6 思考与练习

一、填空题

1. 使用__________关键字获取不重复的结果集。

2. 逻辑运算符有 OR、__________和 AND。

3. 比较运算符<>的含义是__________。

4. 通配符%表示__________。

5. 关键字 DESC 表示__________。

二、选择题

1. 对列使用别名，使用关键字__________。

   A. AS

   B. LIKE

   C. TO

   D. IN

2. 下列说法正确的是__________。

   A. 使用 GROUP BY 分组结果集时，只能分组被 WHERE 过滤后的数据行

   B. 数据修改只能依据和针对当前表

   C. %代表一个任意字符

   D. 使用 IN 将数据值限定在一个列表中

3. 范围运算符指的是__________。

   A. 通过大于号和小于号指定范围

   B. 通过 IN 或 NOT IN 指定范围

   C. 通过 BETWEEN AND 或 NOT BETWEEN AND 指定范围

   D. 通过 AND 指定范围

4. 以下不是统计函数的是__________。

   A. SUM(表达式)

   B. GETDATE()

   C. COUNT(*)

   D. COUNT(表达式)

5. 下列各选项不是一类的是__________。

   A. ALL、DISTINCT

   B. WHERE、HAVING

   C. _ 、%

   D. MAX、MIN

三、简答题

1. 简述 SELECT 语句的基本语法。

2. 总结 WHERE 子句可以使用的搜索条件及其意义。

3. 简述 HAVING 子句的作用及其意义。

4. 总结结果集的处理方法。

第 6 章　SELECT 高级查询

第 5 章介绍了在表中查询数据的方法，其中所介绍的查询是建立在一个表中的数据查询，而本章所要介绍的 SELECT 高级查询是多个表之间的查询。

一个项目通常需要创建多个表，来存储不同的信息，而这些表通常并不是独立的，而是相互关联的。如商店通常用一个表来存储商品信息，而用另一个表来存储职员信息。由于职员分别管理着不同类型的商品信息（如一个职业负责食品类，另一个职员负责日用百货类），那么要查找某一个职员所管理的商品信息，则需要涉及至少两个表：从职工表中获取职工信息，从商品信息表中获取该职员对应的商品信息。

本章详细介绍高级查询的方法，包括多表基本连接、内连接、外连接、交叉连接、嵌套子查询等。

本章学习要点：

- ❑ 掌握多表查询的基础语法
- ❑ 会使用表的别名
- ❑ 理解内连接的概念
- ❑ 掌握内连接的使用
- ❑ 理解三种外连接的区别
- ❑ 掌握自连接的使用
- ❑ 了解交叉连接
- ❑ 掌握联合查询的使用
- ❑ 理解子查询的应用
- ❑ 掌握子查询的使用

6.1 多表连接

涉及多个表的查询在实际应用中很常见，尤其是中大型项目，有简单的两个表之间的查询，也有多个表查询。语法结构很简单，但首先要清楚表之间的关联，这是多表查询的基础。将多个表结合在一起的查询也叫做连接查询。

三个表以上的表连接的查询虽然可以实现，但表之间的复杂联系使这个过程和结果不好控制，容易出错。通常使用两个表的连接。

6.1.1 多表连接基础

多表连接是建立在同一个数据库基础上的，语法结构同单表数据查询类似。多表基本查询的语法如下：

```
SELECT 字段列表
FROM 表名列表
WHERE 同等连接表达式
```

以下是单表查询语法和多表查询语法的对比。

（1）单表查询与多表查询比较，单表查询中的字段列表不用指明字段来源，每个字段源于同一个表，在第二行代码中通过 FROM 来指定；多表查询中的字段为避免因不同表的相同字段名引起的查询不明确，要写如“表名.字段”的格式。

（2）单表查询中只能有一个表；多表查询中存在多个表，使用逗号隔开。

（3）单表查询中在 WHERE 关键字后面跟着的是一条限制性的表达式，用来定义查询结果的范围，一般针对字段值。多表查询中在 WHERE 关键字后也是限制性的表达式，但多表连接 WHERE 表达式可以定义一个同等的条件，将多表数据联系在一起。

省略多表连接 WHERE 后的同等条件将会生成多表中数据行的所有可能的组合，查询结果通常没有意义。

如果要在多表查询中加入对字段值的限制，也可以使用条件表达式，将条件表达式放在 WHERE 后面，使用 AND 与同等连接表达式结合在一起。这里的条件表达式最好放在括号内，以免因优先级的问题发生错误。

提示

多表查询中，列名与连接的表不重复的可以单独使用列名。但列名若有重复，必须使用表.列的形式。

【范例 1】

首先创建 Firm 数据库和其内部的商品信息表、商品属性表，其中商品信息表存放商品销售相关的信息，包括商品名称、类别、品种（或型号）、价格和负责人编号等字段，如表 6-1 所示。

表 6-1 商品信息表

Gid	Gname	Gtype	Gtitle	Gprice	GmenID
1	苹果	水果	黄元帅	11.88	1
2	苹果	水果	红富士	7.5	1
3	西瓜	水果	特小凤	2.5	1
4	西瓜	水果	黑美人	3.5	1
5	辣椒	蔬菜	朝天椒	12.5	2
6	辣椒	蔬菜	灯笼椒	16.25	2
7	玉米	粮食	黑糯玉米	7	3
8	玉米	粮食	水果玉米	6.37	3

接下来创建商品的属性表，详细介绍商品的属性，用于销售人员对商品进行介绍，有商品名称、性味和功效字段，如表 6-2 所示。

表 6-2 商品属性表

Iid	Iname	Iattribute	Ieffect
1	苹果	性平	生津止渴，清热除烦，健胃消食
2	西瓜	性寒	生津解暑、利尿消炎降压、祛皱嫩肤
3	辣椒	性热	温中健胃，散寒燥湿，止痛散热
4	玉米	性平	益肺宁心、利水通淋、软化血管

根据上述两个表，查询商品名称和类别，代码如下：

```
USE Firm
SELECT DISTINCT Gname,Gtype
FROM Goods
```

上述代码的查询结果如下所示：

```
Gname   Gtype
辣椒    蔬菜
苹果    水果
西瓜    水果
玉米    粮食
```

范例 1 是一个简单的单表查询，在此基础上，查询商品对应的性味和功效，如范例 2 所示。

【范例 2】

连接表 6-1 和表 6-2 中的数据，查询商品名称所对应的商品类别、性味和功效，代码如下：

```
USE Firm
SELECT DISTINCT Gname,Gtype,Iattribute,Ieffect
FROM Goods,Introduce
WHERE Goods.Gname=Introduce.Iname
```

上述代码中的限制条件是商品信息表中的商品名称和商品属性表中的商品名称要一致。这样能够准确地获取商品所对应的属性。其查询效果如下所示：

```
Gname   Gtype   Iattribute   Ieffect
辣椒    蔬菜    性热         温中健胃，散寒燥湿，止痛散热
苹果    水果    性平         生津止渴，清热除烦，健胃消食
西瓜    水果    性寒         生津解暑、利尿消炎降压、祛皱嫩肤
玉米    粮食    性平         益肺宁心、利水通淋、软化血管
```

由于两个表中没有重复字段名，因此还可以使用 WHERE Gname=Iname 替代代码中的 WHERE Goods.Gname=Introduce.Iname。

6.1.2 指定表别名

在第 5 章使用查询语句时曾用过 AS 关键字为字段设置别名，这里要讲述的指定表

的别名也用 AS 关键字，原理与为字段设置别名一样。但对表使用别名除了增强可读性，还可以简化原有的表名，使用方便。语法格式如下：

```
USE 数据库名
SELECT 字段列表
FROM 原表 1 AS 表 1，原表 2 AS 表 2
WHERE 表 1.字段名=表 2.字段名
```

这里的 AS 只是在查询过程中为表设置一个别名，对原表不产生影响；AS 关键字可以省略，使用空格隔开原名与别名。

【范例 3】

修改范例 2 中的代码，对查询中的两个表使用别名，代码如下：

```
USE Firm
SELECT DISTINCT Gname,Gtype,Iattribute,Ieffect
FROM Goods AS G,Introduce AS I
WHERE G.Gname=I.Iname
```

上述代码使用别名来引用表中的字段，简化了代码。其执行效果与范例 2 一样。也可省略范例 3 中的 AS 关键字，代码如下：


```
USE Firm
SELECT DISTINCT Gname,Gtype,Iattribute,Ieffect
FROM Goods G,Introduce I
WHERE G.Gname=I.Iname
```

上述代码的执行效果与范例 2 和范例 3 一样。

注 意

若为表指定了别名，则只能用“别名.列名”来表示同名列，不能用“表名.列名”表示。

6.1.3 实现多表连接

本节要介绍的多表连接是指三个以上的多表连接。多表连接与两个表之间的连接一样，只是在 WHERE 后使用 AND 将同等连接表达式接在一起。基本语法如下：

```
USE 数据库
SELECT 字段列表
FROM 表 1,表 2,表 3…
WHERE 表 1.字段名=表 2.字段名 AND 表 1.字段名=表 3.字段名
```

多表连接查询的原理同两个表之间的查询一样，找出表之间关联的列，将表数据组合在一起。

【范例 4】

在范例 1 中 Firm 数据库的基础上，添加职工信息表，有职工编号、姓名、登录密码、性别、年龄和邮箱字段，如表 6-3 所示。

表 6-3　职工信息表

Wid	Wname	Wpas	Wsex	Wage	Wemail
1	张衡	zh	男	35	zh@126.com
2	林彪	lb	男	27	lb@126.com
3	赵欣	zx	女	30	NULL
4	王鹏	wp	男	22	wp@126.com
5	刘丽	ll	女	33	NULL

结合 Firm 数据库中的三个表，查询商品对应的类型、性味、功效和商品负责人，代码如下：

```
USE Firm
SELECT DISTINCT Gname AS 商品,Gtype AS 类型,Iattribute AS 性味,Ieffect AS
功效,Wname AS 负责人
FROM Goods AS G,Introduce AS I,Workers AS W
WHERE G.Gname=I.Iname AND G.GmenID=W.Wid
```

上述代码的执行效果如下所示：

```
商品    类型    性味    功效                              负责人
辣椒    蔬菜    性热    温中健胃，散寒燥湿，止痛散热      林彪
苹果    水果    性平    生津止渴，清热除烦，健胃消食      张衡
西瓜    水果    性寒    生津解暑、利尿消炎降压、祛皱嫩肤  张衡
玉米    粮食    性平    益肺宁心、利水通淋、软化血管      赵欣
```

6.1.4　使用 JOIN 关键字

使用 JOIN 关键字同样可以完成表的连接，它通过以下两种方式指明两个表在查询中的关系。

（1）指定表中用于连接的字段。即指出一个表中用来与另一个表对应的列。若在一个基表中指定了外键，另一个要指定与其关联的键。

（2）使用比较运算符连接两个表中的列，与多表的基本连接用法相似。

连接语句可以用在 SELECT 后、FROM 后或 WHERE 后，使用 JOIN 与不同的关键字组合可以实现多种不同类型的连接，如内连接、外连接、交叉连接和自连接。

在 FROM 子句中指定连接条件有助于将这些连接条件与 WHERE 子句中可能指定的其他搜索条件分开，所以在指定连接条件时最好使用这种方法。

使用[INNER] JOIN [ON] 关键字构成内连接查询方式或自连接查询方式，使用 LEFT/RIGHT/FULL OUTER 关键字与 JOIN 连用构成外连接查询方式，使用 CROSS 关键字与 JOIN 连用构成交叉连接查询方式。

连接查询的主要语法格式如下：

```
SELECT <select_list>
FROM <table_reference1> join_type <table_reference2> [ ON <join_
condition> ]
[ WHERE <search_condition> ]
```

```
[ ORDER BY <order_condition> ]
```

其中，占位符<table_reference1>和<table_reference2>指定要查询的基表，join_type指定所执行的连接类型，占位符<join_condition>指定连接条件。

连接查询可分为内连接、外连接和自连接，以下将详细介绍每种连接的使用。

6.2 内连接

内连接是将两个表中满足连接条件的记录组合在一起，多表连接属于内连接的一种。本节介绍内连接的应用。

6.2.1 等值连接

内连接是将两个表中满足连接条件的记录组合在一起。连接条件的一般格式为：

```
ON 表名 1.列名 比较运算符 表名 2.列名
```

内连接的完整语法格式有两种。

1．第一种格式

```
SELECT 列名列表 FROM 表名 1 [INNER] JOIN 表名 2  ON 表名 1.列名=表名 2.列名
```

2．第二种格式

```
SELECT 列名列表 FROM 表名 1,表名 2  WHERE 表名 1.列名=表名 2.列名
```

第一种格式使用 JOIN 关键字与 ON 关键字结合将两个表的字段联系在一起，实现多表数据的连接查询；第二种格式之前使用过，是基本的两个表的连接。比较两种格式完成实例如下。

等值连接查询属于内连接的一种，其实质是在连接条件中使用等于号（=）运算符比较被连接列的列值，其查询结果中列出被连接表中的所有列，包括其中的重复列。换句话说，基表之间的连接是通过相等的列值连接起来的查询就是等值连接查询。

等值查询将列出连接表中所有的列，包括重复列，使用 JOIN ON 语句或 WHERE 表达式。

【范例 5】

连接商品信息表和商品属性表，获取商品的名称、类型、性味和功效字段，代码如下：

```
USE Firm
SELECT Gname AS 商品,Gtype AS 类型,Iattribute AS 性味,Ieffect AS 功效
FROM Goods AS G , Introduce AS I
WHERE  G.Gname=I.Iname
```

上述代码的执行效果如下所示。由于某些商品的名称一样但品种不一样，因此在处

理时会将所有记录都查询出来。

```
商品      类型      性味      功效
苹果      水果      性平      生津止渴，清热除烦，健胃消食
苹果      水果      性平      生津止渴，清热除烦，健胃消食
西瓜      水果      性寒      生津解暑、利尿消炎降压、祛皱嫩肤
西瓜      水果      性寒      生津解暑、利尿消炎降压、祛皱嫩肤
辣椒      蔬菜      性热      温中健胃，散寒燥湿，止痛散热
辣椒      蔬菜      性热      温中健胃，散寒燥湿，止痛散热
玉米      粮食      性平      益肺宁心、利水通淋、软化血管
玉米      粮食      性平      益肺宁心、利水通淋、软化血管
```

注意

连接条件中各连接列的类型必须是可比较的，但没有必要是相同的。例如，可以都是字符型，或都是日期型；也可以一个是整型，另一个是实型，整型和实型都是数值型，因此是可比较的。但若一个是字符型，另一个是整数型就不允许了，因为它们是不可比较的类型。

6.2.2 不等值连接

连接条件使用除“=”以外运算符的连接为非等值连接，这里的运算符包括<、>、<=、>=、<>，也可以是范围，如使用 BETWEEN AND。

【范例 6】

查询商品信息表和商品属性表，获取商品的名称、类型、性味和功效字段，要求仅获取商品性味为性寒和性平的商品，代码如下：

```
USE Firm
SELECT Gname AS 商品,Gtype AS 类型,Iattribute AS 性味,Ieffect AS 功效
FROM Goods AS G , Introduce AS I
WHERE I.Iattribute IN('性寒','性平') AND G.Gname=I.Iname
```

上述代码的执行结果如下所示：

```
商品      类型      性味      功效
苹果      水果      性平      生津止渴，清热除烦，健胃消食
苹果      水果      性平      生津止渴，清热除烦，健胃消食
西瓜      水果      性寒      生津解暑、利尿消炎降压、祛皱嫩肤
西瓜      水果      性寒      生津解暑、利尿消炎降压、祛皱嫩肤
玉米      粮食      性平      益肺宁心、利水通淋、软化血管
玉米      粮食      性平      益肺宁心、利水通淋、软化血管
```

6.2.3 自然连接

去掉重复列的等值连接为自然连接。自然连接是连接的主要形式，在实际应用中最为广泛。

自然连接在连接条件中使用等于运算符比较被连接列的列值，但它使用选择列表指出查询结果集合中所包括的列，并删除连接表中的重复列。简单地说，在等值连接中去掉重复的属性列，即为自然连接。

自然连接为具有相同名称的列自动进行记录匹配。自然连接不必指定任何同等连接条件。SQL 实现方式判断出具有相同名称列然后形成匹配。然而，自然连接虽然可以指定查询结果包括的列，但是不能指定被匹配的列。

【范例 7】

同样是查询商品的名称、类型、性味和功效，使用自然连接的代码如下：

```
USE Firm
SELECT DISTINCT Gname AS 商品,Gtype AS 类型,Iattribute AS 性味,Ieffect AS 功效
FROM Goods AS G JOIN Introduce AS I
ON G.Gname=I.Iname
```

上述代码的执行效果如下所示：

```
商品    类型    性味    功效
辣椒    蔬菜    性热    温中健胃，散寒燥湿，止痛散热
苹果    水果    性平    生津止渴，清热除烦，健胃消食
西瓜    水果    性寒    生津解暑、利尿消炎降压、祛皱嫩肤
玉米    粮食    性平    益肺宁心、利水通淋、软化血管
```


6.3 外连接

外连接又分为左外连接、右外连接、全外连接三种。外连接的结果集中不但包含满足连接条件的记录，还包含相应表中的不满足连接条件的记录。本节详细介绍外连接的使用。

6.3.1 左外连接

外连接查询中，至少有一个表需要显示所有数据行，无论相连接的表中是否有匹配的行。三种外连接的区别如下。

（1）左外连接：返回所有匹配行和关键字 JOIN 左边的表中所有不匹配的行。

（2）右外连接：返回所有匹配行和关键字 JOIN 右边的表中所有不匹配的行。

（3）全外连接：返回相连接表中的所有行。

左外连接的结果集中包括了左表的所有记录，而不仅仅是满足连接条件的记录。如果左表的某记录在右表中没有匹配行，则该记录在结果集行中属于右表的相应列值均为 NULL。

左外连接的语法格式为：

```
SELECT 列名列表
FROM 表名1 LEFT [OUTER] JOIN 表名2
ON 表名1.列名=表名2.列名
```

使用范例将左外连接与基本表连接比较如下。

【范例 8】

由于表 6-1 和表 6-2 是完全对应的（每一条商品记录都有对应的属性记录，每一条属性记录都有对应的商品记录），为了查看外连接的效果，分别为这两个表添加不对应的数据，为表 6-1 添加数据如表 6-4 所示，为表 6-2 添加数据如表 6-5 所示。

表 6-4 为商品信息表添加数据

Gid	Gname	Gtype	Gtitle	Gprice	GmenID
9	芒果	水果	金煌芒	12.25	1
10	芒果	水果	桂七芒	7	1

表 6-5 为商品属性表添加数据

Iid	Iname	Iattribute	Ieffect
5	葡萄	性平	生津止咳、强筋补血、益肝利水

对商品信息表和商品属性表进行左外连接，获取商品信息表中商品名称与商品属性表中商品名称相同的数据，代码如下：

```
USE Firm
SELECT DISTINCT Gname AS 商品,Gtype AS 类型,Iattribute AS 性味,Ieffect AS 功效
FROM Goods AS G  LEFT JOIN Introduce AS I
ON G.Gname=I.Iname
```

注意上述代码中两个表相对于 LEFT JOIN 关键字组合的位置，其执行结果如下所示：

```
商品    类型    性味    功效
辣椒    蔬菜    性热    温中健胃，散寒燥湿，止痛散热
芒果    水果    NULL    NULL
苹果    水果    性平    生津止渴，清热除烦，健胃消食
西瓜    水果    性寒    生津解暑、利尿消炎降压、祛皱嫩肤
玉米    粮食    性平    益肺宁心、利水通淋、软化血管
```

由上述结果可以看出，LEFT JOIN 关键字组合左边的表中，所有数据都被获取到了，右边表中没有对应项的使用 NULL 来表示；而右边的表中，葡萄这条数据没有被获取。这就是左外连接的效果。

6.3.2 右外连接

右外连接的结果集中包括了右表的所有记录，而不仅仅是满足连接条件的记录。如果右表的某记录在左表中没有匹配行，则该记录在结果集行中属于左表的相应列值均为 NULL。

右外连接的语法格式为：

```
SELECT 列名列表
FROM 表名 1 RIGHT [OUTER] JOIN 表名 2
ON 表名 1.列名=表名 2.列名
```

使用实例将右外连接与基本表连接比较如下。

【范例 9】

仿照范例 8 的步骤和代码，将其代码中的 LEFT JOIN 修改为 RIGHT JOIN，代码如下：

```
USE Firm
SELECT DISTINCT Gname AS 商品,Gtype AS 类型,Iattribute AS 性味,Ieffect AS 功效
FROM Goods AS G RIGHT JOIN Introduce AS I
ON G.Gname=I.Iname
```

上述代码的执行效果如下所示：

```
商品    类型    性味    功效
NULL    NULL    性平    生津止咳、强筋补血、益肝利水
辣椒    蔬菜    性热    温中健胃，散寒燥湿，止痛散热
苹果    水果    性平    生津止渴，清热除烦，健胃消食
西瓜    水果    性寒    生津解暑、利尿消炎降压、祛皱嫩肤
玉米    粮食    性平    益肺宁心、利水通淋、软化血管
```

由上述代码可以看出，RIGHT JOIN 左侧的表中，芒果的数据没有被获取；而右侧表中的所有数据都被获取，左侧表没有与之相对应的项的，使用 NULL 替代。用户可比较范例 8 和范例 9，理解左外连接和右外连接的区别。

6.3.3 完全外连接

全外连接的结果集中包括了左表和右表的所有记录。当某记录在另一个表中没有匹配记录时，则另一个表的相应列值为 NULL。

全外连接的语法格式为：

```
SELECT 列名列表
FROM 表名1 FULL [OUTER] JOIN 表名2
ON 表名1.列名=表名2.列名
```

【范例 10】

同样是获取商品名称、类型、性味和功效，使用完全外连接的代码如下：

```
USE Firm
SELECT DISTINCT Gname AS 商品,Gtype AS 类型,Iattribute AS 性味,Ieffect AS 功效
FROM Goods AS G FULL JOIN Introduce AS I
ON G.Gname=I.Iname
```

上述代码的执行效果如下所示：

```
商品    类型    性味    功效
NULL    NULL    性平    生津止咳、强筋补血、益肝利水
辣椒    蔬菜    性热    温中健胃，散寒燥湿，止痛散热
芒果    水果    NULL    NULL
```

```
苹果      水果      性平      生津止渴，清热除烦，健胃消食
西瓜      水果      性寒      生津解暑、利尿消炎降压、祛皱嫩肤
玉米      粮食      性平      益肺宁心、利水通淋、软化血管
```

上述执行效果完全获取了两个表的数据，与之相对应的项没有数据的，使用 NULL 替代。

商品信息表和商品属性表是密切相关联的，因此最好没有这样不能够对应的数据存在，否则会为数据的查询留下安全隐患。

6.4 自连接和交叉连接

自连接是一个表与自身相连接，交叉连接是将两个表组合到一起而不使用限制条件。这两种连接方式看似没有意义，却有着特殊的应用领域。本节介绍自连接和交叉连接的使用。

6.4.1 自连接

自连接是将一个表与它自身连接，这种连接并不是本书第 5 章所介绍的单表连接，而是将同一个表当作两个表或多个表来使用。

由于同一个表只有一个名称，因此自连接需要为同一个表定义不同的别名，用以区分查询字段所来源的表。

自连接可以是内连接也可以是外连接，如范例 11 所示。

【范例 11】

连接商品信息表，分别获取水果信息和非水果信息。要求从第一个表中获取水果信息，从第二个表中获取非水果信息，将数据排列为一行，代码如下：

```
USE Firm
SELECT DISTINCT G1.Gname AS 商品,G1.Gtype AS 类型,G2.Gname AS 商品,G2.Gtype AS 类型
FROM Goods AS G1 , Goods AS G2
WHERE  G1.Gtype='水果'AND  G1.Gtype<>G2.Gtype
```

上述代码中，获取两个表中的商品名称和类型，而限制条件是第一个表获取水果信息，而第二个表获取不与第一个表重复的信息，其查询效果如下所示：

```
商品      类型      商品      类型
苹果      水果      辣椒      蔬菜
苹果      水果      玉米      粮食
西瓜      水果      辣椒      蔬菜
西瓜      水果      玉米      粮食
```

由于没有定义两个表之间的对应关系，即使通过 DISTINCT 关键字删除重复项，上述查询结果还是显示了水果记录和其他商品类型记录的所有排列组合。

6.4.2 交叉连接

交叉连接又称非限制连接，将两个表组合在一起而不限制两基表列之间的联系。之前讲述的表的联系都会通过两表之间的列将两个表的数据对应在一起，构成有一定条件的表连接查询。交叉连接没有这种限制，它生成的是两个基表中各行的所有可能组合。使用 CROSS JOIN 连接两个基表，语法结构如下：

```
SELECT 列名列表
FROM 表名1 [ CROSS JOIN ] 表名2
[WHERE 条件表达式]
[ORDER BY 排序列]
```

交叉连接也有 WHERE 限制条件，这里的一个条件表达式一般只针对一个表中的列，多个条件表达式之间使用 AND 连接。

6.5 联合查询

联合查询是将多个查询结果组合在一起，使用 UNION 语句连接各个结果集，语法格式如下：

```
SELECT 语句1 UNION [ALL] SELECT 语句2 …..
```

语法的解释如下：

（1）UNION 合并的各结果集的列数必须相同，对应的数据类型也必须兼容。

（2）默认情况下系统将自动去掉合并后的结果集中重复的行，使用关键字 ALL 将所有行合并到最终结果集。

（3）最后结果集中的列名来自第一个 SELECT 语句。

联合查询合并的结果集通常是同样的基表数据在不同查询条件下的查询结果。例如查询几个年级的学生情况，然后将结果集联合构成一个学校的学生情况。

【范例 12】

查询蔬菜类型的商品名称及负责人，代码如下：

```
USE Firm
SELECT DISTINCT Gid AS 编号, Gname AS 商品,Gtype AS 类型,Wname AS 负责人
FROM Goods AS G,Workers AS W
WHERE G.GmenID=W.Wid AND G.Gtype='蔬菜'
```

上述代码的查询效果如下：

```
编号    商品    类型    负责人
5       辣椒    蔬菜    林彪
6       辣椒    蔬菜    林彪
```

【范例 13】

查询水果类型的商品名称及负责人，代码如下：

```
USE Firm
SELECT DISTINCT Gid AS 编号, Gname AS 商品,Gtype AS 类型,Wname AS 负责人
FROM Goods AS G,Workers AS W
WHERE G.GmenID=W.Wid AND G.Gtype='水果'
```

上述代码的查询效果如下：

```
编号    商品    类型    负责人
1       苹果    水果    张衡
2       苹果    水果    张衡
3       西瓜    水果    张衡
4       西瓜    水果    张衡
9       芒果    水果    张衡
10      芒果    水果    张衡
```

【范例 14】

使用 UNION 合并范例 12 和范例 13 中的查询，代码如下：

```
USE Firm
SELECT DISTINCT Gid AS 编号, Gname AS 商品,Gtype AS 类型,Wname AS 负责人
FROM Goods AS G,Workers AS W
WHERE G.GmenID=W.Wid AND G.Gtype='蔬菜'
UNION
SELECT DISTINCT Gid AS 编号, Gname AS 商品,Gtype AS 类型,Wname AS 负责人
FROM Goods AS G,Workers AS W
WHERE G.GmenID=W.Wid AND G.Gtype='水果'
```

上述代码的查询效果如下：

```
编号    商品    类型    负责人
1       苹果    水果    张衡
2       苹果    水果    张衡
3       西瓜    水果    张衡
4       西瓜    水果    张衡
5       辣椒    蔬菜    林彪
6       辣椒    蔬菜    林彪
9       芒果    水果    张衡
10      芒果    水果    张衡
```

6.6 子查询

查询多个表的数据不一定要使用表的连接，使用子查询也可以实现。如查询性味为性平的商品信息，涉及商品信息表和商品属性表。但是如果所需要查询的只是商品信息表中的字段，那么可以将商品属性表中查询出来的性平的商品名称作为子查询，在查询商品信息表时通过 WHERE 语句根据子查询获取的商品名称来限制查询结果，即可获取性平的商品信息。

表连接和使用子查询都可以涉及两个或多个表，它们之间的区别在于：表连接可以

合并两个或多个表中的数据；而使用子查询是以 SELECT 语句的结果集为限制条件，通过不同的关键字和运算符来限制外查询的结果集的。

根据子查询返回结果集的行数和列数不同可以将其分为 IN 关键字子查询、EXISTS 关键字子查询、单值查询和嵌套查询。

使用子查询可以将一个复杂的查询分解为一系列的小查询，结构简单，条理清晰；而使用表连接执行速度更快。

6.6.1 使用 IN 的子查询

在单表查询中使用 IN 关键字可以用来定义查询结果所属的数据列表。大多的查询结果都是一个集合，关键字 IN 引导的又是另一个数据集合，可以是数据值列表，也可以是一个查询语句。

查询语句与 IN 结合构成限制条件，用于其他的查询，这个查询语句就是一个子查询。系统先进行子查询，再使用查询结果集进行其他的查询。

【范例 15】

查询在商品属性表中有名称介绍的商品信息。这样的查询需要首先获取商品属性表中介绍了哪些商品名称，再根据这些名称查询商品信息。

此时可将获取商品属性表中的商品名称作为子查询，放在小括号中，在查询商品信息时通过 WHERE 语句来限制，代码如下：

```
USE Firm
SELECT DISTINCT Gname AS 商品,Gtype AS 类型,Gtitle AS 品种
FROM Goods AS G
WHERE G.Gname IN(SELECT Iname FROM Introduce)
```

上述代码的执行结果如下所示：

```
商品    类型    品种
辣椒    蔬菜    朝天椒
辣椒    蔬菜    灯笼椒
苹果    水果    红富士
苹果    水果    黄元帅
西瓜    水果    黑美人
西瓜    水果    特小凤
玉米    粮食    黑糯玉米
玉米    粮食    水果玉米
```

上述执行效果中没有芒果的记录，因为在商品属性表中没有商品名称为芒果的记录。

6.6.2 使用 EXISTS 的子查询

EXISTS 关键字返回布尔类型，与 WHERE 关键字连用构成查询条件。它使用查询语句返回一个值，描述子查询是否有数据行，有数据返回则为真，没有数据返回则为假。

由 EXISTS 关键字执行的 SELECT 语句可以返回一列或多列数据，EXISTS 执行后只返回一个布尔值。

语法如下：

```
SELECT 字段列表 FROM 表名
WHERE EXISTS 子查询
```

【范例 16】

获取商品信息表中的商品名称和类型数据，前提是商品信息表中有商品名称这个字段数据，代码如下：

```
USE Firm
SELECT DISTINCT Gname AS 商品,Gtype AS 类型
FROM Goods AS G
WHERE EXISTS(SELECT Iname FROM Introduce)
```

上述代码的执行结果如下所示：

```
商品      类型
辣椒      蔬菜
芒果      水果
苹果      水果
西瓜      水果
玉米      粮食
```

由查询结果可以看出，子查询语句似乎没有对查询结果造成影响。那么将查询语句改为查询名称是冬瓜的商品名称，将范例 16 最后一行代码修改如下：

```
WHERE EXISTS(SELECT Iname FROM Introduce WHERE Iname='冬瓜')
```

修改后执行查询，查询结果是空的。说明当子查询返回 FALSE 时，查询将无法被执行。

EXISTS 关键字只是一个判断子查询有没有返回数据的布尔值。但是当子查询不独立，与外部查询共存，此时的 EXISTS 返回 FALSE 或返回 TRUE 以及子查询结果的数据行。当 EXISTS 返回数据行的时候与 IN 的使用类似，其与 IN 的不同在于以下几个方面。

（1）IN 关键字通过对某一字段的查询使用字段值限制外部查询；EXISTS 返回的不一定只是一个字段，它返回的是数据行，检测数据行的存在。

（2）IN 关键字的子查询与外查询中的表没有关系；而 EXISTS 子查询是与外查询中的表共存的，当 EXISTS 子查询独立的时候，只返回 TRUE 或 FALSE，不返回列表。

（3）EXISTS 和 IN 的运行机理不同，运行效率也不同。如果查询的两个表大小相当，那么用 IN 和 EXISTS 差别不大。如果两个表中一个较小，一个较大，则子查询表大的用 EXISTS，子查询表小的用 IN。

6.6.3 使用比较运算符的子查询

与单表查询使用比较运算符不同的是，这里引入一些在子查询中进行比较的关键字

ANY、ALL 和 SOME，通过关键字与运算符的结合，比较一个字段与一个结果集的关系。语法格式如下：

```
SELECT 字段列表
FROM 表名
WHERE 字段 比较运算符 [ ANY/ALL/SOME ] ( 子查询语句 )
```

对语法的解释如下。

（1）ANY 和 SOME 表示相比较的两个数据集中，至少有一个比较的值为真就满足搜索条件。若子查询结果集为空，则不满足搜索条件。

（2）ALL 与结果集中所有值比较都为真，才满足搜索条件。

ANY 关键字与 SOME 关键字用法一样，以下分别通过范例验证 ANY 关键字和 ALL 关键字的区别。

【范例 17】

获取商品信息表中，编号在 2～4 之间的商品价格；之后查询商品信息表中价格大于上述范围内任意一个价格的商品信息，代码如下：

```
USE Firm
SELECT DISTINCT Gid AS 编号, Gname AS 商品,Gtype AS 类型,Gtitle AS 品
种,Gprice AS 价格
FROM Goods
WHERE Gprice>ANY (SELECT Gprice FROM Goods WHERE Gid BETWEEN 2 AND 4)
```


上述代码的执行效果如下所示：

```
编号    商品    类型    品种      价格
1       苹果    水果    黄元帅    11.88
2       苹果    水果    红富士    7.5
4       西瓜    水果    黑美人    3.5
5       辣椒    蔬菜    朝天椒    12.5
6       辣椒    蔬菜    灯笼椒    16.25
7       玉米    粮食    黑糯玉米  7
8       玉米    粮食    水果玉米  6.37
9       芒果    水果    金煌芒    12.25
10      芒果    水果    桂七芒    7
```

编号 2～4 的商品价格中，价格最小的为 3 号商品，为 2.5 元，而上述查询效果只有编号为 3 的商品没有显示，所以只要商品价格大于子查询范围内的最小价格即可。

【范例 18】

参考范例 17，查询编号在 2～4 之间的商品价格；之后查询商品信息表中价格大于上述范围内所有价格的商品信息，代码如下：

```
USE Firm
SELECT DISTINCT Gid AS 编号, Gname AS 商品,Gtype AS 类型,Gtitle AS 品
种,Gprice AS 价格
FROM Goods
WHERE Gprice>ALL (SELECT Gprice FROM Goods WHERE Gid BETWEEN 2 AND 4)
```

上述代码的执行结果如下所示：

```
编号    商品    类型    品种     价格
1       苹果    水果    黄元帅   11.88
5       辣椒    蔬菜    朝天椒   12.5
6       辣椒    蔬菜    灯笼椒   16.25
9       芒果    水果    金煌芒   12.25
```

编号 2～4 的商品价格中，价格最小为 2.5 元、最大为 7.5 元。上述查询结果中只有价格大于 7.5 的数据，因此使用 ALL 所查询的结果是价格大于范围内所有价格的数据。

6.6.4 返回单值的子查询

返回单值的子查询就是返回单个数据值的子查询，只返回一个数据值，在使用比较运算符时不需要使用 ANY、SOME 和 ALL。语法结构与使用比较运算符类似，语法如下：

```
SELECT 字段列表 FROM 表名
WHERE 字段 比较运算符 ( 子查询语句 )
```

子查询返回单个值，就相当于一个常数，对常数的操作是最简单的，直接通过实例描述返回单个数据值的子查询。

【范例 19】

查询单价最大的商品信息，包括商品出售信息和商品的功效，代码如下：

```
USE Firm
SELECT DISTINCT Gid AS 编号, Gname AS 商品,Gtitle AS 品种,Gprice AS 价格,Ieffect AS 功效
FROM Goods,Introduce
WHERE Gprice=(SELECT TOP 1 Gprice FROM Goods ORDER BY Gprice DESC) AND Goods.Gname=Introduce.Iname
```

上述代码的查询效果如下所示：

```
编号    商品    品种     价格        功效
6       辣椒    灯笼椒   16.25       温中健胃，散寒燥湿，止痛散热
```

上述代码使用子查询获取最大的价格，之后在多表连接中查询价格等于该价格的数据。

6.6.5 嵌套子查询

在查询语句中包含一个或多个子查询，这种查询方式就是嵌套查询。嵌套子查询的执行不依赖于外部查询，通常放在括号内先被执行，并将结果传给外部查询，作为外部查询的条件来使用，然后执行外部查询，并显示整个查询结果。

【范例 20】

查询性寒和性平的商品信息需要连接商品信息表和商品属性表，而在 WHERE 语句中可以使用一般条件或使用子查询。

若使用一般条件，需要设置两个表中商品名称相对应；设置商品的性味为性寒或性平。

若使用子查询，可首先获取性寒和性平的商品名称，接着在 WHERE 中获取名称在子查询范围内的数据，并设置两个表中商品名称相对应，代码如下：

```
USE Firm
SELECT DISTINCT Gid AS 编号, Gname AS 商品,Gtitle AS 品种,Gprice AS 价格,Ieffect AS 功效
FROM Goods,Introduce
WHERE Gname IN(SELECT Iname FROM Introduce WHERE Iattribute IN ('性寒','性平')) AND Goods.Gname=Introduce.Iname
```

上述代码的执行效果如下所示：

```
编号    商品    品种      价格     功效
1       苹果    黄元帅    11.88    生津止渴，清热除烦，健胃消食
2       苹果    红富士    7.5      生津止渴，清热除烦，健胃消食
3       西瓜    特小凤    2.5      生津解暑、利尿消炎降压、祛皱嫩肤
4       西瓜    黑美人    3.5      生津解暑、利尿消炎降压、祛皱嫩肤
7       玉米    黑糯玉米  7        益肺宁心、利水通淋、软化血管
8       玉米    水果玉米  6.37     益肺宁心、利水通淋、软化血管
```


6.7 实验指导——商品信息查询

结合本章内容，完善商品信息表并执行指定的商品信息查询。由于本章所使用的商品信息表内容较少，因此将商品信息表完善如表 6-6 所示。

表 6-6 完善后的商品信息表

Gid	Gname	Gtype	Gtitle	Gprice	GmenID
1	苹果	水果	黄元帅	11.88	1
2	苹果	水果	红富士	7.5	1
3	西瓜	水果	特小凤	2.5	1
4	西瓜	水果	黑美人	3.5	1
5	辣椒	蔬菜	朝天椒	12.5	2
6	辣椒	蔬菜	灯笼椒	16.25	2
7	玉米	粮食	黑糯玉米	7	3
8	玉米	粮食	水果玉米	6.37	3
9	芒果	水果	金煌芒	12.25	1
10	芒果	水果	桂七芒	7	1
11	核桃	坚果	碧根果	35	4
12	核桃	坚果	纸皮核桃	25	4
13	金银花	花茶	河南封丘	100	5
14	金银花	花茶	山东临沂	100	5

根据商品信息表、商品属性表和职工表中的数据，实现以下几个查询。

（1）找出年龄在 30～40 岁的员工，并找出他们所负责的商品类型。

（2）分别找出性平的商品和性热的商品，获取商品的名称、类型、性味和功效，将结果合并在一起。

（3）找出商品中最贵的商品名称、品种、价格、负责人和商品功效。

（4）找出年纪最大的员工负责的商品信息。

实现上述查询，步骤如下。

（1）找出年龄在 30～40 岁的员工，并找出他们所负责的商品类型。这是个简单的多表连接查询，可在 WHERE 语句中设置两个表中职工编号相对应，并且年龄字段的值在 30～40 之间，代码如下：

```
USE Firm
SELECT DISTINCT Wname AS 姓名,Wsex AS 性别,Wage AS 年龄,Gtype AS 负责类型
FROM Goods,Workers
WHERE GmenID=Wid AND (Wage BETWEEN 30 AND 40)
```

上述代码的执行效果如下所示：

```
姓名    性别    年龄    负责类型
刘丽    女      33      花茶
张衡    男      35      水果
赵欣    女      30      粮食
```

（2）分别找出性平的商品和性热的商品，获取商品的名称、类型、性味和功效，将结果合并在一起，可以使用联合查询，代码如下：

```
USE Firm
SELECT DISTINCT Gname AS 商品,Gtype AS 类型,Iattribute AS 性味,Ieffect AS
功效
FROM Goods,Introduce
WHERE Gname=Iname AND Iattribute='性平'
UNION
SELECT DISTINCT Gname AS 商品,Gtype AS 类型,Iattribute AS 性味,Ieffect AS
功效
FROM Goods,Introduce
WHERE Gname=Iname AND Iattribute='性热'
```

上述代码的执行效果如下所示：

```
商品    类型    性味    功效
辣椒    蔬菜    性热    温中健胃，散寒燥湿，止痛散热
苹果    水果    性平    生津止渴，清热除烦，健胃消食
玉米    粮食    性平    益肺宁心、利水通淋、软化血管
```

（3）找出商品中最贵的商品名称、品种、价格、负责人和商品功效，可以使用简单的多表查询，根据商品价格降序排序并获取第一条数据，代码如下：

```
USE Firm
```

```
SELECT TOP 1  Gname AS 商品,Gtitle AS 品种, Gprice AS 价格,Wname AS 负责人,Ieffect AS 功效
FROM Goods ,Introduce,Workers
WHERE Gname=Iname AND GmenID=Wid
ORDER BY Gprice DESC
```

上述代码的执行效果如下所示：

```
商品      品种      价格      负责人    功效
辣椒      灯笼椒    16.25     林彪      温中健胃，散寒燥湿，止痛散热
```

（4）找出年纪最大的员工负责的商品信息，那么首先要找出年龄最大的职工的年龄或编号，接着找出商品信息表和职工信息表中对应的信息，需要使用嵌套子查询，代码如下：

```
USE Firm
SELECT Gname AS 商品,Gtitle AS 品种, Gprice AS 价格,Wname AS 负责人,Wage AS 年龄
FROM Goods,Workers
WHERE GmenID=Wid AND Wage=(SELECT TOP 1 Wage FROM Workers ORDER BY Wage DESC)
```


上述代码首先获取年龄最大的职工的年龄，接着根据职工年龄获取该职工所对应的姓名、年龄和负责的商品信息，执行效果如下所示：

```
商品      品种          价格      负责人    年龄
苹果      黄元帅        11.88     张衡      35
苹果      红富士        7.5       张衡      35
西瓜      特小凤        2.5       张衡      35
西瓜      黑美人        3.5       张衡      35
芒果      金煌芒        12.25     张衡      35
芒果      桂七芒        7         张衡      35
```

6.8 思考与练习

一、填空题

1. 多表连接使用__________符号分隔相连接的表。

2. 使用__________关键字返回一个真值或假值。

3. 能与比较运算符一起使用的关键字有__________、ANY 和 ALL。

4. 左外连接在 OUTER JOIN 语句前使用__________关键字。

5. 联合查询使用关键字__________连接各 SELECT 语句。

二、选择题

1. 使用 JOIN 关键字同样可以完成表的连接，该关键字通常与__________关键字组合，连接多个表。

A. ON

B. WHTH

C. TO

D. AS

2. 下列说法正确的是__________。

A．自连接就是表内部的连接，就是单个表的查询
B．嵌套连接要使用嵌套关键字
C．交叉连接的结果集行数是两基表满足查询条件的行的乘积
D．表的连接只能通过 WHERE 联系各表的列

3．下列说法正确的是__________。

A．联合查询就是联合各表的查询
B．EXISTS 关键字跟 IN 和 BETWEEN AND 一样，用来限定查询范围
C．内连接就是数据库内的连接
D．外连接就是数据库之间的连接

4．结果集中包含右表的所有记录，而不仅仅是满足连接条件的记录的连接是__________。

A．左外连接
B．右外连接
C．内连接
D．外连接

三、简答题

1．分别描述内连接和外连接。

2．分析哪些情况下使用 EXISTS，哪些情况下使用 IN。

3．简述嵌套查询的执行步骤。

第 7 章　Transact-SQL 编程基础

Transact-SQL 又称为 T-SQL，它是 SQL Server 2012 为用户提供的交互式查询语言。通过 Transact-SQL 编写的应用程序可以完成所有的数据库管理工作。Transact-SQL 对于 SQL Server 来说十分重要，在 SQL Server 中使用图形界面能够完成的所有功能，都可以利用 Transact-SQL 来实现。使用 Transact-SQL 操作时，与 SQL Server 通信的所有应用程序都通过向服务器发送 Transact-SQL 语句来进行，而与应用程序的界面无关。对于用户来说，Transact-SQL 是唯一可以和 SQL Server 2012 数据库管理系统进行交互的语言。

本章重点介绍 Transact-SQL 语言的编程基础，包括常量、变量、运算符、控制语句、通配符以及注释等多个内容。

本章学习要点：

- ❑ 了解 Transact-SQL 的特点
- ❑ 熟悉 Transact-SQL 的分类
- ❑ 掌握如何声明和设置变量
- ❑ 了解 Transact-SQL 中的常量
- ❑ 掌握 Transact-SQL 中的运算符
- ❑ 熟悉运算符的优先级
- ❑ 掌握 BEGIN...END 的使用方法
- ❑ 掌握 IF ELSE 条件语句
- ❑ 熟悉 CASE 和 TRY...CATCH 语句
- ❑ 掌握 WHILE 循环语句
- ❑ 了解 Transact-SQL 其他的控制流语句
- ❑ 掌握如何添加注释

7.1 Transact-SQL 语言编程

Transact-SQL 是具有批量与区块特性的 SQL 指令集合，数据库开发者可以利用它来撰写数据部分的商业逻辑（Data-based Business Logic），以强制限制前端应用程序对数据的控制能力。同时，它也是数据库对象的主要开发语言。

7.1.1 Transact-SQL 简介

SQL（Structure Query Language，结构化查询语言）是由美国国家标准协会（American National Standards Institute，ANSI）和国际标准化组织（International Standards Organization，ISO）定义的标准，而 Transact-SQL 是 Microsoft 对该标准的一个实现。

Transact-SQL 允许用户直接查询存储在数据库中的数据，也可以把语句嵌入到某种高级程序设计语言中使用。与任何其他程序设计语言一样，Transact-SQL 语言有自己的数据类型（第 3 章已介绍）、运算符和变量等，它具有以下特点。

（1）一体化：将数据定义语言、数据操作语言、数据控制语言和附加语言元素等集成为一体。

（2）使用方式：Transact-SQL 语言有两种使用方式，即交互使用方式和嵌入到高级语言中的使用方式。

（3）非过程化语言：只需要提出“做什么”，不需要指出“如何做”，语句的操作过程由系统自动完成。

（4）人性化：符合人们的思维方式，容易理解和掌握。

7.1.2 Transact-SQL 分类

根据其完成的具体功能，可以将 Transact-SQL 语言分为 4 大类：数据定义语言（Data Definition Language，DDL）、数据操作语言（Data Manipulation Language，DML）、数据控制语言（Data Control Language，DCL）和一些其他的附加语言元素。

1. 数据定义语言

数据定义语言是最基础的 Transact-SQL 语言类型，用于创建数据库和数据库对象，为数据库操作提供对象。例如，数据库以及表、触发器、存储过程、视图、索引、函数、类型、用户等都是数据库中的对象，都需要通过定义才能使用。在数据定义语言中，主要的 Transact-SQL 语句包括 CREATE 语句、ALTER 语句、DROP 语句。

（1）CREATE 语句：用于创建数据库以及数据库中的对象，是一个从无到有的过程。

（2）ALTER 语句：用于更改数据库以及数据库对象的结构。

（3）DROP 语句：用于删除数据库或数据库对象的结构。

2. 数据操作语言

数据操作语言主要是用于操作表和视图中数据的语句。当创建表对象之后，该表的初始状态是空的，没有任何数据。如何向表中添加数据呢？这时需要使用 INSERT 语句。如何检索表中数据呢？可以使用 SELECT 语句。如果表中的数据不正确，可以使用 UPDATE 语句进行更新。当然，也可以使用 DELETE 语句删除表中的数据。实际上，数据操作语言正是包括了 INSERT、SELECT、UPDATE 及 DELETE 等语句。

（1）INSERT 语句：用于向已经存在的表或视图中插入新的数据。

（2）SELECT 语句：用于查询表或视图中的数据。

（3）UPDATE 语句：用于更新表或视图中的数据。

（4）DELETE 语句：用于删除表或视图中的数据。

3. 数据控制语言

数据控制语言用来执行有关安全管理的操作。通俗来说，使用数据控制语言可以设置或者更改数据库用户或角色权限。默认状态下，只有 sysadmin、dbcreator、db_owner 或 db_securityadmin 等角色的用户成员才有权限执行数据控制语言。常用的数据控制语言包括 GRANT、REVOKE 和 DENY 三种，说明如下。

（1）GRANT 语句：用于将语句权限或者对象权限授予其他用户和角色。

（2）REVOKE 语句：删除授予用户的权限，但是该语句并不影响用户或者角色从其他角色中作为成员继承过来的权限。

（3）DENY 语句：用于拒绝给当前数据库内的用户或者角色授予权限，并防止用户或角色通过组或角色成员继承权限。

提 示

Transact-SQL 语句数目和种类有很多，它的主体大约由 40 条语句组成，包括前面介绍的 CREATE DTABLE、DROP TABLE、INSERT、UPDATE、DELETE 以及 SELECT 等语句，也包括与创建存储过程、触发器和索引等有关的语句，这些语句会在后面的章节中介绍。

7.2 变量和常量

提到某一种语言，不得不说这种语言的变量、常量、数据类型和运算符等内容。本节首先了解一下变量和常量的有关知识。

7.2.1 变量

变量是指程序运行过程中值可以改变的量，在 SQL Server 2012 中，变量也被称为局部变量。通常在批处理和脚本中使用变量，这些变量可以作为计数器计算循环执行的次数或控制循环执行的次数；可以保存数据值以供控制流语句测试；可以保存存储过程返回代码要返回的数据值或函数返回值。

1. 声明变量

在 Transact-SQL 语言中，通过 DECLARE 语句声明变量。基本语法如下：

```
DECLARE
{
    { @local_variable [AS] data_type  | [ = value ] }
  | { @cursor_variable_name CURSOR }
} [,...n]
| { @table_variable_name [AS] <table_type_definition> }
```

上述语法的说明如下。

（1）@local_variable：变量的名称，变量名必须以“@”开头。

（2）data_type：变量的数据类型，可以是系统提供的或用户自定义的数据类型，但是变量的数据类型不能是 text、ntext 或 image。

（3）value：以内联方式为变量赋值，值可以是常量或表达式，但它必须与变量声明类型匹配，或者可隐式转换为该类型。

（4）@cursor_variable_name：游标变量的名称，游标变量名必须以“@”符号开头。

（5）CURSOR：指定变量是局部游标变量。

（6）@table_variable_name：一个类型为 table 的变量的名称，变量名必须以“@”符号开头。

（7）<table_type_definition>：定义 table 的数据类型。表声明包括列定义、名称、数据类型和约束。允许的约束类型只包括 PRIMARY KEY、UNIQUE、NULL 和 CHECK。如果类型绑定了规则或默认定义，则不能将别名数据类型用作列标量数据类型。

【范例 1】

下面通过 DECLARE 语句声明 nvarchar 类型的@name 变量：

```
DECLARE @name nvarchar(50)
```

可以在一个 DECLARE 语句中声明多个变量，多个变量之间使用逗号分隔。变量的作用域是可以引用该变量的 Transact-SQL 语句的范围，它从声明变量的地方开始到声明变量的批处理的结尾处结束。

【范例 2】

下面通过 DECLARE 语句声明三个变量：int 类型的@typeId、nvarchar(20)类型的@typeName 和 nvarchar(50)类型的@typeRemark。代码如下：

```
DECLARE @typeId int, @typeName nvarchar(20),@typeRemark nvarchar(50)
```

2. 通过 SET 为变量赋值

声明变量后，可以通过 SET 语句和 SELECT 语句两种方式为变量赋值。SET 将先前使用的 DECLARE @local_variable 语句创建的指定局部变量设置为指定值。

【范例 3】

下面创建@myvar 变量，将字符串值“我正在测试”放入该变量，然后输出@myvar 变量的值。代码如下：

```
DECLARE @myvar char(20)
SET @myvar = '我正在测试'
SELECT @myvar
GO
```

【范例 4】

用户可以在 SELECT 语句中使用由 SET 赋值的局部变量。下面创建@name 局部变量，并通过 SET 赋值，然后在 SELECT 语句中使用该变量来查询位于 BookAuthor 表中作者的名字。代码如下：

```
USE bookmanage
GO
DECLARE @name char(50)
SET @name = '张小娴'
SELECT * FROM BookAuthor WHERE authorName = @name
```

【范例 5】

用户可以为局部变量使用复合赋值。下面创建名为@NewBalance 的局部变量，将其乘以 10 并在一个 SELECT 语句中显示该局部变量的新值。代码如下：

```
DECLARE @NewBalance int
SET @NewBalance = 10
SET @NewBalance = @NewBalance * 10
SELECT @NewBalance
```

也可以直接使用复合赋值运算符，如下代码等价于上面代码：

```
DECLARE @NewBalance int = 10
SET @NewBalance *= 10
SELECT @NewBalance
```

3．通过 SELECT 为变量赋值

SELECT 指定使用 DECLARE 所创建的指定局部变量应设置为指定表达式。如果要分配变量，最好使用 SET 赋值而不是 SELECT 赋值。SELECT 赋值的基本语法如下：

```
SELECT { @local_variable { = | += | -= | *= | /= | %= | &= | ^= | |= } expression }
[ ,...n ] [ ; ]
```


在上述语法中，@local_variable 指定要为其赋值的局部变量；{=|+=|-=|*=|/=|%=|&=|^=||=}表示一系列的运算符，其中=表示将右边的值赋给左边的变量；expression 表示任何有效的表达式，它包含一个标量子查询。

提示

SELECT 赋值通常用于将单个值返回到变量中，但是如果 expression 是列的名称，则可以返回多个值。如果 SELECT 语句返回多个值，则返回的最后一个值赋给变量。如果 SELECT 语句没有返回行，变量将保留当前值，如果 expression 是不返回值的标量子查询，则将变量设置为 NULL。

【范例 6】

将字符串“Generic Name”赋给@var1 变量后执行两个 SELECT 查询。代码如下：

```
USE bookmanage
GO
DECLARE @var1 nvarchar(30)
SELECT @var1 = 'Generic Name'
SELECT @var1 = authorName FROM BookAuthor WHERE authorId = 120
SELECT @var1 AS 'Company Name'
SELECT @var1 = authorName FROM BookAuthor  WHERE authorId = 20
SELECT @var1 AS '返回值'
```

由于 BookAuthor 表中不存在 authorId 指定的值 120，因此第一个 SELECT 语句查询

表不返回任何行，变量的值仍然为指定字符串。由于 BookAuthor 表中存在 authorId 指定的值 20，因此第二个 SELECT 语句查询表会返回查询到的 authorName 字段的值。

执行上述代码查看效果，如图 7-1 所示。

结果 消息
Company Name
1 Generic Name
返回值
1 张小娴

图 7-1 SELECT 为变量赋值

【范例 7】

下面使用子查询的结果作为@var1 的变量值，由于 authorId 请求的值不存在，因此子查询不返回值，并将变量设置为 NULL。代码如下：

```
USE bookmanage
GO
DECLARE @var1 nvarchar(30)
SELECT @var1 = 'Generic Name'
SELECT @var1 = (SELECT authorName FROM BookAuthor WHERE authorId = 120)
SELECT @var1 AS '返回值'
```


7.2.2 常量

常量也称文字值或标量值，是表示一个特定数据值的符号。常量的格式取决于它所表示的值的数据类型，因此根据数据类型的不同，可以将常量分为多种类型，如字符串常量、二进制常量和日期常量等，下面介绍常见的几种。

1. 字符串常量

字符串常量括在单引号内并包含字母数字字符（a～z、A～Z 和 0～9）以及特殊字符，如感叹号（!）、@符号和数字号（#）。将为字符串常量分配当前数据库的默认排序规则，除非使用 COLLATE 子句为其指定了排序规则。用户输入的字符串通过计算机的代码页计算，如有必要，将被转换为数据库的默认代码页。例如，'TestName'就是一个字符串常量。

提示

如果已为某个连接将 QUOTED_IDENTIFIER 选项设置成 OFF，则字符串也可以使用双引号括起来，但 Microsoft SQL Server Native Client 访问接口和 ODBC 驱动程序将自动使用 SET QUOTED_IDENTIFIER ON。通常建议使用单引号。

2. 二进制常量

二进制常量具有前缀 0x 并且是十六进制数字字符串，这些常量不使用引号括起。例如 0xAE 和 0x12Ef 都是二进制字符串常量。

3. bit 常量

bit 常量使用数字 0 或者 1 表示，并且不括在引号中。如果使用一个大于 1 的数字，则该数字转换为 1。

4. 日期常量

日期常量使用单引号（'）将日期括号括起来。如下代码是 datetime 类型常量的示例：

```
'December 5, 1985'
'5 December, 1985'
'851205'
'12/5/98'
```

除了前面介绍的常量类型外，还有货币常量、十进制整型常量、十六进制整型常量与货币常量等。以货币常量为例，它用以前缀为可选的小数点和可选的货币符号的数字字符串来表示。money 类型的常量如下：

```
$12
$542023.14
```


7.3 运算符和表达式

运算符是一种符号，用来指定要在一个或多个表达式中执行的操作。表达式是符号和运算符的一种组合，它既可以简单，也可以复杂。本节首先了解 SQL Server 中常用的几种表达式，然后再介绍表达式。

7.3.1 算术运算符

算术运算符对两个表达式执行数字运算，这两个表达式可以是数值数据类型类别的一个或多个数据类型，如表 7-1 所示列出了一些常见的算术运算符。

表 7-1 算术运算符

运算符	说明
+（加）	对两个表达式进行加运算
-（减）	对两个表达式进行减运算
*（乘）	对两个表达式进行乘运算
/（除）	对两个表达式进行除运算
%（取模）	返回一个除法运算的整数余数

在表 7-1 中，加（+）和减（-）运算符也可用于对 datetime 和 smalldatetime 值执行算术运算。

【范例 8】

下面声明 int 类型的@number 变量，并将变量的值设置为 10，然后输出@number 变量和变量加 10 后的结果。代码如下：

```
DECLARE @number int
SET @number=10
SELECT @number AS '@number 变量的值',@number+10 AS '变量加 10'
```

7.3.2 赋值运算符

等号（=）是唯一的 Transact-SQL 赋值运算符，在前面的范例中已经使用到。如下创建@MyCounter 变量，然后使用赋值运算符将变量设置为表达式返回的值。代码如下：

```
DECLARE @MyCounter INT
SET @MyCounter = 1
```

7.3.3 位运算符

位运算符在两个表达式之间执行位操作，这两个表达式可以为整数数据类型类别中的任何数据类型，如表 7-2 所示列出了 Transact-SQL 的位运算符。

表 7-2 位运算符

运算符	说明
&（位与）	位与逻辑运算。从两个表达式中取对应的位，当且仅当两个表达式中的对应位的值都为 1 时，结果中的位才为 1；否则，结果中的位为 0
|（位或）	按位或运算。从两个表达式中取对应的位，如果两个表达式中的对应位有一个位的值为 1，结果的位就被设置为 1；两个位的值都为 0 时，结果中的位才被设置为 0
^（位异或）	按位异或运算。从两个表达式中取对应的位，如果两个表达式中的对应位只有一个位的值为 1，结果中相应的位就被设置为 1；而当两个位的值相同时，结果中的位被设置为 0

注意

位运算符的操作数可以是整数或二进制字符串数据类型类别中的任何数据类型（image 类型除外），但是两个操作数不能同时是二进制字符串数据类型类别中的某种数据类型。

【范例 9】

下面语句查询 2014 和 2013 各种位运算的结果，代码如下：

```
SELECT 2014 & 2013 AS '位与',2014 | 2013 AS '位或',2014 ^ 2013 AS '位异或'
```

7.3.4 比较运算符

比较运算符测试两个表达式是否相同，除了 text、ntext 或 image 数据类型的表达式外，比较运算符可以用于所有的表达式。例如，表 7-3 列出了 Transact-SQL 的比较运算符。

表 7-3　比较运算符

运算符	说明
=（等于）	如 A=B，判断两个表达式 A 和 B 是否相等。如果相等返回 TRUE，否则返回 FALSE
>（大于）	如 A>B，判断表达式 A 的值是否大于表达式 B 的值。如果大于返回 TRUE，否则返回 FALSE
<（小于）	如 A<B，判断表达式 A 的值是否小于表达式 B 的值。如果小于返回 TRUE，否则返回 FALSE
>=（大于等于）	如 A>=B，判断表达式 A 的值是否大于或等于表达式 B 的值。如果大于或等于返回 TRUE，否则返回 FALSE
<=（小于等于）	如 A<=B，判断表达式 A 的值是否小于或等于表达式 B 的值。如果小于或等于返回 TRUE，否则返回 FALSE
<>（不等于）	如 A<>B，判断表达式 A 的值是否不等于表达式 B 的值。如果不等于返回 TRUE，否则返回 FALSE
!=（不等于）	如 A!=B，判断表达式 A 的值是否不等于表达式 B 的值（非 ISO 标准）
!<（不小于）	如 A!<B，判断表达式 A 的值是否不小于表达式 B 的值（非 ISO 标准）
!>（不大于）	如 A!>B，判断表达式 A 的值是否不大于表达式 B 的值（非 ISO 标准）

【范例 10】

使用不等于（!=）运算符，查询出 BookAuthor 表中 authorId 列的值不等于 20 的作者信息。代码如下：


```
USE bookmanage
GO
SELECT * FROM BookAuthor WHERE authorId !=20
```

执行上述代码，效果如图 7-2 所示。

结果　消息

	authorId	authorName	authorSex	authorCountry	authorIntro
1	15	林徽因	女	不详	林徽因是中国著名女诗人、作家、建筑学家。人民英雄纪念碑和中华人民共和国国
2	16	郭德纲	男	不详	郭德纲，著名相声演员，电影和电视剧演员，电视脱口秀主持人。
3	18	张爱玲	女	不详	张爱玲，中国现代作家，原籍河北省唐山市，原名张瑛。1920年09月30日出生在上
4	19	严歌苓	女	不详	严歌苓生于上海，是享誉世界文坛的华人作家，是华人作家中最具影响力的作家之
5	21	三毛	女	不详	三毛（1943年3月26日－1991年1月4日），原名陈懋（mào）平（后改名为陈平），
6	22	韩寒	男	不详	NULL
7	23	安妮宝贝	女	不详	NULL
8	24	村上春树	男	不详	村上春树，日本现代小说家，生于京都伏见区。毕业于早稻田大学第一文学部演剧

图 7-2　使用比较运算符

7.3.5 复合运算符

复合运算符执行一些运算并将原始值设置为运算的结果。例如，如果变量@x 等于 35，那么@x+=2 会将@x 的原始值加上 2 并将@x 设置为新值 37。如表 7-4 所示列出了 Transact-SQL 提供的复合运算符。

表 7-4 复合运算符

运算符	说明
+=（加等于）	将原始值加上一定的量，并将原始值设置为结果
-=（减等于）	将原始值减去一定的量，并将原始值设置为结果
*=（乘等于）	将原始值乘上一定的量，并将原始值设置为结果
/=（除等于）	将原始值除以一定的量，并将原始值设置为结果
%=（取模等于）	将原始值除以一定的量，并将原始值设置为余数
&=（位与等于）	对原始值执行位与运算，并将原始值设置为结果
^=（位异或等于）	对原始值执行位异或运算，并将原始值设置为结果
|=（位或等于）	对原始值执行位或运算，并将原始值设置为结果

复合运算符的使用很简单，基本语法如下：

```
expression operator expression
```

其中，expression 表示数据类型中任一种数据类型的任何有效表达式。执行上述代码返回优先级较高的参数的数据类型。

【范例 11】

通过 DECLARE 声明 int 类型的@number 变量，并赋予初始值 10，然后分别使用复合运算符进行操作，并输出结果。代码如下：

```
DECLARE @number int=10
SET @number+=2
SELECT @number AS '加等于返回结果'
SET @number*=2
SELECT @number AS '乘等于返回结果'
SET @number&=2
SELECT @number AS '位与等于返回结果'
SET @number|=2
SELECT @number AS '位或等于返回结果'
```

执行上述代码，效果如图 7-3 所示。

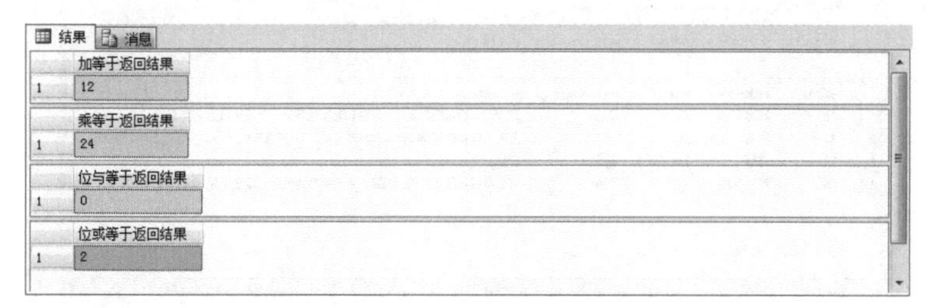

图 7-3 使用复合运算符

7.3.6 逻辑运算符

逻辑运算符对某些条件进行测试，以获得其真实情况。逻辑运算符和比较运算符一样，返回带有 TRUE、FALSE 或 UNKNOWN 值的 Boolean 数据类型。如表 7-5 所示列出了 Transact-SQL 的逻辑运算符。

表 7-5 逻辑运算符

运算符	说明
ALL	如果一组的比较都为 TRUE，则结果为 TRUE
AND	如果两个布尔表达式都为 TRUE，则结果为 TRUE
ANY	如果一组的比较中任何一个为 TRUE，则结果为 TRUE
BETWEEN	如果操作数在某个范围之内，则结果为 TRUE
EXISTS	如果子查询包含一些行，则结果为 TRUE
IN	如果操作数等于表达式列表中的一个，则结果为 TRUE
LIKE	如果操作数与一种模式相匹配，则结果为 TRUE
NOT	对任何其他布尔运算符的值取反
OR	如果两个布尔表达式中的一个为 TRUE，则结果为 TRUE
SOME	如果在一组比较中，有些比较 TRUE，则结果为 TRUE

【范例 12】

分别使用表 7-5 列出的逻辑运算符查询 BookAuthor 表中满足条件的数据。代码如下：


```
USE bookmanage
GO
SELECT * FROM BookAuthor WHERE authorId BETWEEN 20 AND 22
SELECT * FROM BookAuthor WHERE authorId IN(1,21,31)
SELECT * FROM BookAuthor WHERE authorId=21 AND authorSex='男'
SELECT * FROM BookAuthor WHERE authorId=21 OR authorSex='男'
```

执行上述代码，效果如图 7-4 所示。

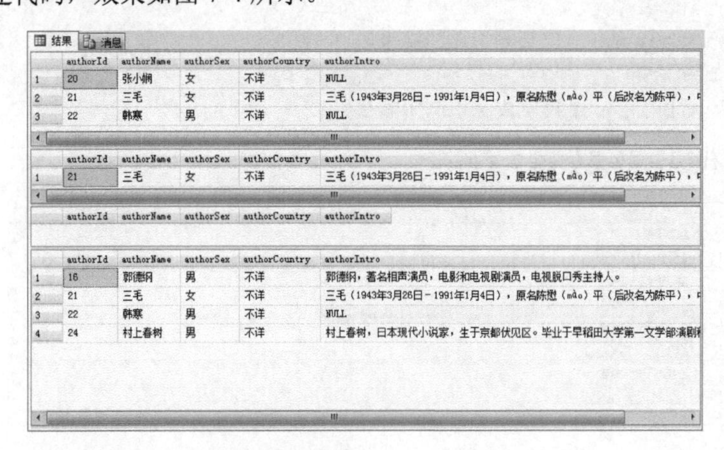

图 7-4 使用逻辑运算符

7.3.7 范围解析运算符

“::”表示范围解析运算符，有时会将其称为作用域解析运算符，它提供对复合数据类型的静态成员的访问。

【范例 13】

下面的代码通过使用范围解析运算符访问 hierarchyid 类型的 GetRoot()成员：

```
DECLARE @hid hierarchyid
SELECT @hid = hierarchyid::GetRoot()
PRINT @hid.ToString()
```

7.3.8 集运算符

集运算符将来自两个或多个查询的结果合并到单个结果集中。在 SQL Server 2012 中提供了三个集运算符：EXCEPT、INTERSECT 和 UNION。

1. EXCEPT 和 INTERSECT

EXCEPT 和 INTERSECT 比较两个查询的结果，返回非重复值。其中 EXCEPT 从左查询中返回右查询没有找到的所有非重复值。INTERSECT 返回 INTERSECT 操作数左右两边的两个查询都返回的所有非重复值。以下是将使用 EXCEPT 或 INTERSECT 的两个查询的结果集组合起来的基本规则。

（1）所有查询中的列数和列的顺序必须相同。

（2）数据类型必须兼容。

【范例 14】

以下代码查询从 EXCEPT 操作数左侧的查询返回右侧查询没有找到的所有非重复值：

```
SELECT bacId FROM BookAuthorCopy EXCEPT SELECT authorId FROM BookAuthor
```

2. UNION

UNION 将两个或更多个查询的结果合并为单个结果集，该结果集包含联合查询中的所有查询的全部行。UNION 运算不同于使用联接合并两个表中的列的运算。如下为使用 UNION 合并两个查询结果集的基本规则。

（1）所有查询的列数和列的顺序必须相同。

（2）数据类型必须兼容。

【范例 15】

下面演示 UNION 的使用，在返回的结果集中包含 BookAuthor 和 BookAuthorCopy 表中的作者 ID 与作者名称列的内容。代码如下：

```
USE bookmanage
GO
SELECT authorId, authorName FROM BookAuthor WHERE authorId IN (2,21, 24)
UNION
SELECT bacId, bacName FROM BookAuthorCopy
```

提 示

用户可以将 SELECT INTO 语句与 UNION 一起使用，也可以将 ORDER BY 与两个 SELECT 语句的 UNION 一起使用，甚至可以使用三个 SELECT 语句的 UNION 来说明 ALL 和括号的作用，这里不再一一进行说明。

7.3.9 字符串串联运算符

字符串串联运算符可以将两个或更多字符串或二进制字符串、列或字符串和列名的组合串联到一个表达式中。通配符字符串运算符可匹配字符串比较操作（如 LIKE 或 PATINDEX）中的一个或多个字符。

1. “+” 运算符

这里提到的“+”符号是字符串表达式中的运算符，它将两个或多个字符串或二进制字符串、列或字符串和列名的组合串联到一个表达式中。

【范例 16】

从 BookAuthor 表中读取 authorName 和 authorSex 列的值，并且通过“+”将其串联组合为一个值。代码如下：


```
USE bookmanage
GO
SELECT (authorName+'的性别是：'+authorSex) AS '作者介绍' FROM BookAuthor
```

2. “+=” 运算符

这里的“+=”运算符是将两个字符串串联起来并将一个字符串设置为运算结果。例如，如果@x 变量等于'Adventure'，则@x+='Works'会接收@x 的原始值，将'Works'添加到该字符串中并将@x 设置为该新值'AdventureWorks'。

需要特别注意的是：如果没有变量，则不能使用“+=”运算符。例如，下面的代码将导致错误：

```
SELECT 'Adventure' += 'Works'
```

3. “%” 运算符

“%”是一个通配符运算符，用于匹配包含零个或多个字符的任意字符串，该运算符既可以作为前缀也可以作为后缀。

【范例 17】

下面的代码分别查询 BookAuthor 表中所有以“张”开头和包含该字的作者：

```
USE bookmanage
GO
SELECT * FROM BookAuthor WHERE authorName LIKE '张%'
SELECT * FROM BookAuthor WHERE authorName LIKE '%张%'
```

执行上述代码，效果如图 7-5 所示。

结果 | 消息

	authorId	authorName	authorSex	authorCountry	authorIntro
1	18	张爱玲	女	不详	张爱玲，中国现代作家，原籍河北省唐山市，原名张瑛。1920年09月30日出生在上
2	20	张小娴	女	不详	NULL

	authorId	authorName	authorSex	authorCountry	authorIntro
1	18	张爱玲	女	不详	张爱玲，中国现代作家，原籍河北省唐山市，原名张瑛。1920年09月30日出生在上
2	20	张小娴	女	不详	NULL

图 7-5　使用“%”运算符

4. “[]” 运算符

“[]”是一个通配符运算符，用于匹配指定范围内或者属于方括号所指定的集合中的任意单个字符。可以在涉及模式匹配的字符串比较（如 LIKE 和 PATINDEX）中使用这些通配符。

【范例 18】

下面的代码使用“[]”运算符查找其地址中有 4 位邮政编码的所有 Adventure Works 雇员的 ID 和姓名：

```
USE AdventureWorks2012
GO
SELECT e.BusinessEntityID, p.FirstName, p.LastName, a.PostalCode FROM
HumanResources.Employee AS e INNER JOIN Person.Person AS p ON e.Business
EntityID = p.BusinessEntityID INNER JOIN Person.BusinessEntityAddress AS
ea ON e.BusinessEntityID = ea.BusinessEntityID INNER JOIN Person.Address
AS a ON a.AddressID = ea.AddressID WHERE a.PostalCode LIKE '[0-9] [0-9]
[0-9][0-9]'
```

5. “[^]” 运算符

“[^]”是一个通配运算符，用于匹配不在方括号之间指定的范围或集合内的任何单个字符。

【范例 19】

使用“[^]”运算符在 BookAuthor 表中查询所有名称以“张”开头，但是第二个字符不是“小”的作者。代码如下：

```
USE bookmanage
GO
SELECT * FROM BookAuthor WHERE authorName LIKE '张[^小]%'
```

执行上述代码，效果如图 7-6 所示。将图 7-6 与图 7-5 进行比较，可以发现，由于限制第二个字符不能为“小”，因此只能查找到一条记录。

结果 | 消息

	authorId	authorName	authorSex	authorCountry	authorIntro
1	18	张爱玲	女	不详	张爱玲，中国现代作家，原籍河北省唐山市，原名张瑛。1920年09月30日出生在上

图 7-6　使用“[^]”运算符

6．“_”运算符

“_”也是一个通配运算符，匹配涉及模式匹配的字符串比较操作（如 LIKE 和 PATINDEX）中的任何单个字符。

【范例 20】

下面的代码演示“_”运算符的使用：

```
SELECT * FROM BookAuthor WHERE authorName LIKE '_上'
SELECT * FROM BookAuthor WHERE authorName LIKE '_上%'
```

在上述代码中，第一行代码查询 BookAuthor 表中 authorName 列的值以一个“上”结尾的两位字符的作者，第二行代码查询 BookAuthor 表中 authorName 列的值第二个字符是“上”的任意位数的作者。

执行上述代码，效果如图 7-7 所示。由于 BookAuthor 表中不包含以“上”结尾的两位字符的值，因此第一行数据的查询结果为空。

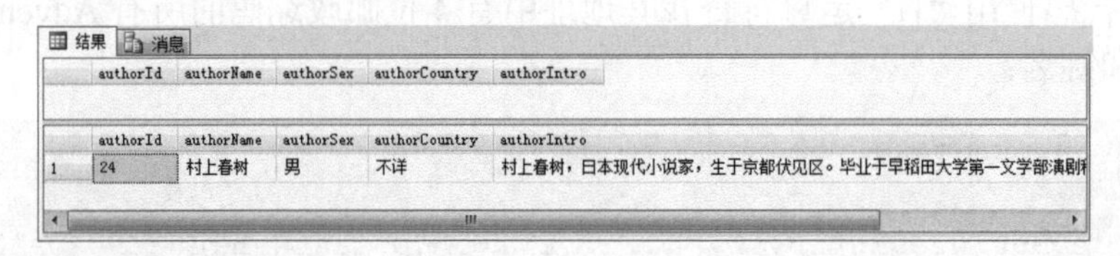

图 7-7　使用“_”运算符

7.3.10　一元运算符

顾名思义，一元运算符只对一个表达式执行操作，该表达式可以是 numeric 数据类型类别中的任何一种类型。例如，表 7-6 为 Transact-SQL 中的一元运算符，并对它们进行说明。

表 7-6　一元运算符

运算符	说明
+（正）	数值为正
-（负）	数值为负
~（位非）	返回数字的非

在表 7-6 中，正（+）和负（-）运算符可以用于 numberic 数据类型类别中任一数据类型的任意表达式。位非（~）运算符只能用于整数数据类型类别中任一数据类型的表达式。

【范例 21】

通过 DECLARE 语句分别声明@first 变量和@last 变量，并为这两个变量赋予初始值，然后将变量相加的结果保存到@result 变量中，最后输出@result 变量的值。代码如下：

```
DECLARE @first int=-180,@last int=150,@result int
```

```
SET @result = @first + @last
SELECT @result AS '计算结果'
```

7.3.11 运算符优先级

当一个复杂的表达式有多个运算符时，运算符优先级决定执行运算的先后次序，执行的顺序可能严重地影响所得到的值。前面已经介绍了 Transact-SQL 的运算符，表 7-7 对这些运算符的优先级进行说明。在较低级别的运算符之前先对较高级别的运算符进行求值。

表 7-7 运算符的优先级

运算符	说明
1	~（位非）
2	*（乘）、/（除）、%（取模）
3	+（正）、-（负）、+（加）、(+连接)、-（减）、&（位与）、^（位异或）、|（位或）
4	=、>、<、>=、<=、<>、!=、!>、!<（比较运算符）
5	NOT
6	AND
7	ALL、ANY、BETWEEN、IN、LIKE、OR、SOME
8	=（赋值）

当一个表达式中的两个运算符有相同的运算符优先级别时，将按照它们在表达式中的位置对其从左到右进行求值。

【范例 22】

首先声明@MyNumber 变量，然后通过 SET 对象该变量进行赋值，在加运算符之前先对减运算符求值。代码如下：

```
DECLARE @MyNumber int
SET @MyNumber = 4 - 2 + 27
SELECT @MyNumber
```

执行上述代码查看效果，最终的输出结果是 29。

在表达式中可以使用括号，括号替代所定义的运算符的优先级。首先对括号中的内容进行求值，从而产生一个值，然后括号外的运算符才可以使用这个值。

【范例 23】

更改范例 22 中通过 SET 赋值时的代码，内容如下：

```
DECLARE @MyNumber int
SET @MyNumber = 4 -(2 + 27)
SELECT @MyNumber
```

在上述代码中，首先计算括号里面的内容，计算的返回结果为 29，然后计算 4 减 29 的结果，最终的输出结果是-25。

7.3.12 表达式

表达式是符号和运算符的一种组合，SQL Server 数据库引擎将处理该组合以获得单个数据值。简单表达式可以是一个常量、变量、列或标量函数。可以用运算符将两个或更多的简单表达式联接起来组成复杂表达式。

对于由单个常量、变量、标题函数或列名组成的简单表达式，其数据类型、排序规则、精度、小数位数和值就是它所引用的元素的数据类型、排序规则、精度、小数位数和值。用比较运算符或逻辑运算符组合两个表达式时，生成的数据类型为 Boolean，并且值只能为 TRUE、FALSE 或 UNKNOWN。

在前面的范例中不止一次使用到表达式，例如，范例 23 中的 2+27 就是一个表达式，4-(2+27)也是一个表达式。

7.4 控制流语句

Transact-SQL 提供了称为控制流语言的特殊关键字，这些关键字用于控制 Transact-SQL 语句、语句块、用户定义函数以及存储过程的执行流。下面介绍几种常用的控制流语句，如 BEGIN...END 语句、IF ELSE 语句和 CASE 语句等。

7.4.1 BEGIN...END 语句块

BEGIN...END 包含一系列的 Transact-SQL 语句，从而可以执行一组 Transact-SQL 语句。BEGIN 和 END 是控制流语言的关键字。基本语法如下：

```
BEGIN
    {
        sql_statement | statement_block
    }
END
```

其中，{sql_statement|statement_block} 表示使用语句块定义的任何有效的 Transact-SQL 语句或语句组。

BEGIN...END 语句块允许嵌套。虽然所有的 Transact-SQL 语句在 BEGIN...END 块内都有效，但是有些 Transact-SQL 语句不应分在同一批处理或语句块中。

【范例 24】

通过 BEGIN 和 END 定义一系列一起执行的 Transact-SQL 语句，如果不包括 BEGIN...END 语句块，则执行两个 ROLLBACK TRANSACTION 语句，并返回两条 PRINT 消息。代码如下：

```
USE bookmanage
GO
BEGIN TRANSACTION
```

```
GO
IF @@TRANCOUNT = 0
BEGIN
   SELECT * FROM BookAuthor WHERE authorName = '张%'
   ROLLBACK TRANSACTION
   PRINT '回滚事务两次会导致一个错误.'
END
ROLLBACK TRANSACTION
PRINT '回滚事务.'
GO
```

7.4.2 IF ELSE 条件语句

IF ELSE 指定 Transact-SQL 语句的执行条件。如果满足条件，则在 IF 关键字及其条件之后执行 Transact-SQL 语句，这时布尔表达式返回 TRUE。可选的 ELSE 关键字引入另一个 Transact-SQL 语句，当不满足 IF 条件时就执行该语句，这时布尔表达式返回 FALSE。

IF ELSE 条件语句的基本语法如下：

```
IF Boolean_expression
    { sql_statement | statement_block }
[ ELSE
    { sql_statement | statement_block } ]
```

下面对上述语法进行说明。

（1）Boolean_expression：返回 TRUE 或 FALSE 的表达式。如果布尔表达式中含有 SELECT 语句，则必须用括号将 SELECT 语句括起来。

（2）{ sql_statement| statement_block }：任何 Transact-SQL 语句或用语句块定义的语句分组。除非使用语句块，否则 IF 或 ELSE 条件只能影响一个 Transact-SQL 语句的性能。如果要定义语句块，需要使用控制流关键字 BEGIN 和 END。

【范例 25】

首先通过 IF 判断 BookAuthor 表中 authorName 列的值是否存在包含“张”的数据，如果存在则使用 PRINT 输出消息，并通过 SELECT 语句进行查询，否则在 ELSE 语句中使用 PRINT 输出消息。代码如下：

```
IF(SELECT COUNT(*) FROM BookAuthor WHERE authorName LIKE ('%张%'))>0
    BEGIN
        PRINT '查询到了数据'
        SELECT * FROM BookAuthor WHERE authorName LIKE ('%张%')
    END
ELSE
    PRINT '对不起，当前查询的这个表中还没有人的名称中包含有张呢'
```

运行上述代码查看效果，如图 7-8 所示为查询结果。

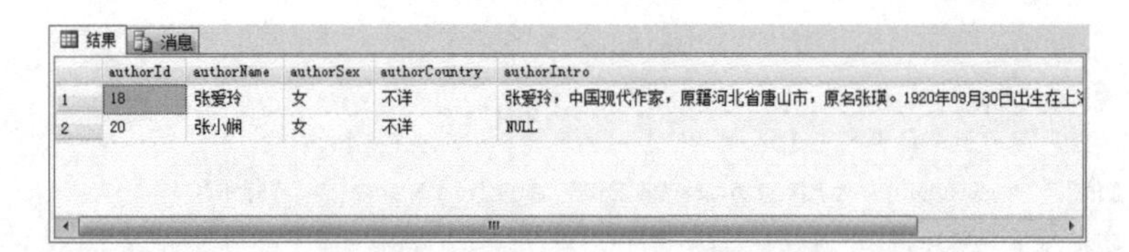

	authorId	authorName	authorSex	authorCountry	authorIntro
1	18	张爱玲	女	不详	张爱玲，中国现代作家，原籍河北省唐山市，原名张瑛。1920年09月30日出生在上
2	20	张小娴	女	不详	NULL

图 7-8　查询结果

单击图中的【消息】标签查看输出的消息，如图 7-9 所示。

图 7-9　输出的消息

7.4.3　CASE 分支语句

在控制流语句中会使用到 CASE 关键字，CASE 分支语句用于计算条件列表并返回多个可能结果表达式中的一个。CASE 表达式有两种形式，一种是简单表达式，它通过将表达式与一组简单的表达式进行比较来确定结果；另一种是搜索表达式，它通过计算一组布尔表达式来确定结果。

使用 CASE 语句时的语法如下：

```
Simple CASE expression:
CASE input_expression
    WHEN when_expression THEN result_expression [ ...n ]
    [ ELSE else_result_expression ]
END
Searched CASE expression:
CASE
    WHEN Boolean_expression THEN result_expression [ ...n ]
    [ ELSE else_result_expression ]
END
```

下面对上述语法进行说明。

（1）input_expression：表示使用简单 CASE 格式时计算的表达式。

（2）WHEN when_expression：使用简单 CASE 格式时要与 input_expression 进行比较的简单表达式。

（3）result_expression：当 input_expression = when_expression 的计算结果为 TRUE 或者 Boolean_expression 等于 TRUE 时返回的表达式。

（4）ELSE else_result_expression：比较运算计算结果不为 TRUE 时返回的表达式。如果忽略此参数且比较运算计算结果不为 TRUE，则 CASE 返回 NULL。

（5）WHEN Boolean_expression：使用 CASE 搜索格式时所计算的布尔表达式。

Boolean_expression 是任意有效的布尔表达式。

【范例 26】

下面查询 BookAuthor 表中 authorId、authorName 和 authorSex 列的值，并且通过 CASE 语句对 authorName 列的值进行分支判断。代码如下：

```
USE bookmanage
GO
SELECT authorId,authorName =
       CASE authorName
          WHEN '张小娴' THEN 'Amy Cheung Siu Han'
          WHEN '三毛' THEN 'ECHO'
          WHEN '安妮宝贝' THEN '庆山-安妮宝贝'
          ELSE authorName
       END,authorSex
    FROM BookAuthor
GO
```

执行上述代码，效果如图 7-10 所示。

结果 消息

	authorId	authorName	authorSex
1	15	林徽因	女
2	16	郭德纲	男
3	18	张爱玲	女
4	19	严歌苓	女
5	20	Amy Cheung Siu Han	女
6	21	ECHO	女
7	22	韩寒	男
8	23	庆山一安妮宝贝	女
9	24	村上春树	男

图 7-10 CASE 语句简单使用

在范例 26 的 SELECT 语句中，CASE 简单表达式只能用于等同性检查，而不进行其他比较。可以在 CASE 中进行比较，如范例 23 所示。

【范例 27】

下面查询 BookAuthor 表中 authorId、authorName、authorSex 和 authorIntro 列的值，并且根据 authorId 列的值重新为 authorIntro 列赋值。代码如下：

```
USE bookmanage
GO
SELECT authorId,authorName,authorSex,authorIntro=
    CASE
        WHEN authorId<=18 THEN '作者的 ID 小于 18，这里不进行解释'
        WHEN authorId>18 AND authorId<20 THEN '请百度'
        WHEN authorId>20 AND authorId<23 THEN '暂无'
        ELSE 'Over，暂不介绍'
    END
   FROM BookAuthor
GO
```

7.4.4 WHILE 循环语句

WHILE 设置重复执行 SQL 语句或语句块的条件。只要指定的条件为真，就重复执行语句。在 WHILE 语句中可以使用 BREAK 和 CONTINUE 关键字在循环内部控制 WHILE 循环中语句的执行。

WHILE 语句的基本语法如下：

```
WHILE Boolean_expression { sql_statement | statement_block | BREAK |
CONTINUE }
```

下面对上述语法进行说明。

（1）Boolean_expression：返回 TRUE 或 FALSE 的表达式。如果布尔表达式中含有 SELECT 语句，则必须用括号将 SELECT 语句括起来。

（2）{sql_statement | statement_block}：Transact-SQL 语句或用语句块定义的语句分组。如果要定义语句块，可以使用控制流关键字 BEGIN 和 END。

（3）BREAK：导致从最内层的 WHILE 循环中退出。将执行出现在 END 关键字（循环结束的标记）后面的任何语句。

（4）CONTINUE：使 WHILE 循环重新开始执行，忽略 CONTINUE 关键字后面的任何语句。

如果嵌套了两个或多个 WHILE 循环，则内层的 BREAK 将退出到下一个外层循环。将首先运行内层循环结束之后的所有语句，然后重新开始下一个外层循环。

【范例 28】

通过 WHILE 语句计算 1～100 的所有整数的和。代码如下：

```
DECLARE @sum int , @i int
SET @sum = 0
SET @i = 1
WHILE @i<=100
    BEGIN
       SET @sum = @sum+ @i
       SET @i = @i + 1
    END
PRINT @sum
```

在上述代码中，首先通过 DECLARE 语句声明两个 int 类型的@sum 和@i 变量；接着通过 SET 为这两个变量赋值；然后在 WHILE 语句中判断@i 变量的值是否小于 100，如果是则计算整数和，并将当前的@i 变量的值加 1；最后输出@sum 的值。

执行上述代码观察结果，可以发现，最终的输出结果是：5050。

7.4.5 TRY...CATCH 语句

TRY...CATCH 是对 Transact-SQL 实现与 Microsoft Visual C#和 Microsoft Visual C++语言中的异常处理类似的错误处理。Transact-SQL 语句组可以包含在 TRY 块中。如果 TRY 块内部发生错误，则会将控制传递给 CATCH 块中包含的另一个语句组。

TRY...CATCH 语句的基本语法如下：

```
BEGIN TRY
    { sql_statement | statement_block }
END TRY
BEGIN CATCH
    [ { sql_statement | statement_block } ]
END CATCH
[ ; ]
```

下面对上述语法进行说明。

（1）sql_statement：任何的 Transact-SQL 语句。

（2）statement_block：批处理或包含于 BEGIN...END 块中的任何 Transact-SQL 语句组。

在 CATCH 块的作用域内，可使用如下系统函数来获取导致 CATCH 块执行的错误信息。

（1）ERROR_NUMBER()：返回错误号。

（2）ERROR_SEVERITY()：返回严重性。

（3）ERROR_STATE()：返回错误状态号。

（4）ERROR_PROCEDURE()：返回出现错误的存储过程或触发器的名称。

（5）ERROR_LINE()：返回导致错误的例程中的行号。

（6）ERROR_MESSAGE()：返回错误消息的完整文本。该文本可包括任何可替换参数所提供的值，如长度、对象名或时间。

【范例 29】

在 BEGIN TRY 和 END TRY 语句块之间通过 SELECT 输出 100 除以 0 的结果，在 BEGIN CATCH 和 END CATCH 语句块之间通过 SELECT 输出出现错误时的错误编码、错误行号、错误信息以及严重级别。代码如下：

```
BEGIN TRY
    SELECT 100/0 AS '计算结果'
END TRY
BEGIN CATCH
    SELECT ERROR_NUMBER() AS '错误编码',ERROR_LINE() AS '错误行号',
    ERROR_MESSAGE() AS '错误信息',ERROR_SEVERITY() AS '严重级别'
END CATCH
```

执行上述代码，效果如图 7-11 所示。

	计算结果

	错误编码	错误行号	错误信息	严重级别
1	8134	2	遇到以零作除数错误。	16

图 7-11 使用 TRY...CATCH 语句

使用 TRY…CATCH 错误处理语句应注意以下几点。

（1）TRY 块后必须紧跟相关联的 CATCH 块。在 END TRY 和 BEGIN CATCH 语句之间不能有任何语句，否则将出现语法错误。

（2）TRY…CATCH 语句不能跨越多个批处理。TRY…CATCH 语句不能跨越多个 T-SQL 语句块。例如，TRY….CATCH 语句不能跨越 T-SQL 语句的两个 BEGIN…END 块，且不能跨越 IF…ELSE 语句。

（3）如果 TRY 块所包含的代码中没有错误，则当 TRY 块中最后一条语句完成运行时，会将控制传递给紧跟在相关联的 END CATCH 语句之后的语句。

（4）当 CATCH 块中的代码完成时，会将控制权传递给紧跟在 END CATCH 语句之后的语句。

（5）TRY…CATCH 语句可以嵌套。TRY 块或 CATCH 块均可包含嵌套的 TRY…CATCH 语句。例如，CATCH 块可以包含内嵌的 TRY…CATCH 语句，以处理 CATCH 代码所遇到的错误。

7.4.6 其他语句

除了前面介绍的常用控制流语句外，实际上，Transact-SQL 还提供与控制流有关的其他常用语句，下面简单进行说明。

1. BREAK 语句

BREAK 表示退出循环内部的 WHILE 语句或 IF ELSE 语句最里面的循环。将执行出现在 END 关键字后面的任何语句，END 关键字为循环结束标记。

【范例 30】

计算 1～100 之间的所有整数的和，如果当前的整数能够被 5 整除，那么将退出循环。代码如下：

```
DECLARE @sum int , @i int
SET @sum = 0
SET @i = 1
WHILE @i<=100
    BEGIN
        IF @i%5=0
            BREAK
        ELSE
```

```
            BEGIN
               SET @sum = @sum+ @i
               SET @i = @i + 1
            END
      END
   PRINT @sum
```

执行上述代码查看效果，最终的输出结果是 10。这是因为当@i 变量的值为 5 时，直接通过 BREAK 语句跳出循环，不再向下循环，因此只计算@i 变量为 1、2、3 和 4 时相加的结果。

2. CONTINUE 语句

CONTINUE 与 BREAK 不同，它表示重新开始 WHILE 循环。在 CONTINUE 关键字之后的任何语句都将被忽略。

【范例 31】

更新范例 30 中的代码，计算 1～100 之间的整数的和，当变量能够被 5 整除时通过 CONTINUE 关键字重新开始循环。

```
DECLARE @sum int , @i int
SET @sum = 0
SET @i = 1
WHILE @i<=100
   BEGIN
      IF @i%5=0
          BEGIN
             SET @i = @i + 1
             CONTINUE
          END
       ELSE
          BEGIN
             SET @sum = @sum+ @i
             SET @i = @i + 1
          END
   END
PRINT @sum
```

3. GOTO 语句

GOTO 用于将执行流更改到标签处，也就是跳过 GOTO 后面的 Transact-SQL 语句，并从标签位置继续处理。GOTO 语句和标签可以在过程、批处理或语句块中的任何位置使用且可以嵌套使用。

GOTO 跳转语句很简单，基本语法如下：

```
Define the label:
label:
Alter the execution:
```

```
GOTO label
```

其中，label表示已设置的标签。如果GOTO语句指向该标签，则其为处理的起点。标签必须符合标识符规则，并且无论是否使用GOTO语句，标签均可作为注释方法使用。

【范例32】

下面的代码演示如何使用GOTO语句：

```
DECLARE @Counter int = 1
WHILE @Counter < 10
BEGIN
    SELECT @Counter
    SET @Counter = @Counter + 1
    IF @Counter = 4 GOTO Branch_One                --跳转到Branch_One分去
    IF @Counter = 5 GOTO Branch_Two                --这个分支永远不会被执行
END
Branch_One:
    SELECT '通过GOTO进入Branch_One分支'
    GOTO Branch_Three                              --它将防止执行Branch_Two分支
Branch_Two:
    SELECT '通过GOTO进入Branch_Two分支.'
Branch_Three:
    SELECT '通过GOTO进入Branch_Three分支.'
```


在上述代码中，首先声明int类型的@Counter变量，并将其赋值为1，然后通过WHILE语句判断@Counter变量的值是否小于10，如果是则将@Counter变量的值加1，并分别判断其值是否等于4或者等于5，然后通过GOTO跳转到不同的标签。

4. RETURN语句

RETURN语句从查询或过程中无条件退出。RETURN的执行是即时且完全的，可以在任何时候从过程、批处理或语句块中退出。

RETURN之后的语句是不执行的，其基本语法如下：

```
RETURN [ integer_expression ]
```

其中，integer_expression是指返回的整数值。存储过程可向执行调用的过程或应用程序返回一个整数值。

【范例33】

通过DECLARE声明nvarchar(20)类型的@str变量，并通过IF判断@str变量的值是否为NULL。如果是则RETURN将使过程向用户屏幕发送一条消息后退出，否则输出一条消息。代码如下：

```
DECLARE @str nvarchar(20)
IF @str IS NULL
    BEGIN
        PRINT '您得给个初始值吧'
        RETURN
```

```
    END
ELSE
    PRINT '@str 变量的值是：'+@str
```

5. THROW 语句

THROW 语句会引发异常，并将执行转移到 SQL Server 2012 中 TRY...CATCH 中的 CATCH 语句块。

THROW 语句的基本语法如下：

```
THROW [{ error_number | @local_variable },{ message | @local_variable },{ state | @local_variable }] [ ; ]
```

上述语法的说明如下。

（1）error_number：表示异常的常量或变量，其数据类型为 int，并且必须大于或等于 50 000 且小于或等于 2 147 483 647。

（2）message：描述异常的字符串或变量，其数据类型为 nvarchar(2048)。

（3）state：在 0～255 的常量或变量，指示与消息关联的状态。state 的数据类型为 tinyint。

【范例 34】

THROW 语句前的语句必须后跟分号语句终止符。下面的代码演示如何使用 THROW 语句引发异常：

```
THROW 51000, 'The record does not exist.', 1;
```

执行上述代码，其结果如下：

```
消息 51000,级别 16,状态 1,第 1 行
The record does not exist.
```

6. WAITFOR 语句

WAITFOR 语句用于在达到指定时间或时间间隔之前，或者指定语句至少修改或返回之前，阻止（延迟）执行批处理、存储过程或事务。

WAITFOR 延迟语句的语法如下：

```
WAITFOR
{
    DELAY 'time_to_pass'
    | TIME 'time_to_execute'
    | [ ( receive_statement ) | ( get_conversation_group_statement ) ]
     [ , TIMEOUT timeout ]
}
```

上述语法的说明如下。

（1）DELAY：指定可以继续执行批处理、存储过程或事务之前必须经过的指定时段，最长可为 24h。

（2）time_to_pass：表示要等待的时段。可以使用 datetime 数据可接受的格式之一指定 time_to_pass，也可以将其指定为局部变量，但是不能指定日期。

（3）TIME：指定运行批处理、存储过程或事务的时间。

（4）time_to_execute：表示 WAITFOR 语句完成的时间。

（5）receive_statement：有效的 RECEIVE 语句。

（6）get_conversation_group_statement：有效的 GET CONVERSATION GROUP 语句。

（7）TIMEOUT timeout：指定消息到达队列前的等待时间（以 ms 为单位）。

【范例 35】

下面的代码通过 WAITFOR 指定在晚上 23:00 执行 sp_update_job 存储过程：

```
USE msdb
GO
EXECUTE sp_add_job @job_name = 'TestJob'
BEGIN
    WAITFOR TIME '23:00'
    EXECUTE sp_update_job @job_name = 'TestJob', @new_name = 'UpdatedJob'
END
```

7.5 注释

注释是程序中不被执行的文本，主要用于对程序代码进行辅助说明。注释不参与程序的编译，不影响执行结果。还可以把程序中暂时不用的语句注释掉，使它们暂时不参与执行。等需要使用这些语句时，再将它们恢复。

Transact-SQL 中包含两类注释，即单行注释和多行注释。

7.5.1 单行注释

ANSI 标准的注释符--用于单行注释，它表示用户提供的文本。可以将注释插入单独行中，嵌套在 Transact-SQL 命令行的结尾或嵌套在 Transact-SQL 语句中，服务器不对注释进行计算。

单行注释的基本语法如下：

```
-- text_of_comment
```

其中，text_of_comment 表示包含注释文本的字符串。

将两个连字符用于单行或嵌套的解释，用--插入的注释由换行符终止。通过--进行注释时，注释没有最大限制。

【范例 36】

下面的代码中使用了--注释符：

```
-- Choose the bookmanage database.
USE bookmanage
GO
```

```
-- Choose all columns and all rows from the BookAuthor table.
SELECT * FROM BookAuthor
GO
```

技巧

如果要注释的内容过多，而且又想使用单行注释时，可以使用快捷键。将选定文本设为注释的快捷键为 Ctrl+K，Ctrl+C；取消注释所选文本的快捷键为 Ctrl+K，Ctrl+U。

7.5.2 多行注释

除了使用--进行单行注释外，还可以使用/**/注释。/**/表示用户提供的文本，服务器不计位于/*和*/之间的文本。有时，将/**/注释称为多行注释或块注释。基本语法如下：

```
/*
 text_of_comment
*/
```

其中，text_of_comment 是注释文本，它是一个或多个字符串。

注释可以插入单独行中，也可以插入 Transact-SQL 语句中。多行的注释必须用/*和*/指明。用于多行注释的样式规则是：第一行用/*开始，并且用*/结束注释。

【范例 37】

下面的代码中使用了/**/注释符：

```
USE bookmanage
GO
/*
 从 BookAuthor 表中获取全部的数据记录
*/
SELECT * FROM BookAuthor  ORDER BY authorId DESC
GO
```

使用/**/注释时支持嵌套注释，如果在现有注释内的任意位置上出现/*字符模式，便会将其视为嵌套注释的开始。因此，需要使用注释的结尾标记*/。如果没有注释的结尾标记，便会产生错误。

【范例 38】

如下所示为一段错误代码：

```
DECLARE @comment AS varchar(20)
GO
/*
SELECT @comment = '/*'
*/
SELECT @@VERSION
GO
```

如果要解决上述错误，还需要添加一个*/标记。代码如下：

```
DECLARE @comment AS varchar(20)
GO
/*
SELECT @comment = '/*'
*/ */
SELECT @@VERSION
GO
```

7.6 实验指导——从查询的结果中进行计算

本章只介绍 Transact-SQL 的基础知识，本节利用前面的内容查询结果，并且在查询的过程中使用运算符、控制流语句和注释等内容。在执行操作之前，首先向 bookmanage 数据库中的 BookAuthor 表、BookType 表和 Book 表添加数据，如图 7-12 所示为 Book 表中的全部数据。

结果 | 消息

	bookNo	bookName	bookAuthorId	bookTypeId	bookOldPrice	bookNewPrice	bookPublish	bookInventory	boo
1	No1001	希腊神话故事	25	20	22	11	中国对外翻译出版公司	300	希
2	No1002	中国古代神话	26	20	48	29	中国华夏出版社	1500	神
3	No1003	中国神话传说词典	26	20	50	29	北京联合出版公司	1500	NUL
4	No1004	西湖民间故事	27	20	20	12	浙江文艺出版社	1500	NUL
5	No1005	克雷洛夫寓言全集	28	20	20	15	译林出版社	1800	译
6	No1006	三毛：撒哈拉的故事	21	21	24	17	北京十月文艺出版社	300	
7	No1007	恰到好处的幸福	29	21	33	21	湖南文艺出版社	300	NUL
8	No1008	三毛：梦里花落知多少	21	21	24	17	北京十月文艺出版社	300	NUL
9	No1009	愿你与这世界温暖相拥	29	21	37	22	江苏文艺出版社	300	NUL
10	No1010	三毛全集：亲爱的三毛	21	21	22	13	北京十月文艺出版社	300	NUL
11	No1011	千年一叹	30	21	26	10	长江文艺出版社	300	

图 7-12 Book 表中的数据

本节实验指导主要对 Book 表进行操作，这些操作之间可能不会有关联，步骤如下。

（1）使用 DECLARE 声明 nvarchar(50)类型的@name 变量，通过 SET 将其赋值为“中国”，然后查询 Book 表中 bookName 列是否包含该字符串的书名。代码如下：

```
DECLARE @name nvarchar(50)
SET @name='中国'
SELECT * FROM Book WHERE bookName LIKE '%'+@name+'%'
```

（2）执行上述代码，效果如图 7-13 所示。

结果 | 消息

	bookNo	bookName	bookAuthorId	bookTypeId	bookOldPrice	bookNewPrice	bookPublish	bookInventory	bookIntro
1	No1002	中国古代神话	26	20	48	29	中国华夏出版社	1500	神话故事
2	No1003	中国神话传说词典	26	20	50	29	北京联合出版公司	1500	NULL

图 7-13 声明和使用变量

（3）从 BookAuthor 表中读取 bookNo、bookName、bookOldPrice 和 bookNewPrice 列的值。其中，bookOldPrice 表示图书的原价，bookNewPrice 表示图书的最新价格，通过减符号计算两者之间的差价。代码如下：

```
SELECT bookNo,bookName,bookOldPrice,bookNewPrice,(bookOldPrice-bookNew
Price) AS '价格差距' FROM Book
```

（4）执行上述代码，效果如图 7-14 所示。

结果 消息

	bookNo	bookName	bookOldPrice	bookNewPrice	价格差距
1	No1001	希腊神话故事	22	11	11
2	No1002	中国古代神话	48	29	19
3	No1003	中国神话传说词典	50	29	21
4	No1004	西湖民间故事	20	12	8
5	No1005	克雷洛夫寓言全集	20	15	5
6	No1006	三毛：撒哈拉的故事	24	17	7
7	No1007	恰到好处的幸福	33	21	12
8	No1008	三毛：梦里花落知多少	24	17	7
9	No1009	愿你与这世界温暖相拥	37	22	15
10	No1010	三毛全集：亲爱的三毛	22	13	9
11	No1011	千年一叹	26	10	16

图 7-14 使用减运算符

（5）使用 DECLARE 声明 decimal(18,0)类型的@price 变量，将@price 变量的初始值设置为 60。通过 IF 语句判断当前 Book 表中是否存在 bookNewPrice 列的值小于@price 变量初始值的数据，如果有则查询出来。代码如下：

```
DECLARE @price decimal(18,0)=60
IF (SELECT COUNT(*) FROM Book WHERE bookNewPrice<@price) > 0
BEGIN
    --如果图书的价格在 60 元以下，则首先输出一条消息，然后再查询记录
    PRINT '俗话说：鸟欲高飞先振翅，人求上进先读书。以下这些书的价格都在 60 元以下，
    一起来看一下吧'
    SELECT bookNo,bookName,bookOldPrice AS '原价',bookNewPrice AS '最新
    价格',BookIntro=
        CASE
            WHEN bookOldPrice BETWEEN 1 AND 10 THEN '原价很低，快来购买吧'
            WHEN bookOldPrice BETWEEN 11 AND 20 THEN '经济实惠，数量有限'
            WHEN bookOldPrice BETWEEN 21 AND 30 THEN '还等什么，这个价格非
            常划算呀'
            WHEN bookOldPrice BETWEEN 31 AND 40 THEN '图书使你的生活更加有趣'
            WHEN bookOldPrice BETWEEN 41 AND 50 THEN '于谦说：书卷多情似故
            人,晨昏忧乐每相亲'
            ELSE '不要等到后悔了再买书'
        END
    FROM Book WHERE bookNewPrice<@price
END
```

在上述代码中，重新为 BookIntro 列赋值。在 CASE 分支语句中判断 bookOldPrice 列的值，不同的值赋予不同的字符串。

（6）执行上述代码，效果如图 7-15 所示。

结果 | 消息

	bookNo	bookName	原价	最新价格	BookIntro
1	No1001	希腊神话故事	22	11	还等什么，这个价格非常划算呀
2	No1002	中国古代神话	48	29	于谦说：书卷多情似故人，晨昏忧乐每相亲
3	No1003	中国神话传说词典	50	29	于谦说：书卷多情似故人，晨昏忧乐每相亲
4	No1004	西湖民间故事	20	12	经济实惠，数量有限
5	No1005	克雷洛夫寓言全集	20	15	经济实惠，数量有限
6	No1006	三毛：撒哈拉的故事	24	17	还等什么，这个价格非常划算呀
7	No1007	恰到好处的幸福	33	21	图书使你的生活更加有趣
8	No1008	三毛：梦里花落知多少	24	17	还等什么，这个价格非常划算呀
9	No1009	愿你与这世界温暖相拥	37	22	图书使你的生活更加有趣
10	No1010	三毛全集：亲爱的三毛	22	13	还等什么，这个价格非常划算呀
11	No1011	千年一叹	26	10	还等什么，这个价格非常划算呀

图 7-15　查询指定条件的图书

7.7 思考与练习

一、填空题

1．Transact-SQL 根据其完成的功能，可以分为数据定义语言、__________、数据控制语言与其他附加元素。

2．Transact-SQL 通过__________声明变量。

3．位运算符是指&、|和__________。

4．__________用于设置重复执行 SQL 语句或语句块的条件。

5．执行下面语句，最终的返回结果是__________。

```
DECLARE @i int=1,@s int
WHILE @i<=5
    BEGIN
        SET @s += @i
        SET @i = @i + 1
    END
SELECT @s AS '和'
```

6．在 TRY CATCH 语句中，CATHC 块可以使用__________函数返回错误编号。

二、选择题

1．声明变量后，可以通过__________为变量赋值。

A．SET 和 SELECT

B．SET 和 UPDATE

C．BEGIN 和 END

D．CONST 和 SELECT

2．Transact-SQL 中的赋值运算符是指__________。

A．>=

B．<=

C．=

D．!=

3．__________表示退出循环内部的 WHILE 语句或 IF ELSE 语句最里面的循环。

A．BREAK

B．CONTINUE

C．GOGO

D．RETURN

4．执行下面两行代码，最终的返回结果是__________。

```
DECLARE @str varchar(20)= '120',
@intro text='sorry'
SELECT @str+@intro
```

A．120sorry

B．sorry120

C．什么也不输出

D．提示“对于局部变量，text、ntext 和 image 数据类型无效”的错误消息

5．下列选项中__________是正确的注释。

A．

```
//我正在使用单行注释
```

B．

```
--我正在使用单行注释
```

C.

```
/*
通过SELECT语句查看BookAuthor表的
所有数据
*/
SELECT * FROM BookAuthor
*/
```

D.

```
/*
通过SELECT语句查看BookAuthor表的
所有数据
*/*/
SELECT * FROM BookAuthor
*/
```

三、简答题

1．根据其功能，可以将 Transact-SQL 分为哪 4 类？

2．在 SQL Server 2012 中如何声明和使用变量？

3．简单说明 Transact-SQL 的运算符，以及这些运算符的优先级。

4．你所知道的控制流语句有哪些？这些语句是用来做什么的？

第 8 章　SQL Server 2012 内置函数

一旦成功地从表中检索出数据，就需要进一步操作这些数据，以获取有用或者有意义的结果。在第 5 章介绍查询时曾经提到过聚合函数（如 AVG()和 SUM()），它们都是 Transact-SQL 提供的内置函数。除了这类函数外，在 SQL Server 2012 中，Transact-SQL 语言还提供了许多其他的内置函数。用户通过使用这些函数，能够用快速、简单的方法完成特定的工作。

本章将详细介绍 SQL Server 2012 中的内置函数，包括数学函数、字符串函数、日期和时间函数、转换函数以及系统函数等。

本章学习要点：

- 熟悉函数的分类
- 掌握常用的一些数学函数
- 掌握常用的一些字符串函数
- 掌握常用的一些日期和时间函数
- 掌握常用的转换函数
- 了解常用的系统函数

8.1 函数和内置函数

SQL Server 2012 内置了一些常用的函数，函数的目标是返回一个值。根据这些内置函数的实现功能，可以将它们分为 4 种类型：行集函数、聚合函数、排名函数和标量函数。

（1）行集函数：返回可在 SQL 语句中像表引用一样使用的对象。

（2）聚合函数：对一组值进行计算，但返回一个汇总值。

（3）排名函数：对分区中的每一行均返回一个排名值。

（4）标量函数：对单一值进行运行，然后返回单一值。只要表达式有效，即可使用标量函数。标量函数可以细分为多种函数类型，如表 8-1 所示。

表 8-1　标量函数细分的函数类型

函数类型	说明
配置函数	返回当前配置信息
转换函数	支持数据类型强制转换
游标函数	返回游标信息
日期和时间数据类型及函数	对日期和时间输入值执行运算，然后返回字符串、数字或日期和时间值
逻辑函数	执行逻辑运算

续表

函数类型	说明
数学函数	基于作为函数的参数提供的输入值执行运算，然后返回数字值
元数据函数	返回有关数据库和数据库对象的信息
安全函数	返回有关用户和角色的信息
字符串函数	对字符串（char 或 varchar）输入值执行运算，然后返回一个字符串或数字值
系统函数	执行运算后返回 SQL Server 实例中有关值、对象和设置的信息
系统统计函数	返回系统的统计信息
文本和图像函数	对文本或图像输入值或列执行运算，然后返回有关值的信息

提示

大多数的函数都返回一个标量值，标量值代表一个数据单元或一个简单值。实际上，函数可以返回任何数据类型，包括表、游标等可返回完整的多行结果集的类型。

SQL Server 的内置函数可以是确定性的或不确定性的。如果任何时候用一组特定的输入值调用内置函数，返回的结果总是相同的，则这些内置函数为确定性的。例如，Transact-SQL 提供的所有聚合函数（如 AVG()）都为确定性函数。如果每次调用内置函数时，即使用的是同一组特定的输入值，也总返回不同结果，则这些内置函数为不确定性的。例如，RAND()则为不确定性函数，只有当指定种子参数时 RAND()才是确定性函数。

提示

在本节提到了多种类型的函数，但是本章并不对这些类型进行全部介绍。只是介绍几种常用或常见的内置函数，关于其他的函数，读者可以在官网上查找资料。

8.2 数学函数

数学函数用于执行多种普通与特殊的数学运算，可以执行代数、三角、统计、估算与财务运算等运算。

8.2.1 ABS()函数

ABS()是一个返回指定数值表达式绝对值（正值）的数学函数。基本语法如下：

```
ABS( numeric_expression )
```

ABS()函数返回与 numeric_expression 相同的类型。其中，numeric_expression 参数可以是精确数字或近似数字数据类型的表达式。

【范例 1】

下面使用 ABS()函数求-20.5、0 和 20.5 的绝对值。代码如下：

```
SELECT ABS(-20.5) AS '-20.5 的绝对值',ABS(0) AS '0 的绝对值',ABS(20.5) AS
'20.5 的绝对值'
```

执行上述代码，返回的结果如下：

```
-20.5 的绝对值       0 的绝对值     20.5 的绝对值
20.5               0              20.5
```

当一个数的绝对值大于指定数据类型所能表示的最大数时，ABS()函数可能产生溢出错误。例如，int 数据类型只能容纳-2 147 483 648～2 147 483 647 之间的值。计算有符号整数-2 147 483 648 的绝对值将导致溢出错误，因为其绝对值已超出 int 数据类型的正值范围。

【范例 2】

通过 DECLARE 声明@i 变量，该变量的初始值为-2 147 483 648，通过 ABS()函数计算该变量的值。代码如下：

```
DECLARE @i int = -2147483648
SELECT ABS(@i)
```

由于 ABS()函数中传入的数超出了 int 数据类型所能表示的最大数值，因此执行上述代码会提示错误，错误消息如下：


```
消息 8115,级别 16,状态 2,第 2 行
将 expression 转换为数据类型 int 时出现算术溢出错误。
```

8.2.2 ACOS()函数

ACOS()返回其余弦是所指定的 float 表达式的角（弧度），也称为反余弦，基本语法如下：

```
ACOS ( float_expression )
```

ACOS()返回一个 float 类型的值，其中传入的 float_expression 参数是指类型为 float 或类型可以隐式转换为 float 的表达式，其取值范围为-1～1。对超出此范围的值，将返回 NULL 并报告域错误。

【范例 3】

以下代码演示 ACOS()函数的使用：

```
SET NOCOUNT OFF
DECLARE @cos float
SET @cos = -1.0
SELECT 'The ACOS of the number is: ' + CONVERT(varchar, ACOS(@cos))
```

8.2.3 FLOOR()函数

FLOOR()函数返回小于或等于指定数值表达式的最大整数，基本语法如下：

```
FLOOR ( numeric_expression )
```

FLOOR()函数返回与 numeric_expression 相同的类型。numeric_expression 是指精确数字或近似数字数据类型（bit 数据类型除外）的表达式。

【范例 4】

下面的代码演示正数、负数和货币值在 FLOOR()函数中的使用：

```
SELECT FLOOR(123.45) AS '返回值', FLOOR(-123.45) AS '返回值', FLOOR($123.45)
AS '返回值'
```

执行上述代码，返回结果如下：

```
返回值          返回值          返回值
123            -124            123.0000
```

8.2.4 RAND()函数

RAND()函数返回一个介于 0～1（不包括 0 和 1）之间的伪随机 float 值，基本语法如下：

```
RAND ( [ seed ] )
```

其中，seed 是指提供种子值的整数表达式（tinyint、smallint 或 int）。如果未指定 seed，则 SQL Server 数据库引擎随机分配种子值。对于指定的种子值，返回的结果始终相同。

【范例 5】

下面的代码将产生由 RAND()函数生成的 4 个不同的随机数：

```
DECLARE @counter smallint
SET @counter = 1
WHILE @counter < 5
   BEGIN
     SELECT RAND() Random_Number
     SET @counter = @counter + 1
   END
```

> **提示**
> RAND()函数返回值是 float 类型。使用同一个种子值重复调用 RAND()函数会返回相同的结果。对于一个连接，如果使用指定的种子值调用 RAND()，则它的所有后续调用将基于使用该指定种子值的 RAND()调用生成结果。

8.2.5 ROUND()函数

ROUND()函数返回一个数值，舍入到指定的长度或精度。基本语法如下：

```
ROUND ( numeric_expression , length [ ,function ] )
```

上述语法的说明如下。

（1）numeric_expression：精确数字或近似数字数据类型（bit 数据类型除外）的表达式。

（2）length：numeric_expression 的舍入精度，leng 必须是 tinyint、smallint 或 int 类型的表达式。如果 length 为正数，则将 numeric_expression 舍入到 length 指定的小数位数。如果 length 为负数，则将 numeric_expression 小数点左边部分舍入到 length 指定的长度。

（3）function：要执行的操作的类型。function 的类型必须为 tinyint、smallint 或 int。如果省略 function 或其值为 0（默认值），则将舍入 numeric_expression。如果指定了 0 以外的值，则将截断 numeric_expression。

与前面介绍的几种数学函数相比，ROUND()函数的返回值类型较多，可以是 tinyint、smallint、int、bigint、dicimal 和 numeric、money、smallmoney、float 以及 real 类型。

【范例 6】

向 ROUND()函数中传入两个参数，查看其返回值，代码如下：

```
SELECT ROUND(35.67,1) AS '五入值',ROUND(35.64,1) AS '四舍值'
```

执行上述代码，返回结果如下：

```
五入值    四舍值
35.7     35.6
```

8.2.6 SQRT()函数

SQRT()函数返回指定浮点数值的平方根。基本语法如下：

```
SQRT ( float_expression )
```

其中，float_expression 是 float 类型或能够隐式转换为 float 类型的表达式。SQRT()函数返回 float 类型。

【范例 7】

在 WHILE 语句中使用 SQRT()函数，返回 1.00～10.00 的数字的平方根，代码如下：

```
DECLARE @myvalue float
SET @myvalue = 1.00
WHILE @myvalue < 10.00
   BEGIN
      SELECT SQRT(@myvalue)
      SET @myvalue = @myvalue + 1
   END
```

执行上述代码，返回结果如图 8-1 所示。

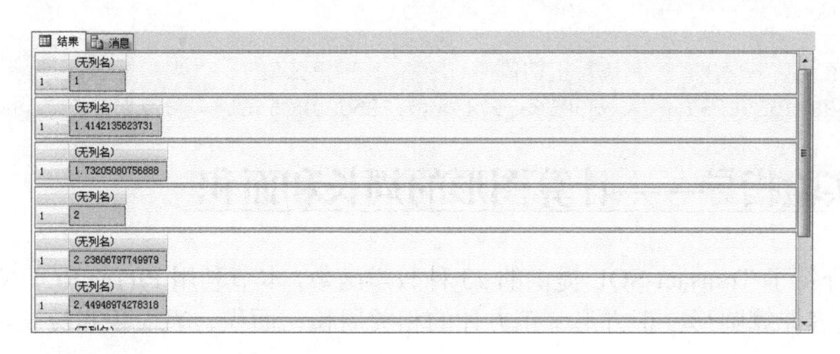

图 8-1 使用 SQRT()函数

8.2.7 其他数学函数

Transact-SQL 提供了 23 种数学函数，除了前面几节介绍的函数外，其他数学函数如表 8-2 所示。

表 8-2 其他的数学函数

函数名称	说明
ASIN()	返回以弧度表示的角，其正弦为指定 float 表达式，也称为反正弦
ATAN()	返回以弧度表示的角，其正切为指定的 float 表达式，也称为反正切
ATN2()	返回以弧度表示的角，该角位于正 X 轴和原点至点(y, x)的射线之间，其中 x 和 y 是两个指定的浮点表达式的值
COS()	一个数学函数，返回指定表达式中以弧度表示的指定角的三角余弦
COT()	一个数学函数，返回指定的 float 表达式中所指定角度（以弧度为单位）的三角余切值
SIN()	以近似数字 float 表达式返回指定角度（以弧度为单位）的三角正弦值
TAN()	返回输入表达式的正切值
CEILING()	返回大于或等于指定数值表达式的最小整数
DEGREES()	返回以弧度指定的角的相应角度
EXP()	返回指定的 float 表达式的指数值
LOG()	返回指定 float 表达式的自然对数
LGO10()	返回指定 float 表达式的常用对数（即以 10 为底的对数）
PI()	返回 PI 的常量值，如 SELECT PI()
POWER()	返回指定表达式的指定幂的值
RADIANS()	对于在数值表达式中输入的度数值返回弧度值
SIGN()	返回指定表达式符号，包括正号（+1）、零（0）或负号（-1）
SQUARE()	返回指定浮点值的平方

【范例 8】

分别调用表 8-2 中的 ASIN()、ATAN()、SIN()、PI()以及 SQUARE()函数，并查看它们的返回结果，代码如下：

```
SELECT ASIN(0.5) AS '反正弦值',ATAN(1) AS '反正切值',SIN(0.3) AS '正弦值',PI()
AS '圆周率',SQUARE(4) AS '4 的平方'
```

执行上述代码，其返回结果如下：

反正弦值	反正切值	正弦值	圆周率	4 的平方
0.523598775598299	0.785398163397448	0.29552020666134	3.14159265358979	16

8.3 实验指导——计算图形的周长和面积

8.2 节介绍了 Transact-SQL 提供的 23 种数学函数，本节利用 PI()和 ROUND()函数以及变量等内容计算圆形、正方形、正方体的相关周长、面积、表面积和棱长总和，实现步骤如下。

（1）通过 DECLARE 声明 int 类型的@radius 变量、float 类型的@p 变量，并通过 SET 为这两个变量赋值。代码如下：

```
DECLARE @radius int,@p float
SET @radius =5
SET @p = ROUND(PI(),2)
```

对于圆形来说，@radius 变量是指圆的半径；对于正方形来说，@radius 变量是指边长；对于正方体来说，@radius 变量是指棱长。

（2）利用@radius 变量计算圆的周长和面积，代码如下：

```
SELECT 2*@p*@radius AS '圆的周长',@p*@radius*@radius AS '圆的面积'
```

（3）利用@radius 变量计算正方形的周长和面积，代码如下：

```
SELECT @radius*4 AS '正方形的周长',@radius*@radius AS '正方形的面积'
```

（4）利用@radius 变量计算正方体的表面积、体积和棱长总和，代码如下：

```
SELECT @radius*@radius*6 AS '正方体的表面积',@radius*@radius*@radius AS '
正方体的体积',@radius*12 AS '棱长总和'
```

（5）执行前面步骤的代码，效果如图 8-2 所示。

	圆的周长	圆的面积
1	31.4	78.5

	正方形的周长	正方形的面积
1	20	25

	正方体的表面积	正方体的体积	棱长总和
1	150	125	60

图 8-2 计算图形的面积和周长

8.4 字符串函数

字符串函数用于对字符串输入值执行操作，并返回字符串或数值。所有内置字符串函数都是确定性的函数，这表示每次用一组特定的输入值调用它们时，都返回相同的值。将不是字符串值的参数传递给字符串函数时，输入类型会隐式地将其转换为文本数据类型。

8.4.1 CHARINDEX()函数

CHARINDEX()函数用于在一个表达式中搜索另一个表达式并返回其起始位置（如果找到），基本语法如下：

```
CHARINDEX ( expressionToFind ,expressionToSearch [ , start_location ] )
```

其中，expressionToFind 表示包含要查找的序列的字符表达式，expressionToSearch 表示要搜索的字符表达式，start_location 表示搜索起始位置的 integer 或 bigint 表达式。如果未指定 start_location，该参数为负数或 0，则从 expressionToSearch 开头开始搜索。

【范例 9】

声明 nvarchar(20)类型的@name 变量，从 BookAuthor 表中读取 authorId 值为 25 的数据的 authorName 列，并将该列的值赋予@name 变量，最后调用 PRINT 输出结果。代码如下：

```
USE bookmanage
Go
DECLARE @name nvarchar(20)
SET @name = (SELECT authorName FROM BookAuthor WHERE authorId=25)
PRINT CHARINDEX('陈',@name)
```


8.4.2 PATINDEX()函数

PATINDEX()函数返回模式在指定表达式中第一次出现的起始位置；如果在所有有效的文本和字符数据类型中都找不到该模式，则返回零。基本语法如下：

```
PATINDEX ( '%pattern%' , expression )
```

其中，pattern 表示包含要查找的序列的字符表达式。可以使用通配符，但 pattern 之前和之后必须有%字符（搜索第一个或最后一个字符时除外）。pattern 是字符串数据类型的表达式。expression 是一个表达式，通常是针对指定模式搜索的列，它属于字符串数据类型。

【范例 10】

下面使用通配符查看“if winter comes can spring be far behind”字符串中“in”第一次出现的起始位置。代码如下：

```
SELECT PATINDEX('%in%','if winter comes can spring be far behind')
```

8.4.3 SUBSTRING()函数

在处理字符串函数中，SUBSTRING()函数经常被用到。它返回 SQL Server 2012 中的字符、二进制、文本或图像表达式的一部分。基本语法如下：

```
SUBSTRING ( expression ,start , length )
```

上述语法的说明如下。

（1）expression：是 character、binary、text、ntext 或 image 表达式。

（2）start：指定返回字符的起始位置的整数或 bigint 表达式。如果 start 小于 1，则返回的表达式的起始位置为 expression 中指定的第一个字符。在这种情况下，返回的字符数是 start 与 length 的和减去 1 所得的值与 0 这两者中的较大值。如果 start 大于值表达式中的字符数，将返回一个零长度的表达式。

（3）length：正整数或指定要返回的 expression 的字符数的 bigint 表达式。如果 length 是负数，会生成错误并终止语句。如果 start 与 length 的和大于 expression 中的字符数，则返回起始位置为 start 的整个值表达式。

【范例 11】

获取“if winter comes can spring be far behind”字符串中从第 2 位字符开始后的 5 个字符、同时获取从 BookAuthor 中读取的 authorId 值为 23 的 authorName 的第 2 位字符。代码如下：


```
SELECT SUBSTRING('if winter comes can spring be far behind',2,5) AS
'截取字符串',SUBSTRING(authorName,2,1) AS '作者' FROM BookAuthor WHERE
authorId=23
```

运行上述代码查看效果，输出结果如下：

```
截取字符串    作者
f win         妮
```

8.4.4 REVERSE()函数

REVERSE()函数返回字符串值的逆序，其返回值是 varchar 或 nvarchar 类型，基本语法如下：

```
REVERSE ( string_expression )
```

其中，string_expression 是字符串或二进制数据类型的表达式。string_expression 可以是常量、变量，也可以是字符或二进制数据列。

【范例 12】

从 BookAuthor 表中读取 authorName 列的值，并将值逆向输出。代码如下：

```
SELECT authorName AS '作者',REVERSE(authorName) AS '逆向输出' FROM
BookAuthor
```

执行上述代码，效果如图 8-3 所示。

结果 消息

	作者	逆向输出
1	林徽因	因徽林
2	郭德纲	纲德郭
3	张爱玲	玲爱张
4	严歌苓	苓歌严
5	张小娴	娴小张
6	三毛	毛三
7	韩寒	寒韩
8	安妮宝贝	贝宝妮安
9	村上春树	树春上村
10	（希）斯蒂芬尼德斯 编著，陈中梅 译	译 梅中陈，著编 斯德尼芬蒂斯）希（
11	袁珂	珂袁
12	杭州市文化局	局化文市州杭
13	（俄罗斯）克雷洛夫 著，石国雄 译	译 雄国石，著 夫洛雷克）斯罗俄（
14	毕淑敏	敏淑毕
15	余秋雨	雨秋余

图 8-3 使用 **REVERSE()**函数效果

8.4.5 REPLACE()函数

REPLACE()函数表示用另一个字符串值替换出现的所有指定字符串值。基本语法如下：

```
REPLACE ( string_expression , string_pattern , string_replacement )
```

上述语法的说明如下。

（1）string_expression：要搜索的字符串表达式，它可以是字符或二进制数据类型。

（2）string_pattern：要查找的子字符串，它可以是字符或二进制数据类型。string_pattern 不能为空字符串（''），不能超过页容纳的最大字节数。

（3）string_replacement：替换字符串，可以是字符或二进制数据类型。

【范例 13】

查询 BookAuthor 表中的前 5 条记录，读取 authorIntro 列的值，并将该值中的字符串“中国”使用“China”来代替。代码如下：

```
SELECT TOP(5) authorIntro,REPLACE(SUBSTRING(authorIntro,1,500),'中国',
'China') FROM BookAuthor
```

执行上述代码，效果如图 8-4 所示。

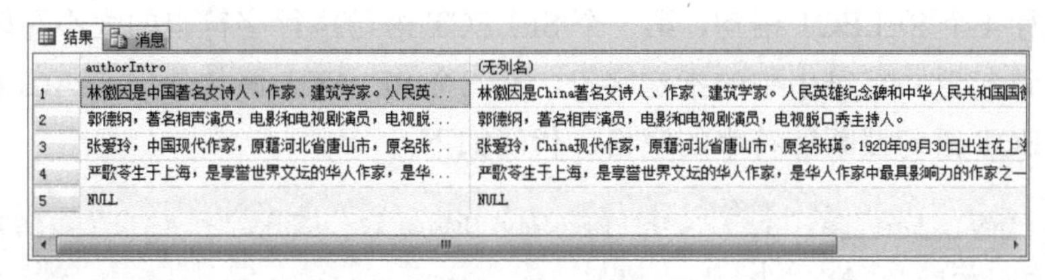

结果 消息

	authorIntro	(无列名)
1	林徽因是中国著名女诗人、作家、建筑学家。人民英...	林徽因是China著名女诗人、作家、建筑学家。人民英雄纪念碑和中华人民共和国国
2	郭德纲，著名相声演员，电影和电视剧演员，电视脱...	郭德纲，著名相声演员，电影和电视剧演员，电视脱口秀主持人。
3	张爱玲，中国现代作家，原籍河北省唐山市，原名张...	张爱玲，China现代作家，原籍河北省唐山市，原名张瑛。1920年09月30日出生在上
4	严歌苓生于上海，是享誉世界文坛的华人作家，是华...	严歌苓生于上海，是享誉世界文坛的华人作家，是华人作家中最具影响力的作家之一
5	NULL	NULL

图 8-4 使用 **REPLACE()**函数效果

8.4.6 其他字符串函数

除了前面介绍的函数外，Transact-SQL 中还包含多种其他函数，这些函数可对字符串进行大小写转换、删除指定的空格以及合并字符串等，如表 8-3 所示对 Transact-SQL 中常用的其他字符串函数进行说明。

表 8-3 其他的字符串函数

函数名称	说明
ASCII()	返回字符表达式中最左侧的字符的 ASCII 代码值
CHAR()	将 int ASCII 代码转换为字符
CHARINDEX()	在一个表达式中搜索另一个表达式并返回其起始位置（如果找到）
CONCAT()	返回作为串联两个或更多字符串值的结果的字符串
DIFFERENCE()	返回一个整数值，指示两个字符表达式的 SOUNDEX 值之间的差异
FOMAT()	返回 SQL Server 2012 中以指定的格式和可选的区域性格式化的值
LEFT()	返回字符串中从左边开始指定个数的字符
LEN()	返回指定字符串表达式的字符数，其中不包含尾随空格
LOWER()	将大写字符数据转换为小写字符数据后返回字符表达式
LTRIM()	返回删除了前导空格之后的字符表达式
NCHAR()	根据 Unicode 标准的定义，返回具有指定整数代码的 Unicode 字符
QUOTENAME()	返回带有分隔符的 Unicode 字符串，分隔符的加入可使输入的字符串成为有效的 SQL Server 分隔标识符
REPLICATE()	以指定的次数重复字符串值
RIGHT()	返回字符串中从右边开始指定个数的字符
RTRIM()	截断所有尾随空格后返回一个字符串
SOUNDEX()	返回一个由 4 个字符组成的代码（SOUNDEX），用于评估两个字符串的相似性
SPACE()	返回由重复空格组成的字符串
STR()	返回由数字数据转换来的字符数据
STUFF()	将字符串插入到另一个字符串中。它从第一个字符串的开始位置删除指定长度的字符；然后将第二个字符串插入到第一个字符串的开始位置
UNICODE()	按照 Unicode 标准的定义，返回输入表达式的第一个字符的整数值
UPPER()	返回小写字符数据转换为大写的字符表达式

【范例 14】

下面执行 4 个 SELECT 语句，第一个 SELECT 语句执行字符串的大小写转换，第二个 SELECT 语句返回字符串中的指定字符，第三个 SELECT 语句使用 SPACE()字符，最后一个 SELECT 语句截断字符串的空格。代码如下：

```
SELECT 'My Nmae is Jack.',UPPER('My Nmae is Jack.') AS '大写',LOWER('My
Name is Jack.') AS '小写'
SELECT LEFT('Hello,Jack',2),RIGHT('Hello,Jack',3)
SELECT authorName+' = '+SPACE(5)+authorSex FROM BookAuthor
SELECT LTRIM('  左右都有两个空格  '),RTRIM('  左右都有两个空格  ')
```

执行上述代码，效果如图 8-5 所示。

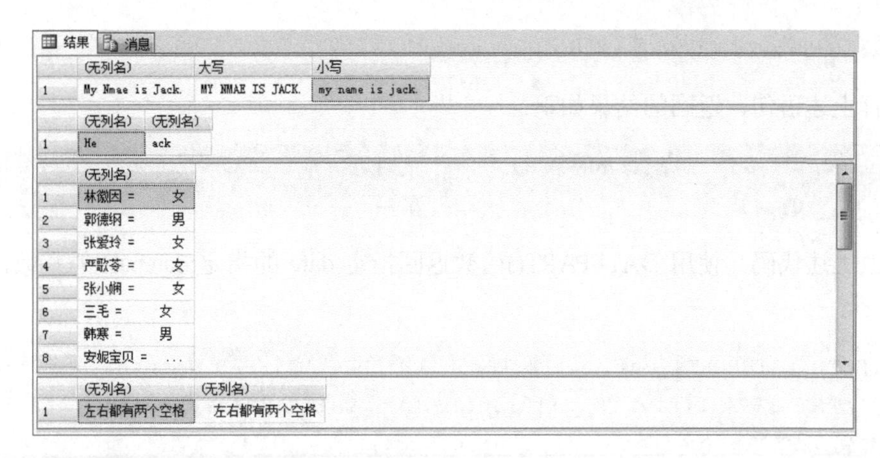

图 8-5　使用字符串函数效果

8.5 日期和时间函数

日期和时间函数用来操作和处理日期与时间，Transact-SQL 提供了多个与日期和时间有关的函数。根据日期和时间函数的实现功能的不同，可以将其分为多类，如用来获取日期和时间部分的函数、获取日期和时间差的函数、修改日期和时间值的函数以及设置或获取会话格式的函数等。

8.5.1 获取日期和时间部分

Transact-SQL 提供了 5 个用来获取日期和时间部分的函数，其说明如表 8-4 所示。在表 8-4 列出的函数中，DATETIME()和 DATEPART()函数不具有确定性，而 DAY()、MONTH()和 YEAR()则属于确定性函数。

表 8-4　获取日期和时间部分的函数

函数名称	语法	说明
DATETIME()	DATETIME(datepart, date)	返回表示指定 date 的指定 datepart 的字符串
DATEPART()	DATEPART(datepart, date)	返回表示指定 date 的指定 datepart 的整数
DAY()	DAY(date)	返回表示指定 date 的“日”部分的整数
MONTH()	MONTH(date)	返回表示指定 date 的“月”部分的整数
YEAR()	YEAR(date)	返回表示指定 date 的“年”部分的整数

【范例 15】

对于 DATETIME()函数来说，任意的 date 数据类型的默认值为 1900-01-01。下面使用 DATETIME()函数指定 datepart 和 date 参数的值。代码如下：

```
SELECT  DATENAME(year,  '12:10:30.123')  AS  ' 年 ',DATENAME(month,
'12:10:30.123')  AS  ' 月 ',DATENAME(day,  '12:10:30.123')  AS  ' 日 ',
DATENAME(dayofyear, '12:10:30.123') AS '该年的第几天',DATENAME(weekday,
```

```
'12:10:30.123') AS '星期几'
```

执行上述语句，返回的结果如下：

```
年      月  日      该年的第几天      星期几
1900    01  1          1             星期一
```

更改上述代码，使用 DATEPART()函数返回指定 date 的指定 datepart 的整数，代码如下：

```
SELECT  DATEPART(year,  '12:10:30.123')  ,DATEPART(month,  '12:10:30.
123')  ,DATEPART(day,  '12:10:30.123')  ,DATEPART(dayofyear,  '12:10:30.
123'),DATEPART(weekday, '12:10:30.123')
```

执行上述代码，返回的结果是 1900,1,1,1,2。

提示

DATENAME()和 DATEPART()函数可用于选择列表 WHERE、HAVING、GROUP BY 和 ORDER BY 子句中。

8.5.2 获取日期和时间差

DATEDIFF()是一个确定性函数，它返回指定的 startdate 和 enddate 之间所跨的指定 datepart 边界的计数值（带符号的整数）。基本语法如下：

```
DATEDIFF ( datepart , startdate , enddate )
```

上述语法的说明如下。

（1）datepart 是指定所跨边界类型的 startdate 和 enddate 的一部分。有效的 datepart 参数的值可以是 year、quarter、month、dayofyear、day、week、hour、minute、second、millisecond、microsecond、nanosecond。

（2）startdate 和 enddate 是可以解析为 time、date、smalldatetime、datetime、datetime2 或 datetimeoffset 值的表达式。date 可以是表达式、列表达式、用户定义的变量或字符串文字。

【范例 16】

通过 DECLARE 声明两个变量，将这两个变量作为参数传递到 DATEDIFF()函数中。代码如下：

```
DECLARE @startdate datetime2 = '2014-08-05 12:10:09.3312722'
DECLARE @enddate datetime2 = '2014-08-04 12:10:09.3312722'
SELECT DATEDIFF(day, @startdate, @enddate)
```

执行上述代码，返回的结果是-1。

8.5.3 修改日期和时间值

Transact-SQL 提供了 4 个与修改日期和时间值相关的函数，说明如表 8-5 所示，它们都属于确定性函数。

表 8-5 修改日期和时间值

函数名称	语法	说明
DATEADD()	DATEADD(datepart, number, date)	通过将一个时间间隔与指定 date 的指定 datepart 相加，返回一个新的 datetime 值
EOMONTH()	EOMONTH(start_date[,month_add])	返回包含指定日期的月份的最后一天
SWITCHOFFSET()	SWITCHOFFSET(DATETIMEOFFSET,time_zone)	更改 DATETIMEOFFSET 值的时区偏移量并保留 UTC 值
TODATETIMEOFFSET()	TODATETIMEOFFSET(expression,time_zone)	将 datetime2 值转换为 datetimeoffset 值

【范例 17】

下面演示 DATEADD()函数的使用，每条语句以 1 为增量递增 datepart。代码如下：

```
DECLARE @datetime2 datetime2 = '2014-01-01 13:10:10.1111111'
SELECT 'year', DATEADD(year,1,@datetime2)
UNION ALL
SELECT 'quarter',DATEADD(quarter,1,@datetime2)
UNION ALL
SELECT 'month',DATEADD(month,1,@datetime2)
UNION ALL
SELECT 'dayofyear',DATEADD(dayofyear,1,@datetime2)
```

8.5.4 验证日期和时间值

ISDATE()函数确定 datetime 或 smalldatetime 输入表达式是否为有效的日期或时间值。基本语法如下：

```
ISDATE ( expression )
```

其中，expression 是指字符串或者可以转换为字符串的表达式。如果 expression 是有效的 date、time 或 datetime 值，则返回 1；否则，返回 0。如果 expression 为 datetime2 值，则返回 0。

【范例 18】

下面的代码使用 ISDATE()函数测试某一字符串是否为有效的 datetime：

```
IF ISDATE('2014-05-12 10:19:41.177') = 1
```

```
    PRINT 'VALID'
ELSE
    PRINT 'INVALID'
```

8.5.5 其他日期和时间函数

除了前面介绍的与日期和时间有关的函数外，还有其他的一些函数，如表 8-6 所示。

表 8-6 其他的日期和时间函数

函数名称	说明
SYSDATETIME()	返回包含计算机的日期和时间的 datetime2(7)值，SQL Server 的实例正在该计算机上运行
SYSDATETIMEOFFSET()	返回包含计算机的日期和时间的 datetimeoffset(7)值，SQL Server 的实例正在该计算机上运行
SYSUTCDATETIME()	返回包含计算机的日期和时间的 datetime2(7)值，SQL Server 的实例正在该计算机上运行
CURRENT_TIMESTAMP()	返回包含计算机的日期和时间的 datetime 值，SQL Server 的实例正在该计算机上运行
GETDATE()	返回包含计算机的日期和时间的 datetime 值，SQL Server 的实例正在该计算机上运行
GETUTCDATE()	返回包含计算机的日期和时间的 datetime 值，SQL Server 的实例正在该计算机上运行
DATEFROMPARTS()	返回指定年、月、日的 date 值，基本语法是 DATEFROMPARTS(year,month,day)
DATETIME2FROMPARTS()	对指定的日期和时间返回 datetime2 值（具有指定精度），基本语法是 DATETIME2FROMPARTS(year,month,day,hour,minute,seconds,fractions,precision)
DATETIMEFROMPARTS()	为指定的日期和时间返回 datetime 值，基本语法是 DATETIMEFROMPARTS(year,month,day,hour,minute,seconds,milliseconds)
DATETIMEOFFSETFROMPARTS()	对指定的日期和时间返回 datetimeoffset 值，即具有指定的偏移量和精度。基本语法是 DATETIMEOFFSETFROMPARTS(year, month, day, hour, minute, seconds, fractions, hour_offset, minute_offset, precision)
SMALLDATETIMEFROMPARTS()	为指定的日期和时间返回 smalldatetime 值，基本语法是 SMALLDATETIMEFROMPARTS(year, month, day, hour, minute)
TIMEFROMPARTS()	对指定的时间返回 time 值（具有指定精度），基本语法是 TIMEFROMPARTS(hour, minute, seconds, fractions, precision)

在表 8-5 列出的函数中，前 6 个函数不具有确定性，而后 6 个函数具有确定性。

【范例 19】

下面调用 6 个返回当前日期和时间的 SQL Server 系统函数来返回日期和时间，这些值是连续返回的。因此，它们的秒小数部分可能有所不同。代码如下：

```
SELECT SYSDATETIME() UNION ALL SELECT SYSDATETIMEOFFSET() UNION ALL SELECT
SYSUTCDATETIME() UNION ALL SELECT CURRENT_TIMESTAMP UNION ALL SELECT
GETDATE() UNION ALL SELECT GETUTCDATE()
```

运行上述代码，返回的结果如下：

```
2014-06-23 14:15:00.6280506 +00:00
2014-06-23 14:15:00.6280506 +08:00
2014-06-23 06:15:00.6280506 +00:00
2014-06-23 14:15:00.6270000 +00:00
2014-06-23 14:15:00.6270000 +00:00
2014-06-23 06:15:00.6270000 +00:00
```

8.6 转换函数

在数据库应用的过程中，经常要将不同数据类型的数据进行转换，以满足实际应用的需要。SQL Server 2012 的 Transact-SQL 提供了若干个转换函数，它们很好地解决了数据类型转换的问题。

8.6.1 CAST()和 CONVERT()函数

CAST()和 CONVERT()函数是指在 SQL Server 2012 中将表达式由一种数据类型转换为另一种数据类型。这两种函数的基本语法如下：

```
CAST ( expression AS data_type [ ( length ) ] )
CONVERT ( data_type [ ( length ) ] , expression [ , style ] )
```

上述语法的说明如下。

（1）expression：任何有效的表达式。

（2）data_type：目标数据类型，这包括 xml、bigint 和 sql_variant。

（3）length：指定目标数据类型长度的可选整数，默认值为 30。

（4）style：指定 CONVERT()函数如何转换 expression 的整数表达式。如果样式为 NULL，则返回 NULL。

【范例 20】

同时使用 CAST()函数和 CONVERT()函数，这两个函数显示的效果是一样的。下面查询图书最新价格的第一位是 2 的产品名称，并将 bookNewPrice 列的值转换为 int。代码如下：

```
SELECT SUBSTRING(bookName, 1, 30) AS ProductName, bookNewPrice FROM BOOK
WHERE CAST(bookNewPrice AS int) LIKE '2%'
SELECT SUBSTRING(bookName, 1, 30) AS ProductName, bookNewPrice FROM BOOK
WHERE CONVERT(int,bookNewPrice) LIKE '2%'
```

执行上述代码，效果如图 8-6 所示。

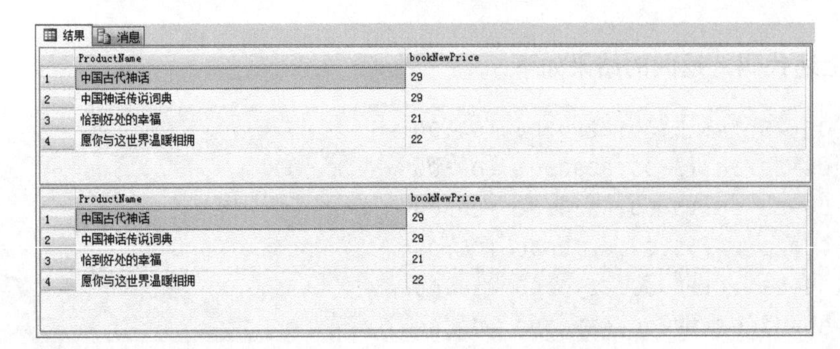
结果 消息

	ProductName	bookNewPrice
1	中国古代神话	29
2	中国神话传说词典	29
3	恰到好处的幸福	21
4	愿你与这世界温暖相拥	22

	ProductName	bookNewPrice
1	中国古代神话	29
2	中国神话传说词典	29
3	恰到好处的幸福	21
4	愿你与这世界温暖相拥	22

图 8-6 使用 CAST()和 CONVERT()函数效果

8.6.2 PARSE()函数

PARSE()函数返回 SQL Server 2012 中转换为所请求的数据类型的结果。基本语法如下：

```
PARSE ( string_value AS data_type [ USING culture ] )
```


其中，string_value 表示要解析为指定数据类型的格式化值；data_type 表示结果的所请求数据类型的文本值；culture 是一个可选字符串，它标识 string_value 进行格式化的区域性。如果不指定 culture 参数，则使用当前会话的语言，可以使用 SET LANGUAGE 语句隐式或显式设置语言。

【范例 21】

通过 PARSE()函数将指定的日期转换为 datetime2 类型。代码如下：

```
SELECT PARSE('Monday, 23 June 2014' AS datetime2 USING 'en-US') AS Result
```

通过 PARSE()函数将指定的价格转换为货币类型。代码如下：

```
SELECT PARSE('€345,98' AS money USING 'de-DE') AS Result
```

执行上述代码，查询结果如下：

```
2014-06-23 00:00:00.0000000
345.98
```

8.6.3 TRY 相关函数

Transact-SQL 提供了三个以 TRY 开头的转换函数，分别是 TRY_CAST()函数、TRY_CONVERT()函数和 TRY_PARSE()函数。

1. TRY_CAST()函数

TRY_CAST()函数返回转换为指定数据类型的值（如果转换成功），否则返回 Null。基本语法如下：

```
TRY_CAST ( expression AS data_type [ ( length ) ] )
```

其中，expression 表示要转换的值，data_type 表示要将 expression 转换成的数据类型，length 表示指定目标数据类型长度的可选整数。

【范例 22】

下面演示 TRY_CAST()函数的使用，将 12 转换为 float 类型成功时返回“Cast succeeded”，否则返回“Cast failed”。代码如下：

```
SELECT
    CASE WHEN TRY_CAST('12' AS float) IS NULL
    THEN 'Cast failed'
    ELSE 'Cast succeeded'
END AS Result
```

2. TRY_CONVERT()函数

TRY_CONVERT()函数返回转换为指定数据类型的值（如果转换成功），否则返回 Null。基本语法如下：

```
TRY_CONVERT ( data_type [ ( length ) ], expression [, style ] )
```

其中，data_type[(length)]表示要将 expression 转换成的数据类型；expression 表示要转换的值；style 是一个可选的整数表达式，指定 TRY_CONVERT()函数如何转换 expression。

【范例 23】

利用 TRY_CONVERT()函数将 12 转换为 float 类型，代码如下：

```
SELECT
    CASE WHEN TRY_CONVERT(float,'12') IS NULL
    THEN 'Cast failed'
    ELSE 'Cast succeeded'
END AS Result
```

3. TRY_PARSE()函数

在 SQL Server 2012 中 TRY_PARSE()函数返回表达式的结果（已转换为请求的数据类型）；如果强制转换失败，则返回 Null。TRY_PARSE()函数仅用于从字符串转换为日期/时间和数字类型。基本语法如下：

```
TRY_PARSE ( string_value AS data_type [ USING culture ] )
```

其中，string_value 表示要解析为指定数据类型的格式化值，它必须为所请求的数据类型的有效表示形式，否则函数将返回 Null。data_type 表示结果的所请求数据类型的文本。culture 是可选字符串，它标识对 string_value 进行格式化的区域性。

【范例 24】

下面使用 TRY_PARSE()函数将“Jabberwokkie”字符串转换为 datetime2 类型，返回结果为 Null。代码如下：

```
SELECT TRY_PARSE('Jabberwokkie' AS datetime2 USING 'en-US') AS Result
```

8.7 系统函数

在 SQL Server 2012 中可以将系统函数分为普通的系统函数和系统统计函数。普通的系统函数执行运算后返回 SQL Server 实例中有关值、对象和设置的信息。例如，前面章节介绍 TRY CATCH 语句时曾经提到的 ERROR_LINE()、ERROR_MESSAGE()和 ERROR_NUMBER()等函数属于普通的系统函数。除了这些函数外，Transact-SQL 还提供了其他的系统函数，如表 8-7 所示。

表 8-7 普通的系统函数

函数名称	说明
$PARTITION	为 SQL Server 2012 中任何指定的分区函数返回分区号，一组分区列值将映射到该分区号中
@@ERROR	返回执行的上一个 Transact-SQL 语句的错误号
@@IDENTITY	返回最后插入的标识值的系统函数
@@PACK_RECEIVED	返回 SQL Server 自上次启动后从网络读取的输入数据包数
@@ROWCOUNT	返回受上一语句影响的行数。如果行数大于 20 亿，需使用 ROWCOUNT_BIG
@@TRANCOUNT	返回在当前连接上执行的 BEGIN TRANSACTION 语句的数目
CHECKSUM()	返回按照表的某一行或一组表达式计算出来的校验和值
CURRENT_REQUEST_ID()	返回当前会话中当前请求的 ID
FORMATMESSAGE()	根据 sys.messages 中的现有消息构造一条消息
GETANSINULL()	返回此会话的数据库的默认为空性
HOST_ID()	返回工作站标识号，工作站标识号是连接到 SQL Server 的客户端计算机上的应用程序的进程 ID（PID）
HOST_NAME()	返回工作站名
ISNULL()	使用指定的替换值替换 NULL
ISNUMERIC()	确定表达式是否为有效的数值类型
NEWID()	创建 uniqueidentifier 类型的唯一值

【范例 25】

下面在包含标识列（authorId）的 BookAuthor 表中插入一行数据，并使用@@IDENTITY 显示新行中使用的标识值。代码如下：

```
SELECT MAX(authorId) AS '最大 authorId' FROM BookAuthor
GO
INSERT INTO BookAuthor(authorName,authorSex) VALUES('老舍','男')
GO
SELECT @@IDENTITY AS '新增标识列'
GO
```

执行上述代码，效果如图 8-7 所示。

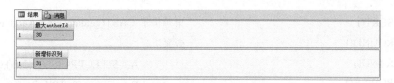

图 8-7 使用@@IDENTITY 获取新的标识值

系统统计函数返回系统的统计信息，如表 8-8 所示。

表 8-8 系统统计函数

函数名称	说明
@@CONNECTIONS	返回 SQL Server 自上次启动以来尝试的连接数，无论连接是成功还是失败
@@CPU_BUSY	返回 SQL Server 自上次启动后的工作时间
@@IDLE	返回 SQL Server 自上次启动后的空闲时间
@@IO_BUSY	返回自从 SQL Server 最近一次启动以来，SQL Server 已经用于执行输入和输出操作的时间
@@PACK_SENT	返回 SQL Server 自上次启动后写入网络的输出数据包的个数
@@PACKET_ERRORS	返回自上次启动 SQL Server 后在 SQL Server 连接上发生的网络数据包错误数
@@TIMETICKS	返回每个时钟周期的微秒数
@@TOTAL_ERRORS	返回自上次启动 SQL Server 之后 SQL Server 所遇到的磁盘写入错误数
@@TOTAL_READ	返回自上次启动 SQL Server 后由 SQL Server 读取（非缓存读取）的磁盘的数目
@@TOTAL_WRITE	返回自上次启动 SQL Server 以来 SQL Server 所执行的磁盘写入数

提示

Transact-SQL 语言提供了多种函数，本章只是简单介绍一些常用的函数，其他的函数不再一一列举。另外，在表 8-7 和表 8-8 列出的以@@开头的系统函数中，有些资料会将它们称为系统全局变量，而不是函数。

8.8 思考与练习

一、填空题

1. Transact-SQL 将内置函数分为行集函数、__________、排名函数和标量函数 4 类。

2. 执行下面代码时返回的结果是__________。

```
SELECT CEILING($123.45)
```

3. __________函数返回指定表达式中以弧度表示的指定角的三角余弦。

4. 如果要对字符串进行逆向反转，可以使用字符串函数__________。

5. UPPER()函数和__________函数分别用于对字符串进行大小写转换。

6. __________函数表示用另一个字符串值替换出现的所有指定字符串的值。

二、选择题

1. __________函数返回指定浮点数值的平方根。

A．SQRT()

B．ROUND()

C．RAND()

D．POWER()

2．执行下面代码时返回的结果是__________。

```
SELECT SUBSTRING('我正在进行测试',
2,3)
```

A．我正在

B．正在进

C．在进行

D．进行测

3．在下列选项中，__________不是确定性函数。

A．SUM()

B．PATINDEX()

C．MONTH()

D．RAND()

4．__________不是 Transact-SQL 提供的转换函数。

A．CONVERT()

B．CAST()

C．REVERSE()

D．PARSE()

5．下列选项__________中的代码执行的结果等价于 CAST(getdate() AS varchar(10))实现的效果。

A．SELECT PARSE(getdate(),varchar (10))

B．SELECT TRY_CAST(varchar(10), getdate())

C．SELECT CONVERT(getdate(), varchar (10))

D．SELECT CONVERT(varchar(10), getdate())

6．__________函数确定 datetime 或 smalldatetime 输入表达式是否为有效的日期或时间值。

A．GETDATE()

B．ISDATE()

C．DATEDIFF()

D．DATEADD()

三、简答题

1．简单列出 Transact-SQL 提供的数学函数，并对它们进行说明（至少 5 个）。

2．简单列出 Transact-SQL 提供的字符串函数，并对它们进行说明（至少 5 个）。

3．简单列出 Transact-SQL 提供的日期和时间函数，并对它们进行说明（至少 5 个）。

第9章　存储过程和自定义函数

存储过程（Stored Procedure）是在大型数据库系统中，一组为了完成特定功能的 SQL 语句集，经编译后存储在数据库中，用户通过指定存储过程的名字并给出参数（如果该存储过程带有参数）来执行它。在 SQL Server 中可以自定义存储过程，也可以使用系统内置的存储过程。

由于存储过程是由 Transact-SQL 语句组成的，因此可以使用函数，包括系统内置的函数和用户自定义函数。本章详细介绍存储过程和自定义函数的使用。

本章学习要点：

- ❑ 了解存储过程的创建和执行原理
- ❑ 掌握常用的系统存储过程
- ❑ 掌握加密存储过程的使用方法
- ❑ 掌握临时存储过程的使用方法
- ❑ 理解嵌套存储过程的原理
- ❑ 掌握存储过程的常用操作
- ❑ 理解存储过程中的参数
- ❑ 掌握输入参数和输出参数的使用方法
- ❑ 掌握标量函数的使用方法
- ❑ 掌握表格函数的使用方法
- ❑ 掌握多语言表值函数的使用方法
- ❑ 掌握用户自定义函数的相关操作

9.1　存储过程简介

存储过程是一组由 Transact-SQL 语句组成的程序，执行速度比普通 Transact-SQL 语句更快，并且有可重用性，方便数据的查询。

SQL Server 中包含的存储过程类型包括系统存储过程、扩展存储过程和用户定义存储过程。本节简单介绍存储过程基础和系统中的存储过程。

9.1.1　存储过程概述

在大型数据库系统中，存储过程具有很重要的作用。存储过程是 Transact-SQL 语句和流程控制语句的集合，在运算时生成执行方式，在执行过一次之后再次执行，将提升执行速度。

存储过程通常用于执行特定的功能，是执行特定功能的 Transact-SQL 语句序列。如多个表的连接查询需要使用多条 Transact-SQL 语句，将这些 Transact-SQL 语句序列定义为一个存储过程，那么这个存储过程将执行多个表的连接查询。在使用时只需要引用该存储过程的名称，即可执行该查询。

存储过程在定义之后可以随时被调用，用户只需根据存储过程的名称来执行，而不需要考虑该存储过程内部的 Transact-SQL 语句序列。这类似于程序设计语言中的方法，存储过程封装了可重用代码。

存储过程可以接受输入参数、向客户端返回表格或者标量结果和消息、调用数据定义语言（DDL）和数据操作语言（DML），然后返回输出参数。

在 SQL Server 中用户定义的存储过程有两种类型，即 Transact-SQL 或者 CLR，简要说明如下。

1. Transact-SQL 存储过程

在这种存储过程中，保存的是 Transact-SQL 语句的集合，它可以接受和返回用户提供的参数。

2. CLR 存储过程

这种存储过程主要是指对 Microsoft .NET Framework 公共语言运行时（CLR）方法的引用，它可以接受和返回用户提供的参数。

CLR 存储过程在.NET Framework 程序集中是作为类的公共静态方法实现的。

9.1.2 系统存储过程

系统存储过程主要存储在 master 数据库中并以 sp_为前缀，并且系统存储过程主要是从系统表中获取信息，从而为系统管理员 SQL Server 提供支持。

在 SQL Server 中许多管理活动和信息活动都可以使用系统存储过程来执行。表 9-1 中列出了这些系统存储过程的类型及其描述。

表 9-1 系统存储过程的类型及描述

类型	描述
活动目录存储过程	用于在 Windows 的活动目录中注册 SQL Server 实例和 SQL Server 数据库
目录访问存储过程	用于实现 ODBC 数据字典功能，并且隔离 ODBC 应用程序，使之不受基础系统表更改的影响
游标存储过程	用于实现游标变量功能
数据库引擎存储过程	用于 SQL Server 数据库引擎的常规维护
数据库邮件和 SQL Mail 存储过程	用于从 SQL Server 实例内执行电子邮件操作
数据库维护计划存储过程	用于设置管理数据库性能所需的核心维护任务

续表

类型	描述
分布式查询存储过程	用于实现和管理分布式查询
全文搜索存储过程	用于实现和查询全文索引
日志传送存储过程	用于配置、修改和监视日志传送配置
自动化存储过程	用于在 Transact-SQL 批处理中使用 OLE 自动化对象
通知服务存储过程	用于管理 Microsoft SQL Server 2008 系统的通知服务
复制存储过程	用于管理复制操作
安全性存储过程	用于管理安全性
Porfile 存储过程	在 SQL Server 代理用于管理计划的活动和事件驱动活动
Web 任务存储过程	用于创建网页
XML 存储过程	用于 XML 文本管理

虽然 SQL Server 中的系统存储过程被放在 master 数据库中，但是仍可以在其他数据库中对其进行调用，而且在调用时不必在存储过程名前加上数据库名。甚至当创建一个新数据库时，一些系统存储过程会在新数据库中被自动创建。

SQL Server 支持如表 9-2 所示的系统存储过程，这些存储过程用于对 SQL Server 实例进行常规维护。

表 9-2 系统存储过程

sp_add_data_file_recover_suspect_db	sp_help	sp_recompile
sp_addextendedproc	sp_helpconstraint	sp_refreshview
sp_addextendedproperty	sp_helpdb	sp_releaseapplock
sp_add_log_file_recover_suspect_db	sp_helpdevice	sp_rename
sp_addmessage	sp_helpextendedproc	sp_renamedb
sp_addtype	sp_helpfile	sp_resetstatus
sp_addumpdevice	sp_helpfilegroup	sp_serveroption
sp_altermessage	sp_helpindex	sp_setnetname
sp_autostats	sp_helplanguage	sp_settriggerorder
sp_attach_db	sp_helpserver	sp_spaceused
sp_attach_single_file_db	sp_helpsort	sp_tableoption
sp_bindefault	sp_helpstats	sp_unbindefault
sp_bindrule	sp_helptext	sp_unbindrule
sp_bindsession	sp_helptrigger	sp_updateextendedproperty
sp_certify_removable	sp_indexoption	sp_updatestats
sp_configure	sp_invalidate_textptr	sp_validname
sp_control_plan_guide	sp_lock	sp_who
sp_create_plan_guide	sp_monitor	sp_createstats
sp_create_removable	sp_procoption	sp_cycle_errorlog
sp_datatype_info	sp_detach_db	sp_executesql
sp_dbcmptlevel	sp_dropdevice	sp_getapplock
sp_dboption	sp_dropextendedproc	sp_getbindtoken
sp_dbremove	sp_dropextendedproperty	sp_droptype
sp_delete_backuphistory	sp_dropmessage	sp_depends

存储过程的执行可以使用 EXECUTE 语句（可以简写为 EXEC），其语法格式如下：

```
[[EXEC[USE]]
{
[@return_status=]
{procedure_name[;number]|@procedure_name_var}
[[@parameter=]{value|@variable[OUTPUT]|[DEFAULT]}
[,...n]
[WITH RECOMPILE]
```

语法说明如下。

（1）@return_status：可选的整型变量，存储模块的返回状态。这个变量用于 EXECUTE 语句前，必须在批处理、存储过程或函数中声明过。

（2）procedure_name：表示存储过程名。

（3）@procedure_name_var：表示局部定义的变量名。

（4）@parameter：表示参数。

（5）value：表示参数值。

（6）@variable：用来存储参数或返回参数的变量。

如 sp_who 存储过程用于查看当前用户、会话和进程的信息。该存储过程可以筛选信息以便只返回那些属于特定用户或特定会话的非空闲进程。使用该存储过程查看 Shop 数据库中所有的当前用户信息的语句如下：

```
USE Shop
EXEC sp_who
GO
```

9.2 自定义存储过程

系统存储过程定义了数据库可通用的功能，但这些存储过程并不能满足用户的需求。用户自定义存储过程可以弥补系统存储过程的局限性，根据需求来定义自己的存储过程。本节介绍常用的几种存储过程的使用方法。

9.2.1 存储过程语法

用户自定义的存储过程通常针对具体的数据库，数据库的使用是有权限限制的，因此用户必须具有创建存储过程的权限，才能够创建存储过程。

在创建存储过程时，需要满足一定的约束和规则，包括如下 8 个方面。

（1）理论上，CREATE PROCEDURE 定义自身可以包括任意数量和类型的 SQL 语句。但是有一些语句可能会使存储过程在执行时造成程序逻辑上的混乱，所以禁止使用这些语句，具体如表 9-3 所示。

表 9-3 CREATE PROCEDURE 定义中不能出现的语句

CREATE AGGREGATE	CREATE RULE
CREATE DEFAULT	CREATE SCHEMA
CREATE 或者 ALTER FUNCTION	CREATE 或者 ALTER TRIGGER
CREATE 或者 ALTER PROCEDURE	CREATE 或者 ALTER VIEW
SET PARSEONLY	SET SHOWPLAN_ALL
SET SHOWPLAN_TEXT	SET SHOWPLAN_XML
USE Database_name	

（2）可以引用在同一存储过程中创建的对象，只要引用时已经创建了该对象即可。

（3）可以在存储过程内引用临时表。

（4）如果在存储过程内创建本地临时表，则临时表仅为该存储过程而存在。

（5）如果执行的存储过程调用另一个存储过程，则被调用的存储过程可以访问由第一个存储过程创建的所有对象。

（6）如果执行远程 SQL Server 实例进行远程存储过程更改，则不能回滚更改。

（7）存储过程中的参数的最大数量为 2100。

（8）根据可用内存的不同，存储过程最大可达 128MB。

创建存储过程使用 CREATE PROCEDURE 语句，具体的语法格式如下：

```
CREATE PROC[EDURE]procedure_name[;number]
[{@parameter data_type}
[VARYING][=default][OUTPUT]][,...n]
[WITH
{RECOMPILE|ENCRYPTION|RECOMPILE,ENCRYPTION}]
[FOR REPLICATION]
AS sql_statement[...n]
```

对上述代码中的参数的解释如下。

（1）procedure_name：用于指定存储过程的名称。

（2）number：用于指定对同名的过程分组。

（3）@parameter：用于指定存储过程中的参数。

（4）data_type：用于指定参数的数据类型。

（5）VARYING：指定作为输出参数支持的结果集，仅适用于游标参数。

（6）default：用于指定参数的默认值。

（7）OUTPUT：指定参数是输出参数。

（8）RECOMPILE：指定数据库引擎不缓存该过程的计划，该过程在运行时编译。

（9）ENCRYPTION：指定 SQL Server 加密 syscomments 表中包含 CREATE PROCEDURE 语句文本的条目。

（10）FOR REPLICATION：指定不能在订阅服务器上执行为复制创建的存储过程。

（11）<sql_statement>：要包含在过程中的一个或者多个 Transact-SQL 语句。

在命名自定义存储过程时，建议不要使用“sp_”作为名称前缀，因为“sp_”前缀是用于标识系统存储过程的。如果指定的名称与系统存储过程相同，由于系统存储过程的优先级高，那么自定义的存储过程永远也不会执行。

9.2.2 创建存储过程

展开 SQL Server 对象资源管理器，可以看到数据库下有多种节点，除了表以外还有视图、可编程性等。展开【可编程性】节点可看到【存储过程】节点，在该节点上右击，选择【新建存储过程】，即可打开脚本编写界面，其下方有创建存储过程的语法，如下所示：

```
CREATE PROCEDURE <Procedure_Name, sysname, ProcedureName>
    -- Add the parameters for the stored procedure here
    <@Param1, sysname, @p1> <Datatype_For_Param1, , int> = <Default_Value_
    For_Param1, , 0>,
    <@Param2, sysname, @p2> <Datatype_For_Param2, , int> = <Default_Value_
    For_Param2, , 0>
AS
BEGIN
    -- SET NOCOUNT ON added to prevent extra result sets from
    -- interfering with SELECT statements.
    SET NOCOUNT ON;

   -- Insert statements for procedure here
    SELECT <@Param1, sysname, @p1>, <@Param2, sysname, @p2>
END
GO
```

上述代码是系统自动生成的存储过程的编写模板，用户可直接在语句当中进行修改。存储过程的名称通常描述存储过程功能，如插入功能的存储过程可在名称中出现 add 字样或 insert 字样，如向表 Shop 中插入数据可使用 shopAdd 作为存储过程的名称。

【范例 1】

创建数据库 Firm 下的存储过程，查询姓名为“张衡”的用户的密码，代码如下：

```
CREATE PROCEDURE GetPasByName
AS
BEGIN
    SELECT Wpas FROM Workers WHERE Wname='张衡'
END
GO
```

执行上述代码可创建该存储过程，但并不执行存储过程中的语句。只有使用 EXECUTE 或 EXEC 才能够执行存储过程内部的语句。执行上述代码的效果如图 9-1

所示。

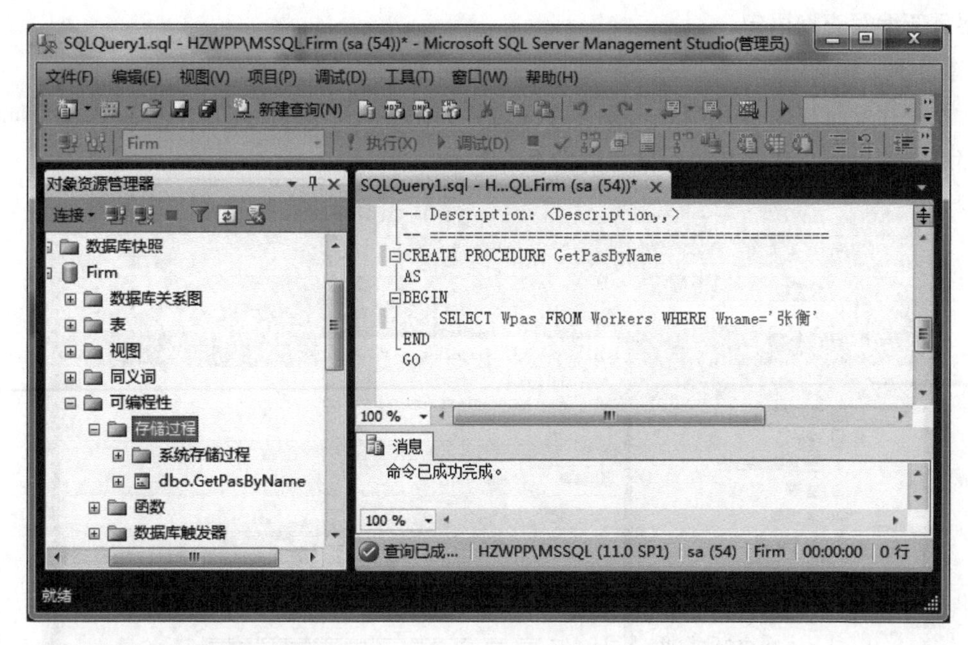

图 9-1 创建存储过程

由图 9-1 中可以看出，执行创建语句之后只是在数据库中添加了存储过程，执行效果显示命令已成功完成，而不是查询结果。在数据库下打开新存储过程节点，可找到新建的存储过程，如图 9-1 所示。

接下来执行该存储过程，其代码和执行效果如图 9-2 所示。

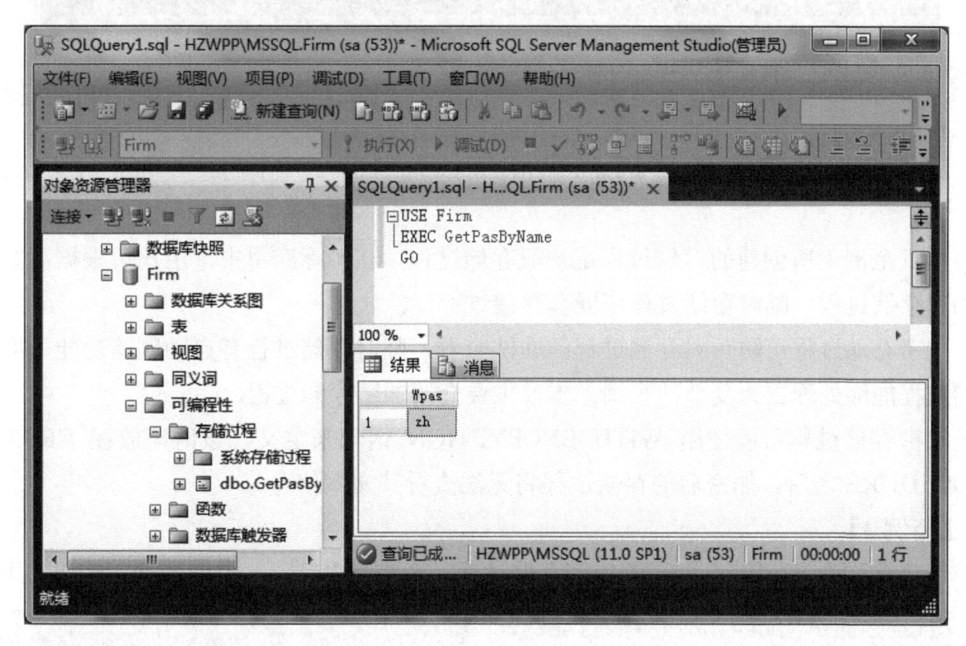

图 9-2 执行密码查询

由图 9-2 可以看出，只需要执行该存储过程即可获取张衡用户所对应的密码，而不需要重新编写查询语句。

【范例 2】

系统存储过程 sp_helptext 可查看存储过程的内容，如查看范例 1 中 GetPasByName 存储过程的内容，代码和执行效果如图 9-3 所示。

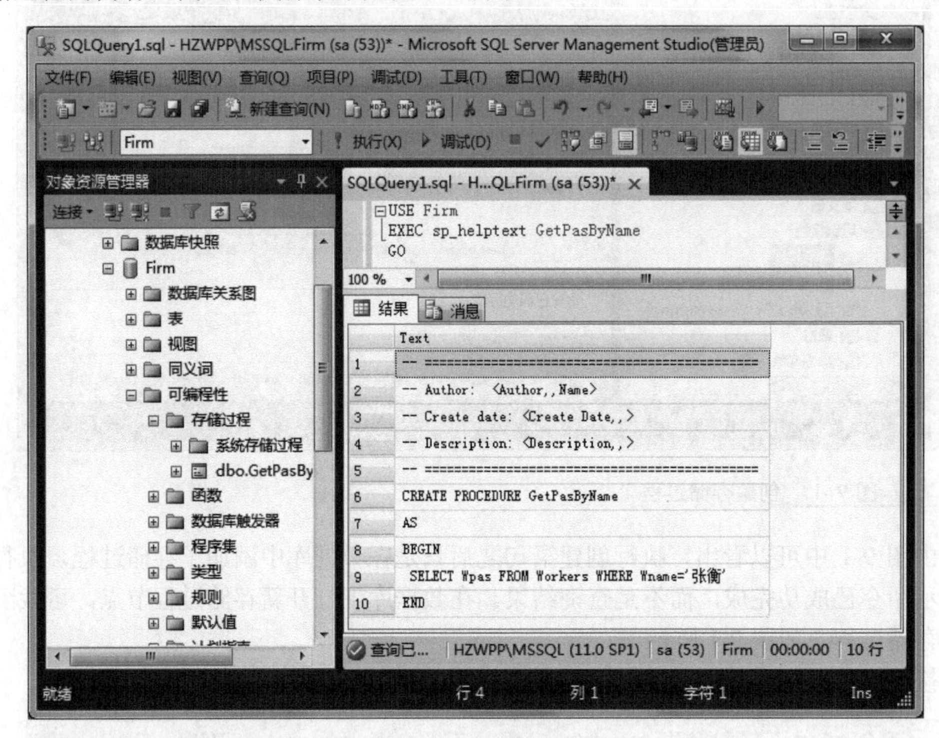

图 9-3 查看 GetPasByName 存储过程的内容

9.2.3 加密存储过程

本章范例 1 所创建的存储过程是一般存储过程，在实际应用中，用户可根据需要创建加密存储过程、临时存储过程或嵌套存储过程。

加密存储过程可防止对存储过程的非法查看，临时存储过程有自动删除功能，嵌套存储过程能够处理更为复杂的查询。本节主要介绍加密存储过程。

加密存储过程可以使用 WITH ENCRYPTION 语句来定义，该语句放在 CREATE PROCEDURE 之后。加密后的存储过程将无法查看其文本信息。

【范例 3】

创建名称为 WorkersSelect 的加密存储过程，查询表 Workers 中的数据，代码如下：

```
CREATE PROCEDURE WorkersSelect
WITH ENCRYPTION
AS
```

```
BEGIN
    SELECT * FROM Workers
END
GO
```

执行上述代码可创建 WorkersSelect 存储过程，接下来使用范例 2 的步骤查看该存储过程的内容，其效果如图 9-4 所示。

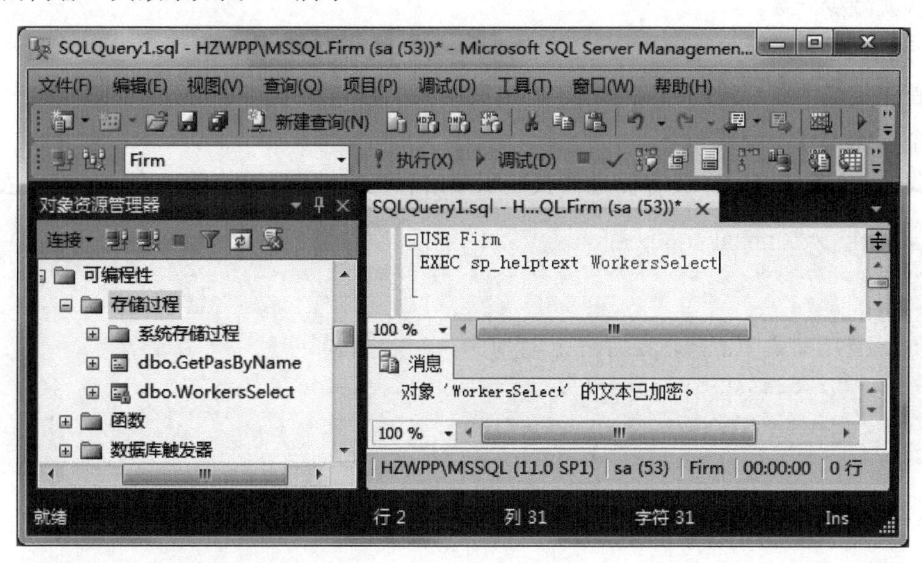

图 9-4 查看加密存储过程

由图 9-4 可以看出，加密的存储过程无法查看其内部语句。而且在对象资源管理器中也可以看到，WorkersSelect 存储过程的节点图标有一个锁的形状，表示该存储过程是加密的，而 GetPasByName 存储过程没有锁形状的标注。

9.2.4 临时存储过程

临时存储过程又分为本地临时存储过程和全局临时存储过程。与创建临时表类似，通过给名称添加“#”和“##”前缀的方法进行创建。其中“#”表示本地临时存储过程，“##”表示全局临时存储过程。SQL Server 关闭后，这些临时存储过程将不复存在。

【范例 4】

创建名为 WorkersAdd 的临时存储过程的代码如下：

```
CREATE PROCEDURE #WorkersAdd
AS
BEGIN
    INSERT INTO Workers VALUES (6, N'段廖', N'dll', N'男', 35, N'dl@126.
    com')
END
GO
```

9.2.5 嵌套存储过程

所谓嵌套存储过程是指在一个存储过程中调用另一个存储过程。嵌套存储过程的层次最高可达 32 级，每当调用的存储过程开始执行时嵌套层次就增加一级，执行完成后嵌套层次就减少一级。

【范例 5】

首先定义两个一般的存储过程，再定义第三个存储过程，在第三个存储过程中使用前两个存储过程，步骤如下。

（1）首先创建 GetMan 存储过程获取职工信息表中性别为男的职工信息，代码如下：

```
CREATE PROCEDURE GetMan
AS
BEGIN
SELECT Wname AS 姓名,Wsex AS 性别,Wage AS 年龄
FROM Workers WHERE Wsex='男'
END
GO
```


（2）接着创建 Getwoman 存储过程获取职工信息表中性别为女的职工信息，代码如下：

```
CREATE PROCEDURE Getwoman
AS
BEGIN
SELECT Wname AS 姓名,Wsex AS 性别,Wage AS 年龄
FROM Workers WHERE Wsex='女'
END
GO
```

（3）最后创建名称为 Getworkers 的获取职工信息的存储过程，在该存储过程内部执行上述两个存储过程，代码如下：

```
CREATE PROCEDURE Getworkers
AS
BEGIN
EXEC GetMan
EXEC Getwoman
END
GO
```

在上述代码中可以看到，存储过程内部执行了其他的存储过程，这就是存储过程的嵌套形式。但该存储过程只嵌套了一层，若 GetMan 或 Getwoman 存储过程内部也有嵌套，就形成了多层嵌套形式。

（4）执行 Getworkers 存储过程并查看效果，其代码和执行效果如图 9-5 所示。

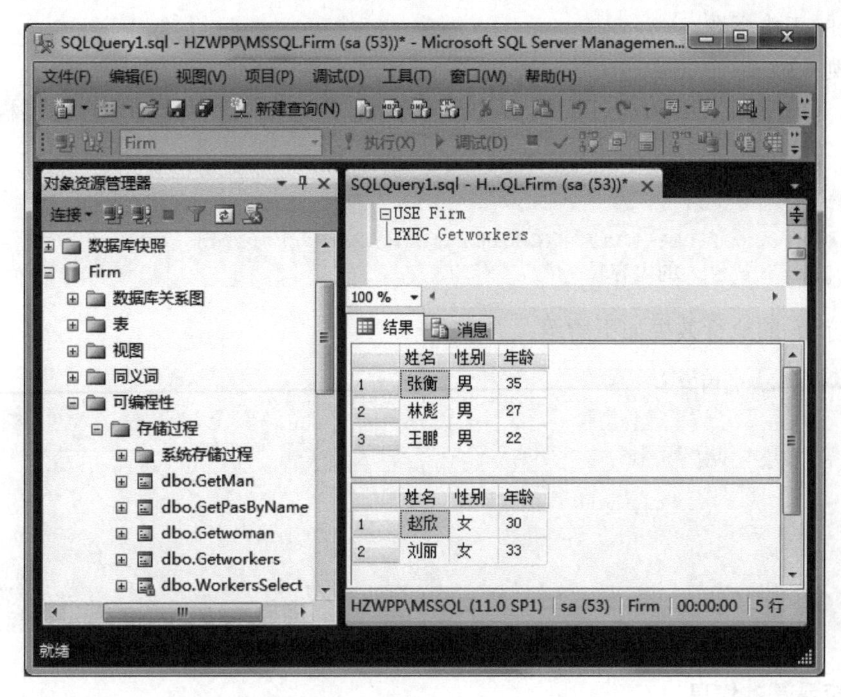

图 9-5 嵌套存储过程执行的效果

9.3 管理存储过程

存储过程在数据库中作为一个对象存在，因此在数据库中可对其进行管理，如对存储过程进行查看、修改和删除等操作。本节详细介绍存储过程的管理。

9.3.1 查看存储过程

对于已经创建好的存储过程，SQL Server 提供了查看其文本信息、基本信息以及详细信息的方法，下面详细介绍这几种查看存储过程的方法。

1. 查看文本信息

查看存储过程文本信息最简单的方法是调用 sp_helptext 系统存储过程，在本章前面几个小节中曾使用过，这里不再介绍。

还可以使用 OBJECT_DEFININTION()函数查看存储过程的文本信息，其用法如下所示：

```
SELECT OBJECT_DEFINITION(OBJECT_ID(N'存储过程名称'))
 AS [对存储过程的说明]
```

上述代码中，在 OBJECT_DEFININTION()函数中指出要查询的存储过程名称，同时再使用 AS 关键字对该存储过程进行说明，其执行效果是以表的形式显示的，AS 后面的语句是表的表头标题。

【范例 6】

使用 OBJECT_DEFININTION()函数查看范例 5 中的 Getworkers 存储过程，代码如下：

```
USE Firm
SELECT OBJECT_DEFINITION(OBJECT_ID(N'Getworkers'))
 AS [Getworkers 的内容]
```

上述代码的执行效果如下所示：

```
Getworkers 的内容

CREATE PROCEDURE Getworkers
AS
BEGIN
EXEC GetMan
EXEC Getwoman
END
```


2. 查看基本信息

使用 sp_help 系统存储过程可以查看存储过程的基本信息，包括存储过程的名称、所有者、类型和创建时间。其用法如范例 7 所示。

【范例 7】

查询范例 5 中的 Getworkers 存储过程的名称、所有者、类型和创建时间，代码如下：

```
USE Firm
EXEC sp_help Getworkers
```

上述代码的执行效果如下所示：

```
Name            Owner   Type                  Created_datetime
Getworkers      dbo     stored procedure      2014-06-24 14:54:15.200
```

3. 查看详细信息

查看存储过程的详细信息，可以使用 sys.sql_dependencies 对象目录视图。sp_depends 系统存储过程可以查看存储过程的名称、类型、更新等信息，如范例 8 所示。

【范例 8】

查询范例 5 中的 Getworkers 存储过程的名称、类型、更新等信息，代码如下：

```
USE Firm
EXEC sp_depends Getworkers
```

上述代码的执行效果如下所示：

```
name              type                            updated selected    column
dbo.GetMan        stored procedure                no      no          NULL
dbo.Getwoman      stored procedure                no      no          NULL
```

由于 Getworkers 存储过程是嵌套存储过程，因此查询出来的是其内部的存储过程的信息。

试一试

除了上述几种代码查询的方式之外，还可以在【对象资源管理器】中展开【数据库】|【可编程性】|【存储过程】节点，右击存储过程名称选择【属性】命令查看存储过程信息。

9.3.2 修改存储过程

在 SQL Server 2012 中通常使用 ALTER PROCEDURE 语句修改存储过程，具体的语法格式如下：

```
ALTER PROCEDURE procedure_name[;number]
[{@parameter data_type}
[VARYING][=default][OUTPUT]]
[,...n]
[WITH
{RECOMPILE|ENCRYPTION|RECOMPILE,ENCRYPTION}]
[FOR REPLICATION]
AS
sql_statement[...n]
```

在使用 ALTER PROCEDURE 语句时，应注意以下事项。

（1）如果要修改具有任何选项的存储过程，必须在 ALTER PROCEDURE 语句中包括该选项以保留该选项提供的功能。

（2）ALTER PROCEDURE 语句只能修改一个单一的过程，如果过程调用其他存储过程，嵌套的存储过程不受影响。

（3）在默认状态下，允许该语句的执行者是存储过程最初的创建者、sysadmin 服务器角色成员和 db_owner 与 db_ddladmin 固定的数据库角色成员，用户不能授权执行 ALTER PROCEDURE 语句。

注 意

修改存储过程与删除和重建存储过程不同，修改存储过程仍保持存储过程的权限不发生变化，而删除和重建存储过程将会撤销与该存储过程关联的所有权限。

【范例 9】

修改存储过程可以在存储过程名称处右击，选择修改选项如图 9-6 所示。此时右边会新建一个查询页，有代码如下所示：

```
ALTER PROCEDURE [dbo].[Getworkers]
```

```
AS
BEGIN
EXEC GetMan
EXEC Getwoman
END
```

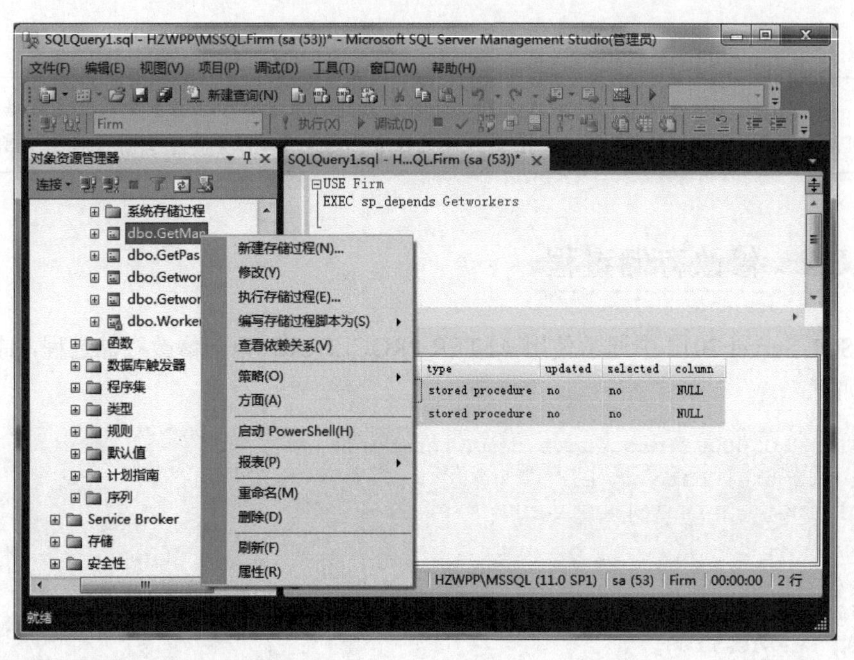

图 9-6 修改存储过程

上述代码是系统自动生成的，可以直接修改。修改 Getworkers 存储过程，使其直接查询表中的数据，而不是嵌套别的存储过程，需要将上述代码修改如下：

```
ALTER PROCEDURE [dbo].[Getworkers]
AS
BEGIN
SELECT Wname AS 姓名,Wsex AS 性别,Wage AS 年龄
FROM Workers
END
```

执行上述代码，再查询 Getworkers 存储过程的信息，其效果如图 9-7 所示。与范例 8 的查询结果相比有了变化。

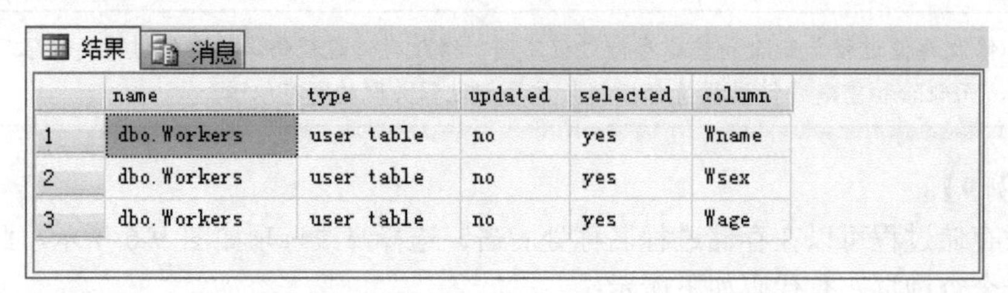

结果 消息

	name	type	updated	selected	column
1	dbo.Workers	user table	no	yes	Wname
2	dbo.Workers	user table	no	yes	Wsex
3	dbo.Workers	user table	no	yes	Wage

图 9-7 修改后的存储过程的详细信息

9.3.3 删除存储过程

在 SQL Server 2012 中删除存储过程有语句和图形界面两种方式。一般使用 DROP PROCEDURE 语句删除当前数据库中的自定义存储过程，基本语法如下：

```
DROP PROCEDURE {procedure_name}[,...n]
```

由于存储过程存在嵌套的现象，因此在删除存储过程时需要确保该存储过程的删除不能给其他对象造成影响。若一个存储过程在另一个存储过程中被嵌套，那么将无法删除该存储过程。

如果另一个存储过程调用某个已被删除的存储过程，SQL Server 将在执行调用进程时显示一条错误消息。但是，如果定义了具有相同名称和参数的新存储过程来替换已被删除的存储过程，那么引用该过程的其他过程仍能成功执行。

【范例 10】

例如，删除 GetPasByName 存储过程，语句如下：

```
DROP PROCEDURE GetPasByName
```


也可以在界面上操作，实现存储过程的删除，右击需要删除的存储过程，其效果如图 9-6 所示。选择删除选项即可进入如图 9-8 所示的界面，该界面提示所删除的存储过程在数据库中的依赖关系，可查看其依赖关系，如图 9-9 所示。在图 9-8 所示的界面中选择【确定】按钮即可删除指定的存储过程。

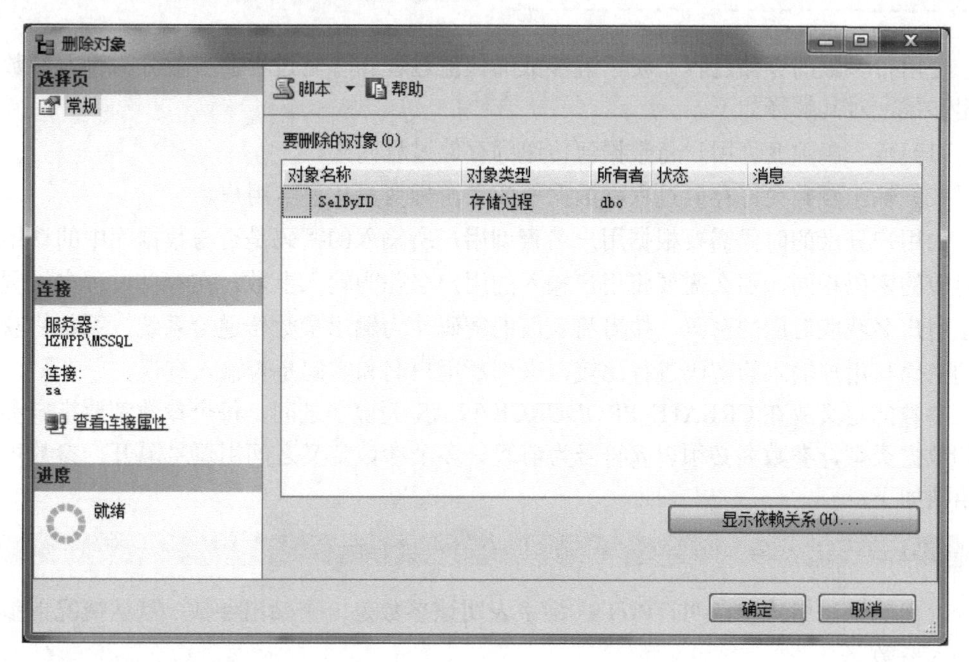

图 9-8 删除存储过程

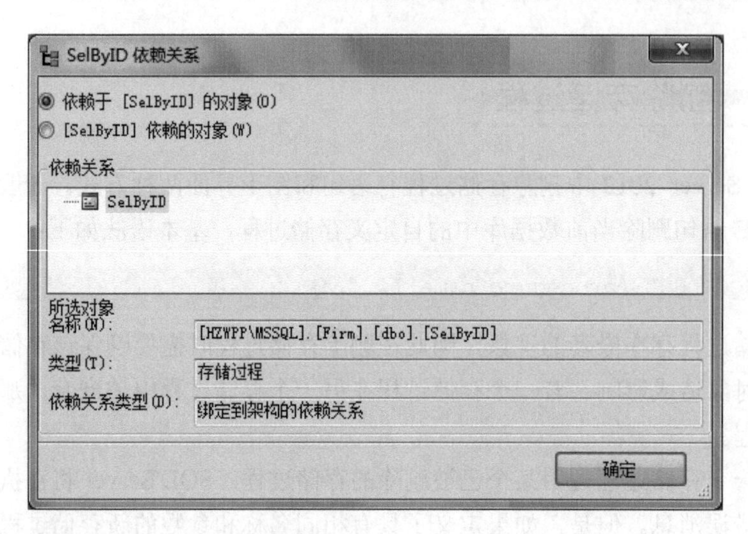

图 9-9 查看依赖关系

9.4 使用参数

存储过程的功能强大，并不仅仅体现在数据的查询处理上，还包括参数的使用。通过参数，存储过程可以在语句中使用变量，可以返回数据和使用默认值。本节详细介绍存储过程中使用参数的方法，包括输入参数和输出参数，以及为参数设置默认值等。

9.4.1 带参数的存储过程

使用带参数的存储过程，要了解参数的传值过程。存储过程的参数分为输入参数和输出参数，对其解释如下。

（1）输入参数允许用户将数据值传递到存储过程内部。

（2）输出参数允许存储过程将数据值或者游标变量传递给用户。

如用户登录的时候需要根据用户名查询用户所输入的密码是否与数据库中的该用户名对应的密码相同，那么需要将用户输入的用户名作为输入参数，在存储过程中设置根据该用户名获取对应的密码，接着将获取的密码作为输出参数传递给系统，系统将获取到的密码与用户输入的密码进行比较，来判断用户名和密码是否输入有误。

参数的定义放在 CREATE PRODURCE 和 AS 关键字之间，每个参数都要指定参数名和数据类型，参数名必须以@符号为前缀。多个参数定义之间用逗号隔开，参数声明的语法如下：

```
@parameter_name data_type [=default] [OUTPUT]
```

上面的语法格式中，OUTPUT 关键字表明该参数是一个输出参数，默认情况下参数为输入参数。

输入参数是指在存储过程中设置一个条件，在执行存储过程时为这个条件指定值，通过存储过程返回相应的信息。使用输入参数可以向同一存储过程多次查找数据库。

【范例 11】

定义含输入参数的存储过程，根据商品的类型查询商品信息，代码如下：

```
CREATE PROCEDURE SelByType
    @type nvarchar(20)
AS
BEGIN
    SELECT Gid AS 编号, Gname AS 商品, Gtype AS 类型, Gtitle AS 品种,Gprice
    AS 价格
    FROM Goods
    WHERE  Gtype=@type
END
GO
```

上述代码定义了参数@type，获取商品类型等于该参数的数据。存储过程是需要执行才能看出效果的，而在执行带参数的存储过程时必须为参数指定值，SQL Serve 提供了两种传递参数的方式，如下所示。

1. 按位置传递

这种方式是在执行存储过程的语句中直接给出参数的值。当有多个参数时，给出的参数顺序与创建存储过程语句中的参数顺序一致。

【范例 12】

执行范例 11 中创建的存储过程，为参数传递值“水果”，其执行语句及其执行结果如图 9-10 所示。

图 9-10 参数值的位置传递效果

2．通过参数名传递

这种方式是在执行存储过程的语句中，使用“参数名=参数值”的形式给出参数值。通过参数名传递参数的好处是：参数可以以任意顺序给出。

例如执行 Proc_SearchByPrice 存储过程，语句如下：

```
EXEC Proc_SearchByPrice @MaxPrice=25,@MinPrice=10
```

在上述语句中通过参数名传递参数值，所以参数的顺序可以任意排列。

【范例 13】

同样是执行范例 11 中创建的存储过程，为参数传递值“蔬菜”，代码如下：

```
USE Firm
EXEC SelByType @type='蔬菜'
```

上述代码的执行效果如下所示：

```
编号    商品    类型    品种      价格
5       辣椒    蔬菜    朝天椒    12.5
6       辣椒    蔬菜    灯笼椒    16.25
```


9.4.2 使用输出参数

通过输出参数可以从存储过程中返回一个或者多个值。要指定输出参数，需要在创建存储过程时为参数指定 OUTPUT 关键字。

一个输出变量只能够存储一个数据值，因此所查询出来的结果包含多条语句，那么系统将随机选取一条记录为变量赋值。

【范例 14】

创建存储过程，查询编号为 3 的职工姓名并输出，代码如下：

```
CREATE PROCEDURE SelName
    @name nvarchar(20) OUTPUT
AS
BEGIN
    SELECT @name=Wname FROM Workers WHERE Wid=3
END
```

上述代码中没有输入参数，因此不需要传值。但输出参数在使用时需要先声明，使用 DECLARE 关键字。上述代码只是将查询结果放在参数中，而没有要求获取该参数。执行上述存储过程的代码如下：

```
USE Firm
DECLARE @name nvarchar(20)
EXEC SelName @name OUTPUT
```

上述代码执行后没有任何的数据返回。若要获取参数的值，需要使用 SELECT 语句，如图 9-11 所示。

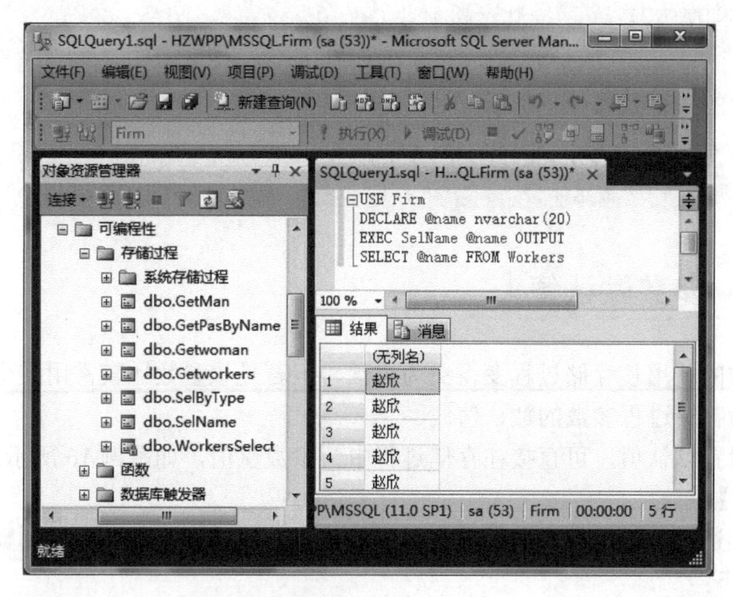

图 9-11　获取输出参数的值

若上述代码中没有指定 WHERE Wid=3，那么显示的结果将是一个随机的姓名重复 5 次，重复的次数与表中记录的总数相关。

同时使用输入参数和输出参数，如范例 15 所示。

【范例 15】

创建存储过程，根据编号获取商品信息表中的商品名称、类型和品质。其中编号为输入参数，商品名称、类型和品质为三个输出参数，代码如下：

```
CREATE PROCEDURE SelById
    @id int,
    @name nvarchar(20) OUTPUT,
    @type nvarchar(20) OUTPUT,
    @title nvarchar(20) OUTPUT
AS
BEGIN
    SELECT @name=Gname,@type=Gtype ,@title=Gtitle
    FROM Goods
    WHERE Gid=@id
END
GO
```

执行上述存储过程，获取编号为 1 的商品数据，代码如下：

```
USE Firm
DECLARE
    @name nvarchar(20),
    @type nvarchar(20),
    @title nvarchar(20)
```

```
EXEC SelById 1,@name OUTPUT,@type OUTPUT,@title OUTPUT
SELECT DISTINCT @name,@type,@title
FROM Goods
```

上述代码的执行效果如下所示：

```
(无列名) (无列名) (无列名)
苹果      水果      黄元帅
```

9.4.3 参数默认值

输入参数的使用使存储过程变得更为灵活，但若是该参数比较常用某个值时，那么可将该值作为存储过程参数的默认值。

为参数设置默认值，可直接在存储过程中为参数赋值，如范例 16 所示。

【范例 16】

创建存储过程，根据商品的性味查询商品信息，设置商品性味参数的默认值为“性平”，代码如下：


```
CREATE PROCEDURE SelByI
    @attribute nvarchar(20)='性平'
AS
BEGIN
    SELECT DISTINCT Gname AS 商品,Gtype AS 类型,Iattribute AS 性味,Ieffect
    AS 功效
    FROM Goods,Introduce
    WHERE Gname=Iname AND Iattribute=@attribute
END
GO
```

有着默认值的参数可以在执行存储过程时另外赋值，也可以省略参数的传值。如分别执行省略参数传值和传递“性寒”参数值，代码如下：

```
USE Firm
EXEC SelByI
EXEC SelByI '性寒'
```

上述代码的执行效果如图 9-12 所示。

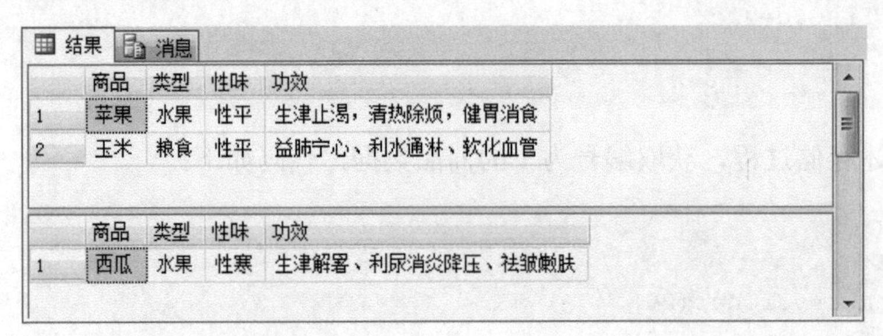

图 9-12 参数默认值的使用

9.5 使用自定义函数

使用 SQL Server 提供的多种类型的函数，能够解决普遍的数据处理问题。但是在特殊情况下，这些类型的函数可能满足不了应用的需要。SQL Server 支持用户自定义函数的使用，本节详细介绍用户自定义函数的创建和使用。

9.5.1 标量函数

用户自定义函数可以分为三种类型：标量函数（标量值函数）、表格函数（表值函数）和多语句表值函数。创建用户自定义函数，需要使用 CREATE FUNCTION 语句。

标量函数返回一个标量值，创建标量值函数的语法如下：

```
CREATE FUNCTION [ schema_name. ] function_name
( [ { @parameter_name [ AS ][ type_schema_name. ] parameter_data_type
     [ = default ] [ READONLY ] }
     [ , ...n ]
  ]
)
RETURNS return_data_type
    [ WITH <function_option> [ , ...n ] ]
    [ AS ]
    BEGIN
        function_body
        RETURN scalar_expression
    END
```

对上述语法中的关键字的说明如表 9-4 所示。

表 9-4　标量函数中的关键字

关键字	说明
schema_name	用户自定义函数所属架构的名称
function_name	用户自定义函数的名称
@parameter_name	用户自定义函数中的参数，可以声明一个或多个参数。执行函数时，如果未定义参数的默认值，则用户必须提供每个已声明参数的值
type_schema_name	参数的数据类型所属的架构
parameter_data_type	参数的数据类型
default	参数的默认值。如果定义了 default 值，则执行函数时，可以不指定此参数的值
READONLY	指定不能在函数定义中更新或修改参数。如果参数类型为用户自定义的表类型，则应指定此选项
return_data_type	函数的返回值。允许使用除 text、ntext、image 和 timestamp 数据类型之外的所有数据类型（包括 CLR 用户定义类型）
function_option	用来指定创建函数的选项。常用选项为 ENCRYPTION
function_body	指定一系列 Transact-SQL 语句，这些语句一起使用的计算结果为标量值
scalar_expression	指定标量函数返回的标量值

【范例 17】

创建自定义函数，根据数列的第一项、增量和最后一项求等差数列的和，代码如下：

```
CREATE FUNCTION Accumulation
(
    @start int,
    @addnum int,
    @finish int
)
RETURNS int
AS
BEGIN
    DECLARE @num int,@result int
    SET @num=@addnum
    SET @result=@start
    WHILE @start+@num<=@finish
    BEGIN
        SET @result=@result+@start+@num
        SET @num=@num+@addnum
    END
    RETURN @result
END
```


上述函数有返回值，因此获取函数返回值即可执行函数。

要调用用户自定义函数，必须保证在当前数据库中，而且在自定义函数前要指定所有者。如分别获取 1～99 这 99 个数的和以及在 1～99 中每次累加 2 的这 50 个数的和，代码如下：

```
USE Firm
SELECT dbo.Accumulation(1,1,99) 1~99 的累加, dbo.Accumulation(1,2,99) 在
1~99 中累加 2
```

上述代码的执行效果如下所示：

```
1~99 的累加      1~99 中累加 2
4950            2500
```

9.5.2 表格函数

表格函数也叫做表值函数或内联表值函数，它返回的数据类型是有行有列的表格类型。表格函数的创建语法与标量函数的区别在于，其返回值类型必须是 TABLE 类型，语法如下：

```
CREATE FUNCTION [ schema_name. ] function_name
```

```
( [ { @parameter_name [ AS ] [ type_schema_name. ] parameter_data_type
    [ = default ] [ READONLY ] }
    [ , ...n ]
  ]
)
RETURNS TABLE
    [ WITH <function_option> [ , ...n ] ]
    [ AS ]
    RETURN [ ( ] select_stmt [ ) ]
```

语法说明如下。

（1）TABLE

指定表格函数的返回值为表。TABLE 返回值是通过单个 SELECT 语句定义的。

（2）select_stmt

定义表格函数返回值的单个 SELECT 语句。

从函数的语法可以看出，表格函数直接使用 RETURN 子句，返回 SELECT 语句检索的数据，这说明表格函数从某种意义上来说是一个可以提供参数的视图。

【范例 18】

创建函数，根据价格范围获取商品信息表中的内容，并将获取到的数据以表的形式返回，代码如下：


```
CREATE FUNCTION SelByP
(
    @price float
)
RETURNS TABLE
AS
RETURN
(
    SELECT Gid AS 编号, Gname AS 商品, Gtype AS 类型, Gtitle AS 品种,Gprice
    AS 价格
    FROM Goods
    WHERE  Gtype<@price
)
GO
```

上述代码将获取到的数据定义为表的格式返回，为上述函数指定一个参数 10，获取价格小于 10 的商品信息，代码如下：

```
USE Firm
SELECT * FROM dbo.SelByP(10)
```

上述代码的执行效果如下所示：

```
编号      商品      类型      品种            价格
```

```
2        苹果     水果     红富士        7.5
3        西瓜     水果     特小凤        2.5
4        西瓜     水果     黑美人        3.5
7        玉米     粮食     黑糯玉米      7
8        玉米     粮食     水果玉米      6.37
10       芒果     水果     桂七芒        7
```

9.5.3 多语句表值函数

多语句表值函数所返回的表数据不限于一条 SELECT 语句，而是可以在函数体中使用 BEGIN...END 定义一个 Transact-SQL 语句块，用来对返回的表数据进行筛选或合并，这就使得多语句表值函数比表格函数更灵活。

创建多语句表值函数的语法如下：

```
CREATE FUNCTION [ schema_name. ] function_name
( [ { @parameter_name [ AS ] [ type_schema_name. ] parameter_data_type
    [ = default ] [READONLY] }
    [ , ...n ]
  ]
)
RETURNS @return_variable TABLE <table_type_definition>
    [ WITH <function_option> [ , ...n ] ]
    [ AS ]
    BEGIN
        function_body
    RETURN
    END
```


语法说明如下。

（1）@return_variable：TABLE 变量，用于存储和汇总作为函数值返回的数据行。

（2）table_type_definition：表数据类型。

表格函数是将函数的返回结果以表的形式返回，而多语句表值函数是在函数内部创建一个表格变量，获取信息为这个表格变量填充数据，如范例 19 所示。

【范例 19】

创建函数，根据商品编号获取商品信息，返回 TABLE 类型的变量@FruirsI。在函数中获取数据填充@FruirsI 表，代码如下：

```
CREATE FUNCTION Fruits
(
    @id int
)
RETURNS
```

```
@FruirsI TABLE
(
    商品 nvarchar(20),
    类型 nvarchar(20),
    性味 nvarchar(20),
    功效 nvarchar(20)
)
AS
BEGIN
    INSERT @FruirsI
    SELECT DISTINCT Gname AS 商品,Gtype AS 类型,Iattribute AS 性味,Ieffect
    AS 功效
    FROM Goods AS G , Introduce AS I
    WHERE G.Gname=I.Iname AND Gtype='水果' AND Gid<@id
    RETURN
END
GO
```

上述代码根据 SELECT 语句填充表格返回了一个表，为函数指定值为 5 的参数，获取函数返回值，代码如下：

```
USE Firm
SELECT * FROM dbo.Fruits(5)
```

上述代码的执行结果如下所示：

```
商品    类型    性味    功效
苹果    水果    性平    生津止渴，清热除烦，健胃消食
西瓜    水果    性寒    生津解暑、利尿消炎降压、祛皱嫩肤
```

提示

多语句表值函数结合了标量值函数与表格函数的形式，它同样返回表中的数据行，只不过数据行以表类型变量的形式返回，而数据由函数体中的 Transact-SQL 语句插入到表类型变量中。

9.5.4 修改与删除用户自定义函数

自定义函数与存储过程一样，可以进行查看、修改和删除。其修改和删除的方法与存储过程修改和删除的方法一样：修改用户自定义函数使用 ALTER FUNCTION 语句；删除用户自定义函数，需要使用 DROP FUNCTION 语句。

函数的修改，只需在函数名称处右击，选择【修改】选项，如图 9-13 所示。之后界面右侧将生成新的查询页面，有系统自定义生成的修改代码，直接修改即可。

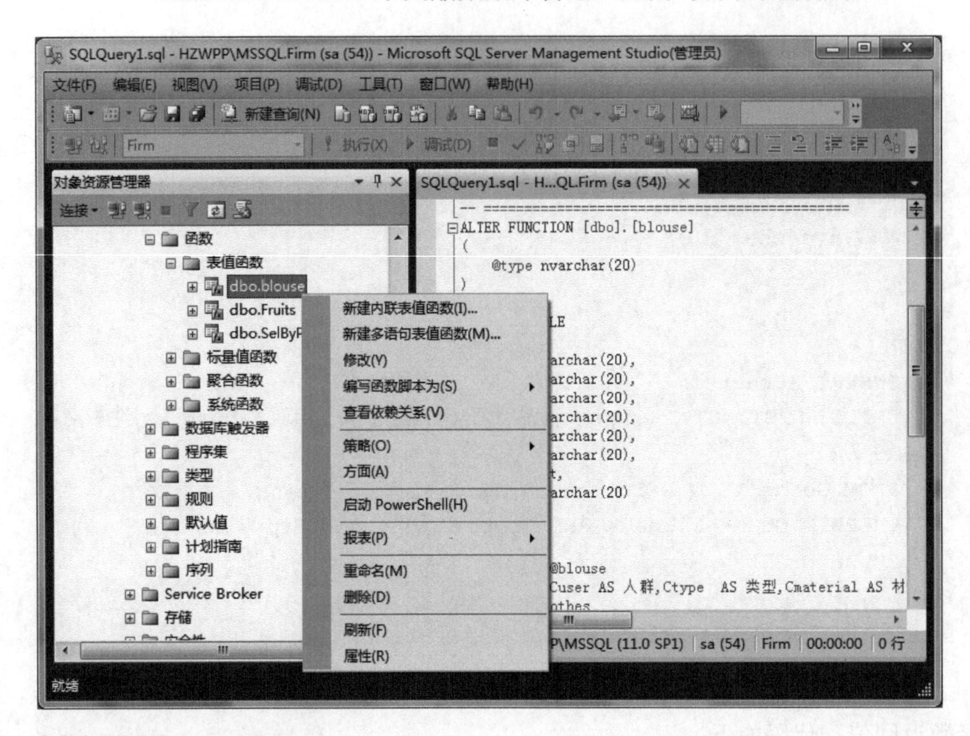

图 9-13　函数的操作

函数的删除同样是在如图 9-13 所示的界面中进行，直接选择删除选项，即可进入该函数的删除界面。函数与存储过程一样，可以有依赖关系，因此在删除时同样需要检查函数的依赖关系，在确认删除函数不会对数据库中的其他对象造成影响之后，再删除函数。

除此之外，删除函数也可以使用 DROP FUNCTION 命令，代码如下：

```
DROP FUNCTION { [ schema_name. ] function_name } [ , ...n ]
```

如删除名为 Fruits 的函数，代码如下：

```
DROP FUNCTION Fruits
```

9.6 实验指导——服装信息管理

结合本章内容，进行服装信息的管理。首先创建服装信息表，接下来创建存储过程和自定义函数，执行下列操作。

（1）创建存储过程查询男装的信息，创建存储过程查询女装的信息，创建存储过程嵌套前两个存储过程。

（2）创建带参数的存储过程，根据服装的版型查询服装信息，并查询版型为“修身”的服装信息。

（3）创建多语句表值函数，根据衣服的类型获取服装信息并返回，查询类型为“衬衫”的服装信息。

首先创建服装信息表如表 9-5 所示，接下来依次执行上述操作，步骤如下。

表 9-5 服装信息表

编号	人群	类型	材质	图案	版型	品牌	价格	季节
1	男装	衬衫	纯棉	条纹	修身	雅戈尔	268	夏季
2	男装	衬衫	纯棉	条纹	直筒	海澜之家	169	夏季
3	女装	衬衫	纯棉	纯色	直筒	伊芙丽	249	夏季
4	女装	衬衫	纯棉	拼接	修身	韩都衣舍	152	夏季
5	女装	连衣裙	聚酯纤维	纯色	修身	抹茶生活	199	夏季
6	女装	连衣裙	聚酯纤维	钩花拼接	修身	秋水伊人	216	夏季
7	男装	长裤	纯棉	纯色	修身	森马	100	夏季
8	男装	T 恤	纯棉	纯色	直筒	森马	60	夏季

（1）创建存储过程查询男装的信息，代码如下：

```
CREATE PROCEDURE ClothesGetMan
AS
BEGIN
SELECT
Cid AS 编号,Cuser AS 人群,Ctype  AS 类型,Cmaterial AS 材质,Cpattern AS 图案,Cmodel AS 版型,Cbrand AS 品牌,Cprice AS 价格,Cseason AS 季节
FROM Clothes
WHERE Cuser='女装'
END
GO
```

（2）创建存储过程查询女装的信息，代码如下：

```
CREATE PROCEDURE ClothesGetwoman
AS
BEGIN
SELECT
Cid AS 编号,Cuser AS 人群,Ctype  AS 类型,Cmaterial AS 材质,Cpattern AS 图案,Cmodel AS 版型,Cbrand AS 品牌,Cprice AS 价格,Cseason AS 季节
FROM Clothes
WHERE Cuser='男装'
END
GO
```

（3）创建存储过程嵌套前两个存储过程，代码如下：

```
CREATE PROCEDURE GetClothes
AS
BEGIN
EXEC ClothesGetMan
EXEC ClothesGetwoman
END
GO
```

（4）执行存储过程 GetClothes，代码如下：

```
EXEC GetClothes
```

上述代码的执行效果如图 9-14 所示。

结果 消息

	编号	人群	类型	材质	图案	版型	品牌	价格	季节
1	3	女装	衬衫	纯棉	纯色	直筒	伊芙丽	249	夏季
2	4	女装	衬衫	纯棉	拼接	修身	韩都衣舍	152	夏季
3	5	女装	连衣裙	聚酯纤维	纯色	修身	抹茶生活	199	夏季
4	6	女装	连衣裙	聚酯纤维	钩花拼接	修身	秋水伊人	216	夏季

	编号	人群	类型	材质	图案	版型	品牌	价格	季节
1	1	男装	衬衫	纯棉	条纹	修身	雅戈尔	268	夏季
2	2	男装	衬衫	纯棉	条纹	直筒	海澜之家	169	夏季
3	7	男装	长裤	纯棉	纯色	修身	森马	100	夏季
4	8	男装	T恤	纯棉	纯色	直筒	森马	60	夏季

图 9-14 服装信息查询结果

（5）创建带参数的存储过程，根据服装的版型查询服装信息，并查询版型为“修身”的服装信息，代码如下：

```
CREATE PROCEDURE ClothesGetByModel
@model nvarchar(20)
AS
BEGIN
SELECT
Cid AS 编号,Cuser AS 人群,Ctype  AS 类型,Cmaterial AS 材质,Cpattern AS 图
案,Cmodel AS 版型,Cbrand AS 品牌,Cprice AS 价格,Cseason AS 季节
FROM Clothes
WHERE Cmodel=@model
END
GO
```

（6）执行 ClothesGetByModel 存储过程，查询版型为“直筒”的服装信息，代码如下：

```
EXEC ClothesGetByModel '直筒'
```

上述代码的执行效果如下所示：

编号	人群	类型	材质	图案	版型	品牌	价格	季节
2	男装	衬衫	纯棉	条纹	直筒	海澜之家	169	夏季
3	女装	衬衫	纯棉	纯色	直筒	伊芙丽	249	夏季
8	男装	T 恤	纯棉	纯色	直筒	森马	60	夏季

（7）创建多语句表值函数，根据衣服的类型获取服装信息并返回，查询类型为“衬衫”的服装信息，代码如下：

```
CREATE FUNCTION blouse
(
    @type nvarchar(20)
)
RETURNS
@blouse TABLE
(
    人群 nvarchar(20),
    类型 nvarchar(20),
    材质 nvarchar(20),
    版型 nvarchar(20),
    图案 nvarchar(20),
    品牌 nvarchar(20),
    价格 int,
    季节 nvarchar(20)
)
AS
BEGIN
    INSERT @blouse
    SELECT Cuser AS 人群,Ctype  AS 类型,Cmaterial AS 材质,Cmodel AS 版
    型,Cpattern AS 图案,Cbrand AS 品牌,Cprice AS 价格,Cseason AS 季节
    FROM Clothes
    WHERE Ctype=@type
    RETURN
END
GO
```

（8）执行上述函数，获取衬衫的信息并使用 SELECT 语句获取函数返回值，代码如下：

```
USE Firm
SELECT * FROM dbo.blouse('衬衫')
```

上述代码的执行效果如下所示：

人群	类型	材质	版型	图案	品牌	价格	季节
男装	衬衫	纯棉	修身	条纹	雅戈尔	268	夏季
男装	衬衫	纯棉	直筒	条纹	海澜之家	169	夏季
女装	衬衫	纯棉	直筒	纯色	伊芙丽	249	夏季
女装	衬衫	纯棉	修身	拼接	韩都衣舍	152	夏季

9.7 思考与练习

一、填空题

1．在创建存储过程时使用了__________关键字，则无法了解存储过程的定义信息。

2．系统存储过程主要存储在 master 数据库中并以__________为前缀。

3．在使用带参数的存储过程的时候，声明一个输出参数应该使用__________关键字。

4. 修改存储过程可以使用__________语句。

5. 用户自定义函数可以分为标量值函数、表格函数和__________。

6. 在存储过程中声明一个输出参数应该使用__________关键字。

二、选择题

1. 如果要查看存储过程的信息，不可以使用存储过程__________。

A. sp_helptext

B. sp_help

C. sp_text

D. sp_depends

2. 如果要创建全局临时存储过程，应在存储过程名前面添加__________。

A. #

B. @

C. ##

D. @@

3. 为存储过程中的参数指定默认值使用__________关键字。

A. default

B. DEFAULT

C. DEFAULT VALUE

D. 不需要关键字

4. 删除函数使用__________关键字。

A. REMOVE

B. DELETE

C. DOWN

D. DROP

5. 表格函数的返回类型是__________。

A. nvrchar

B. TABLE

C. nvrchar[]

D. TABLE[]

三、简答题

1. 简述创建存储过程的规则和注意事项。
2. 简述存储过程的嵌套。
3. 总结查看存储过程的几种方法。
4. 简述存储过程中参数的使用方法。
5. 简述几种自定义函数的使用方法。

第 10 章　创建和使用视图

从数据库系统内部来看，视图是一种数据库对象，是从一个或者多个数据表或视图中导出的表，视图的结果和数据是对数据表进行查询的结果。简单来说，视图是由 SELECT 语句组成的查询定义的虚拟表，是原始数据库中数据的一种交换。从数据库系统外部来看，视图就如同一张表一样，对表能够进行的操作一般都可应用于视图，如查询、插入、修改以及删除等。从用户角度来看，一个视图是从一个特定的角度来查看数据库中的数据。

数据库开发者在对数据库进行操作时，经常会用到视图，本章将介绍视图的基本知识，包括视图的创建、管理以及具体使用等。

本章学习要点：

- ❑ 熟悉视图的分类
- ❑ 了解视图的优点和缺点
- ❑ 掌握创建视图的两种方式
- ❑ 熟悉获取视图信息的语句
- ❑ 掌握如何修改视图信息
- ❑ 了解重命名视图的两种方式
- ❑ 掌握删除视图的两种方式
- ❑ 熟悉如何利用视图查询和添加数据
- ❑ 熟悉如何利用视图修改和删除数据
- ❑ 熟悉索引视图的概念和使用步骤
- ❑ 了解索引视图的创建和使用

10.1 了解视图

视图是关系型数据库系统提供给用户以多种角度观察数据库中数据的重要机制。视图实际上是一个虚拟表，只是对表的检索，只有结构，没有数据，数据全在表中。下面从视图的分类和优缺点两方面了解视图。

10.1.1 视图的分类

视图只是一个虚拟表，它的内容是由查询定义的。视图同表一样，视图包含一系列带有名称的列和行数据。视图在数据库中并不是以数据值存储集形式存在的，除非是索引视图。行和列数据来自由定义视图的查询所引用的表，并且在引用视图时动态生成。

视图被定义后存储在数据中，通过视图看到的数据只是存放在基表中的数据。当对通过视图看到的数据进行修改时，相应的基表的数据也会发生变化。同时，如果基表的数据发生变化，这种变化也会自动地反映到视图中。

视图通常用来集中、简化和自定义每个用户对数据库的不同认识。视图可以用作安全机制，方法是允许用户通过视图访问数据，而不授予用户直接访问视图基础表的权限。视图也可用于提供向后兼容接口来模拟曾经存在但其架构已更改的表。还可以在向 SQL Server 复制数据和从其中复制数据时使用视图，以便提高性能并对数据进行分区。

在 SQL Server 2012 中，可以把视图分为索引视图、分区视图和系统视图三种，这些视图在数据库中起着特殊的作用。

1．索引视图

索引视图是被具体化了的视图，用户可以为视图创建索引，即为视图创建一个唯一的聚集索引。索引视图可以显著提高某些类型查询的性能。

索引视图特别适用于聚合许多行的查询，但是它们不太适合于经常更新的基本数据集。

2．分区视图

连接同一个 SQL Server 实例中的成员表的视图是一个本地分区视图。分区视图在一台或多台服务器间水平连接一组成员表中的分区数据。这样，数据看上去如同来自于一个表。

3．系统视图

系统视图公开目录元数据，用户可以使用系统视图返回与 SQL Server 实例或在该实例中定义的对象有关的信息。例如，可以查询 sys.databases 目录视图以便返回与实例中提供的用户定义数据库有关的信息。SQL Server 2012 提供了多种系统视图，在 10.2 节会简单进行介绍。

10.1.2 视图的优缺点

视图可以是一个数据表的一部分，也可以是多个基表的联合，也可以由一个或多个其他视图产生。用户在使用视图时，包含以下优点。

（1）数据集中：通过使用视图，使用户只关心他们感兴趣的某些特定数据和他们所负责的特定任务。这样只允许用户看到视图所定义的数据，而不是视图引用表中的数据。

（2）简化操作：视图大大简化了用户对数据的操作，因为在定义视图时，如果视图本身就是一个复杂查询的结果集，这样在每一次执行相同的查询时，不必重新写这些复杂的查询语句，只要一条简单的查询视图语句即可。

（3）定制数据：视图能够实现让不同的用户以不同的方式看到不同或相同的数据集。因此，当有许多不同水平的用户共用同一数据库时，这显得极为重要。

（4）合并分割数据：在有些情况下，由于表中数据量太大，因此设计表时常将表进行水平分割或垂直分割，但表结构的变化会对应用程序产生不良的影响。如果使用视图就可以重新保持原有的结构关系，从而使模式保持不变，原有的应用程序仍可以通过视图来重载数据。

（5）安全性高：视图可以作为一种安全机制。通过视图用户只能查看和修改他们所能看到的数据，其他数据库或表既不可见也不可以访问。如果某一用户想要访问视图的结果集，必须授予其访问权限。视图所引用表的访问权限与视图权限的设置不受影响。

当更新视图中的数据时，实际上是对基本表的数据进行更新。虽然使用视图具有很多优点，但是它并不完美，还具有以下缺点。

（1）使性能降低：SQL Server 必须把视图的查询转换成对基本表的查询，如果这个视图是由一个复杂的多表查询所定义的，那么，即使是视图的一个简单查询，SQL Server 也会把它变成一个复杂的结合体，需要花费一定的时间。

（2）修改受到限制：当用户试图修改视图的某些行时，SQL Server 必须把它转化为对基本表的某些行的修改。对于简单视图来说，这是很方便的。但是，对于比较复杂的视图来说，可能是不可修改的。

提示

在定义数据库对象时，不能不加选择地定义视图，应该权衡视图的优点和缺点，合理地定义视图。

10.2 系统视图

SQL Server 中提供了相当丰富的系统视图，能够从宏观到微观、从静态到动态反映数据库对象的存储结果、系统性能和系统等待事件等。同时也保留了与早期版本（如 SQL Server 2008）兼容性的视图，如表 10-1 所示列出了部分系统视图，并对它们进行说明。

表 10-1 部分系统视图

系统视图	说明
sys.databases	SQL Server 实例中的每个数据库都占一行
sys.database_files	每个存储在数据库本身的数据库文件在表中占用一行，这是一个基于每个数据库的视图
sys.master_files	每个存储在 master 数据库中的数据文件各占一行，这是一个系统范围视图
sys.data_spaces	每个数据空间在表中对应一行。数据空间可以是文件组、分区方案或 FILESTREAM 数据文件组
sys.filegroups	每个作为文件组的数据空间都在表中对应一行
sys.all_columns	显示属于用户定义对象和系统对象的所有列的联合
sys.all_objects	显示所有架构范围内的用户定义对象和系统对象的 UNION
sys.all_parameters	显示属于用户定义对象或系统对象的所有参数的并集
sys.all_views	显示所有用户定义视图和系统视图的 UNION
sys.columns	为包含列的对象（如视图或表）的每一列返回一行

续表

系统视图	说明
sys.objects	在数据库中创建的每个用户定义的架构作用域内的对象在该表中均对应一行
sys.parameters	接受参数的对象的每个参数在表中对应一行。如果对象是标量函数，则另有一行说明返回值
sys.procedures	属于同类过程并且 sys.objects.type = P、X、RF 和 PC 的每个对象各对应一行
sys.stat	为 SQL Server 的数据库中的表、索引和索引视图对应的每个统计信息对象都包含一行
sys.stat_columns	sys.stats 统计信息包含的每列对应一行
sys.tiggers	每个类型为 TR 或 TA 的触发器对象对应一行
sys.views	对于 sys.objects.type=V 的每个视图对象都包含一行
sys.tables	为 SQL Server 中的每个用户表返回一行
sys.system_views	SQL Server 2012 附带的每个系统视图都在表中对应一行
sys.sql_modules	对每个 SQL 语言定义的模块对象都返回一行。类型为 P、RF、V、TR、FN、IF、TF 和 R 的对象均有关联的 SQL 模块

无论是系统视图还是用户自定义视图，都可以像表那样使用。如下为 sys.views 系统视图的使用方法：


```
USE master
GO
SELECT * FROM sys.views
```

10.3 创建视图

对于视图来说，创建视图是很重要的一步。创建视图有两种方式：一种是通过图形界面创建；另一种是通过 Transact-SQL 语句创建。

10.3.1 图形界面创建

在创建视图之前，用户需要注意以下几点。

（1）用户必须拥有数据库所有者授予的创建视图的权限才可以创建视图，同时，用户也必须对定义视图时所引用到的表有适当的权限。

（2）视图的创建者必须拥有在视图定义中引用的任何对象（如相应的表）的许可权，才可以创建视图。

（3）视图的命名必须遵循标识符的规则，对每一个用户都是唯一的。视图名称不能和该视图的用户的其他任何一个表的名称相同。

（4）视图的定义可以加密，以保证其定义不会被任何人（包括视图的拥有者）获得。

在 bookmanage 数据库中包含多个数据表，其中 Book 表示图书表，在该表中包含图书类型 ID 和作者 ID，其中类型 ID 与 BookType 表中的主键相对应，作者 ID 与 BookAuthor

表中的主键相对应。例如，图 10-1 列出了 Book 表中的全部数据记录。

结果 消息

	bookNo	bookName	bookAuthorId	bookTypeId	bookOldPrice	bookNewPrice	bookPublish	bookInventory	bookIntro
1	No1001	希腊神话故事	25	20	22	11	中国对外翻译出版公司	300	希腊神话故事
2	No1002	中国古代神话	26	20	48	29	中国华夏出版社	1500	神话故事
3	No1003	中国神话传说词典	26	20	50	29	北京联合出版公司	1500	NULL
4	No1004	西湖民间故事	27	20	20	12	浙江文艺出版社	1500	NULL
5	No1005	克雷洛夫寓言全集	28	20	20	15	译林出版社	1800	译林名著相选
6	No1006	三毛：撒哈拉的故事	21	21	24	17	北京十月文艺出版社	300	
7	No1007	恰到好处的幸福	29	21	33	21	湖南文艺出版社	300	NULL
8	No1008	三毛：梦里花落知多少	21	21	24	17	北京十月文艺出版社	300	NULL
9	No1009	愿你与这世界温暖相拥	29	21	37	22	江苏文艺出版社	300	NULL
10	No1010	三毛全集：亲爱的三毛	21	21	22	13	北京十月文艺出版社	300	NULL
11	No1011	千年一叹	30	21	26	10	长江文艺出版社	300	

图 10-1 Book 表的数据记录

下面通过范例 1 演示如何通过图形界面创建视图。

【范例 1】

在对象资源管理器中创建名称为 v_bookmessage 的视图，该视图用于查询图书的有关信息，包括图书类型名称和作者名称。

（1）在【对象资源管理器】窗格的【数据库】节点下选择 bookmanage 数据库，展开该数据库下的所有子节点，然后右键单击【视图】节点，如图 10-2 所示。

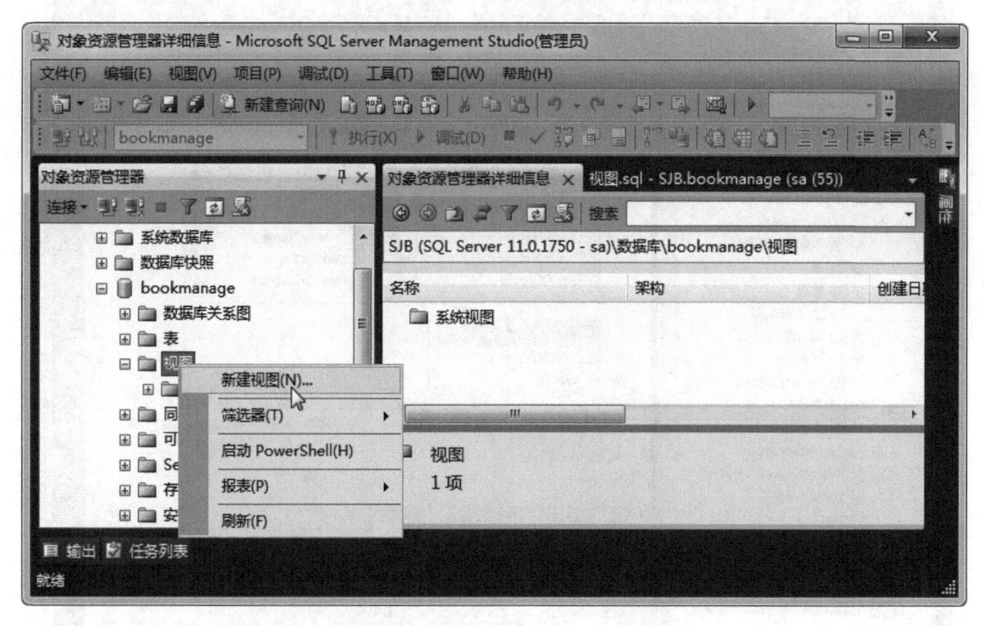

图 10-2 右击【视图】节点的快捷菜单

（2）在如图 10-2 所示的快捷菜单中选择【新建视图】命令，弹出【添加表】对话框。在弹出的对话框中选择一个或多个表，选择多个表时可以借助 Ctrl 键，这里选择 Book 表、BookAuthor 表和 BookType 表，如图 10-3 所示。

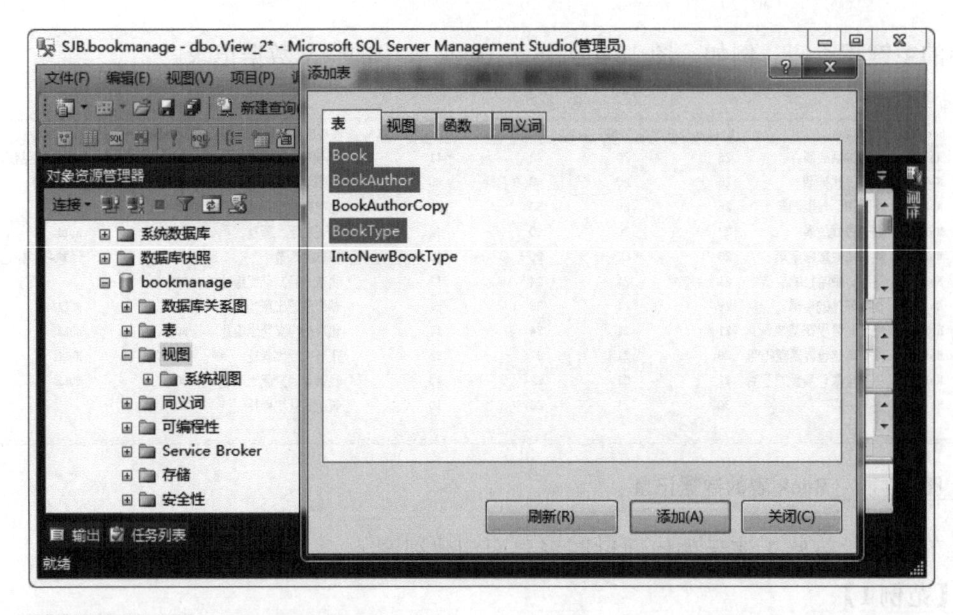

图 10-3 【添加表】对话框

（3）选择表完成后单击图 10-3 中的【添加】按钮，这时会将选择的表的信息显示到视图的设计窗口中，如图 10-4 所示。

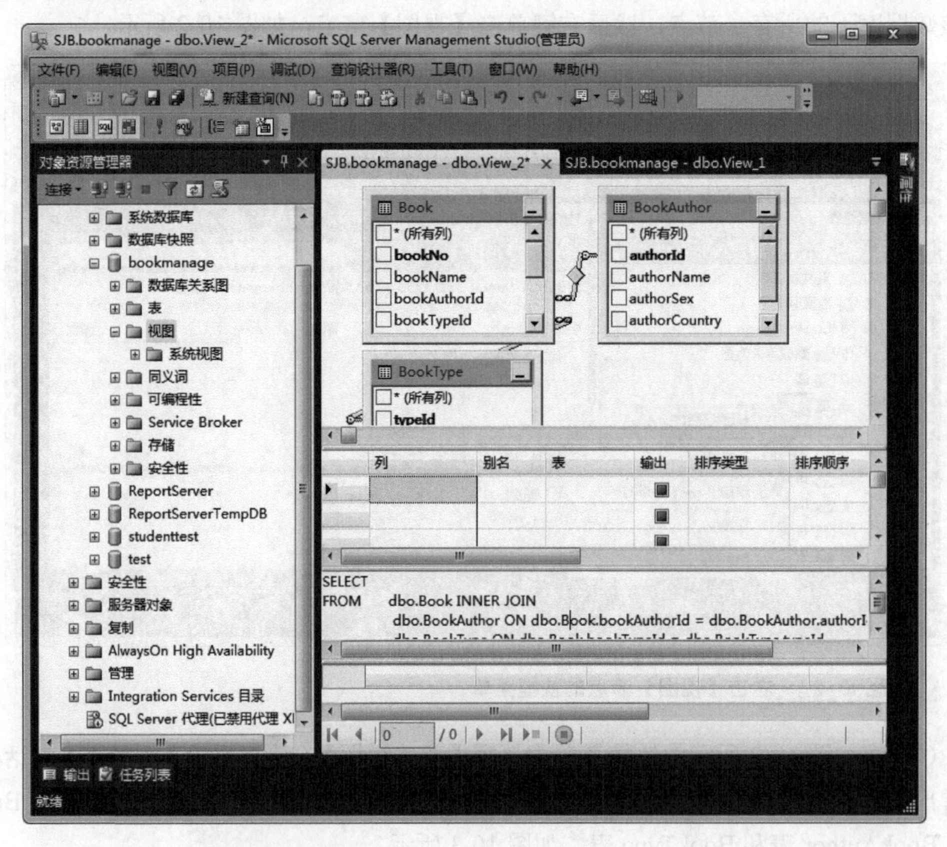

图 10-4 视图的设计窗口

（4）在图 10-4 所示的视图设计窗口中，用户可以选择顶层部分（也叫关系图）中表的列，这时会自动将列添加到中间部分，底层部分则自动生成 SELECT 语句。用户可以在中间部分的选择项中设置排序类型、排序顺序或筛选器等内容，如图 10-5 所示。

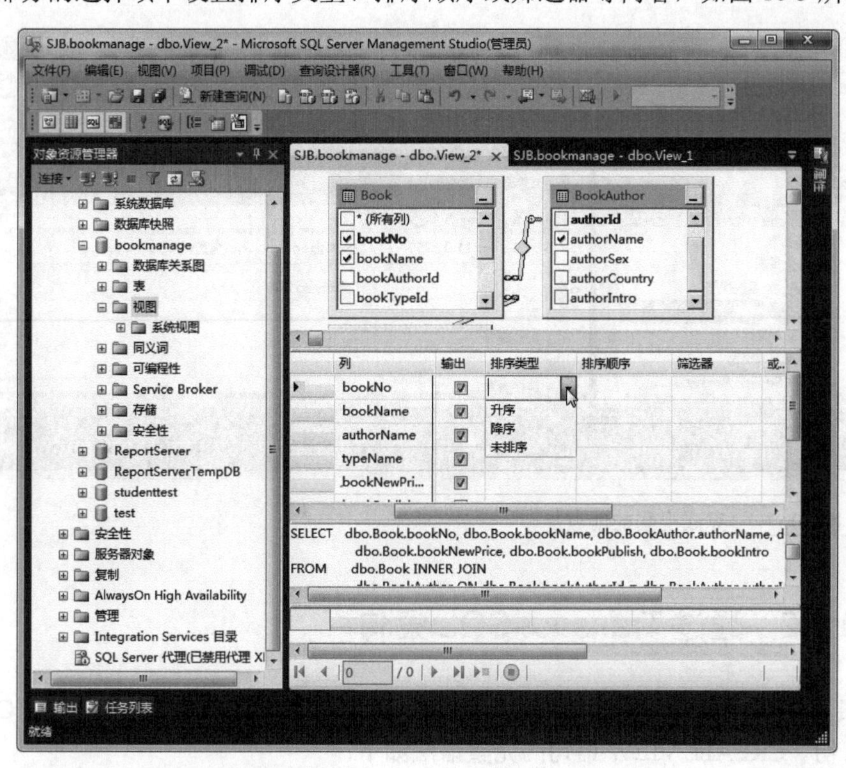

图 10-5　设置视图信息

（5）所有的内容设置完毕后可以单击工具栏中的【保存】按钮，或直接按 Ctrl+S 键，弹出【选择名称】对话框，如图 10-6 所示。

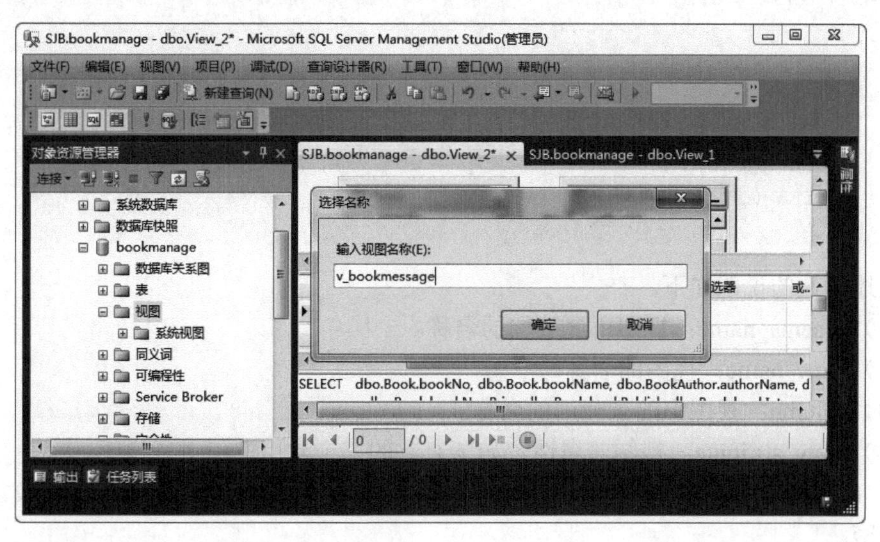

图 10-6　【选择名称】对话框

（6）在弹出的对话框中输入指定的视图名称 v_bookmessage，输入完毕后单击【确定】按钮，完成视图的创建。这时刷新【视图】项可以看到新添加的视图，如图 10-7 所示。

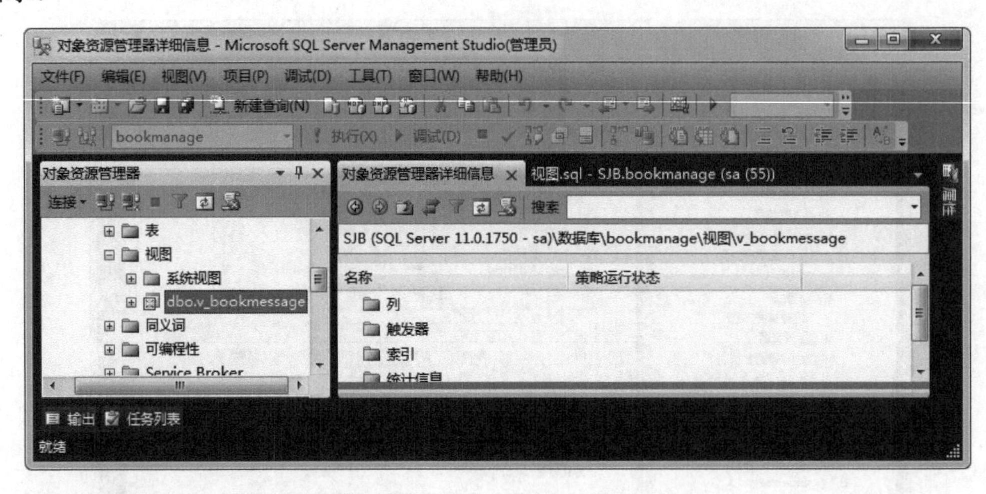

图 10-7　完成视图的创建

10.3.2　通过 Transact-SQL 语句

如果不想通过图形界面创建视图，那么可以使用 Transact-SQL 提供的 CREATE VIEW 语句。CREATE VIEW 语句的完整语法如下：

```
CREATE VIEW [ schema_name . ] view_name [ (column [ ,...n ] ) ]
[ WITH <view_attribute> [ ,...n ] ]
AS select_statement
[ WITH CHECK OPTION ]
[ ; ]
<view_attribute> ::=
{
    [ ENCRYPTION ]
    [ SCHEMABINDING ]
    [ VIEW_METADATA ]
}
```

上述语法的说明如下。

（1）schema_name：视图所属架构的名称。

（2）view_name：视图的名称。

（3）column：视图中的列使用的名称。

（4）view_attribute：视图的属性。如下对它的三个常用取值进行说明。

① ENCRYPTION 表示对 sys.syscomments 表中包含 CREATE VIEW 语句文本的项进行加密。

② SCHEMABINDING 表示将视图绑定到基础表的架构。

③ VIEW_METADATA 指定为引用视图的查询请求浏览模式的元数据时，SQL Server 实例将向 DB-Library、ODBC 和 OLE DB API 返回有关视图的元数据信息，而不返回基表的元数据信息。

（5）AS：指定视图要执行的操作。

（6）select_statement：定义视图的 SELECT 语句。该语句可以使用多个表和其他视图，需要相应的权限才能在已创建视图的 SELECT 子句引用的对象中选择。

（7）CHECK OPTION：强制针对视图执行的所有数据修改语句都必须符合在 select_statement 中设置的条件。

在创建视图时，应该首先测试 SELECT 语句以确保能够返回正确的结果。通过 Transact-SQL 创建视图的一般步骤如下。

（1）编写用于创建视图的 SELECT 语句。

（2）对 SELECT 语句进行测试。

（3）检查测试结果是否正确，是否和预期的效果一样。

（4）创建完整的视图。

【范例 2】

当需要频繁地查询列的某种组合时，简单视图非常有用。下面使用 SELECT 语句创建视图，查询来自 Book 表、BookAuthor 表和 BookType 表中的数据。代码如下：

```
CREATE VIEW bookmessage_view
AS
SELECT bookNo,bookName,authorName,typeName,bookNewPrice AS '最新价格',
bookPublish AS '出版社',bookIntro AS '简介' FROM Book LEFT JOIN BookAuthor
ON Book.bookAuthorId = BookAuthor.authorId LEFT JOIN BookType ON
Book.bookTypeId = BookType.typeId
GO
```

在本范例中，只查询有关 Book、BookAuthor 和 BookType 表中的部分列，如果要查询全部的列，那么可以使用通配符（*）。

在创建视图时，还需要考虑到以下几个因素。

（1）在 CREATE VIEW 语句中，不能包括 ORDER BY、COMPUTE 或者 COMPUTE BY 子句，也不能出现 INTO 关键字。

（2）创建视图时所参考基表的列数最多为 1024 列。

（3）创建视图时不能参考临时表。

（4）在一个批处理语句中，CREATE VIEW 语句不能和其他 Transact-SQL 语句混合使用。

（5）尽量避免使用外连接创建视图。

10.4 管理视图

创建视图完成后需要对视图进行简单的管理，例如修改视图的名称，或者查询视图的基本信息，或者将某个已经存在的视图删除。本节将简单介绍视图的查看、修改以及删除等管理操作。

10.4.1 获取视图信息

创建视图完成后，用户可以查看视图的信息和依赖关系，如下分别通过图形操作和 Transact-SQL 语句进行说明。

1．通过对象资源管理器获取视图信息

在打开的【对象资源管理器】|【数据库】节点中选择某个数据库，然后展开该数据库下的所有子节点，右键单击【视图】节点下的某个视图，在弹出的快捷菜单中选择【属性】命令，弹出【视图属性】对话框，如图 10-8 所示。

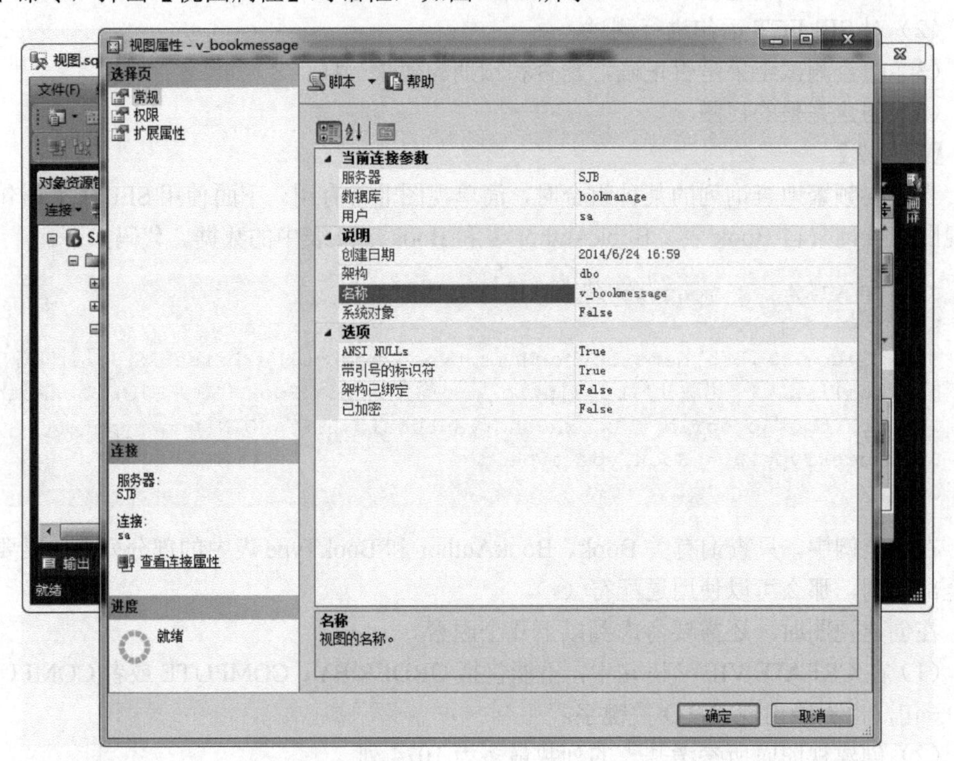

图 10-8 【视图属性】对话框

在如图 10-8 所示的对话框中包含多个视图属性，如服务器、数据库、用户、创建日期、架构、视图名称、系统对象以及带引号的标识符等。

2．通过设计器获取视图信息

通过设计器查看视图属性的方式与对象资源管理器很相似。在数据库中找到【视图】节点下要查看的视图，右键单击该视图，在弹出的快捷菜单中选择【设计】命令，打开视图设计窗口，在“关系图”部分的空白区域右击，在弹出的快捷菜单中选择【属性】命令，如图 10-9 所示。

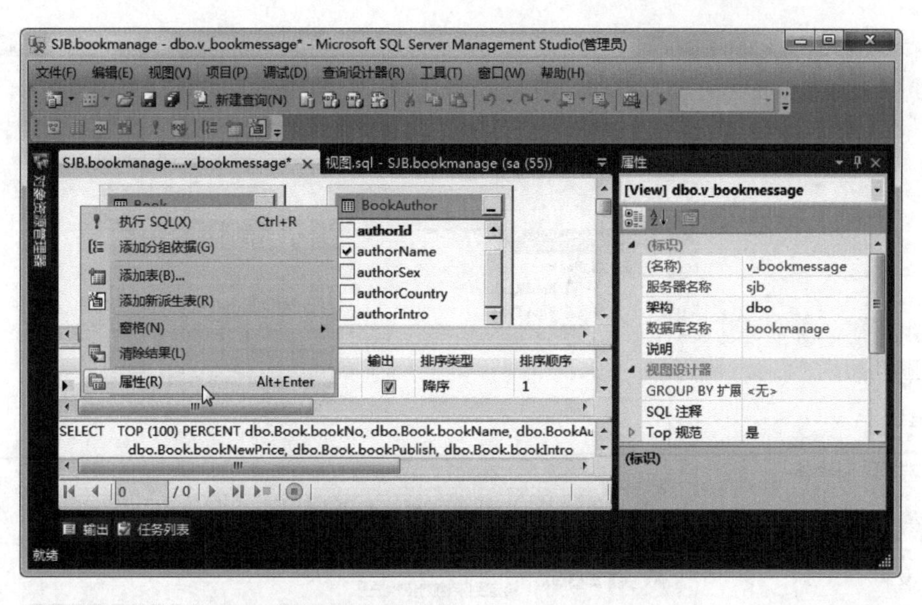

图 10-9 通过设计器查看视图信息

3．通过对象资源管理器获取视图的依赖关系

用户可以通过对象资源管理器获取视图的依赖关系。在对象资源管理器中找到【视图】文件夹下要查看的视图，然后右击该视图，在弹出的快捷菜单中选择【查看依赖关系】命令，弹出【对象依赖关系】对话框，如图 10-10 所示。

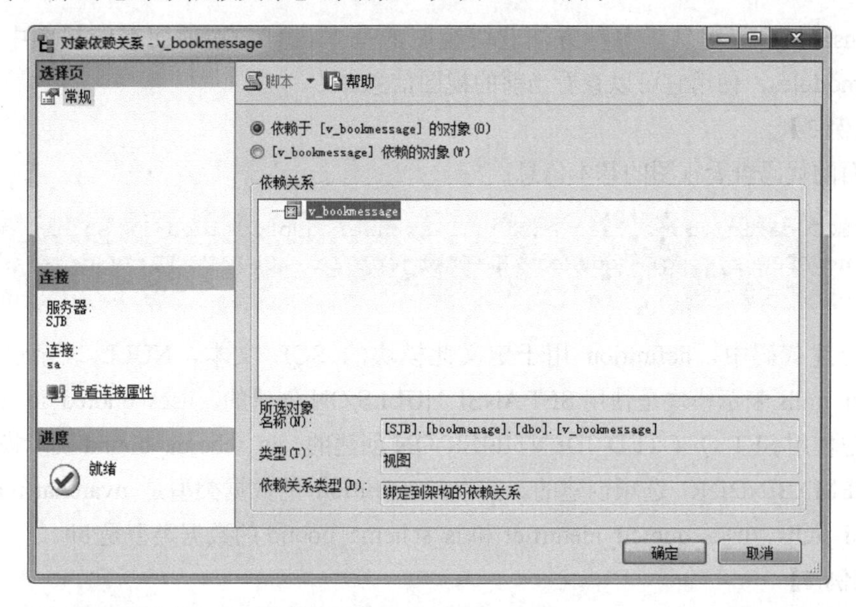

图 10-10 依赖于【视图名称】的对象

从图 10-10 中可以看出，默认情况下，选中“依赖于[v_bookmanage]的对象”可以显示引用该视图的对象。也可以选择另一个选项，选中“[v_bookmanage]依赖的对象”时可以显示被该视图引用的对象，如图 10-11 所示。

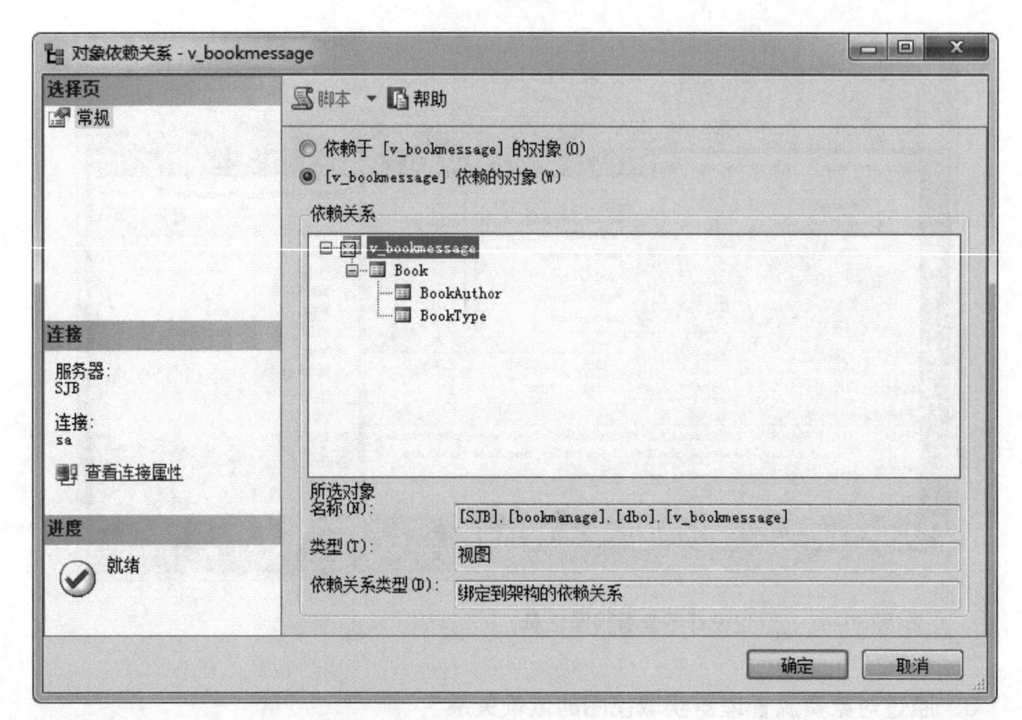

图 10-11 【视图名称】依赖的对象

4．通过 Transact-SQL 获取视图的定义和属性

Transact-SQL 提供了多种方法获取视图的基本信息，在前面系统视图中提到了 sys.sql_modules，使用它可以查看当前的视图信息。

【范例 3】

下面的代码查看视图的基本信息：

```
SELECT definition, uses_ansi_nulls, uses_quoted_identifier, is_schema_
bound FROM sys.sql_modules WHERE object_id = OBJECT_ID('v_bookmessage')
GO
```

在上述代码中，definition 用于定义此模块的 SQL 文本，NULL 表示已加密。uses_ansi_nulls 表示模块是使用 SET ANSI_NULLS ON 创建的。uses_quoted_identifier 表示模块是使用 SET QUOTED_IDENTIFIER ON 创建的。is_schema_bound 表示模块是使用 SCHEMABINDING 选项创建的。其中，definition 的数据类型是 nvarchar(max)，而 uses_ansi_nulls、uses_quoted_identifier 和 is_schema_bound 的数据类型是 bit。

【范例 4】

Transact-SQL 提供的 sp_helptext 存储过程可以查看视图的定义信息。代码如下：

```
EXEC sp_helptext 'v_bookmessage'
```

执行上述代码，效果如图 10-12 所示。

	Text
1	CREATE VIEW dbo.v_bookmessage
2	AS
3	SELECT TOP (100) PERCENT dbo.Book.bookNo, dbo.Book.bookName, dbo.BookAuthor.authorName, dbo.BookType.typeName,
4	dbo.Book.bookNewPrice, dbo.Book.bookPublish, dbo.Book.bookIntro
5	FROM dbo.Book INNER JOIN
6	dbo.BookAuthor ON dbo.Book.bookAuthorId = dbo.BookAuthor.authorId INNER JOIN
7	dbo.BookType ON dbo.Book.bookTypeId = dbo.BookType.typeId
8	ORDER BY dbo.Book.bookNo DESC

图 10-12 使用 **sp_helptext** 存储过程

【范例 5】

Transact-SQL 还提供了名称为 sp_depends 的存储过程，它可以获取视图对象的参照对象和字段。代码如下：

```
EXEC sp_depends 'v_bookmessage'
```

执行上述代码，效果如图 10-13 所示。

	name	type	updated	selected	column
1	dbo.BookType	user table	no	yes	typeId
2	dbo.BookType	user table	no	yes	typeName
3	dbo.BookAuthor	user table	no	yes	authorId
4	dbo.BookAuthor	user table	no	yes	authorName
5	dbo.Book	user table	no	yes	bookNo
6	dbo.Book	user table	no	yes	bookName
7	dbo.Book	user table	no	yes	bookAuthorId
8	dbo.Book	user table	no	yes	bookTypeId
9	dbo.Book	user table	no	yes	bookNewPrice
10	dbo.Book	user table	no	yes	bookPublish
11	dbo.Book	user table	no	yes	bookIntro

图 10-13 使用 **sp_depends** 存储过程

5. 通过 Transact-SQL 查看依赖关系

通过 Transact-SQL 语句查看视图中表的依赖关系时需要使用到名称为 sys.sql_expression_dependencies 的系统视图。

【范例 6】

下面返回 v_bookmessage 视图中引用的表和列，该视图依赖于 referenced_entity_name 和 referenced_column_name 列中返回的实例。代码如下：

```
SELECT OBJECT_NAME(referencing_id) AS referencing_entity_name,
    o.type_desc AS referencing_desciption,
    COALESCE(COL_NAME(referencing_id, referencing_minor_id), '(n/a)') AS
    referencing_minor_id,
    referencing_class_desc, referenced_class_desc,
    referenced_server_name, referenced_database_name, referenced_
```

```
    schema_name,
    referenced_entity_name,
    COALESCE(COL_NAME(referenced_id, referenced_minor_id), '(n/a)') AS
    referenced_column_name,
    is_caller_dependent, is_ambiguous
FROM sys.sql_expression_dependencies AS sed
INNER JOIN sys.objects AS o ON sed.referencing_id = o.object_id
WHERE referencing_id = OBJECT_ID('Production.vProductAndDescription')
```

执行上述代码，效果如图 10-14 所示。

结果 消息

	referencing_entity_name	referencing_desciption	referencing_minor_id	referencing_class_desc	referenced_class_desc	refer
1	v_bookmessage	VIEW	(n/a)	OBJECT_OR_COLUMN	OBJECT_OR_COLUMN	NULL
2	v_bookmessage	VIEW	(n/a)	OBJECT_OR_COLUMN	OBJECT_OR_COLUMN	NULL
3	v_bookmessage	VIEW	(n/a)	OBJECT_OR_COLUMN	OBJECT_OR_COLUMN	NULL

图 10-14 查看依赖关系

10.4.2 修改视图

当用户创建视图完成后会发现，在 v_bookmessage 视图的查询结果中少了一列，这时可以修改视图。修改视图通常有两种方式，即图形界面和 Transact-SQL 语句。通过图形界面修改视图时，需要直接在弹出的视图设计窗口中进行更改（如图 10-5 所示），更改完成后保存即可。

当使用 Transact-SQL 语句修改视图时，需要通过 ALTER VIEW 语句实现。如果要执行 ALTER VIEW 语句，至少需要具有对 OBJECT 的 ALTER 权限。ALTER VIEW 语句的完整语法如下：

```
LTER VIEW [ schema_name . ] view_name [ ( column [ ,...n ] ) ]
[ WITH <view_attribute> [ ,...n ] ]
AS select_statement
[ WITH CHECK OPTION ] [ ; ]
<view_attribute> ::=
{
    [ ENCRYPTION ]
    [ SCHEMABINDING ]
    [ VIEW_METADATA ]
}
```

从上述内容可以看出，ALTER VIEW 语句的语法与 CREATE VIEW 相似。因此，这里不再对其进行详细说明。

【范例 7】

更改 v_bookmessage 视图的内容，在 SELECT 查询语句中获取 bookOldPrice 列的值。

代码如下：

```
ALTER VIEW v_bookmessage
AS
SELECT bookNo,bookName,authorName,typeName,bookOldPrice AS '原价',
bookNewPrice AS '最新价格',bookPublish AS '出版社',bookIntro AS '简介' FROM
Book LEFT JOIN BookAuthor ON Book.bookAuthorId = BookAuthor.authorId LEFT
JOIN BookType ON Book.bookTypeId = BookType.typeId
GO
```

10.4.3 重命名视图

随着视图的不断更改，可能当前使用的视图名称已经不能满足用户的要求，这时用户可以重命名视图。重命名视图也有两种方式，一种是使用图形界面进行重命名，另一种是通过 Transact-SQL 语句进行重命名。

1. 通过图形界面重命名视图

使用这种方式时，需要选中某个数据库中【视图】节点下要修改的视图，右键单击弹出快捷菜单，选择【重命名】命令，然后输入视图的新名称即可。

2. 通过 Transact-SQL 语句重命名视图

通过 Transact-SQL 语句重命名视图需要使用 sp_rename 存储过程。

【范例 8】

通过 sp_renanme 更改 v_bookmessage 视图的名称，新名称为 view_bookmessage。代码如下：

```
USE bookmanage
GO
EXEC sp_rename 'v_bookmessage','view_bookmessage'
GO
```

用户在重命名视图之后，需要确保引用视图的旧名称的所有对象、脚本和应用程序都使用新名称。

注意

用户可以通过以上两种方式重命名视图，但是一般情况下并不建议这样做。最常用的方法是让用户删除视图，然后使用新名称重新创建一个视图。通过重新创建视图，用户可以更新视图中引用的对象的依赖关系信息。

10.4.4 删除视图

用户在删除视图时，有以下两种限制和局限。

（1）删除视图时，将从系统目录中删除视图的定义和有关视图的其他信息，还将删除视图的所有权限。

（2）使用 DROP TABLE 删除的表上的任何视图都必须使用 DROP VIEW 显式删除。

通过图形界面删除视图时，首先展开当前视图所在的数据库的所有子节点，然后选中【视图】节点下要删除的视图，右键单击该视图，在弹出的快捷菜单中选择【删除】命令，弹出【删除对象】对话框，如图 10-15 所示。

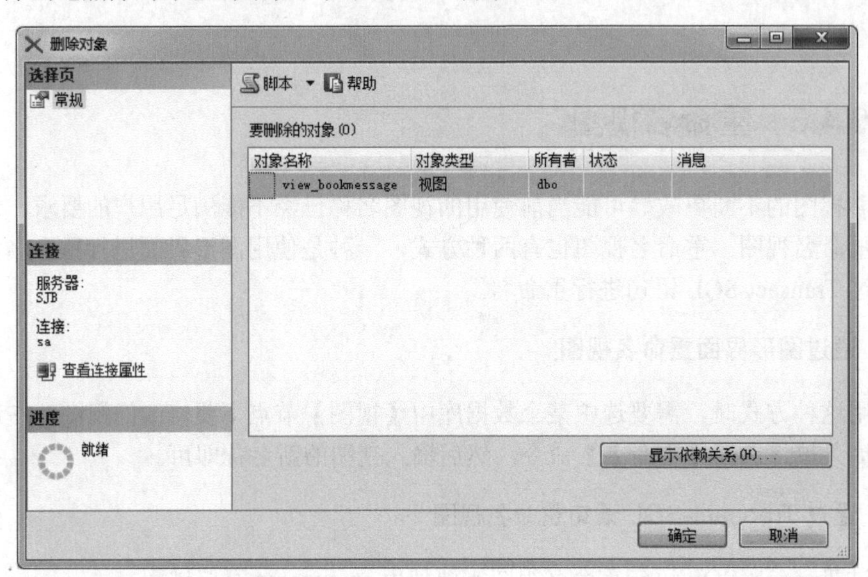

图 10-15 【删除对象】对话框

在图 10-15 中，如果确定删除当前选中的视图，则单击【确定】按钮，否则单击【取消】按钮即可。

除了使用上述方式外，用户还可以通过 Transact-SQL 语句删除视图。DROP VIEW 语句从当前数据库中删除一个或多个视图。基本语法如下：

```
DROP VIEW [ schema_name . ] view_name [ ...,n ] [ ; ]
```

在上述语法中，schema_name 表示视图所属架构的名称，view_name 表示要删除的视图的名称。

使用 DROP VIEW 删除视图时，将从系统目录中删除视图的定义和有关视图的其他信息，还将删除视图的所有权限。对索引视图执行 DROP VIEW 语句时，将自动删除视图上的所有索引。如果需要显示视图上的索引，可以使用 sp_helpindex 存储过程。

【范例 9】

通过 DROP VIEW 删除 bookmanamge 数据库中的 v_newbookmessage 视图。在执行删除操作之前，需要先判断该视图是否存在。代码如下：

```
USE bookmanage
GO
```

```
IF OBJECT_ID ('dbo.v_newbookmessage', 'V') IS NOT NULL
DROP VIEW v_newbookmessage
GO
```

10.5 使用视图

在前面已经对视图的创建和管理进行了介绍，同样通过视图能够完成表的数据查询、插入和删除等功能。下面简单了解一下创建视图后如何使用视图。

10.5.1 查询数据

在创建视图后，对数据的查询操作如同对基本表的查询操作一样。

【范例 10】

下面的代码通过 Transact-SQL 语句查询 view_bookmessage 视图中的数据：

```
use bookmanage
GO
SELECT * FROM view_bookmessage
```

执行上述代码，效果如图 10-16 所示。

结果 消息

	bookNo	bookName	authorName	typeName	原价	最新价格	出版社	简介
1	No1001	希腊神话故事	（希）斯蒂芬尼德斯 编著，陈中梅 译	民间文学	22	11	中国对外翻译出版公司	希腊神话故
2	No1002	中国古代神话	袁珂	民间文学	48	29	中国华夏出版社	神话故事
3	No1003	中国神话传说词典	袁珂	民间文学	50	29	北京联合出版公司	NULL
4	No1004	西湖民间故事	杭州市文化局	民间文学	20	12	浙江文艺出版社	NULL
5	No1005	克雷洛夫寓言全集	（俄罗斯）克雷洛夫 著，石国雄 译	民间文学	20	15	译林出版社	译林名著
6	No1006	三毛：撒哈拉的故事	三毛	名家作品	24	17	北京十月文艺出版社	
7	No1007	恰到好处的幸福	毕淑敏	名家作品	33	21	湖南文艺出版社	NULL
8	No1008	三毛：梦里花落知多少	三毛	名家作品	24	17	北京十月文艺出版社	NULL
9	No1009	愿你与这世界温暖相拥	毕淑敏	名家作品	37	22	江苏文艺出版社	NULL
10	No1010	三毛全集：亲爱的三毛	三毛	名家作品	22	13	北京十月文艺出版社	NULL
11	No1011	千年一叹	余秋雨	名家作品	26	10	长江文艺出版社	

图 10-16 查询 view_bookmessage 视图中的数据

用户也可以根据条件查询视图中的数据，即可以在查询语句之后跟 WHERE 条件。

【范例 11】

查询 view_bookmessage 视图中 authorName 列的值中包含“故事”的记录，代码如下：

```
use bookmanage
GO
SELECT * FROM view_bookmessage WHERE bookName LIKE '%故事%'
```

执行上述代码，效果如图 10-17 所示。

	bookNo	bookName	authorName	typeName	原价	最新价格	出版社	简介
1	No1001	希腊神话故事	（希）斯蒂芬尼德斯 编著，陈中梅 译	民间文学	22	11	中国对外翻译出版公司	希腊神话故事
2	No1004	西湖民间故事	杭州市文化局	民间文学	20	12	浙江文艺出版社	NULL
3	No1006	三毛：撒哈拉的故事	三毛	名家作品	24	17	北京十月文艺出版社	

图 10-17 查询视图中的指定数据

10.5.2 添加数据

更新视图是指在视图中添加、修改和删除数据。像查询视图那样，对视图的更新操作也可转换为对表的更新操作。利用视图添加数据时，也需要使用到 INSERT 语句，只是不再向表中插入数据，而是向数据库中插入数据。

【范例 12】

下面使用 INSERT 语句向 view_bookmessage 视图中添加数据。代码如下：

```
use bookmanage
GO
INSERT INTO view_bookmessage VALUES('No1012','SQL Server 从入门到提高',
'abc','SQL 知识',43,33,'清华大学出版社','暂无')
```

由于 view_bookmessage 涉及到多个表，执行插入操作时可能影响多个基表，因此会向用户提示执行操作失败的错误信息。内容如下：

```
消息 4405，级别 16，状态 1，第 1 行
视图或函数 'view_bookmessage' 不可更新，因为修改会影响多个基表。
```

【范例 13】

为了演示如何使用 INSRET 语句向视图中添加数据，我们可以重新创建一个视图，然后向新创建的视图中添加数据，步骤如下。

（1）创建名称为 view_BookAuthor 的视图，代码如下：

```
CREATE VIEW view_BookAuthor
AS
SELECT * FROM BookAuthor
```

（2）利用 INSERT 语句向视图中插入单条记录，代码如下：

```
INSERT INTO view_BookAuthor(authorName,authorSex) VALUES('巴金','男')
```

（3）利用 INSERT 可以向表中插入单条或多条记录，当然也可以向视图中添加单条或多条记录。如下代码向视图中同时插入两条数据：

```
INSERT INTO view_BookAuthor(authorName,authorSex) VALUES('海伦凯勒',
```

```
'女'),('高尔基','男')
```

（4）查询 view_BookAuthor 视图中的数据，代码如下：

```
SELECT * FROM view_BookAuthor
```

（5）分别执行上述步骤的代码，查询视图中的最新结果，如图 10-18 所示。

结果 | 消息

	authorId	authorName	authorSex	authorCountry	authorIntro
10	25	（希）...	男	不详	NULL
11	26	袁珂	男	不详	NULL
12	27	杭州市...	女	不详	NULL
13	28	（俄罗...	女	不详	NULL
14	29	毕淑敏	女	不详	NULL
15	30	余秋雨	女	不详	NULL
16	31	老舍	男	不详	NULL
17	32	巴金	男	不详	NULL
18	33	海伦凯勒	女	不详	NULL
19	34	高尔基	男	不详	NULL

图 10-18　向视图中插入数据

范例 13 中执行添加数据的过程中，首先从数据字典中找到 view_BookAuthor 视图的定义，然后把该定义和添加数据操作结合起来，从而转换成等价的对 BookAuthor 表的插入。因此当完成向视图添加数据后，查询 BookAuthor 表中的数据时，可以发现，该表中也多了三条记录。

技巧

如果要防止用户通过视图对数据库进行增加、删除和修改操作，并且有意无意地对不属于视图范围内的基本表数据进行操作，则在视图定义时要加上 WITH CHECK OPTION 子句。这样在视图中进行添加、删除和修改数据操作时，数据库会检查视图定义中子查询的 WHERE 子句中的条件，如果操作的记录不满足条件，则拒绝执行相应的操作。

10.5.3　修改数据

修改视图与修改基本表的方式很相似。通过图形界面修改视图中的数据信息时，右键单击选中的视图，在弹出的快捷菜单中选择【编辑前 200 行】命令，打开设计窗口，如图 10-19 所示。在图 10-19 中，直接更改单元格中的内容，更改后按下 Enter 键即可保存数据。

如果要通过 Transact-SQL 更改视图中的数据，需要通过 UPDATE 语句。

【范例 14】

如下通过 UPDATE 语句更改 view_BookAuthor 视图中 authorId 列的值为 34 的行的 authorCountry 列的值。代码如下：

```
UPDATE view_BookAuthor SET authorCountry='苏联' WHERE authorId=34
```

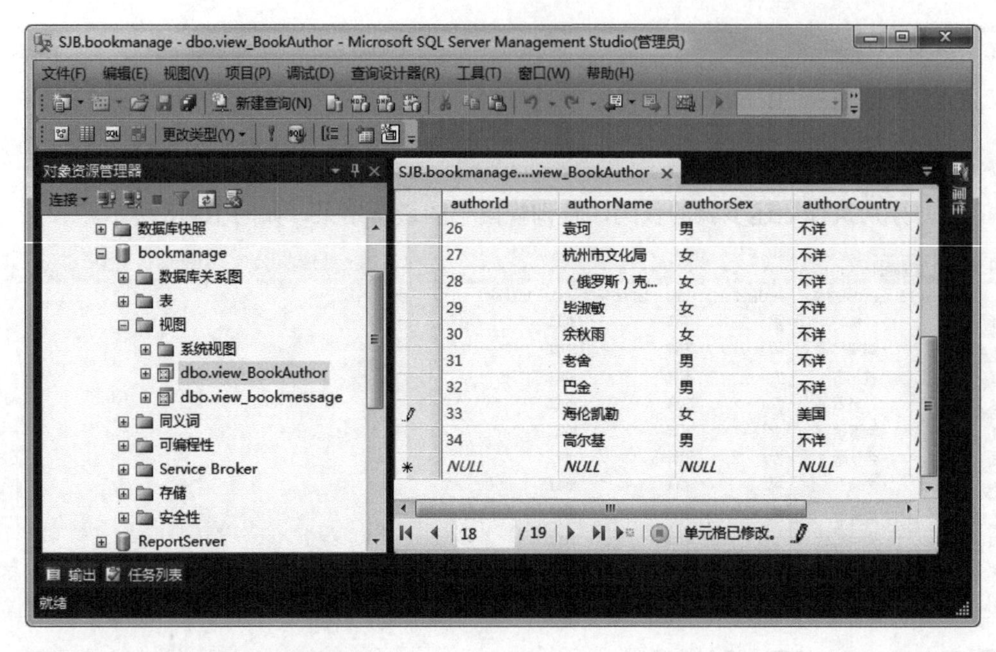

图 10-19　更改视图的数据

执行上述代码受 1 行影响，通过 SELECT 语句查询 view_BookAuthor 表中的数据，如图 10-20 所示。从图 10-20 中可以看出，修改视图中的数据已经成功。

结果　消息

	authorId	authorName	authorSex	authorCountry	authorIntro
11	26	袁珂	男	不详	NULL
12	27	杭州市文化局	女	不详	NULL
13	28	（俄罗斯）克雷洛夫　著，石国雄　译	女	不详	NULL
14	29	毕淑敏	女	不详	NULL
15	30	余秋雨	女	不详	NULL
16	31	老舍	男	不详	NULL
17	32	巴金	男	不详	NULL
18	33	海伦凯勒	女	美国	NULL
19	34	高尔基	男	苏联	NULL

图 10-20　Transact-SQL 修改视图中的数据

提示

用户也可以通过图形界面或者 Transact-SQL 语句删除视图中的单条或多条数据，Transact-SQL 删除时需要通过 DELETE 语句。删除视图中的数据很简单，感兴趣的读者可以亲自动手试一试，这里不再详细解释。

10.6 索引视图

在视图中创建唯一的聚集索引及非聚集索引，来提高复杂的查询的数据访问性能。

具有唯一索引的视图即为索引视图。

10.6.1 了解索引视图

对视图创建的第一个索引必须是唯一聚集索引，创建唯一聚集索引后，可以创建非聚集索引。为视图创建唯一聚集索引可以提高查询性能，因为视图在数据库中的存储方式与具有聚集索引的表的存储方式相同。索引视图可以通过以下三种方式提高查询性能。

（1）可预先计算聚合并将其保存在索引中，从而在查询执行时，最小化高成本地计算。

（2）可预先联接各个表并保存最终获得的数据集。

（3）可保存联接或聚合的组合。

在实施索引视图前，分析数据库工作负荷。运用查询及各种相关工具方面的知识来确定可从索引视图获益的查询。频繁发生聚合和联接的情况最适合使用索引视图。不是所有的查询都能从索引视图中受益。与一般索引类似，如果未使用索引视图，就无法从中受益。这种情况下，不仅无法实现性能的提高，而且还会在磁盘空间、维护以及优化方面产生额外的成本。但是，当使用索引视图时，可大大提高数据访问。从查询类型和模式方面来看，受益的应用程序一般包含以下几个。

（1）大型表的联接和聚合。

（2）查询的重复模式。

（3）几组相同或重叠的列上的重复聚合。

（4）相同键上相同表的重复联接。

（5）以上各项的组合。

10.6.2 创建步骤

索引视图是一种很重要的视图，如下为创建索引视图需要执行的几个简单步骤，这些步骤对索引视图的成功执行非常重要。

（1）验证视图中将引用的所有现有表的 SET 选项是否都正确。

（2）在创建任何新表和视图之前，验证会话的 SET 选项设置是否正确。

（3）验证视图定义是否为确定性的。

（4）使用 WITH SCHEMABINDING 选项创建视图。

（5）为视图创建唯一的聚集索引。

10.6.3 所需要求

索引视图在执行查询时需要 SET 选项，启用不同的 SET 选项，在数据库引擎中对同一表达式求值会产生不同的结果。例如，将 SET 选项 CONCAT_NULL_YIELD_NULL

设置为 ON 后，表达式'abc'+NULL 的返回值是 NULL。但将 CONCAT_NULL_YIEDS_NULL 设置为 OFF 后，同一表达式会生成'abc'。

为了确保能够正确维护视图并且返回一致结果，索引视图需要多个 SET 选项具有固定值。例如，表 10-2 列出了经常使用的 SET 选项，并对它们进行说明。

表 10-2 常用的 SET 选项

SET 选项	必需的值	默认服务器值
ANSI_NULLS	ON	ON
ANSI_PADDING	ON	ON
ANSI_WARNINGS*	ON	ON
ARITHABORT	ON	ON
CONCAT_NULL_YIELDS_NULL	ON	ON
NUMERIC_ROUNDABORT	OFF	OFF
QUOTED_IDENTIFIER	ON	ON

索引视图必须是确定性的，如果选择列表中的所有表达式、WHERE 和 GROUP BY 子句都具有确定性，则视图也具有确定性。除了对 SET 选项和确定性函数的要求外，还必须满足下列要求。

（1）执行 CREATE INDEX 的用户必须是视图所有者。

（2）创建索引时，IGNORE_DUP_KEY 选项必须设置为 OFF（默认设置）。

（3）在视图定义中，必须使用两部分名称（即 schema.tablename）引用表。

（4）在视图中引用的任何用户定义函数都必须由两部分组成的名称 schema.function 引用。

（5）用户定义函数的数据访问属性必须为 NO SQL，外部访问属性必须是 NO。

（6）公共语言运行时可以出现在视图的选择列表中，但不能作为聚集索引键定义的一部分。

（7）必须使用 WITH SCHEMABINDING 选项创建视图。

（8）视图必须仅引用与视图位于同一数据库中的基本表，视图不能引用其他视图。

（9）SELECT 语句中不能使用*或 tablename.*来定义列，必须直接给出列名。

（10）不能包含表示行的函数。

（11）不能包含 AVG()、MAX()、MIN()、STDEV()、STDEVP()VAR()和 VARP()等统计运算函数。

（12）不能包含 UNION、DISTINCT、TOP、ORDER BY、COMPUTE、COMPUTE BY 和 COUNT(*)等 Transact-SQL 元素。

10.7 实验指导——创建和使用索引视图

上一节简单介绍了索引视图，下面为创建索引视图的简单语法：

```
CREATE VIEW 视图名 WITH SCHEMABINDING
AS
SELECT 语句
GO
```

根据上述语法创建一个索引视图，并且使用索引视图，实现步骤如下。

（1）通过 USE 关键字使用 bookmanage 数据库，然后通过 SET 将选项设置为支持索引视图。代码如下：

```
USE bookmanage
GO
SET NUMERIC_ROUNDABORT OFF
SET ANSI_PADDING, ANSI_WARNINGS, CONCAT_NULL_YIELDS_NULL, ARITHABORT,
QUOTED_IDENTIFIER, ANSI_NULLS ON
GO
```

（2）创建视图前首先判断该视图是否存在，如果存在则通过 DROP VIEW 语句删除视图。代码如下：

```
IF OBJECT_ID ('view_bookallinfo', 'V') IS NOT NULL
    DROP VIEW bookmanage.view_bookallinfo
GO
```

（3）CREATE VIEW 语句通过使用 WITH SCHEMABINDING 创建索引视图。代码如下：

```
CREATE VIEW view_bookallinfo WITH SCHEMABINDING
AS
SELECT b.bookNo, b.bookName, ba.authorName, ba.authorSex, bt.typeName,
b.bookOldPrice, b.bookNewPrice, b.bookPublish FROM dbo.Book b,dbo.
BookAuthor ba,dbo.BookType bt WHERE b.bookAuthorId = ba.authorId AND
b.bookTypeId = bt.typeId
GO
```

（4）在视图中创建索引的代码如下：

```
CREATE UNIQUE CLUSTERED INDEX IDX_V1
   ON view_bookallinfo (bookNo,bookName)
GO
```

（5）通过 SELECT 语句执行查询，该查询可以使用索引视图，虽然视图并不在 FROM 子句中指定。代码如下：

```
SELECT b.bookNo,b.bookName FROM  Book b LEFT JOIN BookAuthor  ba ON
b.bookAuthorId = ba.authorId LEFT JOIN BookType bt ON b.bookTypeId =
bt.typeId WHERE b.bookAuthorId>=20 AND (b.bookNewPrice>=20 AND b.
bookNewPrice<=35) GROUP BY bookNo,bookName ORDER BY bookNo
GO
```

（6）运行前面各个步骤的代码查看效果，这里不再显示效果图。

10.8 思考与练习

一、填空题

1. 一般情况下，可以将视图分为__________、分区视图和系统视图。

2. Transact-SQL 语句创建视图时需要使用__________。

3. __________语句用于修改视图的内容。

4. 重命名视图时需要使用__________存储过程。

二、选择题

1. 通过 Transact-SQL 语句创建视图的一般步骤是__________。

（1）检查测试结果是否正确，是否和预期的效果一样。

（2）创建完整的视图。

（3）编写用于创建视图的 SELECT 语句。

（4）对 SELECT 语句进行测试。

A.（1）、（2）、（3）、（4）

B.（2）、（1）、（3）、（4）

C.（3）、（4）、（2）、（1）

D.（3）、（4）、（1）、（2）

2. Transact-SQL 中通过__________语句可以查看视图之间的依赖关系。

A. sys.sql_views_dependencies

B. sys.sql_expression_dependencies

C. sys.sql_modules

D. sys.system_views

3. 关于查询和视图，下列说法不正确的是__________。

A. 查询不可以更新基本表数据，而视图可以更新基本表数据

B. 查询和视图都可以更新基本表数据

C. 视图具有许多数据库表的属性，利用视图可以创建查询

D. 视图可以更新基本表的数据，存储于数据库中

4. 执行下面的 SQL 语句，执行语句后的视图包含的字段是__________。

```
CREATE VIEW view_stock AS SELECT
stockName AS name,stockPrice
FROM stock
```

A. stockName、stockPrice

B. name、stockPrice

C. stockName、name

D. name、stockPrice、view_stock

5. 创建索引视图时必须指定__________选项。

A. WITH SCHEMABINDING

B. WITH UNIQUE

C. CREATE SCHEMABINDING

D. CREATE UNIQUE

6. 下列创建视图的代码中，__________选项的代码是完整无误的。

A.

```
CREATE VIEW view_test
AS
SELECT bookNo,bookName,
bookNewPrice,bookPublish FROM
Book ORDER BY bookNo DESC
```

B.

```
CREATE VIEW view_test WITH
SCHEMABINDING
AS
SELECT bookNo,bookName,
bookNewPrice,bookPublish FROM
Book ORDER BY bookNo DESC
```

C.

```
CREATE VIEW view_test
AS
SELECT bookNo,bookName,
bookNewPrice,bookPublish FROM
Book
```

D.

```
CREATE VIEW view_test AS test
AS
SELECT bookNo,bookName,
bookNewPrice,bookPublish FROM
Book
```

三、简答题

1．简单描述视图的优缺点。

2．SQL Server 2012 中提供的系统视图有哪些？它们是用来做什么的？至少说出三个。

3．创建视图的方式有哪些？如何进行创建？

4．如何重命名视图和删除视图？

第 11 章　SQL Server 2012 触发器

除了约束之外，在数据表上还可以使用触发器来实现数据的完整性和强制使用业务规则。触发器可以在对数据库执行操作前后由 SQL Server 触发。根据引起执行触发器操作的语言不同，触发器又可分为多种类型。

本章首先介绍了 SQL Server 2012 中触发器的作用、执行环境及其类型，然后重点对触发器的使用进行讲解，包括创建 DML 触发器、禁用和启用触发器、数据库 DDL 触发器以及嵌套触发器等。

本章学习要点：

- 了解触发器的作用
- 掌握 DML 触发器的创建和测试
- 掌握触发器的禁用、启用、修改和删除操作
- 熟悉数据库 DDL 触发器的创建
- 熟悉服务器 DDL 数据库的创建
- 了解嵌套和递归触发器

11.1 触发器概述

触发器是建立在触发事件上的。例如用户在对表执行 INSERT、UPDATE 或 DELETE 操作时，SQL Server 就会触发相应的事件，并自动执行和这些事件相关的触发器。

触发器中包含了一系列用于定义业务规则的 SQL 语句，用来强制用户实现这些规则，从而确保数据的完整性。

11.1.1 触发器的作用

触发器的主要作用就是能够实现由主外键所不能保证的、复杂的参照完整性和数据一致性。触发器具有如下特点。

（1）触发器可以自动执行。当表中的数据作了任何修改时，触发器将立即激活。

（2）触发器可以通过数据库中的相关表进行层叠更改，这比直接将代码写在前台的做法更安全合理。

（3）触发器可以强制用户实现业务规则，这些限制比用 CHECK 约束所定义的更复杂。

触发器能够对数据库中的相关表进行级联修改，还可以自定义错误消息、维护非规范化数据，以及比较数据修改前后的状态。

触发器适用于在下列情况下强制实现复杂的引用完整性。

（1）强制数据库间的引用完整性。

（2）创建多行触发器。当插入、更新或者删除多行数据时，必须编写一个处理多行数据的触发器。

（3）执行级联更新或者级联删除等类似操作。

（4）级联修改数据库中的所有相关表。

（5）撤销或者回滚违反引用完整性的操作，防止非法修改数据。

11.1.2 触发器的执行环境

触发器的执行环境是一种 SQL 执行环境，可以将一个执行环境看作是创建在内存中、在语句执行过程中保存执行进程的空间。

当调用触发器时，就会创建触发器的执行环境。如果调用多个触发器，就会分别为每个触发器创建执行环境。不过，在任何时候，一个会话中只有唯一一个执行环境是活动的。

触发器的执行环境如图 11-1 所示。

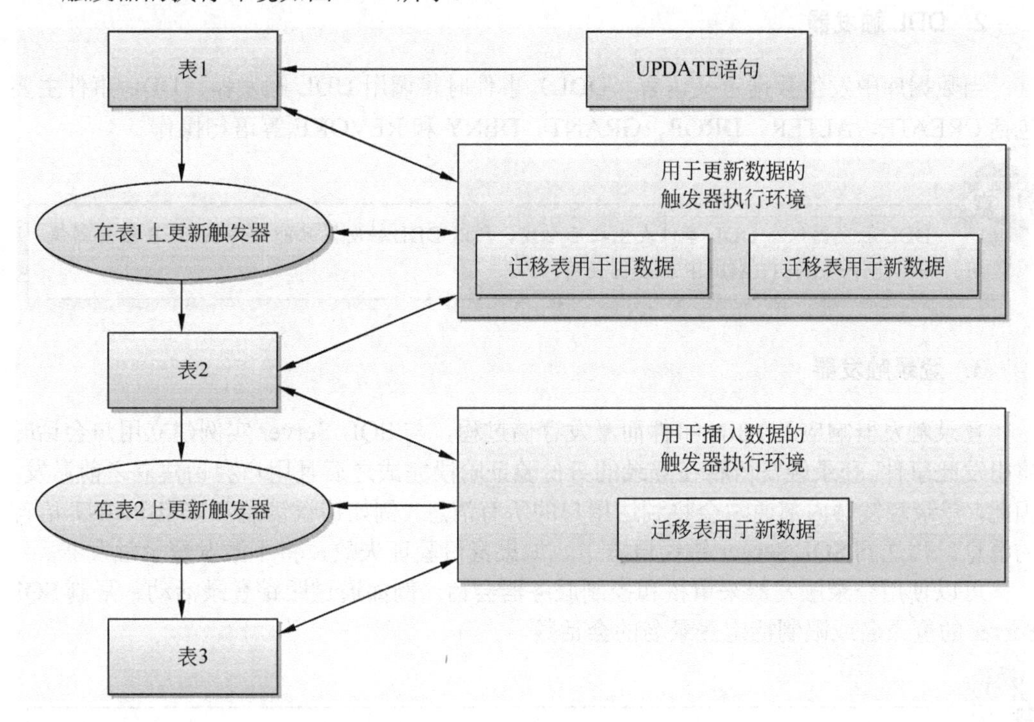

图 11-1 两个触发器的执行环境

图 11-1 中显示了两个触发器，一个是定义在表 1 上的 UPDATE 触发器，一个是定义在表 2 上的 INSERT 触发器。当对表 1 执行 UPDATE 操作时，UPDATE 触发器被激活，系统为该触发器创建执行环境。而 UPDATE 触发器需要向表 2 中添加数据，这时就会触发表 2 上的 INSERT 触发器，此时系统为 INSERT 触发器创建执行环境，该环境变成活动状态。INSERT 触发器执行结束后，它所在的执行环境被销毁，UPDATE 触发器的执

行环境再次变为活动状态。当 UPDATE 触发器执行结束后，它所在的执行环境也被销毁。

11.1.3 触发器的类型

在 SQL Server 2012 中按照触发事件的不同可以把触发器分成三大类型：DML 触发器、DDL 触发器和登录触发器。

1. DML 触发器

当数据库中发生数据操作语言（DML）事件时将调用 DML 触发器。DML 事件包括所有对表或视图中的数据进行改动的操作，如 INSERT、UPDATE 或 DELETE。

提 示

DML 触发器将触发器本身和触发它的语句作为可在触发器内回滚的单个事务对待。如果检测到错误（例如磁盘空间不足），则整个事务自动回滚。

2. DDL 触发器

当数据库中发生数据定义语言（DDL）事件时将调用 DDL 触发器。DDL 事件主要包括 CREATE、ALTER、DROP、GRANT、DENY 和 REVOKE 等语句操作。

注 意

DDL 触发器仅在 DDL 事件发生之后触发，所以 DDL 触发器只能作为 AFTER 触发器使用，而不能作为 INSTEAD OF 触发器使用。

3. 登录触发器

登录触发器响应 LOGIN 事件而激发存储过程，与 SQL Server 实例建立用户会话时将引发此事件。登录触发器将在登录的身份验证阶段完成之后且用户会话建立之前激发。因此，登录触发器内部通常会将到达用户的所有消息（例如错误消息和来自 PRINT 语句的消息）传送到 SQL Server 错误日志中。如果身份验证失败，将不激发登录触发器。

可以使用登录触发器来审核和控制服务器会话。例如通过跟踪登录活动、限制 SQL Server 的登录名或限制特定登录名的会话数。

提 示

登录触发器可以在任何数据库中创建，但需在服务器级注册，并保存在 master 数据库中。关于登录触发器的内容不作详细介绍。

11.2 DML 触发器

当在数据库服务器中发生 DML 事件时会触发 DML 触发器，这些事件包括对表或者视图执行的 UPDATE、INSERT 或者 DELETE 语句。下面针对每个语句下的 DML 触发器创建进行详细介绍。

11.2.1 DML 触发器简介

DML 触发器的作用如下。

（1）通过数据库中的相关表实现级联更改。

（2）防止恶意或错误的 INSERT、UPDATE 和 DELETE 操作，并强制执行比 CHECK 约束定义的限制更为复杂的业务逻辑。

（3）与 CHECK 约束不同，DML 触发器可以引用其他表中的列。例如，触发器可以使用对另一个表的 SELECT 查询比较插入或更新的数据，以及执行其他操作（如修改数据或显示用户定义错误信息）。

（4）评估数据修改前后表的状态，并根据该差异采取相应措施。

（5）一个表中的多个同类 DML 触发器允许采取多个不同的操作来响应同一个修改语句。

按照 DML 事件类型的不同，可以将 DML 触发器分为 INSERT 触发器、UPDATE 触发器和 DELETE 触发器，它们分别在对表执行 INSERT、UPDATE 和 DELETE 操作时执行。

按照触发器和触发事件操作时间的不同，可以将 DML 触发器分为如下两类。

（1）AFTER 触发器

在执行了 INSERT、UPDATE 或 DELETE 操作之后执行的触发器类型就是 AFTER 触发器。INSERT、UPDATE 和 DELETE 触发器都属于 AFTER 触发器。AFTER 触发器只能在表上指定。

（2）INSTEAD OF 触发器

执行 INSTEAD OF 触发器可以代替通常的触发动作。即可以使用 INSTEAD OF 触发器替代 INSERT、UPDATE 和 DELETE 触发事件的操作。

技巧

可以为带有一个或多个基表的视图定义 INSTEAD OF 触发器，这些触发器能够扩展视图可支持的更新类型，大大改善通过视图修改表中数据的功能。

每个 DML 触发器语句都可以使用两个特殊的表，即 deleted 表和 inserted 表。这是两个逻辑表，由系统自动创建和维护，存放在内存而不是数据库中，因此用户不能对它们进行修改。这两个表的结构总是与定义触发器的表的结构相同。触发器执行完成后，这两个表也会被删除。

这两个表的作用如下。

（1）deleted 表：用于存放对表执行 UPDATE 或 DELETE 操作时，要从表中删除的所有行。

（2）inserted 表：用于存放对表执行 INSERT 或 UPDATE 操作时，要向表中插入的所有行。

11.2.2 创建 DML 触发器语法

创建 DML 触发器的语法如下：

```
CREATE TRIGGER trigger_name
ON { table | view }
{
    { { FOR | AFTER | INSTEAD OF }
      { [DELETE] [,] [INSERT] [,] [UPDATE] }
        AS
         sql_statement
    }
}
```

使用 CREATE TRIGGER 语句创建触发器，必须是批处理中的第一个语句，该语句后面的所有其他语句将被解释为 CREATE TRIGGER 语句定义的一部分。

上述语法中各主要参数含义如下。

（1）trigger_name：用于指定创建触发器的名称。

（2）table|view：用于指定在其上执行触发器的表或者视图。

（3）FOR|AFTER|INSTEAD OF：用于指定触发器触发的时机。

（4）DELETE|INSERT|UPDATE：用于指定在表或者视图上执行哪些数据修改语句时将触发触发器的关键字。

（5）sql_statement：用于指定触发器所执行的 Transact-SQL 语句。

11.2.3 INSERT 触发器

INSERT 触发器在对定义触发器的表执行 INSERT 语句时被执行。创建 INSERT 触发器，需要在 CREATE TRIGGER 语句中指定 AFTER INSERT 选项。

【范例 1】

在手镯营销系统数据库的顾客信息表上创建一个 AFTER INSERT 触发器，该触发器实现在添加顾客信息之后统计当前的顾客总数量。

触发器的创建语句如下：

```
CREATE Trigger trig_Guestes
ON 顾客信息
AFTER INSERT
AS
BEGIN
    DECLARE @count int
    SELECT @count=COUNT(*) FROM 顾客信息
    SELECT @count '顾客总数量'
END
```

上述语句创建的触发器名称为 trig_Guestes，ON 关键字指定该触发器作用于顾客信息表，AFTER INSERT 表示在顾客信息表的 INSERT 操作之后触发。

现在使用 INSERT 语句向顾客信息表插入一行数据测试触发器，语句如下。

```
INSERT 顾客信息
VALUES(30,'张智成',10100,'东湖花园','广州市',null,null)
```

上述 INSERT 语句执行后将会看到输出结果如图 11-2 所示，说明触发器生效。

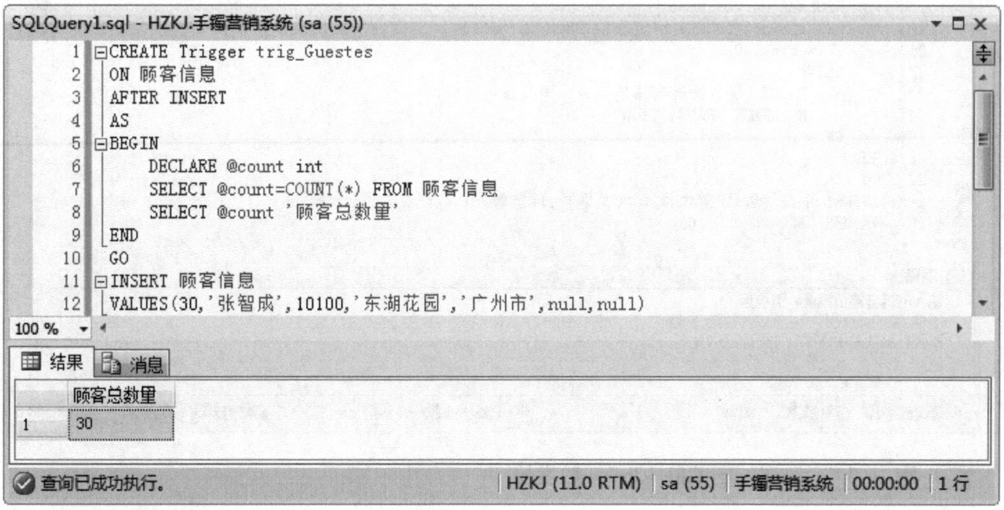

```
SQLQuery1.sql - HZKJ.手镯营销系统 (sa (55))
1  CREATE Trigger trig_Guestes
2  ON 顾客信息
3  AFTER INSERT
4  AS
5  BEGIN
6      DECLARE @count int
7      SELECT @count=COUNT(*) FROM 顾客信息
8      SELECT @count '顾客总数量'
9  END
10 GO
11 INSERT 顾客信息
12 VALUES(30,'张智成',10100,'东湖花园','广州市',null,null)
100 %
结果  消息
   顾客总数量
1  30
查询已成功执行。  HZKJ (11.0 RTM) | sa (55) | 手镯营销系统 | 00:00:00 | 1 行
```

图 11-2 测试 trig_Guestes 触发器

【范例 2】

在手镯信息表上创建一个 INSERT 触发器，用于检查新添加的珠宝售价是否小于等于 0，如果是则拒绝添加。触发器的创建语句如下：

```
CREATE TRIGGER trig_CheckPrice
ON 手镯信息
FOR INSERT
AS
BEGIN
    DECLARE @price money
    SET @price=(SELECT 珠宝售价 FROM inserted)
    IF(@price<=0)
    BEGIN
        PRINT '输入的珠宝售价错误，请检查。'
        ROLLBACK TRANSACTION
    END
END
```

使用 SELECT 语句从系统自动创建的 inserted 表中查询新添加的珠宝售价，再与 0 进行比较。如果小于等于 0，则使用 PRINT 命令输出错误信息，并使用 ROLLBACK TRANSACTION 语句进行事务回滚，拒绝向手镯信息表中添加。

例如，使用如下语句向手镯信息表中插入一行数据测试上述触发器。

```
INSERT 手镯信息(珠宝代号,珠宝商编号,珠宝售价)
VALUES('AGE-26','5',0)
```

上面的 INSERT 语句中将珠宝售价列设为“0”，明显不符合规范。该语句执行时将会显示错误信息，如图 11-3 所示。

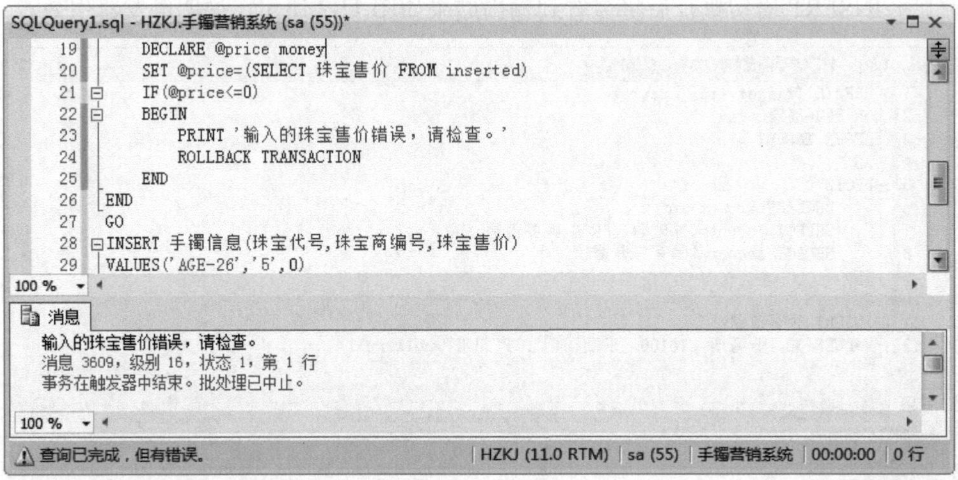

SQLQuery1.sql - HZKJ.手镯营销系统 (sa (55))*

```
19      DECLARE @price money
20      SET @price=(SELECT 珠宝售价 FROM inserted)
21      IF(@price<=0)
22      BEGIN
23          PRINT '输入的珠宝售价错误，请检查。'
24          ROLLBACK TRANSACTION
25      END
26  END
27  GO
28  INSERT 手镯信息(珠宝代号,珠宝商编号,珠宝售价)
29  VALUES('AGE-26','5',0)
```

100 %

消息

输入的珠宝售价错误，请检查。
消息 3609，级别 16，状态 1，第 1 行
事务在触发器中结束。批处理已中止。

100 %

查询已完成，但有错误。 | HZKJ (11.0 RTM) | sa (55) | 手镯营销系统 | 00:00:00 | 0 行

图 11-3 测试 trig_CheckPrice 触发器

11.2.4 DELETE 触发器

当针对目标表运行 DELETE 语句时，就会激活 DELETE 触发器。DELETE 触发器用于约束用户能够从数据库中删除的数据。

使用 DELETE 触发器时，需要考虑以下的事项和原则。

（1）当某行被添加到 deleted 表中时，该行就不再存在于数据库表中，因此，deleted 表和数据库表没有相同的行。

（2）创建 deleted 表时空间从内存中分配。deleted 临时表总是被存储在高速缓存中。

【范例 3】

例如，这里为顾客信息表添加一个 DELETE 触发器，使其在删除顾客信息时显示要删除顾客的详细信息，代码如下所示：

```
CREATE TRIGGER trig_DeleteGuest
ON 顾客信息
AFTER DELETE
AS
BEGIN
    SELECT * FROM deleted
END
```

上述代码创建了一个名称为 trig_DeleteGuest 的触发器，在该触发器中将从 deleted

表中查询出要删除的数据信息，输出到屏幕中。

编写一条 DELETE 语句对顾客信息表执行删除操作，语句如下：

```
DELETE 顾客信息 WHERE 消费者编号=30
```

使用该语句执行删除操作以后，可以删除消费者编号为 30 的顾客信息。同时会引起触发器 trig_DeleteGuest 的执行，因此会将删除的记录显示出来，结果如图 11-4 所示。

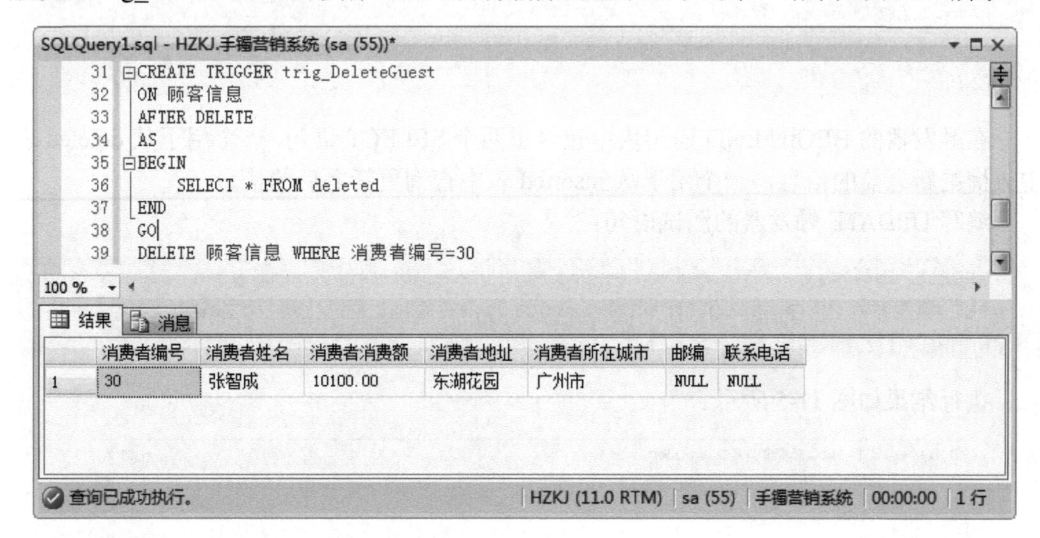

图 11-4 测试 trig_DeleteGuest 触发器

注意

对于含有用 DELETE 操作定义的外键表，不能定义 INSTEAD OF DELETE 触发器。

11.2.5 UPDATE 触发器

当一个 UPDATE 语句在目标表上运行的时候，就会调用 UPDATE 触发器。这种类型的触发器专门用于约束用户能修改的现有数据。

UPDATE 语句可以拆分为两个步骤：捕获数据前的 DELETE 语句和捕获数据后的 INSERT 语句。当在定义有触发器的表上执行 UPDATE 语句时，原始行被移入到临时表 deleted 表中，更新行被移入到临时表 inserted 表中。

提示

可以使用 IF UPDATE 语句定义一个监视指定数据列的更新操作的触发器，这样，就可以让触发器容易地隔离出特定列的活动。当它检测到指定数据列已经更新时，触发器就会进一步执行适当的动作。

【范例 4】

在手镯营销系统数据库中创建一个 UPDATE 触发器显示更新前后顾客信息的变化。

触发器的创建语句如下：

```
CREATE TRIGGER trig_UpdateGuest
ON 顾客信息
AFTER UPDATE
AS
BEGIN
    SELECT * FROM deleted
    SELECT * FROM inserted
END
```

在触发器的 BEGIN END 语句块中包含了两个 SELECT 语句，一个用于从 deleted 表中查询更新之前的信息，一个用于从 inserted 表中查询更新之后的信息。

编写 UPDATE 触发器的测试语句：

```
UPDATE 顾客信息
SET 消费者姓名='陈伟',消费者消费额=10010,消费者地址='富泰园',邮编='100010'
WHERE 消费者编号=5'
```

执行结果如图 11-5 所示。

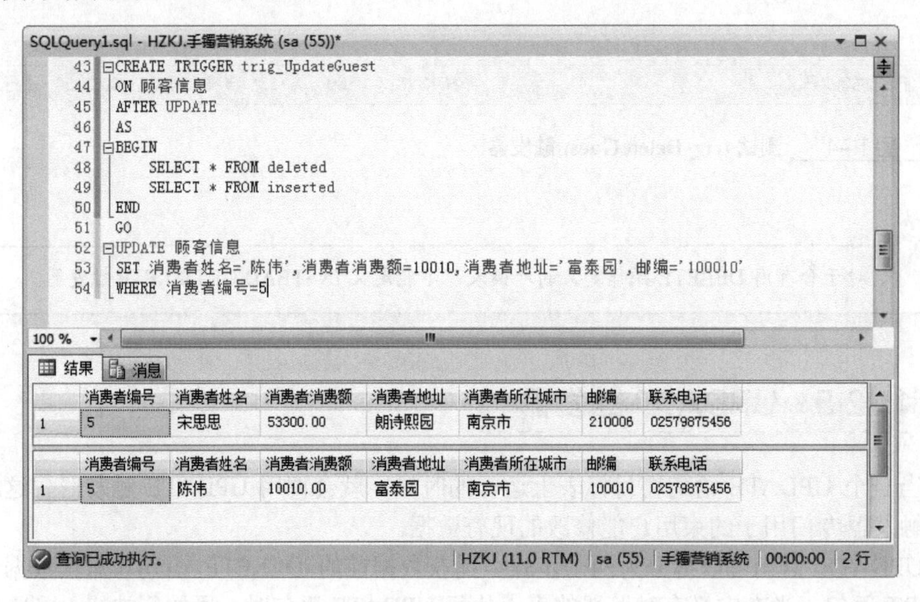

图 11-5 测试 UPDATE 触发器

【范例 5】

如果数据表中的某一列不允许被修改，那么可以在该列上定义 UPDATE 触发器，并且使用 ROLLBACK TRANSACTION 选项回滚事务。

例如，在顾客信息表上定义 UPDATE 触发器，使其禁止更新消费者编号列。触发器语句如下：

```
CREATE TRIGGER trig_DenyUpdateId
ON 顾客信息
```

```
FOR UPDATE
AS
IF UPDATE(消费者编号)
BEGIN
    PRINT '消费者编号列禁止修改。'
    ROLLBACK TRANSACTION
END
```

上述语句指定的触发器名称为 trig_DenyUpdateId，然后使用 ON 关键字指定触发器作用于顾客信息表。“IF UPDATE(消费者编号)”语句指定仅在更新消费者编号列时触发，接下来显示提示信息，使用 ROLLBACK TRANSACTION 选项回滚事务。

当创建完触发器之后，编写 Toward 表的更新语句以测试触发器创建是否成功。例如，更新消费者姓名为“陈伟”的消费者编号为 50，语句如下：

```
UPDATE 顾客信息 SET 消费者编号=50 WHERE 消费者姓名='陈伟'
```

执行后的结果如图 11-6 所示，显示了触发器中定义的提示信息。

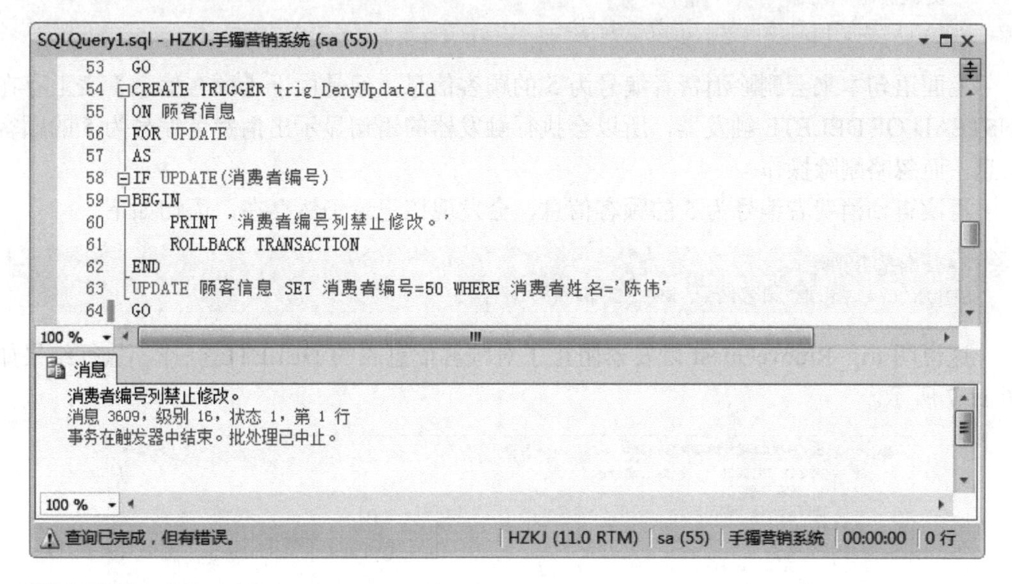

图 11-6 创建并调用 UPDATE 触发器

对于含有用 UPDATE 操作定义的外键的表，不能定义 INSTEAD OF UPDATE 触发器。

11.2.6 INSTEAD OF 触发器

INSTEAD OF 触发器可以指定执行触发器的 SQL 语句，从而屏蔽原来的 SQL 语句，转向执行触发器内部的 SQL 语句。对于每一种触发动作（INSERT、UPDATE 或者 DELETE），每一个表或者视图只能有一个 INSTEAD OF 触发器。

【范例 6】

为了测试 INTEAD OF 触发器是否能起到屏蔽原来 SQL 语句的作用，下面创建一个基于顾客信息表的 INTEAD OF DELETE 的触发器。该触发器实现了在删除顾客信息时显示被删除的顾客信息，而且不执行删除操作。如下是触发器的创建语句：

```
CREATE TRIGGER trig_RmoveGuest
ON 顾客信息
INSTEAD OF DELETE
AS
BEGIN
    SELECT * FROM deleted
END
```

上面创建了一个名为 trig_RmoveGuest 的触发器，在触发器内部仅包含一个 SELECT 语句，没有删除数据的 DELETE 语句。下面编写一个测试触发器的语句，语句如下。

```
--测试删除触发器
DELETE 顾客信息 WHERE 消费者编号=5
```

上面语句本来会删除消费者编号为 5 的顾客信息，但是由于【顾客信息】表上存在 INSTEAD OF DELETE 触发器，所以会执行触发器的语句显示出消费者编号为 5 的顾客信息，而忽略删除操作。

再次查询消费者编号为 5 的顾客信息，会发现该记录仍然存在，语句如下。

```
--查询是否删除
SELECT * FROM 顾客信息 WHERE 消费者编号=5
```

这说明 trig_RmoveGuest 触发器阻止了对顾客信息表的 DELETE 操作，执行结果如图 11-7 所示。

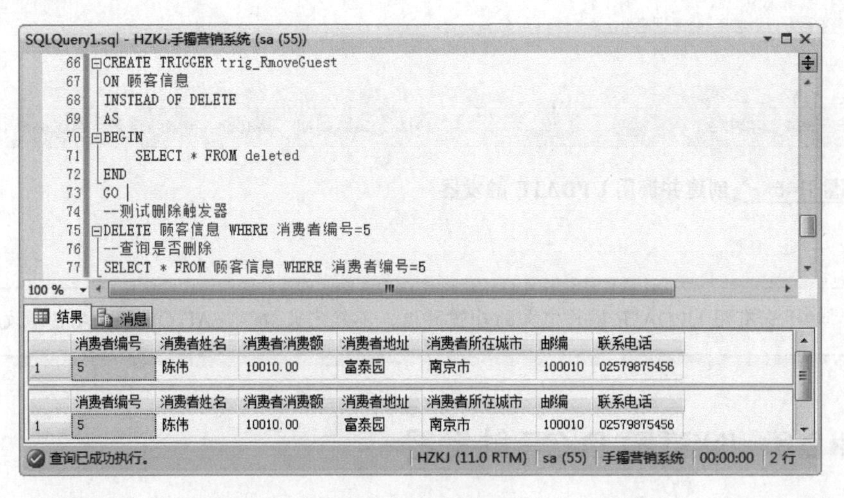

图 11-7 测试 trig_RmoveGuest 触发器

【范例 7】

假设，在手镯信息表的珠宝商编号列外键关联手镯商信息表珠宝商编号列。因此，在删除手镯商信息表的信息时，如果该编号对应的手镯信息在手镯信息表中存在，则系统拒绝删除操作。

为了解决这个问题，可以在手镯商信息表上创建一个 INSTEAD OF DELETE 触发器，使得在对该表执行 DELETE 操作时，先从【手镯信息】表中将对应的珠宝商编号更新为 0，然后再删除手镯商信息。

触发器的创建语句如下：

```
CREATE TRIGGER trig_RmoveJeweller
ON 手镯商信息
INSTEAD OF DELETE
AS
BEGIN
    UPDATE 手镯信息 SET 珠宝商编号=0
        WHERE 珠宝商编号 IN (SELECT 珠宝商编号 FROM deleted)
    DELETE FROM 手镯商信息
        WHERE 珠宝商编号 IN (SELECT 珠宝商编号 FROM deleted)
END
```

上述语句创建的触发器名称为 trig_RmoveJeweller。其中包含两个语句，第一个 UPDATE 语句用于从手镯信息表中将要删除的手镯商信息的珠宝商编号更新为 0，第二个 DELETE 语句用于删除手镯商信息表中包含珠宝商编号的数据行。

测试语句如下：

```
--测试触发器
DELETE 手镯商信息 WHERE 珠宝商编号=10
--查看影响的数据
SELECT * FROM 手镯信息 WHERE 珠宝商编号=0
```

上述语句的运行结果如图 11-8 所示，从中可以看到在手镯信息表中共有三条珠宝商编号为 10 的数据被更新。

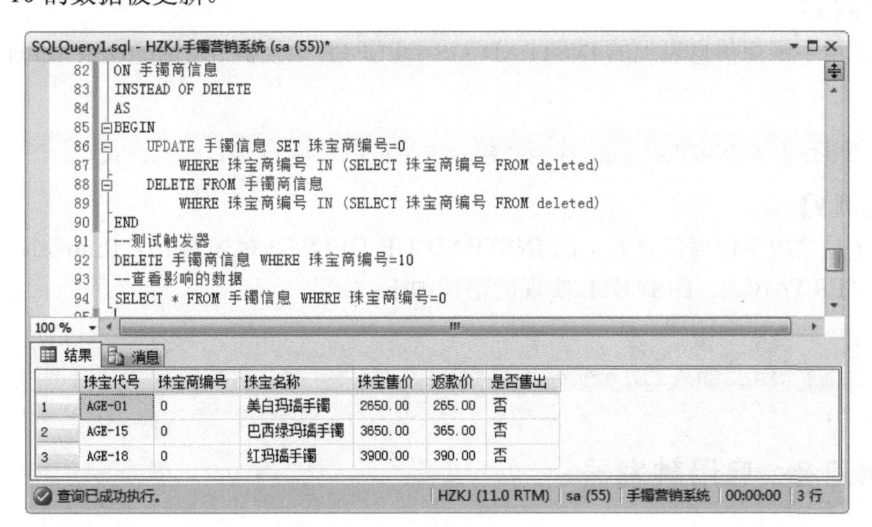

	珠宝代号	珠宝商编号	珠宝名称	珠宝售价	返款价	是否售出
1	AGE-01	0	美白玛瑙手镯	2650.00	265.00	否
2	AGE-15	0	巴西绿玛瑙手镯	3650.00	365.00	否
3	AGE-18	0	红玛瑙手镯	3900.00	390.00	否

图 11-8　测试 trig_RmoveJeweller 触发器

提示

INSTEAD OF 触发器的主要优点是可以使不能更新的视图支持更新。基于多个基表的视图必须使用 INSTEAD OF 触发器来支持引用多个表中数据的插入、更新和删除操作。

11.3 管理触发器

至此，相信读者一定掌握了 DML 触发器的创建和测试方法，本节将介绍针对触发器的管理操作，例如禁用触发器或者删除触发器等。

11.3.1 禁用触发器

触发器在创建后将自动启用，不需要该触发器起作用时可以禁用它，然后在需要的时候再次启用它。触发器被禁用后，触发器仍然作为对象存储在当前数据库中，但是当执行 INSERT、UPDATE 或 DETELE 语句时，触发器将不再激活。

禁用触发器的语法如下：

```
DISABLE TRIGGER { [ schema_name . ] trigger_name [ , ...n ] | ALL }
ON { object_name | DATABASE | ALL SERVER }
```


语法说明如下：

（1）schema_name：触发器所属架构名称，只针对 DML 触发器。

（2）trigger_name：触发器名称。

（3）ALL：指示禁用在 ON 子句作用域中定义的所有触发器。

（4）object_name：触发器所在的表或视图名称。

（5）DATABASE | ALL SERVER：针对 DDL 触发器，指定数据库范围或服务器范围。

【范例 8】

要禁用手镯商信息表上的 INSTEAD OF DELETE 触发器 trig_RmoveJeweller，语句如下：

```
DISABLE TRIGGER trig_RmoveJeweller ON 手镯商信息
```

【范例 9】

同样是禁用手镯商信息表上的 INSTEAD OF DELETE 触发器 trig_RmoveJeweller，使用 ALTER TABLE...DISABLE 实现的语句如下：

```
ALTER TABLE 手镯商信息
DISABLE TRIGGER trig_RmoveJeweller
```

11.3.2 启用触发器

启用触发器的语法如下：

```
ENABLE TRIGGER { [ schema_name . ] trigger_name [ , ...n ] | ALL }
ON { object_name | DATABASE | ALL SERVER }
```

启用触发器的语法与禁用触发器的大致相同，只是一个使用 DISABLE 关键字，一个使用 ENABLE 关键字。针对 DML 触发器，还可以使用 ALTER TABLE...ENABLE 语句启用。

【范例 10】

启用手镯商信息表上的 INSTEAD OF DELETE 触发器 trig_RmoveJeweller，语句如下：

```
ENABLE TRIGGER trig_RmoveJeweller ON 手镯商信息
```

使用 ALTER TABLE...ENABLE 实现的语句如下：

```
ALTER TABLE 手镯商信息
ENABLE TRIGGER trig_RmoveJeweller
```

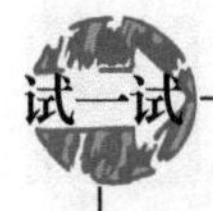

使用图形界面禁用触发器，方法是右击需要禁用的触发器节点，选择【禁用】命令即可。

11.3.3 修改触发器

修改触发器有两种方法：第一种是先删除指定的触发器，再重新创建与之同名的触发器；第二种就是直接修改现有的触发器。

修改现有触发器需要使用 ALTER TRIGGER 语句，其语法格式如下：

```
ALTER TRIGGER trigger_name
ON { table | view }
{
   { { FOR | AFTER | INSTEAD OF }
     { [DELETE] [,] [INSERT] [,] [UPDATE] }
       AS
        sql_statement
   }
}
```

【范例 11】

对手镯信息表上的 trig_CheckPrice 触发器进行修改，使它可以输出更新前后珠宝售价的变化。

如下所示为使用 ALTER TRIGGER 语句修改触发器的代码：

```
ALTER TRIGGER trig_CheckPrice
ON 手镯信息
AFTER UPDATE
```

```
AS
BEGIN
    SELECT deleted.珠宝售价 '原来的价格',inserted.珠宝售价 '更新后价格'
    FROM deleted,inserted
END
```

修改之后编写一个 UPDATE 语句进行测试，语句如下：

```
--测试触发器
UPDATE 手镯信息 SET 珠宝售价=5499 WHERE 珠宝代号='AGE-01'
```

执行之后将看到如图 11-9 所示的输出，说明触发器修改成功。

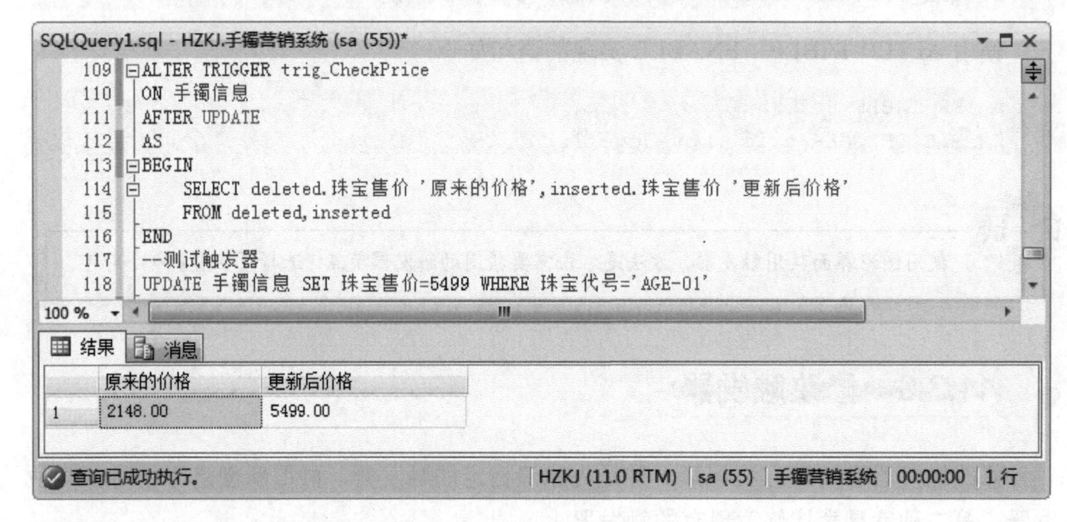

图 11-9　测试修改后的 trig_CheckPrice 触发器

11.3.4　删除触发器

当不再需要某个触发器时，可以将其删除。触发器删除时，触发器所在表中的数据不会改变。但是当某个表被删除时，该表上的所有触发器也自动被删除。

在 SQL Server 2012 中使用 DROP TRIGGER 语句来删除当前数据库中的一个或者多个触发器。如果要同时删除多个触发器，则需要在多个触发器名称之间用半角逗号隔开。

【范例 12】

删除 trig_RmoveJeweller 触发器的语句如下：

```
DROP TRIGGER trig_RmoveJeweller
```

试一试

另外也可以使用图形界面删除触发器，方法是右击要删除的触发器，选择【删除】命令即可。

11.4 DDL 触发器

DDL 触发器和 DML 触发器一样，为了响应事件而激活。与 DML 触发器不同的是，它只在执行 CREATE、ALTER 和 DROP 语句时触发。下面详细介绍 DDL 触发器的创建和使用。

11.4.1 创建 DDL 触发器语法

创建 DDL 触发器的 CREATE TRIGGER 语句的基本语法形式如下所示：

```
CREATE TRIGGER trigger_name
ON { ALL SERVER | DATABASE }
WITH ENCRYPTION
{ FOR | AFTER | {event_type }
AS sql_statement
```

下面对上述语法中的各参数进行说明。

（1）ALL SERVER：用于表示 DDL 触发器的作用域是整个服务器。

（2）DATABASE：用于表示 DDL 触发器的作用域是整个数据库。

（3）event_type：用于指定触发 DDL 触发器的事件。

提示

如果想要控制哪位用户可以修改数据库结构以及如何修改，甚至只想跟踪数据库结构上发生的修改，那么使用 DDL 触发器非常合适。

11.4.2 数据库 DDL 触发器

创建 DDL 触发器时指定 DATABASE 关键字表示触发器作用在数据库上。如表 11-1 所示列出了与数据库事件有关的关键字。

表 11-1　数据库事件关键字

CREATE_APPLICATION_ROLE	ALTER_APPLICATION_ROLE	DROP_APPLICATION_ROLE
CREATE_FUNCTION	ALTER_FUNCTION	DROP_FUNCTION
CREATE_INDEX	ALTER_INDEX	DROP_INDEX
CREATE_PROCEDURE	ALTER_PROCEDURE	DROP_PROCEDURE
CREATE_ROLE	ALTER_ROLE	DROP_ROLE
CREATE_TABLE	ALTER_TABLE	DROP_TABLE
CREATE_USER	ALTER_USER	DROP_USER
CREATE_VIEW	ALTER_VIEW	DROP_VIEW

【范例 13】

在手镯营销系统数据库上创建一个 DDL 触发器实现禁止用户删除表。语句如下：

```
CREATE TRIGGER trig_DenyDropTable
ON DATABASE
FOR DROP_TABLE
AS
BEGIN
    PRINT '不能删除当前数据库的内容!'
    ROLLBACK TRANSACTION
END
```

在上述语句中，首先定义触发器名称为 trig_DenyDropTable，然后指定触发器的作用域是数据库，接下来指定触发 DDL 触发器的事件 DROP_TABLE，即删除表，最后定义 BEGIN　END 语句块，并当触发相应的事件时，输出提示信息。

当 DDL 触发器创建完成之后，编写语句删除手镯信息表来测试触发器是否成功创建，语句如下：

```
--测试 DDL 触发器
DROP TABLE 手镯信息
```

上述语句执行后结果如图 11-10 所示，显示了提示信息，阻止了数据库的更改，表示触发器 trig_DenyDropTable 创建成功。

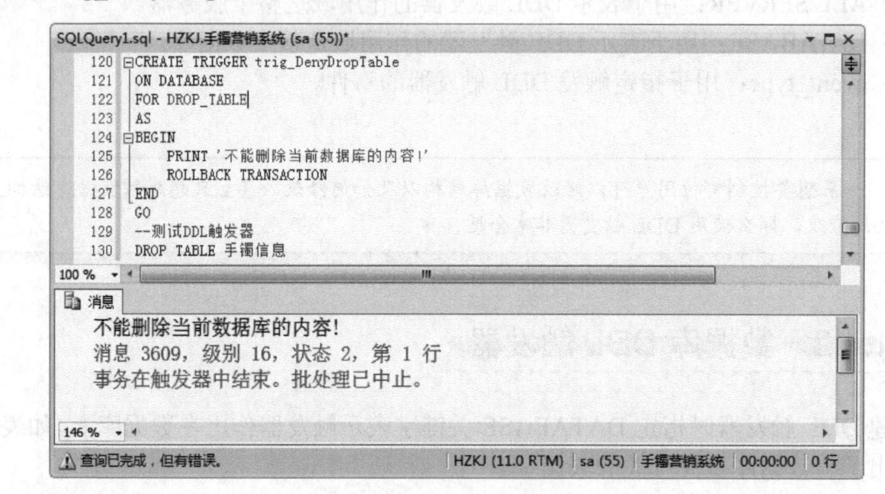

图 11-10　测试 trig_DenyDropTable 触发器

11.4.3　服务器 DDL 触发器

常见服务器作用域的 DDL 语句如表 11-2 所示。

表 11-2　服务器作用域的 DDL 语句

CREATE_AUTHORIZATION_SERVER	ALTER_AUTHORIZATION_SERVER	DROP_AUTHORIZATION_SERVER
CREATE_DATABASE	ALTER_DATABASE	DROP_DATABASE
CREATE_LOGIN	ALTER_LOGIN	DROP_LOGIN

【范例 14】

下面通过一个范例讲解如何创建服务器作用域的 DDL 触发器，语句如下：

```
CREATE TRIGGER Trig_Sever
ON ALL SERVER
FOR CREATE_DATABASE,ALTER_DATABASE
AS
BEGIN
    PRINT '不能创建或者修改当前服务器中的数据库!'
    ROLLBACK TRANSACTION
END
```

在上述语句中，首先指定触发器名称为 Trig_Sever，然后指定触发器的作用域为整个服务器，最后定义触发事件并在触发触发器时输出提示信息。

下面通过创建一个学生基本信息数据库来测试上述触发器的创建是否成功，语句如下：

```
CREATE DATABASE 学生基本信息
```

上述语句执行后的结果如图 11-11 所示，说明触发器创建成功并阻止了创建操作。

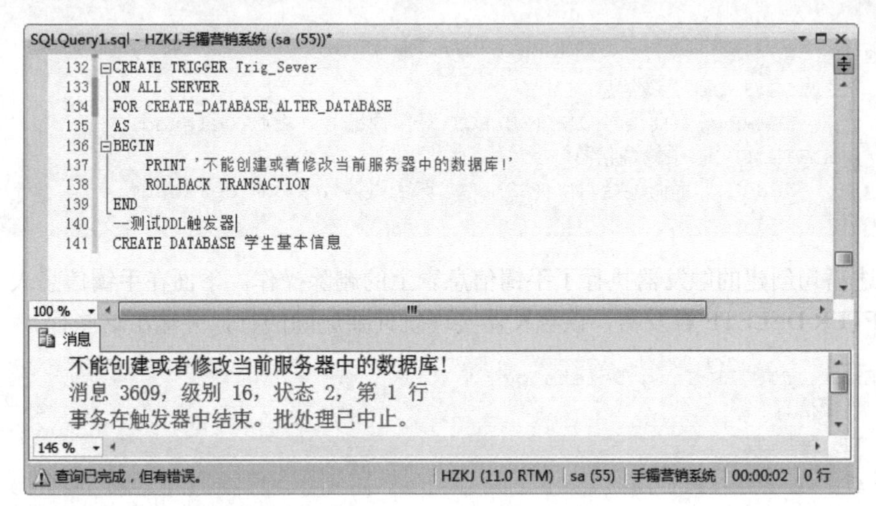

图 11-11 测试 Trig_Sever 触发器

11.5 实验指导——嵌套触发器

如果一个触发器在执行操作时引发了另一个触发器，而这个触发器又接着引发下一个触发器，那么这些触发器就是嵌套触发器。嵌套触发器在安装时就被启用，使用如下语句禁用嵌套：

```
EXEC sp_configure 'nested triggers',0
```

如果想再次启用嵌套可以使用如下语句：

```
EXEC sp_configure 'nested triggers',1
```

在下述情况下，用户可能需要禁止使用嵌套。

(1) 嵌套触发器要求复杂而又条理的设计，级联修改可能会修改用户不想涉及的数据。

(2) 在一系列嵌套触发器中的任意点的数据修改操作都会触发一系列触发器。尽管这时数据提供了很强的保护，但如果要求以特定的顺序更新表，就会产生问题。

在手镯营销系统数据库中手镯信息表保存的是所有珠宝的基本信息，手镯商信息表保存的是珠宝供应商的基本信息。两表之间是一对多关系，“珠宝商编号”列是手镯商信息表的主键，在手镯信息表中是外键。

现在要实现在删除手镯商信息表中的珠宝信息时，同时删除该珠宝商对应的手镯信息，并且输出删除的总行数以及被删除行的数据。

首先在手镯商信息表上编写 INSTEAD OF DELETE 触发器实现删除时根据主键在手镯信息表中删除相应的数据。


```
CREATE TRIGGER trig_DeleteJeweller
ON 手镯商信息
INSTEAD OF DELETE
AS
BEGIN
    DELETE FROM 手镯信息
        WHERE 珠宝商编号 IN (SELECT 珠宝商编号 FROM deleted)
    DELETE FROM 手镯商信息
        WHERE 珠宝商编号 IN (SELECT 珠宝商编号 FROM deleted)
END
```

上述语句创建的触发器执行了手镯信息表上的删除操作。下面在手镯信息表上创建一个 AFTER DELETE 触发器，该触发器实现统计要删除的行，并输出这些行。

```
CREATE TRIGGER Trig_DeleteLog
ON 手镯信息
AFTER DELETE
AS
BEGIN
    SELECT COUNT(*) '本次删除数据行' FROM deleted
    SELECT * FROM deleted
END
```

执行上述语句之后，trig_DeleteJeweller 触发器和 trig_DeleteLog 触发器就形成了嵌套结构，实现了在删除手镯商信息表中的珠宝商信息时，同时删除对应的珠宝信息，然后显示被删除的行数和商品信息。

下面使用 DELETE 语句来执行删除珠宝商编号为 10 的信息，代码如下：

```
--测试嵌套触发器
DELETE 手镯商信息 WHERE 珠宝商编号=10
```

执行完该删除命令以后，结果如图 11-12 所示。从中可以看到删除编号为 10 的珠宝商信息，同时删除了三条对应的珠宝数据。

	本次删除数据行
1	3

	珠宝代号	珠宝商编号	珠宝名称	珠宝售价	返款价	是否售出
1	AGE-18	10	红玛瑙手镯	3900.00	390.00	否
2	AGE-15	10	巴西绿玛瑙手镯	3650.00	365.00	否
3	AGE-01	10	美白玛瑙手镯	5499.00	265.00	否

图 11-12 删除消费项目信息

11.6 递归触发器

递归触发器又可以分为直接递归和间接递归两种情况。

1. 直接递归

触发器被触发并执行一个操作，而该操作又使同一个触发器再次被触发。例如，当对 T1 表执行 UPDATE 操作时，触发了 T1 表上的 Trig1 触发器；而 Trig1 触发器中又包含有对 T1 表的 UPDATE 语句，这就导致 Trig1 触发器再次被触发。

2. 间接递归

触发器被触发并执行一个操作，而该操作又使另一个触发器被触发；第二个触发器执行的操作又再次触发第一个触发器。

例如，当对 T1 表执行 UPDATE 操作时，触发了 T1 表上的 Trig1 触发器；而 Trig1 触发器中又包含对 T2 表的 UPDATE 语句，这就导致 T2 表上的 Trig2 触发器被触发；又由于 Trig2 触发器中包含对 T1 表的 UPDATE 语句，使得 Trig1 触发器再次被触发。

11.6.1 递归触发器注意事项

递归触发器具有复杂特性，可以用来解决诸如自引用这样的复杂关系。使用递归触发器时，需要注意如下几点注意事项和基本原则。

（1）递归触发器很复杂，必须经过有条理的设计和全面的测试。

（2）任意点的数据修改会触发一系列触发器。尽管提供处理复杂关系的能力，但是如果要求以特定的顺序更新用户的表时，使用递归触发器就会产生问题。

（3）所有触发器一起构成一个大事务。任何触发器中的任何位置上的 ROLLBACK 命令都将取消所有数据的修改。

（4）触发器最多只能递归 16 层。如果递归链中的第 16 个触发器激活了第 17 个触发器，则结果与使用 ROLLBACK 命令一样，将取消所有数据的修改。

11.6.2 禁用与启用递归

在数据库创建时，默认情况下禁用递归触发器选项，但可以使用 ALTER DATABASE 语句来启用它。当然也可以通过图形界面启用递归触发器选项，具体操作步骤如下。

【范例 15】

（1）在 SQL Server Management Studio 中的【对象资源管理器】窗口中，选择需要启用递归触发器选项的 Medicine 数据库。

（2）右击【手镯营销系统】数据库节点，执行【属性】命令，打开【数据库属性】对话框。

（3）单击【选项】标签，打开【选项】选项卡，如图 11-13 所示。

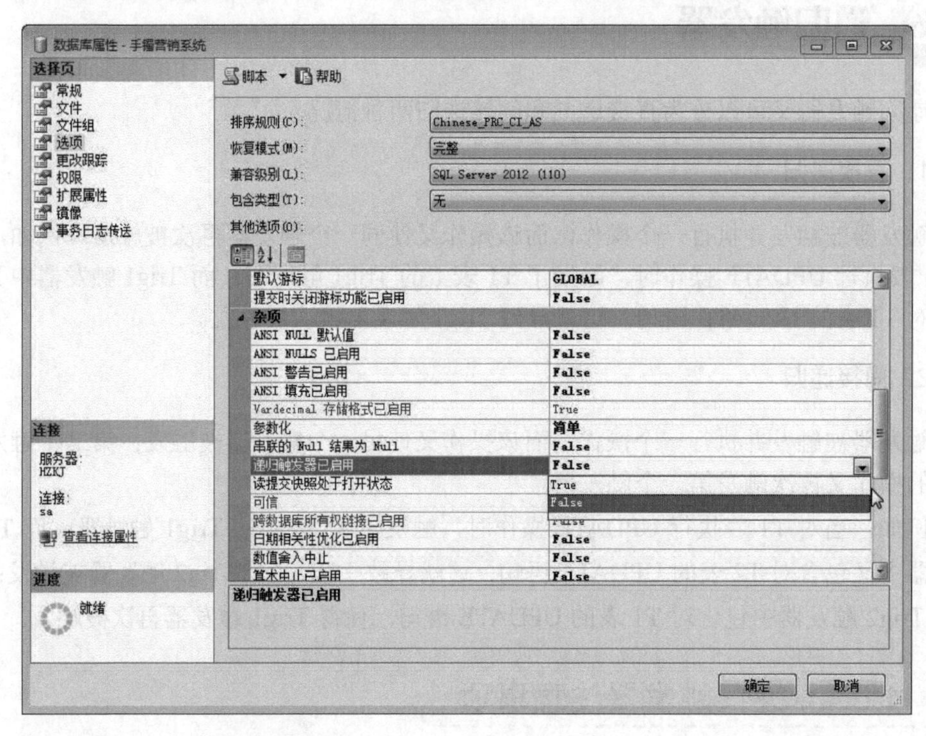

图 11-13 设置递归触发

（4）如果允许递归触发器，则可以设置【递归触发器已启用】列表框的值为 True。

如果嵌套触发器选项关闭，则不管数据库的递归触发器选项设置是什么，递归触发器都将被禁用。给定触发器的 inserted 和 deleted 表只包含对应于上次触发触发器的 UPDATE、INSERT 或者 DELETE 操作影响的行。

提示

使用 sp_settriggerorder 系统存储过程来指定哪个触发器作为第一个被触发的 AFTER 触发器或者作为最后一个被触发的 AFTER 触发器。而为指定事件定义的其他触发器的执行则没有固定的触发顺序。

【范例 16】

还可以通过使用系统存储过程 sp_dboption 启用或者禁用触发器的递归功能。启用递归的语句如下：

```
EXEC sp_dboption 'database_name' , 'RECURSIVE_TRIGGERS' , 'TRUE'
```

其中，database_name 表示数据库名。

禁用递归的语句如下：

```
EXEC sp_dboption 'database_name' , 'RECURSIVE_TRIGGERS' , 'FASLE'
```

上述语句只能禁用直接递归，如果想要禁用间接递归，需要设置 nested triggers 服务器配置选项值为 0。

11.7 思考与练习

一、填空题

1．SQL Server 2008 中包含的触发器类型有 DML 触发器、__________和登录触发器。

2．按触发器触发事件的操作时间，可以将 DML 触发器分为__________和 INSTEAD OF 触发器。

3．系统为 DML 触发器自动创建两个表__________和 deleted，分别用于存放向表中插入的行和从表中删除的行。

4．触发器最多只能递归__________层。如果超出这个层数，则结果与使用 ROLLBACK 命令一样，将取消所有数据的修改。

二、选择题

1．下列不属于 DML 触发器类型的是__________。

A．INSERT 触发器

B．UPDATE 触发器

C．DELETE 触发器

D．AFTER 触发器

2．禁用触发器应该使用__________语句。

A．ALTER TRIGGER

B．ENABLE TRUGGER

C．DISABLE TRIGGER

D．DROP TRIGGER

3．假设要删除触发器 trig，可以使用下列__________语句。

A．DROP trig

B．DROP TRIGGER trig

C．DROP * FROM trig

D．DROP TRIGGER WHERE NAME = 'trig'

4．下列哪种情况属于直接递归触发器？__________

A．A 触发 A

B．A 触发 B、B 触发 A

C．A 触发 B、B 触发 C

D．A 触发 B、B 触发 C、C 触发 A

三、简答题

1．触发器有什么用处？与 CHECK 约束相比，触发器有什么优点？

2．简述 DML 触发器与 DDL 触发器的不同。

3．简述 AFTER 触发器与 INTEAD OF 触发器的区别。

4．简述禁用触发器的方法。

5．嵌套触发器有哪些优缺点。

第12章　索引、事务和游标

在 SQL Server 2012 中，为了提高大量数据查询的效率可为数据库设置索引。索引是数据库中的一个特殊对象，是一种可以加快数据检索的数据库结构。它可以从大量的数据中迅速找到需要的内容，使得查询数据时不必扫描整个数据库。事务是数据库的重要概念，在 SQL Server 2012 中，通过事务将一系列不可分割的数据库操作作为整体来执行，从而保证了数据库数据的完整性和有效性。

本章除了索引和事务外，还会简单地介绍游标。游标使用户可逐行访问由 SQL Server 返回的结果集。使用游标的一个重要原因就是把集合操作转换成单个记录处理方式。

本章学习要点：

- ❑ 熟悉索引的优缺点和分类
- ❑ 掌握如何创建索引
- ❑ 熟悉如何查看索引信息
- ❑ 掌握 ALTER INDEX 语句的使用方法
- ❑ 掌握如何删除索引
- ❑ 了解索引优化的方法
- ❑ 熟悉事务的 ACID 特性
- ❑ 掌握常用的事务语句
- ❑ 了解游标的类型和实现
- ❑ 掌握如何声明和打开游标
- ❑ 掌握如何检索和关闭游标
- ❑ 熟悉与游标有关的函数

12.1 索引

索引是一种可以加快数据检索速度的数据结构，主要用于提高数据库查询数据的性能。在 SQL Server 数据库中，一般在基本表上建立一个或多个索引，以提供多种存取路径，快速定位数据的存储位置。

12.1.1 索引的概念

数据库索引是对数据表中一个或多个列的值进行排序的结构。就像一本书的目录一样，如果将一本书看成一个表，那么用于在这本书中快速查找信息的目录就是这本书的索引。读者可以在这本书的索引中查找一段信息，并找到相关联的页码，就能够指示在哪里可以找到要查找的数据。

1. 索引的优点

索引提供了在行中快速查询特定行的能力，优点如下。

（1）大大加快搜索数据的速度，这是引入索引的主要原因。

（2）创建唯一索引，保证数据库表中每一行数据的唯一性。

（3）加速表与表之间的连接，特别是在实现数据的参考完整性方面特别有意义。

（4）在使用分组和排序子句进行数据检索时，同样可以减少其使用时间。

2. 索引的缺点

除了上述列出的优点外，如下还列出了它的一些缺点。

（1）索引需要占用物理空间，聚集索引占的空间更大。

（2）创建索引和维护索引需要耗费时间，这种时间会随着数据量的增加而增加。

（3）当在一个包含索引的列的数据表中添加或者修改记录时，SQL Server 会修改和维护相应的索引，这样会增加系统的额外开销，降低处理速度。

3. 索引的分类

在表中可以创建不同类型的索引。按照索引创建所在的列来分可以分成简单索引和组合索引。其中，可以在一个列上被创建的索引称作简单索引，而在多个列上被创建的索引称作组合索引。简单索引通常会被称为唯一索引。

按照存储结构来分，可以将索引分为聚集索引和非聚集索引。聚集索引是指物理存储顺序与索引顺序完全相同，它由上下两层组成，上层为索引页，下层为数据页，只有一种排序方式，因此每个表中只能创建一个聚集索引。非聚集索引是指存储的数据顺序一般和表的物理数据的存储结构不同。

【范例 1】

假设当前数据库中存在名称为 Student 和 Score 的两个表，如表 12-1 为这两个表中的记录。观察表中的记录，如果要为表创建索引，那么可以为学号创建非聚集索引。

表 12-1 Student 表和 Score 表的数据

姓名	学号	学号	数学成绩
Student 表		Score 表	
李济	01	02	98
张小阳	02	03	100
程小小	03	01	65
李乐	04	05	76
许凤菲	05	04	58

12.1.2 创建索引

创建索引的方式与创建表一样，在 SQL Server 2012 中有两种方式创建索引，即通过对象资源管理器和 Transact-SQL 语句。

1. 通过对象资源管理器创建索引

通过对象资源管理器创建索引的步骤如下。

（1）打开 SQL Server 2012 的对象资源管理器，找到 bookmanage 数据库，展开数据库中的表，找到 Book 表下的【索引】节点。

（2）右键单击【索引】节点，弹出的快捷菜单如图 12-1 所示。

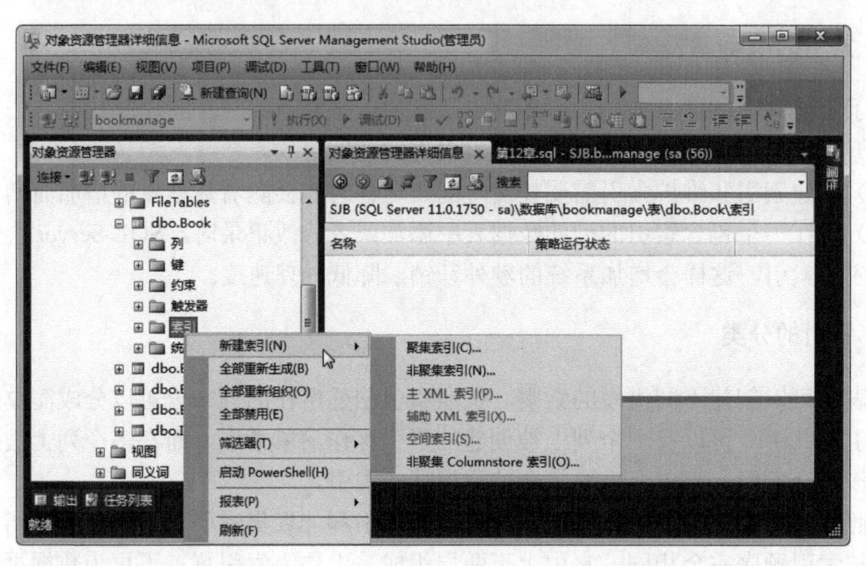

图 12-1　创建索引

（3）在弹出的快捷菜单中选择【新建索引】|【非聚集索引】命令，弹出【新建索引】对话框，如图 12-2 所示。

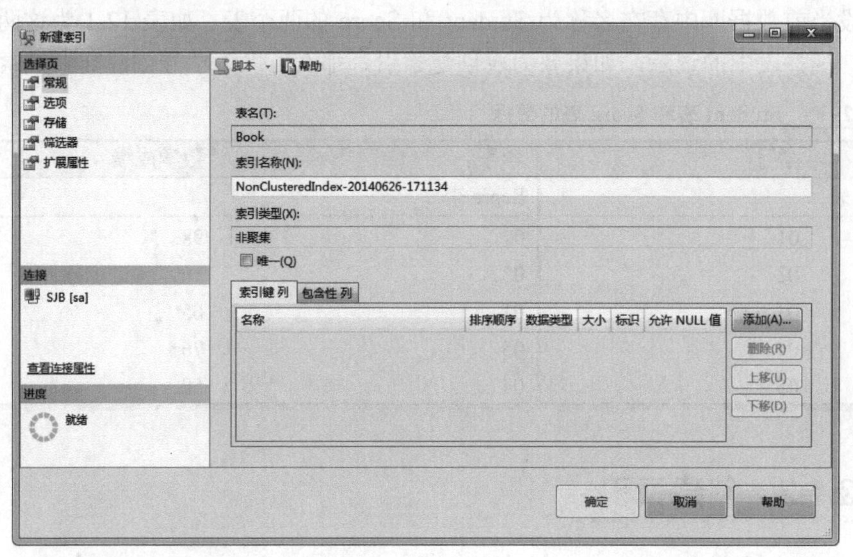

图 12-2　【新建索引】对话框

（4）在图 12-2 的【常规】选项页中可以配置索引的名称、是否为唯一索引，这里更改索引名称为 IX_Book1。

（5）单击图 12-2 中【常规】选项页的【添加】按钮，弹出【从“dbo.Book”中选择列】对话框，如图 12-3 所示。

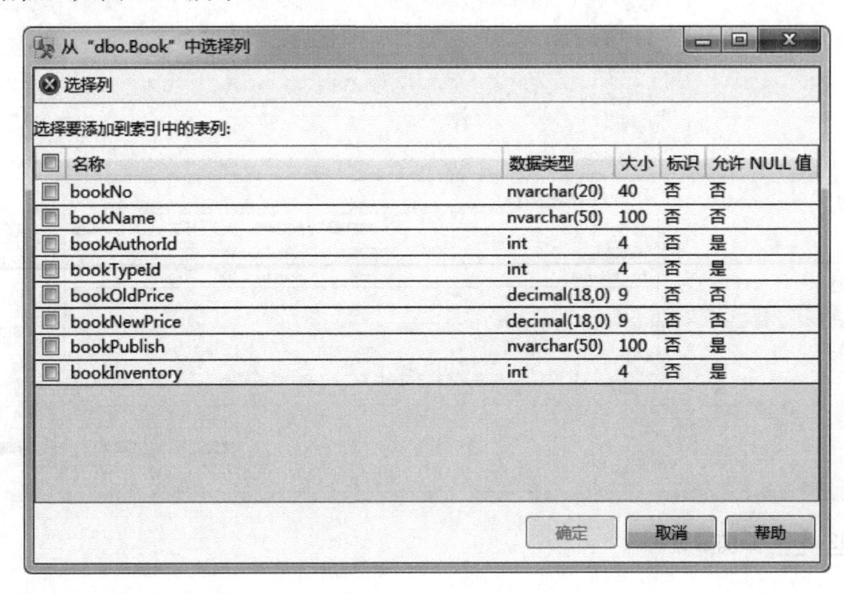

图 12-3　提示用户选择列

（6）选择图 12-3 中名称为 bookNo 和 bookName 之前的复选框，如图 12-4 所示。

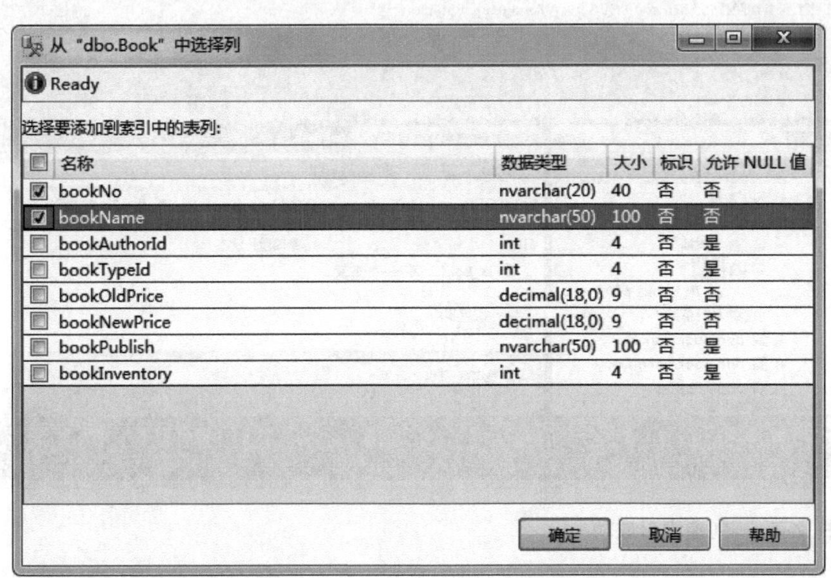

图 12-4　选择的列已完成

（7）选择列完成后单击图 12-4 中的【确定】按钮，这时会将选择的列添加到【新建索引】对话框中，如图 12-5 所示。

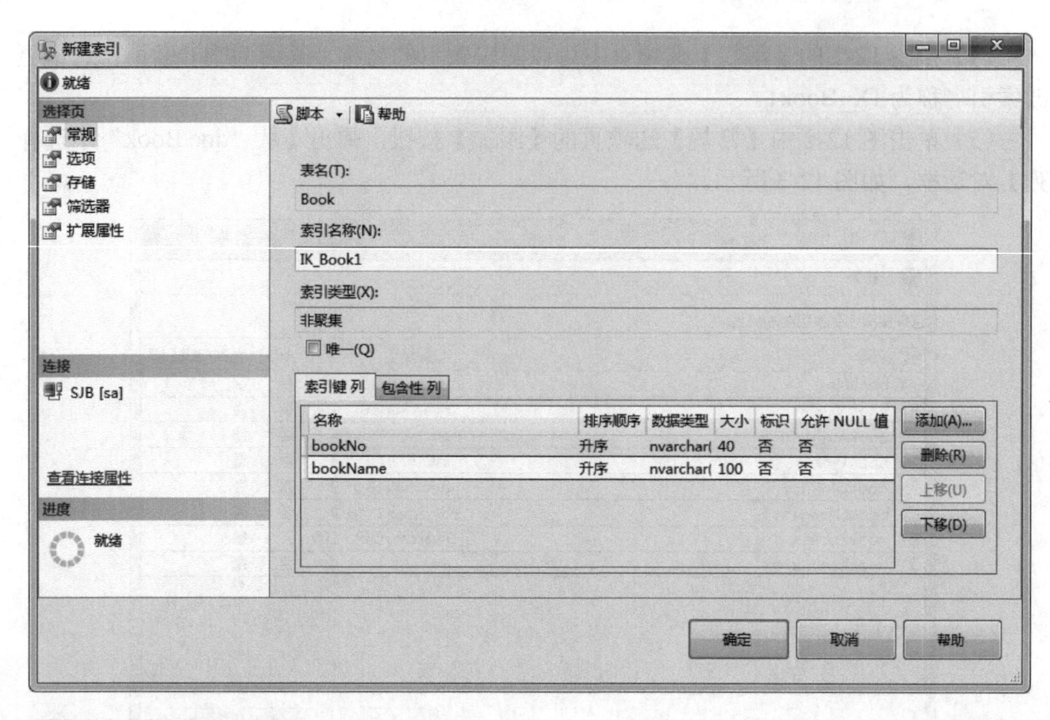

图 12-5 添加索引

（8）单击图 12-5 中的【确定】按钮，可以重新查看对象资源管理器，在 Book 表下名称为“索引”的文件夹下便会多出一个索引，这表示创建成功，如图 12-6 所示。

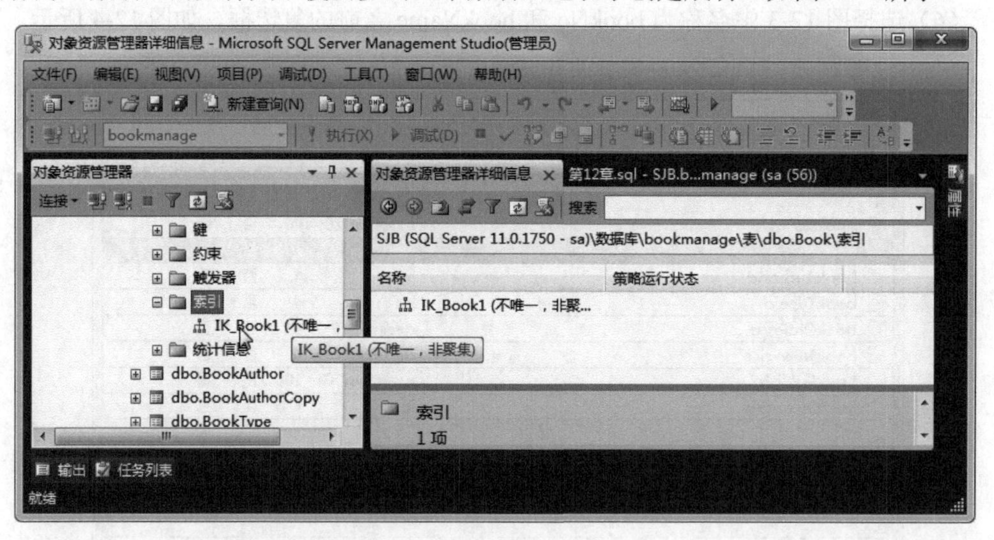

图 12-6 创建索引成功

2. 通过 Transact-SQL 语句创建索引

用 Transact-SQL 语句创建索引的基本语法如下：

```
CREATE
```

```
[UNIQUE]
[CLUSTERED | NONCLUSTERED]
INDEX index_name
ON { table_name(column)[ASC | DESC][,...n] }
[WITH { IGNORE_DUP_KEY | DROP_EXISTING | SORT_IN_TEMPDB } ]
[ON filegroup]
```

上述语法说明如下。

（1）CREATE：必选项。它通知 SQL Server 2012 要构建一个新对象。

（2）UNIQUE：可选项。为表或视图创建唯一索引。唯一索引不允许两行具有相同的索引键值，视图的聚集索引必须是唯一的。无论 IGNORE_DUP_KEY 是否设置为 ON，数据库引擎都不允许为已包含重复值的列创建唯一索引。否则，数据库引擎会显示错误消息。

（3）CLUSTERED：创建索引时，键值的逻辑顺序决定表中对应行的物理顺序。聚集索引的底层包含该表的实际数据行。一个表或视图只允许同时有一个聚集索引。具有唯一聚集索引的视图称为索引视图。

（4）NONCLUSTERED：创建一个指定表的逻辑排序的索引。对于非聚集索引，数据行的物理排序独立于索引排序。

（5）index_name：必选项。表示索引名称，它在表或视图中必须唯一，但是在数据库中不必唯一。

（6）column：必选项。索引所基于的一列或多列，指定两个或多个列名，可为指定列的组合值创建组合索引。

（7）ASC（默认值）和 DESC：可选项。确定特定索引列的升序或降序排序方向。

（8）IGNORE_DUP_KEY：指定在插入操作尝试向唯一索引插入重复键值时的错误响应。该选项仅适用于创建或重新生成索引后发生的插入操作。当执行 CREATE INDEX、ALTER INDEX 或 UPDATE 时，该选项无效。其取值包括 ON 和 OFF，说明如下。

① ON：向唯一索引插入重复键值时将出现警告消息，只有违反唯一性约束的行才会失败。

② OFF：向唯一索引插入重复键值时将出现错误消息，整个 INSERT 操作都将被回滚。

（9）DROP_EXISTING：指定应删除并重新生成已命名的先前存在的聚集或非聚集索引。取值为 ON 时表示删除并重新生成现有索引；取值为 OFF 时表示如果指定的索引名称已存在，则会显示一条错误。

（10）SORT_IN_TEMPDB：指定是否在 tempdb 中存储临时排序结果，默认取值为 OFF。

提示

上述语法只是如何给表创建索引的基本语法，并没有列出完整的语法，但是可以在 SQL Server 2012 的联机丛书中找到详细的描述。在学习 SQL Server 2012 的索引时，使用基本语法就足够了。

【范例 2】

通过 Transact-SQL 语句重新创建 IK_Book1 索引。代码如下：

```
USE bookmanage
GO
CREATE NONCLUSTERED INDEX IK_Book1 ON Book
(
    bookNo ASC,
    bookName ASC
)
WITH (PAD_INDEX = OFF, STATISTICS_NORECOMPUTE = OFF, SORT_IN_TEMPDB = OFF,
DROP_EXISTING = OFF, ONLINE = OFF, ALLOW_ROW_LOCKS = ON, ALLOW_PAGE_LOCKS
= ON) ON [PRIMARY]
GO
```

12.1.3 查看索引

创建索引完成后可以查看索引的信息，查看索引信息时有两种方式，即通过对象资源管理器和 Transact-SQL 语句。

1. 通过对象资源管理器查看索引

通过对象资源管理器查看索引的步骤是：选中要查看的索引后右击，在快捷菜单中选择【属性】命令，弹出【索引属性】对话框，如图 12-7 所示。

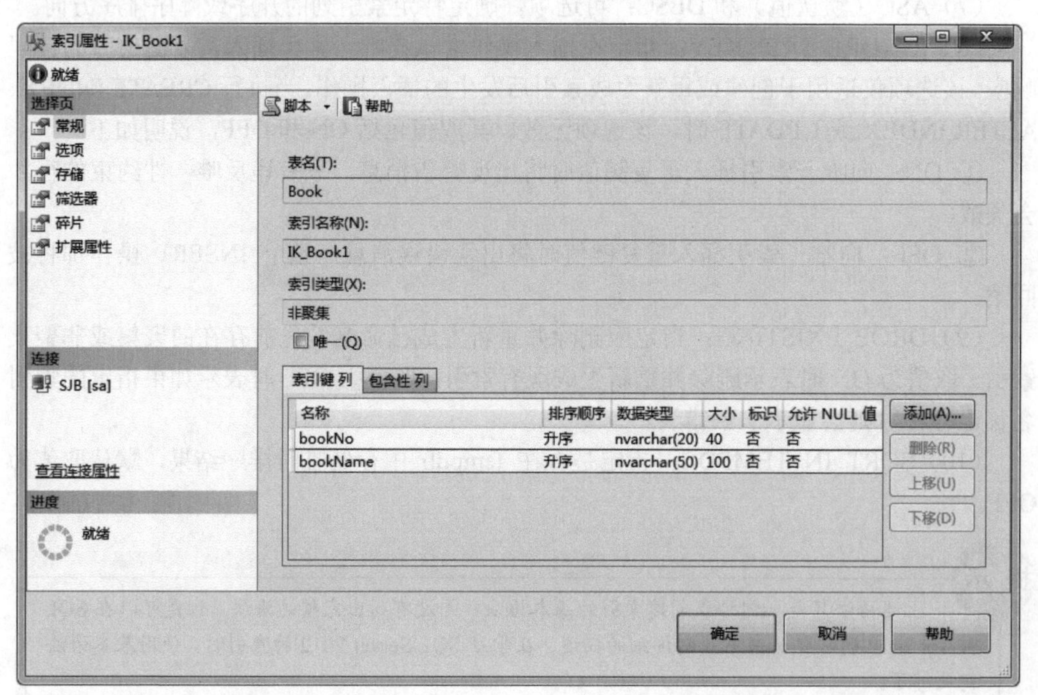

图 12-7 【索引属性】对话框

2. 通过 Transact-SQL 语句查看索引

如果要通过 Transact-SQL 语句查看索引，那么需要借助于 sp_helpindex 存储过程。通过使用该存储过程，可以查看指定表的索引信息。

【范例 3】

下面使用 sp_helpindex 存储过程查看 bookmanage 数据库中 Student 表的索引信息。代码如下：

```
USE bookmanage
GO
EXEC sp_helpindex Book
GO
```

运行上述代码，效果如图 12-8 所示。

结果 | 消息

	index_name	index_description	index_keys
1	IK_Book1	nonclustered located on PRIMARY	bookNo, bookName

图 12-8 使用 sp_helpindex 存储过程效果

12.1.4 修改索引

用户在创建索引之后，由于数据的增加、修改和删除等操作会使索引页出现碎块。因此为了提高系统的性能，必须对索引进行维护管理。当数据更改后，要重新生成索引、重新组织索引或者禁止索引。

（1）重新生成索引表示删除索引并且重新生成，这样可以根据指定的填充度压缩页来删除碎片、回收磁盘空间、重新排序索引。

（2）重新组织索引对索引碎片的整理程序低于生成索引选项。

（3）禁止索引则表示禁止用户访问索引。

ALTER INDEX 语句通过禁用、重新生成或重新组织索引或者设置索引的选项，修改现有的表或视图索引（关系或 XML）。基本语法如下：

```
ALTER INDEX index_name ON table_or_view_name REBUILD
ALTER INDEX index_name ON table_or_view_name REORGANIZE
ALTER INDEX index_name ON table_or_view_name DISABLES
```

在上述三行 ALTER INDEX 语句中，第一行代码表示重新生成索引；第二行代码表示重新组织索引；最后一行代码表示禁用索引。其中，index_name 表示索引名称，table_or_view_name 表示当前索引基于的表名或视图名。

【范例 4】

下面的代码在 Book 表中重新生成单个索引 IK_Book1：

```
USE bookmanage
GO
ALTER INDEX IK_Book1 ON Book REBUILD
```

12.1.5 重命名索引

重命名索引将用新名称替换当前的索引名称。指定的名称在表或视图中必须是唯一的。例如，两个表可以有一个名称为 IK_First 的索引，但是同一个表中不能有两个名为 IK_First 的索引。用户无法创建与现有禁用索引同名的索引，重命名索引不会导致重新生成索引。

通过对象资源管理器重命名索引时，选中当前要重命名的索引后右击，在弹出的快捷菜单中选择【重命名】命令，然后直接输入新的索引名即可。

通过 Transact-SQL 语句重命名索引时需要使用 sp_rename 存储过程。使用的语法如下：


```
EXEC sp_rename table_name.old_index_name,new_index_name
```

其中，table_name 代表索引所在的表名称，old_index_name 代表要重命名的索引名称，new_index_name 代表新的索引名称。

【范例 5】

下面的代码利用 sp_rename 将 Book 表的索引 IK_Book1 重命名为 IK_BookText1：

```
USE bookmanage
GO
EXEC sp_rename 'Book.IK_Book1','IK_BookText1'
```

技巧

在表中创建 PRIMARY KEY 或 UNIQUE 约束时，会在表中自动创建一个与该约束同名的索引。由于索引名称在表中必须是唯一的，因此无法通过创建或重命名获取一个与该表现有 PRIMARY KEY 或 UNIQUE 约束同名的索引。

12.1.6 删除索引

用户在删除索引时通常使用两种方式，即通过对象资源管理器删除和通过 Transact-SQL 语句删除。

通过对象资源管理器删除索引时，首先需要选中表中要删除的索引，然后右键单击要删除的索引，在弹出的快捷菜单中选择【删除】命令，此时弹出【删除对象】对话框，如图 12-9 所示。

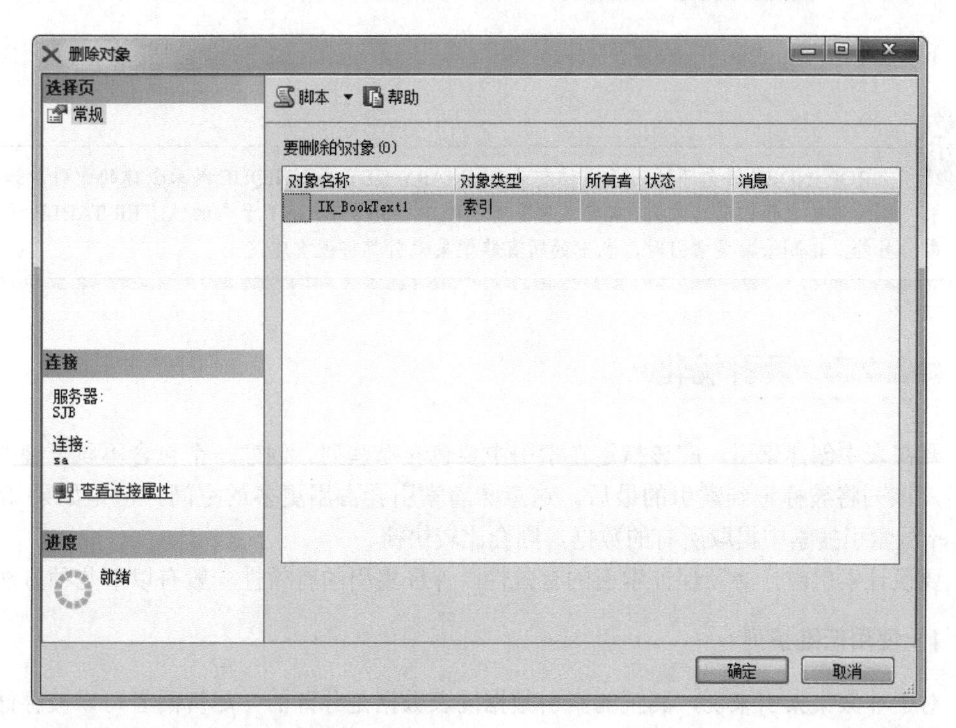

图 12-9 【删除对象】对话框

通过 Transact-SQL 语句删除索引时，需要使用 DROP INDEX 语句。DROP INDEX 语句表示从当前数据库中删除一个或多个关系索引、空间索引、筛选索引或 XML 索引。基本语法如下：

```
DROP INDEX table_or_view_name.index_name[,table_or_view_name.index_
name...]
```

或者：

```
DROP IDNEX index_name ON table_or_view_name
```

在上述两种语法中，table_or_view_name 代表索引所在的表名称或视图名称，index_name 代表要删除的索引的名称。

【范例 6】

下面的代码删除 Book 表上的索引 IK_Book1：

```
USE bookmanage
GO
DROP INDEX IK_BookText1 ON Book
GO
```

上述代码的效果等价于以下代码：

```
USE bookmanage
GO
DROP INDEX Book.IK_BookText1
```

```
GO
```

提示

DROP INDEX 语句不适用于通过定义 PRIMARY KEY 或 UNIQUE 约束创建的索引，如果要删除该约束和相应的索引，需要使用带有 DROP CONSTRAINT 子句的 ALTER TABLE 语句。另外，在删除聚集索引时，表中的所有非聚集索引都将被重建。

12.1.7 索引优化

要在表中创建索引，应该指定在索引中要包含哪些列。创建一个包含不属于键的列索引，该列将被标记到索引的最后。这意味着索引会占用更多的空间，但是如果 SQL Server 从索引搜索中提取所有的数据，则会比较快捷。

要设计索引时，必须保证索引的有效性。保证索引的有效性一般有以下几种方法。

1．使用低维护列

对于非聚集索引来说，真正的索引数据同表数据是分开的，尽管两者可以被存储到同一区域或不同区域。如果在表中对一个列里的数据进行修改，而该列被包含在一个索引中，则 SQL Server 也必须对索引中的数据进行修改。也就是说，实际上并不只是进行一次更新，而是两次更新。

如果表拥有不止一个索引，那么也就更新不止一次，这样在对一条记录进行修改时，可能导致几次磁盘写入操作，这可能会导致性能的下降。在创建索引时，应该在这种性能的下降与在数据提取方面的性能的提升之间找到一个平衡点。因此，对于低维护的数据（其含义是更新频度不高的列）来说，可以在其上创建索引，这样 SQL Server 只需进行更少的磁盘写入，也可以获得更好的数据库性能。

2．防止包含过多的列

在索引中包含的列越多，插入或修改数据时被移动的数据就越多。因此，在表中所添加的每个索引都可能导致额外的系统开销，根据数据提取性能的可接受程度，尽可能只创建最少数量的索引。

3．不为记录较少的表设置索引

从数据性能的观点来看，如果表中还有一行，那么就不需要在表中设置索引。SQL Server 会在第一个请求中找到该记录，而不需要索引的帮助。在表中只包含少数记录的时候也是如此，不需要为这类表设置索引。

如果设置索引，SQL Server 会先跳转到索引上。它的引擎会对数据进行几次读取，以找到正确的记录，然后会直接通过从索引中提取的记录指针，移动到该记录上。

4．提高索引的性能

要让数据库以最优的方式运行，让索引设计更合理是至关重要的。必须对聚集索引、唯一索引和那些包含在索引中的列进行审查，以确保尽可能地提取数据。另外，还应该确保包含在索引中的列具有合理的顺序，以减少 SQL Server 在查找数据时的读取次数。

12.2 实验指导——使用索引优化查询

虽然前面已经介绍过索引的概念和基本操作，但是并没有完整地演示索引。本节通过实验指导使用索引优化查询，实现步骤如下。

（1）创建名称为 student 的数据库。

（2）在 student 数据库中创建名称为 StudentInfo 的表，该表包含 stuNo（学生编号）、stuName（学生姓名）、stuAge（学生年龄）、stuBirth（出生日期）、stuPhone（联系电话）以及 stuNewAddress（最新居住地址）等多个列。

（3）首先通过 DECLARE 声明 int 类型的@number 变量，初始值为 1；nvarchar(50)类型的@newname 变量。然后通过 WHILE 向 StudentInfo 表中循环添加 6 000 000 条记录。代码如下：

```
DECLARE @number int=1,@newname nvarchar(50)
WHILE(@number<=6000000)
   BEGIN
      SET @newname = '张'+CONVERT(varchar(50),@number)
      INSERT INTO StudentInfo VALUES(@number,@newname,20,DATEADD
      (year,-20,GETDATE()),'23838901234','')
      SET @number = @number + 1
   END
```

（4）通过 SELECT 语句查询 StudentInfo 表中的 500 000 条记录，并且按 stuNo 降序排列。代码如下：

```
SELECT TOP 500000 * FROM StudentInfo ORDER BY stuNo DESC
```

（5）执行上述代码，效果如图 12-10 所示。从图 12-10 中可以看出，查询这 500 000 条记录耗费的时间是 12s。

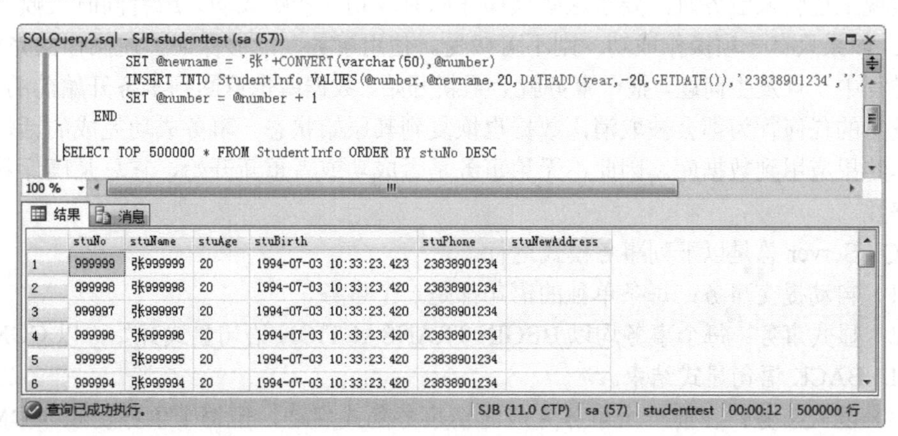

图 12-10 查询 StudentInfo 表中的记录

（6）创建名称为 IK_First 的聚集索引，这里的索引键列是 stuNo。代码如下：

```
CREATE CLUSTERED INDEX [IK_First] ON [dbo].[StudentInfo]
(
    [stuNo] ASC
)WITH (PAD_INDEX = OFF, STATISTICS_NORECOMPUTE = OFF, SORT_IN_TEMPDB = OFF,
DROP_EXISTING = OFF, ONLINE = OFF, ALLOW_ROW_LOCKS = ON, ALLOW_PAGE_LOCKS
= ON) ON [PRIMARY]
GO
```

（7）重新执行步骤（4）中的 SELECT 语句查看效果，这里不再显示效果图。

12.3 事务

事务是单个工作单元。如果某一事务成功，则在该事务中进行的所有数据修改均会提交，成为数据库中的永久组成部分。如果事务遇到错误且必须取消或者回滚，则所有数据修改均被清除。

12.3.1 事务的概念

事务是数据库的核心概念之一。简单来说，事务是指用户为完成某项任务所定义的某一个操作序列。这个序列要么全部完成，要么全部不执行。整个序列是数据库中一个不可分割的整体。通过事务，SQL Server 能够将逻辑相关的一组操作绑定在一起，以便服务器保持数据的完整性。

事务最典型的一个例子就是银行转账。假设名称为“张风”的用户有两张银行卡，由于业务需要，他想将银行卡 A 中的 15 000 元转到银行卡 B 中。因此，可以这样理解转账业务。

（1）银行卡 A 减去 15 000 元。

（2）银行卡 B 加上 15 000 元。

实现上述转账业务时，要求这两项操作同时成功（转账成功）或者同时失败（转账失败）。如果只有一项操作成功，则不可接受。使用事务，能够保证上述操作的完整性。执行过程中一旦发生问题，整个事务就会重新开始，数据库也返回到事务开始前的状态，之前发生的任何行为都会被取消，数据也恢复到其原始状态。事务成功完成的话，便会将操作结果应用到数据库。因此，无论事务是否成功或者重新开始，它总是确保数据库的完整性。

SQL Server 总是以下列事务模式运行。

（1）自动提交事务：每条单独的语句都是一个事务。

（2）显式事务：每个事务均以 BEGIN TRANSACTION 语句显式开始，以 COMMIT 或 ROLLBACK 语句显式结束。

（3）隐式事务：在前一个事务完成时新事务隐式启动，但每个事务仍以 COMMIT 或 ROLLBACK 语句显式完成。

（4）批处理事务：只能应用于多个活动结果集，在结果集会话中启动的 Transact-SQL 显式或隐式事务变为批处理级事务。当批处理完成时没有提交或回滚的批处理级事务自动由 SQL Server 进行回滚。

12.3.2 事务的特性

事务都具有 ACID 特性，ACID 是由 4 个事务属性的单词的开头字母组成的，它们用来保证数据从一个地方可靠地转移到另一个地方。

（1）原子性（Atomicity）：事务必须是不可分割的原子工作单元。对于其数据修改，要么全都执行，要么全都不执行。

（2）一致性（Consistent）：事务在完成时，必须使所有的数据都保持一致状态。在相关数据库中，所有规则都必须应用于事务的修改，以保持所有数据的完整性。事务结束时，所有的内部数据结构都必须是正确的。

（3）隔离性（Isolation）：任何在事务之前、之中或者之后执行的操作，相关数据都处于一致的状态，而不是处于部分完成的状态。任何用户或者操作查询受事务影响的数据时，都会立即觉察到整个事务被提交了。

（4）持久性（Durable）：事务完成之后，对于系统的影响是永久性的。修改即使出现系统故障也一直保持。

12.3.3 事务语句

在实际实现事务的操作过程中，需要使用到一系列的事务语句。SQL Server 2012 中提供的事务语句有 BEGIN TRANSACTION、COMMIT TRANSACTION、COMMIT WORK、ROLLBACK TRANACTION、ROLLBACK WORK 以及 SAVE TRANSACTION。下面将向大家介绍一些比较常用的事务语句。

1. BEGIN TRANSACTION 语句

BEGIN TRANSACTION 标记一个显示本地事务的起始点，用于开始事务。BEGIN TRANSACTION 使@@TRANCOUNT 按 1 递增。基本语法如下：

```
BEGIN { TRAN | TRANSACTION }
    [ { transaction_name | @tran_name_variable }
      [ WITH MARK [ 'description' ] ]
    ]
[ ; ]
```

其中，transaction_name 表示分配给事务的名称，@tran_name_variable 表示用户定义的、含有有效事务名称的变量名称，WITH MARK['description']指定在事务日志中标记事务，description 是描述该标记的字符串。

【范例 7】

下面的代码说明如何命名事务：

```
DECLARE @TranName VARCHAR(20)
SELECT @TranName = 'MyTransaction'
BEGIN TRANSACTION @TranName
USE AdventureWorks2012
DELETE FROM StudentInfo WHERE stuNo = 1000
COMMIT TRANSACTION @TranName
GO
```

2. COMMIT TRANSACTION 语句

COMMIT TRANSACTION 标志一个成功的隐式事务或显式事务的结束，用于提交事务。如果@@TRANCOUNT 为 1，COMMIT TRANSACTION 使从事务开始以来所执行的所有数据修改成为数据库的永久部分，释放事务所占用的资源，并将@@TRANCOUNT 减少到 0。如果@@TRANCOUNT 大于 1，则 COMMIT TRANSACTION 使@@TRANCOUNT 按 1 递减并且事务将保持活动状态。

COMMIT TRANSACTION 语句的基本语法如下：

```
COMMIT { TRAN | TRANSACTION } [ transaction_name | @tran_name_
variable ] ][ ; ]
```


只有当事务被引用所有数据的逻辑都正确时，Transact-SQL 程序才会发出 COMMIT TRANSACTION 命令。在范例 7 中已经使用到了 COMMIT TRANSACTION 事务，这里不再介绍。

3. SAVE TRANSACTION 语句

SAVE TRANSACTION 在事务内设置保存点，用于定义在按照条件取消某个事务的一部分后，该事务可以返回的一个位置。基本语法如下：

```
SAVE { TRAN | TRANSACTION } { savepoint_name | @savepoint_variable }[ ; ]
```

其中，savepoint_name 表示分配给保存点的名称；@savepoint_variable 表示包含有效保存点名称的用户定义变量的名称，必须用 char、varchar、nchar 或 nvarchar 数据类型声明变量。

4. ROLLBACK TRANSACTION 语句

ROLLBACK TRANSACTION 语句将显式事务或隐式事务回滚到事务的起点或事务内的某个保存点。可以使用 ROLLBACK TRANSACTION 清除自事务的起点或到某个保存点所做的所有数据修改。它还释放由事务控制的资源。

ROLLBACK TRANSACTION 语句的基本语法如下：

```
ROLLBACK { TRAN | TRANSACTION }
    [ transaction_name | @tran_name_variable
    | savepoint_name | @savepoint_variable ]
[ ; ]
```

其中，transaction_name 是指为 BEGIN TRANSACTION 上的事务分配的名称；@tran_name_variable 表示用户定义的、含有有效事务名称的变量名称，必须使用 char、varchar、nchar 或 nvarchar 数据类型声明变量；savepoint_name 是 SAVE TRANSACTION 语句中的 savepoint_name；@savepoint_variable 是用户定义的、包含有效保存点名称的变量名称。

12.4 实验指导——使用事务实现图书添加

假设当前 bookmanage 数据库下存在一张 Book 表，该表中包含图书编号、原价、最新价格、图书类型以及作者等信息，其中图书类型和作者分别来自 BookType 表的 typeId 列和 BookAuthor 表的 authorId 列。

用户可以向 BookType 表和 Book 表中分别添加一条记录。要求它们的添加过程中不能出现错误，而且不管是否添加成功，都必须更改 BookAuthor 表中的一条记录。在实现该功能时可以使用事务，代码如下：

```
DECLARE @newid int,@err1 int,@err2 int,@err3 int
BEGIN TRANSACTION
    UPDATE BookAuthor  SET authorCountry='中国' WHERE authorId=15
    SET @err1 = @err1 + @@ERROR              --记录上述操作可能出现的错误
    SAVE TRANSACTION transfer                --设置保存点 transfer
    INSERT INTO BookType VALUES('其他文学作品',4,'暂无介绍')
                                             --向 BookType 表添加记录
    SET @newid = @@IDENTITY                  --获取最新 ID 值
    SET @err2 = @err2 + @@ERROR              --记录上述操作可能出现的错误
    INSERT INTO Book VALUES('No1012','SQL Server 事务介绍',30,@newid,15,
    10,'暂无',100,'')
    SET @err2 = @err2 + @@ERROR              --记录 Book 表添加操作可能出现的错误
    if @err1<>0                              --如果上述操作出现错误
        BEGIN
            ROLLBACK TRANSACTION             --回滚事务
            PRINT '操作失败'
        END
    ELSE
        BEGIN
            IF @err2 <> 0
                BEGIN
                    ROLLBACK TRANSACTION transfer --回滚到保存点 transfer
                    PRINT '添加失败'
                END
            ELSE
                BEGIN
                    COMMIT TRANSACTION                --所有操作没有问题，提交事务
                    PRINT '添加成功'
                END
        END
```

执行上述代码，效果如图 12-11 所示。

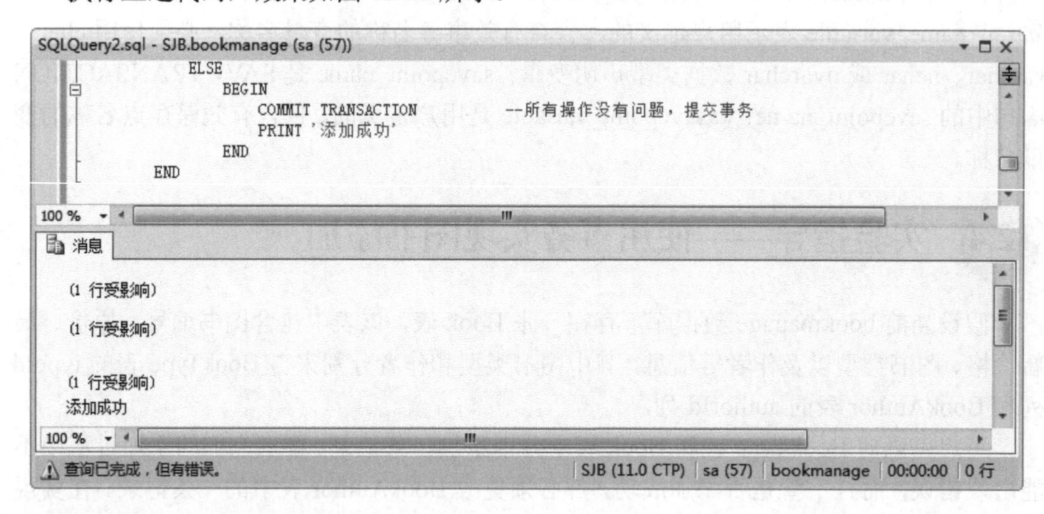

图 12-11 实验指导效果

当出现如图 12-11 所示的效果时，表示所有的操作都没有问题，已经将事务成功提交了。用户可以通过 SELECT 语句查看是否成功添加和更改，如图 12-12 所示为 BookAuthor 表的效果，Book 表和 BookType 表的效果图不再显示。

	authorId	authorName	authorSex	authorCountry	authorIntro
1	15	林徽因	女	中国	林徽因是中国著名女诗人、作家、建筑学家。人民英雄纪念碑和中华人民共和国国徽深化方案
2	16	郭德纲	男	不详	郭德纲，著名相声演员，电影和电视剧演员，电视脱口秀主持人。
3	18	张爱玲	女	不详	张爱玲，中国现代作家，原籍河北省唐山市，原名张瑛。1920年09月30日出生在上海公共租界
4	19	严歌苓	女	不详	严歌苓生于上海，是享誉世界文坛的华人作家，是华人作家中最具影响力的作家之一。作品
5	20	张小娴	女	不详	NULL
6	21	三毛	女	不详	三毛（1943年3月26日－1991年1月4日），原名陈懋（mào）平（后改名为陈平），中国现代作

图 12-12 BookAuthor 表的记录

12.5 游标

为了方便用户对结果集中单独的数据进行访问，SQL Server 2012 提供了一种特殊的访问机制——游标。下面简单了解一下游标的基础知识，包括特点、使用步骤、如何创建和关闭等多部分内容。

12.5.1 游标的概念

在 SQL Server 数据库中，游标是一个十分重要的概念。它提供一种对从表中检索出的数据进行操作的灵活手段。就本质而言，游标实际上是一种能从包括多条数据记录的结果集中每次提取一条记录的机制。

游标主要包括游标结果集和游标位置两部分。其中，游标结果集是指由定义游标的SELECT语句所返回的数据行的集合；游标位置则是指向这个结果集中某一行的指针。

SQL Server 2012 中的游标具有以下特点。

（1）游标返回一个完整的结果集，但是允许程序设计语言只调用集合中的一行。

（2）允许定位在结果集的特定行。

（3）可以从结果集的当前位置检索一行或多行。

（4）支持对结果集中当前位置的行进行数据修改。

（5）可以为其他用户对显示在结果集中的数据库数据所做的更改提供不同级别的可见性支持。

（6）提供脚本、存储过程和触发器中用于访问结果集中的数据的 Transact-SQL 语句。

12.5.2 游标的类型

在 SQL Server 2012 中把游标分为只进、静态、键集和动态 4 种。

1．只进游标

只进游标不支持滚动，它只支持游标从头到尾的顺序提取。行只在从数据库中提取出来后才能检索。对所有由当前用户发出或由其他用户提交、并影响结果集中行的INSERT、UPDATE 和 DELETE 语句，其效果在这些行从游标中提取时是可见的。

2．静态游标

静态游标的完整结果集是打开游标时在 tempdb 中生成的。静态游标总是按照打开游标时的原样显示结果集。静态游标在滚动期间很少或根本检测不到变化，它耗费的资源相对很少。

SQL Server 静态游标始终是只读的，由于静态游标的结果集存储在 tempdb 的工作表中，因此结果集中的行大小不能超过 SQL Server 表的最大行大小。

3．键集游标

打开由键集驱动的游标时，该游标中各行的成员身份和顺序是固定的。由键集驱动的游标由一组唯一标识符（键）控制，这组键称为键集。键是根据以唯一方式标识结果集中各行的一组列生成的。键集是打开游标时来自符合 SELECT 语句要求的所有行中的一组键值。

4．动态游标

动态游标与静态游标相对，当滚动游标时，动态游标反映结果集中所做的所有更改。结果集中的行数据值、顺序和成员在每次提取时都会改变。

12.5.3 游标的实现

SQL Server 2012 中支持以下三种方式来实现游标。

1. Transact-SQL 游标

基于 DECLARE CURSOR 语句，主要用于 Transact-SQL 语句、存储过程和触发器中。Transact-SQL 游标在服务器上实现，由从客户端发送到服务器的 Transact-SQL 语句管理。它们还可能包含在批处理、存储过程或触发器中。

2. 应用程序编程接口（API）服务器游标

API 服务器游标支持 OLE DB 和 ODBC 中的 API 游标函数，它在服务器上实现。每次客户端应用程序调用 API 游标函数时，OLE DB 访问接口或 ODBC 驱动程序会把请求传输到服务器，以便对 API 服务器游标进行操作。

3. 客户端游标

由 ODBC 驱动程序和实现 ADO API 的 DLL 在内部实现。客户端游标通过在客户端高速缓存所有结果集行来实现，每次客户端应用程序调用 API 游标函数时，ODBC 驱动程序或 ADO DLL 会对客户端上高速缓存的结果集行执行游标操作。

在 SQL Server 2012 中支持两种请求游标的方法，即 Transact-SQL 和数据库应用程序编程接口（API）游标函数。应用程序不能混合使用两种请求游标的方法，已经使用 API 指定游标行为的应用程序不能再执行 DECLARE CURSOR 语句请求一个 Transact-SQL 游标。应用程序只有在将所有的 API 游标特性设置为默认值后，才可以执行 DECLARE CURSOR。如果既未请求 Transact-SQL 游标也未请求 API 游标，则默认情况下 SQL Server 将向应用程序返回一个完整的结果集，这个结果集称为默认结果集。

由于 Transact-SQL 游标和 API 游标使用在服务器端，因此被称为服务器游标，也称后台游标。而客户端游标被称为前台游标。Transact-SQL 游标和 API 游标具有不同的语法，但下列一般进程适用于所有 SQL Server 游标。

（1）将游标与 Transact-SQL 语句的结果集相关联，并且定义该游标的特性，例如是否能够更新游标中的行。

（2）执行 Transact-SQL 语句以填充游标。

（3）从游标检查想要查看的行。从游标中检索一行或一部分行的操作称为提取。执行一系列提取操作以便向前或向右检索行的操作称为滚动。

（4）根据需要，对游标中当前位置的行执行修改操作（更新或删除）。

（5）关闭游标。

12.5.4 声明游标

在声明游标时，主要是定义 Transact-SQL 服务器游标的属性。例如游标的滚动行为和用于生成游标所操作的结果集的查询。DECLARE CURSOR 既接受基于 ISO 标准的语法，也接受使用一组 Transact-SQL 扩展的语法。DECLARE CURSOR 声明游标的语法如下：

```
/* ISO标准语法 */
DECLARE cursor_name [ INSENSITIVE ] [ SCROLL ] CURSOR
    FOR select_statement
    [ FOR { READ ONLY | UPDATE [ OF column_name [ ,...n ] ] } ]
[;]
/* Transact-SQL扩展语法 */
DECLARE cursor_name CURSOR [ LOCAL | GLOBAL ]
    [ FORWARD_ONLY | SCROLL ]
    [ STATIC | KEYSET | DYNAMIC | FAST_FORWARD ]
    [ READ_ONLY | SCROLL_LOCKS | OPTIMISTIC ]
    [ TYPE_WARNING ]
    FOR select_statement
    [ FOR UPDATE [ OF column_name [ ,...n ] ] ]
[;]
```

上述语法说明如下。

（1）cursor_name：所定义的 Transact-SQL 服务器游标的名称。

（2）INSENSITIVE：定义一个游标，以创建将由该游标使用的数据的临时副本。

（3）SCROLL：指定所有的提取选项都可用，如 FIRST、LAST、PRIOR、NEXT、RELATIVE 和 ABSOLUTE。

（4）select_statement：定义游标结果集的标准 SELECT 语句。在游标声明的 select_statement 中不允许使用关键字 FOR BROWSE 和 INTO。

（5）READ ONLY：禁止通过该游标进行更新。在 UPDATE 或 DELETE 语句的 WHERE CURRENT OF 子句中不能引用游标。

（6）UPDATE [OF column_name [,...*n*]]：定义游标中可更新的列。如果指定了 OF column_name[,...*n*]，则只允许修改所列出的列。如果指定了 UPDATE，但未指定列的列表，则可以更新所有列。

（7）LOCAL：指定该游标的范围对在其中创建它的批处理、存储过程或触发器是局部的。该游标名称仅在这个作用域内有效。在批处理、存储过程、触发器或存储过程 OUTPUT 参数中，该游标可由局部游标变量引用。

（8）FORWARD_ONLY：指定游标只能从第一行滚动到最后一行。

（9）STATIC：定义一个游标，以创建将由该游标使用的数据的临时复本。

（10）KEYSET：指定当游标打开时，游标中行的成员身份和顺序已经滚动。

（11）DYNAMIC：定义一个游标，以反映在滚动游标时对结果集内的各行所做的所有数据更改。行的数据值，顺序和成员身份在每次提取时都会更改。

（12）FAST_FORWARD：指定启用了性能优化的 FORWARD_ONLY、READ_ONLY 游标。如果指定了 SCROLL 或 FOR_UPDATE，则不能指定 FAST_FORWARD。

（13）READ ONLY：禁止通过该游标进行更新。在 UPDATE 或 DELETE 语句的

WHERE CURRENT OF 子句中不能引用该游标。

（14）OPTIMISTIC：指定如果行自读入游标以来已得到更新，则通过游标进行的定位更新或定位删除不成功。

（15）TYPE_WARNING：指定将游标从所请求的类型隐式转换为另一种类型时向客户端发送警告消息。

【范例 8】

下面为 bookmanage 数据库中的 Book 表创建一个游标，游标名称为 book_cursor，其结果集为 Book 表中的所有行。代码如下：

```
USE bookmanage
GO
DECLARE book_cursor CURSOR  FOR SELECT * FROM Book
```

12.5.5 打开游标

如果要使用创建的游标，那么必须先打开游标，打开游标需要使用 OPEN 语句。OPEN 语句打开 Transact-SQL 服务器游标，然后通过执行在 DECLARE CURSOR 或 SET cursor_variable 语句中指定的 Transact-SQL 语句填充游标。基本语法如下：


```
OPEN { { [ GLOBAL ] cursor_name } | cursor_variable_name }
```

上述语法的说明如下。

（1）GLOBAL：指定 cursor_name 是全局游标。

（2）cursor_name：已声明的游标的名称。如果全局游标和局部游标都使用 cursor_name 作为其名称，那么如果指定了 GLOBAL，则 cursor_name 指的是全局游标，否则 cursor_name 指的是局部游标。

（3）cursor_variable_name：游标变量的名称，该变量引用一个游标。

提示

如果使用 INSENSITIVE 或 STATIC 选项声明游标，那么 OPEN 将创建一个临时表以保留结果集。如果结果集中任意行的大小超过 SQL Server 表的最大行大小，OPEN 将失败。如果使用 KEYSET 选项声明游标，那么 OPEN 将创建一个临时表以保留键集。临时表存储在 tempdb 中。

【范例 9】

下面的代码使用 OPEN 打开名称为 book_cursor 的游标：

```
OPEN book_cursor
```

12.5.6 检索游标

打开游标之后，可以使用游标提取数据，这个操作称为检索游标。检索游标需要使用 FETCH 语句，它通过 Transact-SQL 服务器游标检索特定行。FETCH 的基本语法如下：

```
FETCH
        [ [ NEXT | PRIOR | FIRST | LAST
                | ABSOLUTE { n | @nvar }
                | RELATIVE { n | @nvar }
            ]
            FROM
        ]
{ { [ GLOBAL ] cursor_name } | @cursor_variable_name }
[ INTO @variable_name [ ,...n ] ]
```

上述语法说明如下。

（1）NEXT：紧跟当前行返回结果行，并且当前行递增为返回行。如果 FETCH NEXT 为对游标的第一次读取操作，则返回结果集中的一行。NEXT 是默认的游标提取选项。

（2）PRIOR：返回紧邻当前行前面的结果行，并且当前行递减为返回行。如果 FETCH PRIOR 为对游标的第一行的提取操作，则没有行返回并且游标置于第一行之前。

（3）FIRST：返回游标中的第一行并将其作为当前行。

（4）LAST：返回游标中的最后一行并将其作为当前行。

（5）ABSOLUTE{*n*|@nvar}：如果 *n* 或@nvar 为正，则返回从游标起始处开始向后的第 *n* 行，并将返回行变成新的当前行。如果 *n* 或@nvar 为负，则返回从游标末尾处开始向前的第 *n* 行，并将返回行变成新的当前行。如果 *n* 或@nvar 为 0，则不返回行。*n* 必须是整数常量，并且@nvar 的数据类型必须为 smallint、tinyint 或 int。

（6）RELATIVE{*n*|@nvar}：如果 *n* 或@nvar 为正，则返回从当前行开始向后的第 *n* 行，并将返回行变成新的当前行。如果 *n* 或@nvar 为负，则返回从当前行开始向前的第 *n* 行，并将返回行变成新的当前行。如果 *n* 或@nvar 为 0，则返回当前行。在对游标进行第一次提取时，如果在将 *n* 或@nvar 设置为负数或 0 的情况下指定 FETCH RELATIVE，则不返回行。*n* 必须是整数常量，并且@nvar 的数据类型必须为 smallint、tinyint 或 int。

（7）GLOBAL：指定 cursor_name 表示全局游标。

（8）cursor_name：要从中进行提取的开放游标的名称。如果全局游标和局部游标都使用 cursor_name 作为它们的名称，那么指定 GLOBAL 时，cursor_name 指的是全局游标；未指定 GLOBAL 时，则指的是局部游标。

（9）@cursor_variable_name：游标变量名，引用要从中进行提取操作的打开的游标。

（10）INTO @variable_name[,...*n*]：允许将提取操作的列数据放到局部变量中。列表中的各个变量从左到右与游标结果集中的相应列相关联。各变量的数据类型必须与相应的结果集列的数据类型匹配，或是结果集列数据类型所支持的隐式转换。变量的数目必须与游标选择列表中的列数一致。

【范例 10】

使用 FETCH 检索 book_cursor 游标，提取下一行数据。代码如下：

```
FETCH NEXT FROM book_cursor
```

执行上述代码，如果是对游标的第一次提取操作，则返回 Book 表的第一行数据，

第二次返回第二行，以此类推。

假设当前是第一次提取数据，效果如图 12-13 所示。再次执行上述代码，效果如图 12-14 所示。

	bookNo	bookName	bookAuthorId	bookTypeId	bookOldPrice	bookNewPrice	bookPublish	bookInventory	bookIntro
1	No1001	希腊神话故事	25	20	22	11	中国对外翻译出版公司	300	希腊神话故事

图 12-13 第一次提取游标中的数据

	bookNo	bookName	bookAuthorId	bookTypeId	bookOldPrice	bookNewPrice	bookPublish	bookInventory	bookIntro
1	No1002	中国古代神话	26	20	48	29	中国华夏出版社	1500	神话故事

图 12-14 再次提取游标中的数据

12.5.7 关闭游标

当不需要游标时，可以使用 CLOSE 语句关闭游标。CLOSE 释放当前结果集，然后解除定位游标的行上的游标锁定，从而关闭一个开放的游标。CLOSE 将保留数据结构以便重新打开，但在重新打开游标之前，不允许提取和定位更新。

必须对打开的游标发布 CLOSE，不允许对仅声明或已关闭的游标执行 CLOSE。CLOSE 的基本语法如下：

```
CLOSE { { [ GLOBAL ] cursor_name } | cursor_variable_name }
```

其中 GLOBAL 指定 cursor_name 是全局游标，cursor_name 代表打开的游标名称，cursor_variable_name 是指与打开的游标关联的游标变量的名称。

【范例 11】

下面的代码通过 CLOSE 关闭名称为 book_cursor 的游标：

```
CLOSE book_cursor
```

12.5.8 删除游标引用

DEALLOCATE 语句删除游标引用。当释放最后的游标引用时，组成该游标的数据结构由 Microsoft SQL Server 释放。基本语法如下：

```
DEALLOCATE { { [ GLOBAL ] cursor_name } | @cursor_variable_name }
```

其中 cursor_name 表示已声明的游标；@cursor_variable_name 是指游标变量的名称，它的数据类型必须为 cursor。

DEALLOCATE 删除游标与游标名称或游标变量之间的关联。如果一个名称或变量是最后引用游标的名称或变量，则将释放资源，游标使用的任何资源也随之释放。

12.5.9 游标函数

SQL Server 2012 提供了三个返回游标信息的标量函数，它们都是非确定性函数。这意味着即便使用相同的一组输入值，也不会在每次调用这些函数时都返回相同的值。

1. @@CURSOR_ROWS

@@CURSOR_ROWS 返回连接上打开的上一个游标中的当前限定行的数目。为了提高性能，SQL Server 可异步填充大型键集和静态游标。调用@@CURSOR_ROWS 以确定当其被调用时检索了游标符合条件的行数。

@@CURSOR_ROWS 的返回值是 integer 类型，如表 12-2 所示对返回值进行简单说明。

表 12-2 @@CURSOR_ROWS 的返回值

返回值	说明
-m	游标被异步填充。该返回值是键集中当前的行数
-1	游标为动态游标。因为动态游标可反映所有更改，所以游标符合条件的行数不断变化。因此，永远不能确定已检索到所有符合条件的行
0	没有已打开的游标，对于上一个打开的游标没有符合条件的行，或上一个打开的游标已被关闭或被释放
n	游标已完全填充。该返回值是游标中的总行数

注意

如果上一个游标是异步打开的，则@@CURSOR_ROWS 返回的数字是负数。如果 sp_configure cursor threshold 的值大于 0，且游标结果集中的行数大于游标阈值，则异步打开键集驱动程序或静态游标。

【范例 12】

对 bookmanage 数据库中的 BookAuthor 表声明游标，并且使用 SELECT 显示@@CURSOR_ROWS 的值。在游标打开前，该设置的值为 0，若值为-1 则表示游标键集被异步填充。代码如下：

```
USE bookmanage
GO
SELECT @@CURSOR_ROWS
DECLARE author_cursor CURSOR FOR
SELECT authorId,authorName,@@CURSOR_ROWS FROM BookAuthor
OPEN author_cursor                  --打开游标
FETCH NEXT FROM author_cursor       --读取数据
SELECT @@CURSOR_ROWS                --获取行数
CLOSE author_cursor                 --关闭游标
DEALLOCATE author_cursor            --删除游标引用
```

```
GO
```

执行上述代码，效果如图 12-15 所示。

(无列名)
0

authorId	authorName	(无列名)
15	林徽因	-1

(无列名)
-1

图 12-15 使用@@CURSOR_ROWS 效果

2. @@FETCH_STATUS

@@FETCH_STATUS 返回针对连接当前打开的任何游标发出的最后一条游标 FETCH 语句的状态。返回值的类型是 integer，返回值的说明如下。

（1）0：表示 FETCH 语句成功。

（2）-1：表示 FETCH 语句失败或行不在结果集中。也可表示为提取的行不存在。

提示

由于@@FETCH_STATUS 对于在一个连接上的所有游标都是全局性的，所以要谨慎使用@@FETCH_STATUS。在执行一条 FETCH 语句后，必须在对另一游标执行另一 FETCH 语句前测试@@FETCH_STATUS。在此连接上出现任何提取操作之前，@@FETCH_STATUS 的值没有定义。

【范例 13】

下面的代码使用@@FETCH_STATUS 控制 WHILE 循环中的游标活动：

```
DECLARE author_cursor CURSOR FOR SELECT authorId,authorName,@@CURSOR_
ROWS FROM BookAuthor:
OPEN author_cursor
FETCH NEXT FROM author_cursor
WHILE @@FETCH_STATUS = 0
  BEGIN
    FETCH NEXT FROM author_cursor
  END
CLOSE author_cursor
DEALLOCATE author_cursor
GO
```

3. CURSOR_STATUS

CURSOR_STATUS 是一个标量函数，它允许存储过程的调用方确定该存储过程是否已为给定的参数返回了游标和结果集。基本语法如下：

```
CURSOR_STATUS
(
    { 'local' , 'cursor_name' }
    | { 'global' , 'cursor_name' }
    | { 'variable' , 'cursor_variable' }
)
```

上述语法的说明如下。

（1）'local'：指定一个常量，该常量指示游标的源是一个本地游标名。

（2）'cursor_name'：游标的名称。

（3）'global'：指定一个常量，该常量指示游标的源是一个全局游标名。

（4）'variable'：指定一个常量，该常量指示游标的源是一个本地变量。

（5）'cursor_variable'：游标变量的名称，必须使用 cursor 数据类型定义游标变量。

CURSOR_STATUS 的返回值是 smallint 类型，返回值可以是 1、0、-1、-2 以及-3。

【范例 14】

本范例使用 CURSOR_STATUS 查看游标的状态，实现步骤如下。

（1）通过 CREATE TABLE 语句创建@TMP 数据表，该表包含一列。代码如下：

```
CREATE TABLE #TMP
(
  ii int
)
GO
```

（2）通过 INSERT INTO 语句向#TMP 表中插入三条数据。代码如下：

```
INSERT INTO #TMP(ii) VALUES(1)
INSERT INTO #TMP(ii) VALUES(2)
INSERT INTO #TMP(ii) VALUES(3)
GO
```

（3）使用 DECLARE 声明游标，声明之后查看游标状态。代码如下：

```
DECLARE cur CURSOR FOR SELECT * FROM #TMP
SELECT CURSOR_STATUS('global','cur') AS 'After declare'
```

（4）使用 OPEN 打开游标，打开之后查看游标状态。代码如下：

```
OPEN cur
SELECT CURSOR_STATUS('global','cur') AS 'After Open'
```

（5）使用 CLOSE 关闭游标，关闭之后查看游标状态。代码如下：

```
CLOSE cur
SELECT CURSOR_STATUS('global','cur') AS 'After Close'
```

（6）使用 DEALLOCATE 删除游标引用，代码如下：

```
DEALLOCATE cur
```

（7）使用 DROP TABLE 删除数据表，代码如下：

```
DROP TABLE #TMP
```

（8）执行本范例的代码，效果如图 12-16 所示。

	After declare
1	-1

	After Open
1	1

	After Close
1	-1

图 12-16　使用 CURSOR_STATUS 效果

12.6 思考与练习

一、填空题

1．一个表中可以不创建聚集索引，但是如果创建聚集索引时，只能创建__________个。

2．通过 Transact-SQL 语句重命名索引时，可以使用__________存储过程。

3．事务的__________是指事务必须是不可分割的原子工作单元。对于其数据修改，要么全都执行，要么全都不执行。

4．__________用于提交事务，它标志一个成功的隐式事务或显式事务的结束。

5．游标主要包括__________和游标位置两部分。

6．__________返回连接上打开的上一个游标中的当前限定行的数目。

二、选择题

1．根据存储结构来分，可以将索引分为__________两类。

A．唯一索引和组合索引

B．聚集索引和非聚集索引

C．唯一索引和非聚集索引

D．组合索引和非聚集索引

2．本章通过使用__________存储过程查看索引信息。

A．sp_index

B．sp_indexes

C．sp_helpindex

D．sp_indexhelp

3．__________是指每条单独的语句都是一个事务。

A．自动提交事务

B．显式事务

C．隐式事务

D．批处理事务

4．事务都具有 ACID 特性，其中 A 是指__________。

A．一致性

B．原子性

C．持久性

D．隔离性

5．__________标记一个显示本地事务的起始点，用于开始事务。

A. SAVE TRANSACTION

B. COMMIT TRANSACTION

C. ROLLBACK TRANSACTION

D. BEGIN TRANSACTION

6. 实现游标的三种方式不包括__________。

A. API 服务器游标

B. Transact-SQL 游标

C. 动态游标

D. 客户端游标

7. 声明游标的语句是__________。

A. DECLARE CURSOR

B. OPEN

D. CLOSE

D. FETCH

三、简答题

1. 简单说明如何对索引执行创建、修改、重命名以及删除操作。

2. 常用的事务语句有哪些？请分别对它们进行说明。

3. 声明、打开、检索和关闭游标的语句是什么？

4. Transact-SQL 语言提供的游标函数有哪些？并对这些函数进行说明。

第 13 章　数据库的安全机制

对于数据库来讲，安全性在实际应用中最重要。如果安全性得不到保证，那么数据库将面临各种各样的威胁，轻则数据丢失，重则直接导致系统瘫痪。为了保证数据库的安全，SQL Server 2012 提供了完善的管理机制和操作手段，把对数据库的访问分成多个级别，对每个级别都进行安全性控制。

本章将介绍 SQL Server 2012 的安全机制，以及 SQL Server 2012 中的登录账户、数据库用户、角色和权限等内容。

本章学习要点：

- 熟悉 SQL Server 的两种验证模式
- 掌握如何创建登录账户
- 掌握如何创建数据库用户
- 熟悉如何查看服务器的登录账户
- 熟悉如何查看数据库的用户
- 掌握如何删除登录账户和数据库用户
- 掌握如何查看固定服务器角色
- 了解与固定服务器角色有关的存储过程
- 掌握如何查看固定数据库角色
- 了解与固定数据库角色有关的存储过程
- 了解应用程序角色
- 熟悉如何自定义角色
- 了解权限类型
- 熟悉如何为用户分配权限

13.1 安全认证模式

用户在使用 SQL Server 2012 时，需要经过身份验证和权限认证两个阶段。SQL Server 支持两种身份验证模式，即 Windows 身份验证模式和 SQL Server 身份验证模式。

13.1.1 Windows 身份验证

Windows 身份验证是默认模式（通常称为集成安全），因为此 SQL Server 安全模型与 Windows 紧密集成。只要用户能够通过 Windows 用户身份验证，即可连接到 SQL Server 2012 服务器上。

这种验证模式只适用于能够进行有效身份验证的 Windows 操作系统，在其他的操作系统下无法使用。在以下几种情形中，使用 Windows 身份验证是最好的选择。

（1）存在域控制器。

（2）应用程序和数据库位于同一台计算机上。

（3）正在使用 SQL Server Express 或 LocalDB 的实例。

13.1.2 SQL Server 身份验证

使用 SQL Server 身份验证时，系统管理员为每一个用户创建一个登录名和密码，用户在连接时，必须提供登录名和密码。

在以下几种情形中，使用 SQL Server 身份验证是最好的选择。

（1）有工作组存在。

（2）用户从其他不受信任的域进行连接。

（3）Internet 应用程序（例如 ASP.NET）。

> 提示
>
> 在有些资料中会出现混合模式身份验证，它是 Windows 身份验证和 SQL Server 身份验证的混合。如果必须使用混合模式验证，则必须创建 SQL Server 登录名，这些登录名存储在 SQL Server 中。

【范例 1】

用户在打开 SQL Server 2012 界面时会弹出对话框，提示用户选择身份验证的模式。如果没有提供对话框，用户可以单击【对象资源管理器】窗格中的【连接】|【数据库引擎】命令，如图 13-1 所示。

图 13-1 选择身份验证模式

图 13-1 中选择 Windows 身份验证，也可以单击【身份验证】项的下拉框，选择【SQL Server 身份验证】，这时与用户名和密码有关的输入框将可用，如图 13-2 所示。

图 13-2 SQL Server 身份验证

无论是 Windows 身份验证或是 SQL Server 身份验证，选择和输入完成后单击【连接】按钮即可连接到 SQL Server 2012 数据库，如图 13-3 所示。

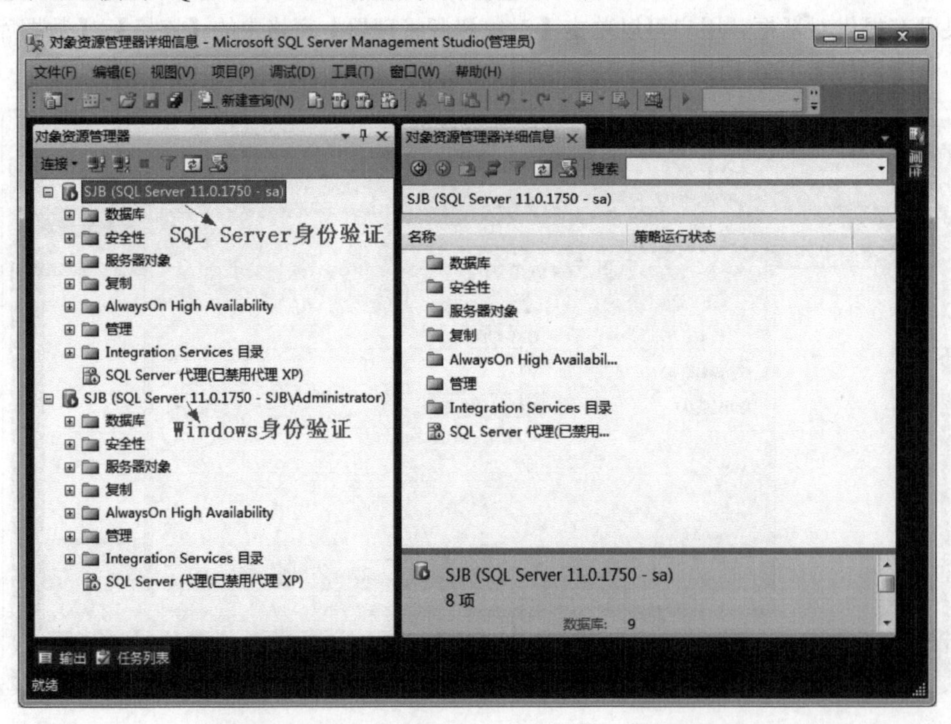

图 13-3 连接到 SQL Server 数据库

13.2 创建账户和数据库用户

登录数据库需要有服务器账户，登录成功后，如果想要对数据对象和数据库中的数据进行操作，还需要成为数据库用户。一个服务器账户可与多个数据库用户对应，这些数据库用户需要存在于不同的数据库中。

本章介绍账户和数据库用户的创建，其中，账户包括 Windows 账户和 SQL Server 账户两种。

13.2.1 创建 Windows 账户

Windows 身份验证是默认的验证模式，Windows 账户登录可以映射到以下三项。

（1）单个用户。

（2）管理员已经创建的 Windows 组。

（3）Windows 内部组（例如 Administrator）。

一般情况下，将 Windows 登录映射到管理员已经创建的 Windows 组，这样可以方便登录。

【范例 2】

本范例将创建的 Windows 账户登录映射到已创建的 Windows 组中，步骤如下。

（1）打开 Windows 系统的控制面板，然后选择【管理工具】命令进入新的窗口，单击窗口中的【计算机管理】命令，如图 13-4 所示。

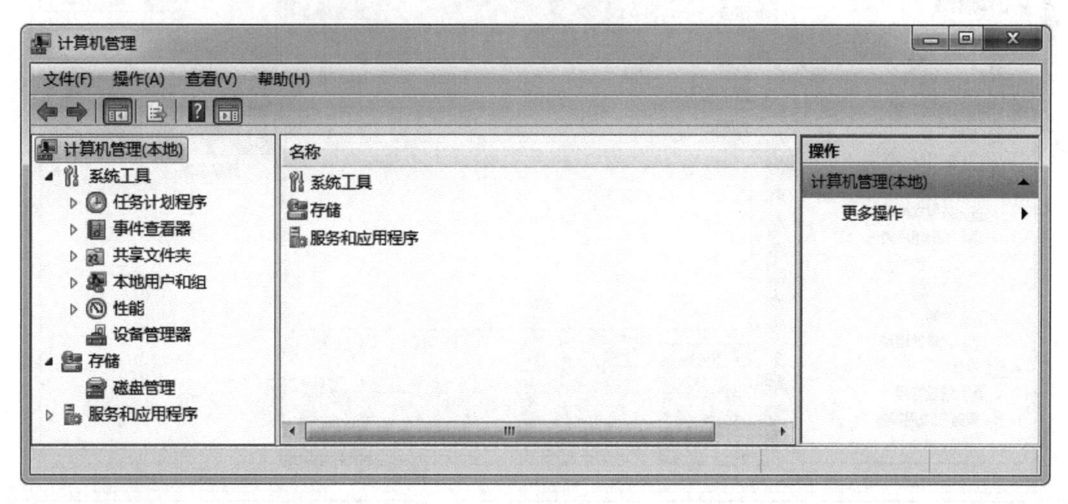

图 13-4 【计算机管理】窗口

（2）展开图 13-4 中的【本地用户和组】选项，然后找到【用户】选项右击，在弹出的快捷菜单中选择【新用户】命令，弹出【新用户】对话框，如图 13-5 所示。

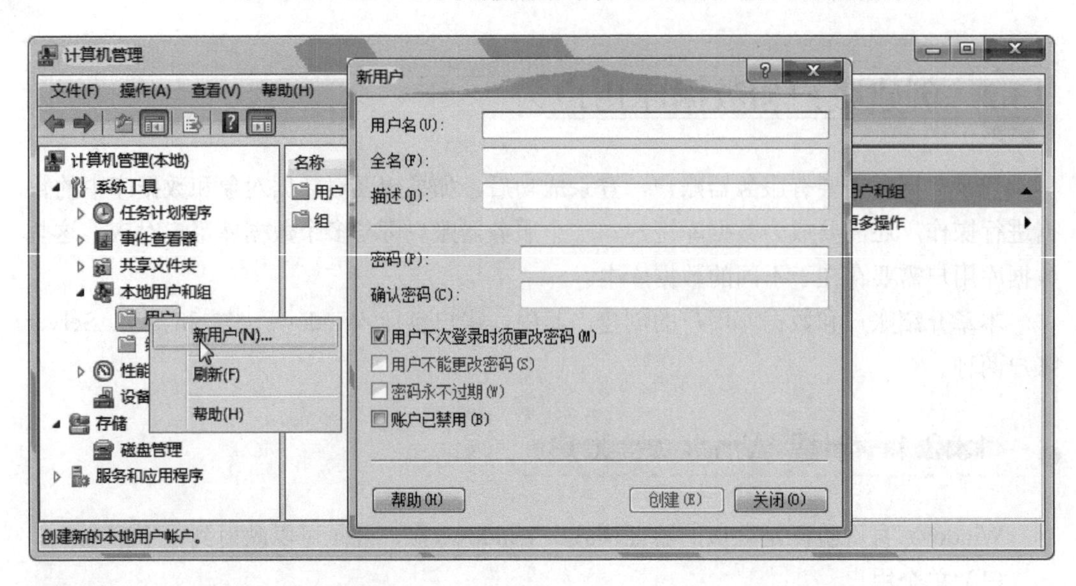

图 13-5 【新用户】对话框

（3）在图 13-5 的【新用户】对话框中输入用户名、全名、描述和密码等信息，输入后【创建】按钮变得可用，单击该按钮创建即可。用户也可以根据需要选中前面的复选框。

（4）重复前面两个步骤创建多个用户，在后面的步骤中会将这些用户组成一个 Windows 组。

（5）找到【本地用户和组】选项下的【组】选项右击，在弹出的快捷菜单中选择【组】命令，弹出【新建组】对话框，如图 13-6 所示。

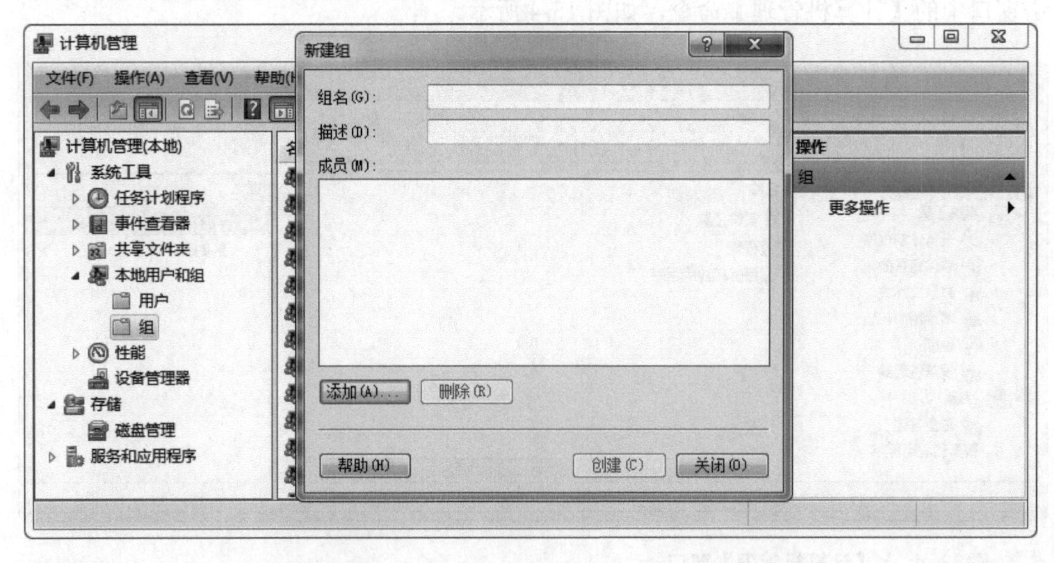

图 13-6 【新建组】对话框

（6）在【新建组】对话框中输入组名和描述，为其添加成员时可以单击【添加】按钮，弹出【选择用户】对话框，在该对话框中的【输入对象名称来选择】文本域中填写前面创建的用户名，如图 13-7 所示。

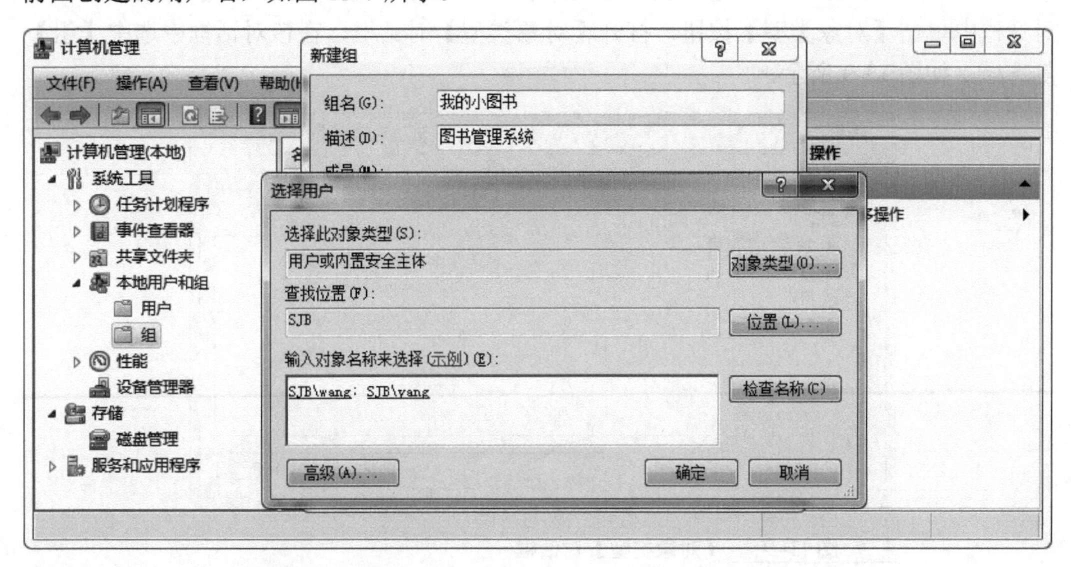

图 13-7 【选择用户】对话框

（7）单击图 13-7 中的【确定】按钮后，选择的用户将会被添加到新组中。向组中添加多个用户后，单击【新建组】对话框中的【创建】按钮，即可完成新组的创建。

（8）在【计算机管理】窗口中单击【组】节点，在右侧窗格中可以找到刚才新建的组，双击该组可以查看其信息。

（9）在【运行】中输入 secpol.msc 打开【本地安全策略】窗口。在该窗口中展开【本地策略】选项，然后单击【用户权限分配】选项，在右侧窗格中找到【允许本地登录】命令并单击，弹出相关属性信息，如图 13-8 所示。

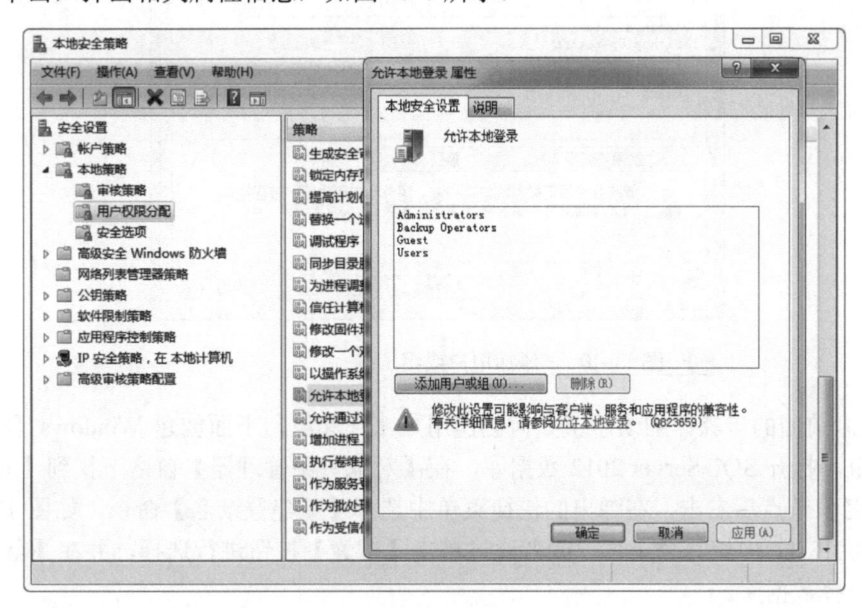

图 13-8 【允许本地登录 属性】对话框

（10）单击图 13-8 中的【添加用户或组】按钮打开【选择用户或组】对话框，在该对话框中单击【对象类型】按钮，打开【对象类型】对话框，在该对话框中选中【组】复选框，如图 13-9 所示。

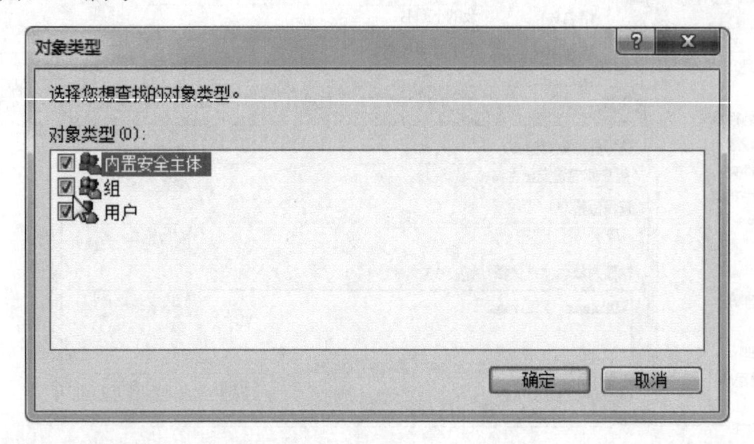

图 13-9 【对象类型】对话框

（11）选择完毕后单击【确定】按钮，然后在【选择用户或组】对话框的【输入对象名称来选择】文本域中输入前面创建的组的名称，单击【确定】按钮后，该组将被添加到【允许本地登录 属性】对话框中，如图 13-10 所示。

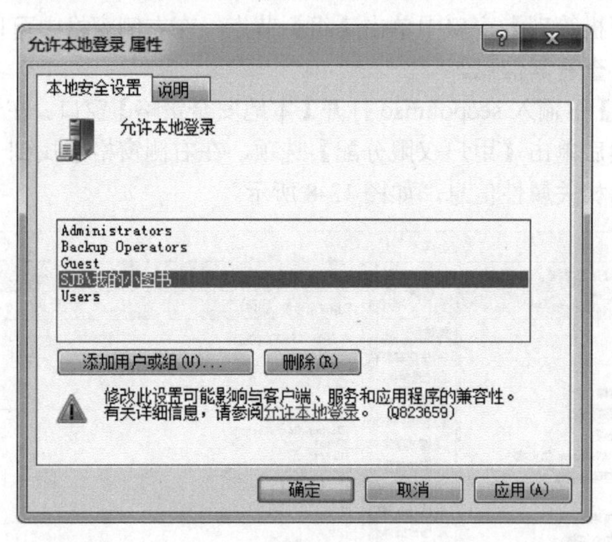

图 13-10 添加用户或组

（12）前面的步骤详细演示了如何创建用户账户和组，下面创建 Windows 登录并映射到该组。打开 SQL Server 2012 数据库，在【对象资源管理器】窗格下找到【安全性】|【登录名】节点后右击，在弹出的快捷菜单中选择【新建登录名】命令，如图 13-11 所示。在图 13-11 中填写登录名，或者通过单击【搜索】按钮进行选择，并在【默认数据库】下选择数据库。

（13）在图 13-11 中选择【用户映射】选项，在打开的页面中的【映射到此登录名的用户】列表框中选中 bookmanage 前的复选框，并在【数据库角色成员身份】列表框中选中 db_owner 复选框，如图 13-12 所示。

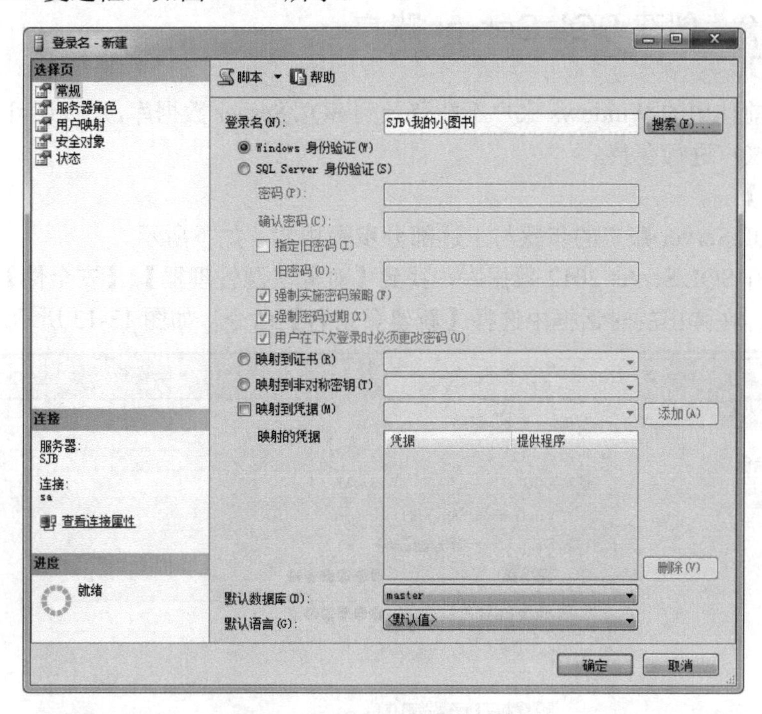

图 13-11 选择用户名和数据库

图 13-12 设置映射的相关信息

（14）所有的内容设置完成后，单击【确定】按钮即可。

13.2.2 创建 SQL Server 账户

如果当前使用的 Windows 账户不能登录到 SQL Server 数据库，那么还可以选择使用 SQL Server 账户进行登录。

【范例 3】

创建 SQL Server 账户的步骤与上述部分步骤相似，如下所示。

（1）打开 SQL Server 2012 数据库，找到【对象资源管理器】|【安全性】|【登录名】节点后右击，在弹出的对话框中选择【新建登录名】命令，如图 13-13 所示。

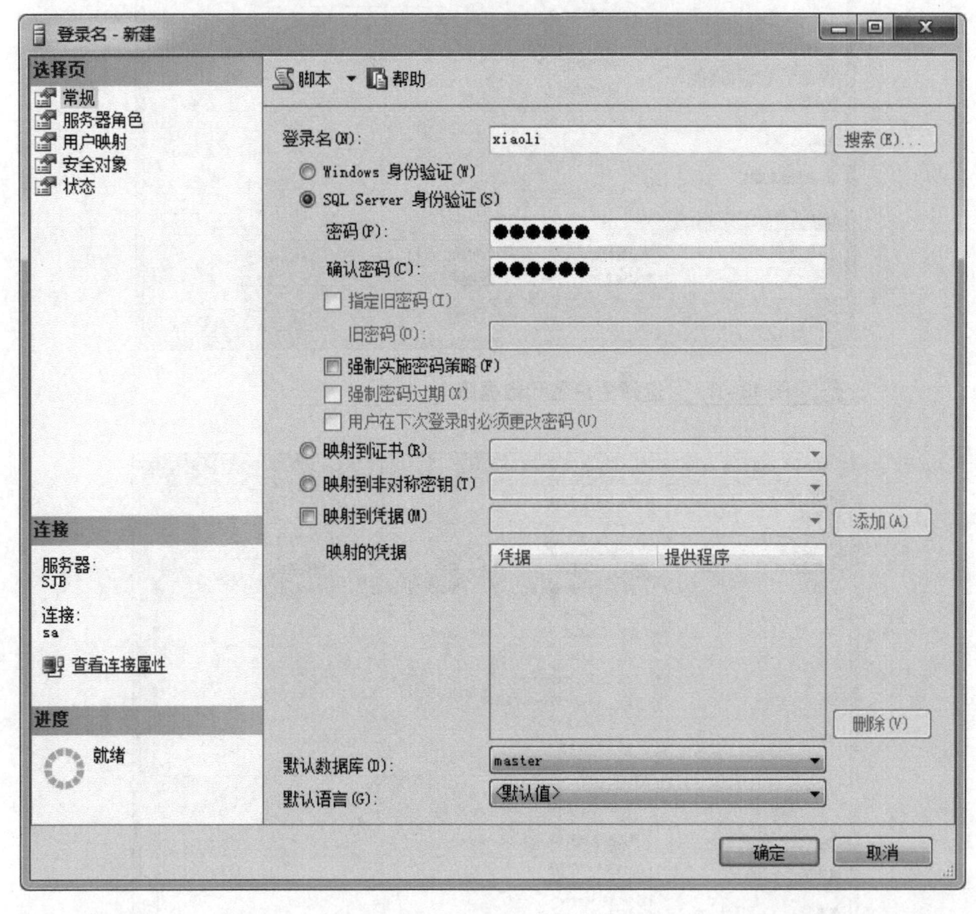

图 13-13 创建 SQL Server 账户

（2）在如图 13-13 所示的对话框中输入登录名、密码和确认密码，根据需要可以更改默认数据库。

（3）选择【用户映射】选项，在打开的页面中设置【映射到此登录名的用户】列表框和【数据库角色成员身份】列表框的内容。

（4）单击【确定】按钮完成创建。如果要使用 SQL Server 进行登录，则在【连接到服务器】对话框中选择【SQL Server 身份验证】，然后填写登录名和密码，如图 13-14 所示。

图 13-14 SQL Server 身份验证

提示

除了通过图形界面创建 SQL Server 账户外，用户还可以使用名称为 sp_addlogin 的存储过程进行创建，这里不再详细使用。

13.2.3 创建数据库用户

Windows 账户和 SQL Server 账户都属于登录账户，只能用来登录 SQL Server。使用登录账户登录 SQL Server 之后，如果要访问数据库，还需要为账户映射一个或多个数据库用户。创建数据库有两种方式，一种是通过图形界面，另一种是通过 Transact-SQL 语句。

1. 通过图形界面创建用户

通过图形界面创建数据库用户的方法很简单，如范例 4 所示。

【范例 4】

创建数据库用户时，首先打开【对象资源管理器】窗格，在窗格找到展开【数据库】节点，然后选择某一个数据库并展开所有子项，右键单击数据库中的【安全性】|【用户】节点，在弹出的快捷菜单中选择【新建用户】命令，如图 13-15 所示。

在图 13-15 中，首先选择【用户类型】下拉列表框的内容，然后根据需要输入用户名、登录名和默认架构等内容，设置完成后单击【确定】按钮即可。

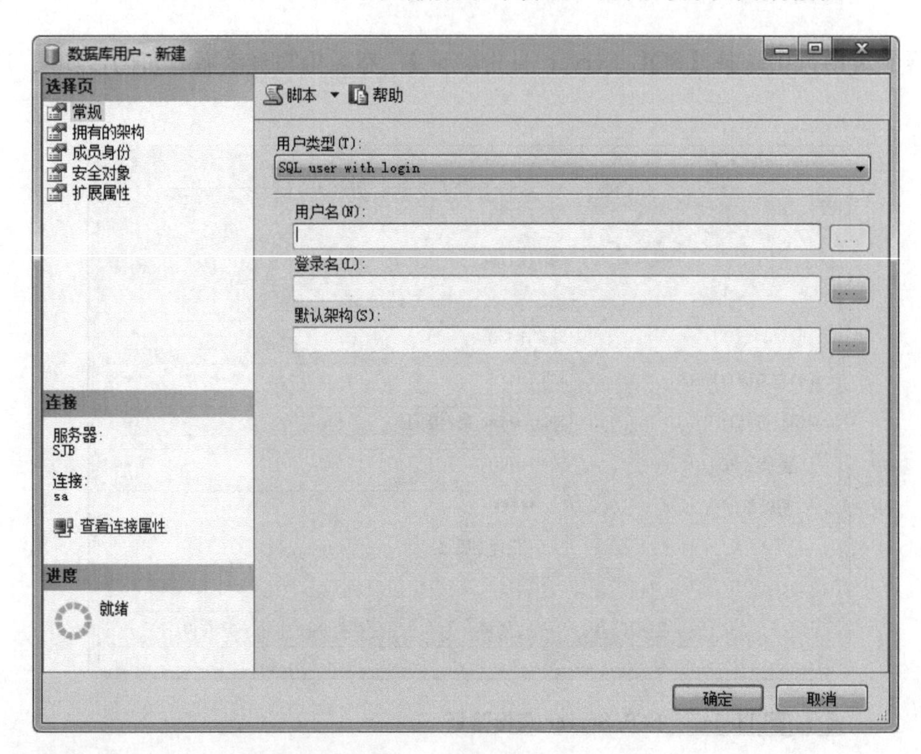

图 13-15 【数据库用户-新建】对话框

2．通过 Transact-SQL 语句

Transact-SQL 提供了名称为 sp_adduser 的存储过程。sp_adduser 存储过程表示向当前数据库中添加新的用户，返回的代码是 0（成功）或者 1（失败）。sp_adduser 的基本语法如下：

```
sp_adduser [ @loginname = ] 'login' [ , [ @name_in_db = ] 'user' ] [ ,
[ @grpname = ] 'role' ]
```

上述语法的说明如下。

（1）[@loginname=]'login'：表示 SQL Server 登录或 Windows 登录的名称，login 的数据类型为 sysname，无默认值。login 必须是现有的 SQL Server 登录名或 Windows 登录名。

（2）[@name_in_db=]'user'：新数据库用户的名称。user 的数据类型为 sysname，默认值为 NULL。如果未指定 user，则新数据库用户的名称默认为 login 名称。

（3）[@grpname=]'role'：新用户成员的数据库角色。role 的数据类型为 sysname，默认值为 NULL。role 必须是当前数据库中的有效数据库角色。

sp_adduser 还将创建一个具有该用户名的架构。在添加完用户之后，可以使用 GRANT、DENY 和 REVOKE 等语句来定义控制用户所执行的活动的权限。

【范例 5】

下面使用现有的 SQL Server 登录名 xiaoli，将数据库用户 xiaoli 添加到当前数据库中的现有 db_owner 角色。代码如下：

```
EXEC sp_adduser 'xiaoli','xiaoli',db_owner;
```

13.3 管理账户和数据库用户

创建账户和数据库完成后，用户可以对它们进行修改，例如查看当前的登录账号和数据库用户、删除指定的账户和用户等。

13.3.1 查看服务器的登录账号

用户可以通过图形界面和 Transact-SQL 两种方式查看服务器的登录账号。通过图形界面查看的方式很简单，打开【对象资源管理器】窗格后展开【安全性】|【登录名】节点，在该节点下可以查看系统默认登录账号及建立的其他登录账号。

通过 Transact-SQL 语句查看服务器的登录账号时，需要使用 sp_helplogins 存储过程。sp_helplogins 提供有关每个数据库的登录名以及与其相关的用户的信息。基本语法如下：

```
sp_helplogins [ [ @LoginNamePattern = ] 'login' ]
```

其中，[@LoginNamePattern=]'login'表示登录名，login 的数据类型为 sysname，默认值为 NULL。如果指定该参数，则 login 必须存在。如果未指定 login，则返回有关所有登录的信息。

【范例 6】

下面的代码演示如何使用 sp_helplogins 存储过程：

```
EXEC sp_helplogins;
```

执行上述语句，效果如图 13-16 所示。

结果 消息

	LoginName	SID	DefDBName	DefLangName	AUser	ARemote
1	##MS_AgentSigningCertificate##	0x01060000000000090100000055C6CFB17C62...	master	us_english	yes	no
2	##MS_PolicyEventProcessingLogin##	0x812190CA1F613649AAA462AE02A3BB	master	us_english	yes	no
3	##MS_PolicySigningCertificate##	0x010600000000000901000000038D277DE67F...	master	NULL	NO	no
4	##MS_PolicyTsqlExecutionLogin##	0xAA7CFE96239C164CA7BA3D10E68882D3	master	us_english	yes	no
5	##MS_SmoExtendedSigningCertifica...	0x0106000000000009010000002B140B1A8A98...	master	NULL	NO	no
6	##MS_SQLAuthenticatorCertificate##	0x010600000000000901000000411091C3D273...	master	NULL	NO	no
7	##MS_SQLReplicationSigningCertif...	0x0106000000000009010000004F7AE535E80...	master	NULL	NO	no
8	##MS_SQLResourceSigningCertifica...	0x0106000000000009010000005EB0CA338DF3...	master	NULL	NO	no

	LoginName	DBName	UserName	UserOrAlias
1	##MS_AgentSigningCertificate##	master	##MS_AgentSigningCertificate##	User
2	##MS_PolicyEventProcessingLogin##	master	##MS_PolicyEventProcessingLogin##	User
3	##MS_PolicyEventProcessingLogin##	msdb	##MS_PolicyEventProcessingLogin##	User
4	##MS_PolicyEventProcessingLogin##	msdb	PolicyAdministratorRole	MemberOf
5	##MS_PolicyTsqlExecutionLogin##	msdb	##MS_PolicyTsqlExecutionLogin##	User
6	##MS_PolicyTsqlExecutionLogin##	msdb	PolicyAdministratorRole	MemberOf

图 13-16 使用 sp_helplogins 存储过程

从图 13-16 中可以看出查询的结果集有两个，第一个报告包含有关指定的每个登录的信息，列的相关说明如下。

（1）LoginName：登录名。

（2）SID：登录安全标识符。

（3）DefDBName：LoginName 在连接 SQL Server 实例时所使用的默认数据库。

（4）DefLangName：LoginName 所使用的默认语言。

（5）Auser：取值为 Yes 或 No。当值为 Yes 时表示 LoginNfame 在一个数据库中有相关联的用户名；当值为 No 时表示没有相关联的用户名。

（6）ARemote：取值为 Yes 或 No。当值为 Yes 时表示有相关联的远程登录；当值为 No 时表示 LoginName 没有相关联的登录。

第二个报告包含有关映射到每个登录的用户的信息以及登录的角色成员身份，列的说明如下。

（1）LoginName：登录名。

（2）DBName：LoginName 在连接 SQL Server 实例时所使用的默认数据库。

（3）UserName：在 DBName 中，LoginName 所映射到的用户账户以及 LoginName 所属的角色。

（4）UserOrAlias：取值为 MemberOf 表示 UserName 是角色；取值为 User 表示 UserName 是用户账户。

13.3.2 查看数据库的用户

除了可以查看服务器的登录账号外，还可以查看数据库的用户信息。查看数据库的用户信息时通常也会使用两种方式：第一种方式是通过图形界面，使用这种方式时需要在打开的【对象资源管理器】窗格中展开【安全性】|【用户】节点，这样，可以在该节点下查看数据库中的所有用户。

第二种方式是使用 Transact-SQL 语句，即 sp_helpuser 存储过程。sp_helpuser 存储过程报告有关当前数据库中数据库级主体的信息。基本语法如下：

```
sp_helpuser [ [ @name_in_db = ] 'security_account' ]
```

其中，[@name_in_db=]'security_account'表示当前数据库中数据库用户或数据库角色的名称。security_account 必须存在于当前数据库中，其数据类型为 sysname，默认值为 NULL。

【范例 7】

下面的代码演示 sp_helpuser 存储过程的使用方法：

```
EXEC sp_helpuser;
```

执行上述代码，效果如图 13-17 所示。

	UserName	RoleName	LoginName	DefDBName	DefSchemaName	UserID	SID
1	dbo	db_owner	sa	master	dbo	1	0x01
2	guest	public	NULL	NULL	guest	2	0x00
3	INFORMATION_SCHEMA	public	NULL	NULL	NULL	3	NULL
4	SJB\我的小图书	db_owner	SJB\我的小图书	master	NULL	5	0x010500000000000515000000C0061C2D241778D0513C4
5	sys	public	NULL	NULL	NULL	4	NULL
6	xiaoli	db_owner	xiaoli	master	xiaoli	6	0x2C1E51280BE6FB4EB1A32AAB0F655535

图 13-17 使用 sp_helpuser 存储过程效果

13.3.3 删除登录账户

既然可以创建和查看登录账户的信息，当然也可以对登录账户进行删除。通过图形界面删除登录账户的一般步骤是：在打开的【对象资源管理器】窗格中展开【安全性】|【登录名】节点，然后右键单击要删除的登录名，在弹出的快捷菜单中选择【删除】命令，如图 13-18 所示。

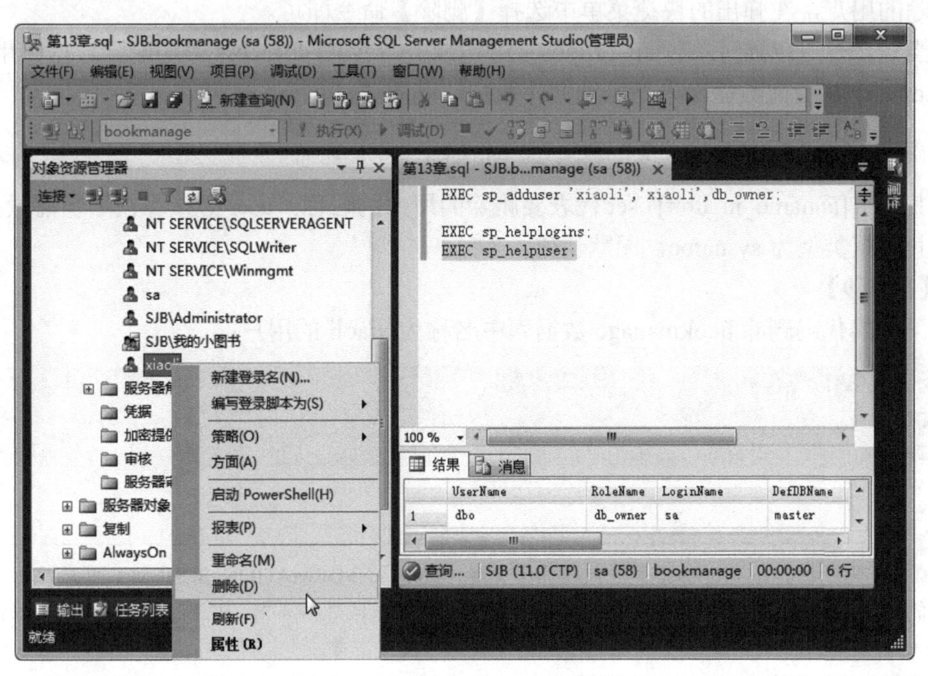

图 13-18 删除登录账号

除了上述方式外，还可以通过 sp_droplogin 语句删除指定的登录账户。基本语法如下：

```
sp_droplogin [ @loginame = ] 'login'
```

其中[@loginame=]'login'表示要删除的登录名。login 必须已存在于 SQL Server 中，它的数据类型为 sysname，无默认值。

【范例 8】

在图 13-18 中通过图形界面的方式删除名称为 xiaoli 的登录账户。如果使用 Transact-SQL 语句删除，那么需要使用以下代码：

```
EXEC sp_droplogin 'xiaoli';
```

技巧

使用 sp_droplogin 存储过程删除登录用户时，如果出现类似于“该用户当前正处于登录状态”的提示，那么需要先执行 sp_who 存储过程查出用户进行的 spid，然后使用 KILL 删除 spid，最后再使用 sp_droplogin 删除登录用户。

13.3.4 删除数据库用户

通过图形界面删除数据库用户的一般步骤是：在【对象资源管理器】窗格中展开【数据库】节点，选择某个数据库后展开该数据库下的【安全性】|【用户】节点，右键单击要删除的用户，在弹出的快捷菜单中选择【删除】命令即可。

当然，也可以通过执行 sp_dropuser 语句或 sp_revokedbaccess 语句删除数据库用户。sp_dropuser 从当前数据库中删除数据库用户，基本语法如下：


```
sp_dropuser [ @name_in_db = ] 'user'
```

其中，[@name_in_db=]'user'代表要删除的用户的名称。user 必须存在于当前数据库中，其数据类型为 sysname，无默认值。

【范例 9】

下面的代码删除 bookmanage 数据库中名称为 xiaoli 的用户：

```
USE bookmanage;
GO
EXEC sp_dropuser 'xiaoli';
```

注意

不能使用 sp_dropuser 删除数据库所有者（dbo）INFORMATION_SCHEMA 用户，也不能从 master 或 tempdb 数据库中删除 guest 用户。在非系统数据库中，EXEC sp_dropuser 'guest' 将撤销用户 guest 的 CONNECT 权限，但不会删除用户本身。

sp_revokedbaccess 表示从当前数据库中删除数据库用户。它的功能比 sp_dropuser 要更加强大，基本语法如下：

```
sp_revokedbaccess [ @name_in_db = ] 'name'
```

其中，[@name_in_db=]'name'表示要删除的数据库用户名称。name 的数据类型为 sysname，无默认值。name 可以是服务器登录、Windows 登录或 Windows 组的名称，并且必须存在于当前数据库中。当指定 Windows 登录或 Windows 组时，需要指定它们在数据库中所使用的名称。

【范例 10】

下面的代码从 bookmanage 数据库中删除映射到“SJB\我的小图书”的数据库用户：

```
EXEC sp_revokedbaccess 'SJB\我的小图书';
```

13.4 角色管理

一个数据库用户或登录账户可以同时拥有多个角色。数据库的权限分配就是通过角色来实现的。数据库管理员首先将权限赋予各种角色，然后将这些角色赋予数据库用户或登录账户，从而实现为数据库用户或登录账户分配数据库权限的功能。

13.4.1 固定服务器角色

SQL Server 2012 在安装时会创建一系列的固定服务器角色，这些角色在服务器级别上定义。固定服务器角色具有执行特定服务器级管理活动的权限，用户不能添加、删除或修改固定的服务器角色。

下面分别从固定服务器角色的查看、为登录账户指定角色和相关存储过程三方面进行介绍。

1. 查看固定服务器角色

用户可以打开【对象资源管理器】窗格，展开【安全性】|【服务器角色】节点查看固定服务器角色。除了这种方式外，还可以通过系统存储过程 sp_helpsrvrole 查看固定服务器角色。基本语法如下：

```
sp_helpsrvrole [ [ @srvrolename = ] 'role' ]
```

在上述语法中，[@srvrolename=]'role'表示固定服务器角色的名称。

【范例 11】

下面的代码通过 sp_helpsrvrole 查看 SQL Server 固定服务器角色的列表：

```
EXEC sp_helpsrvrole;
```

执行上述代码，效果如图 13-19 所示。

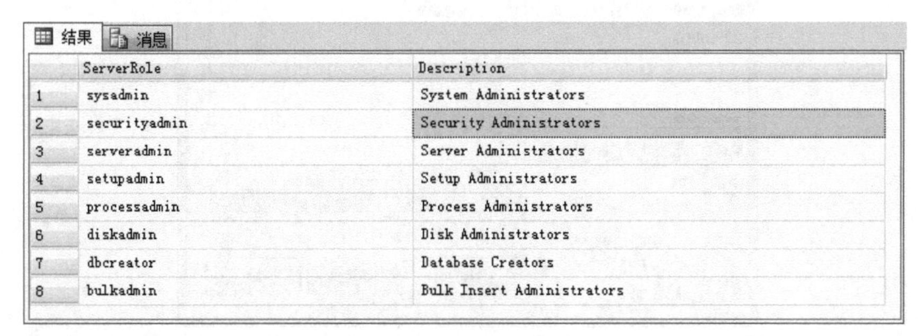

结果 消息

	ServerRole	Description
1	sysadmin	System Administrators
2	securityadmin	Security Administrators
3	serveradmin	Server Administrators
4	setupadmin	Setup Administrators
5	processadmin	Process Administrators
6	diskadmin	Disk Administrators
7	dbcreator	Database Creators
8	bulkadmin	Bulk Insert Administrators

图 13-19 查看固定服务器角色列表

从图 13-19 中可以看出 SQL Server 2012 中有 8 个固定服务器角色，其说明如表 13-1 所示。

表 13-1 固定服务器角色

角色名称	说明
sysadmin	系统管理员。可以在 SQL Server 中执行任何操作。通常情况下，此角色仅适用于数据库管理员
securityadmin	安全管理员。可以对服务器级与数据库级权限进行 GRANT、DENY 和 REVOKE 等操作；可以重置数据库的登录名和密码
serveradmin	服务器管理员。可以对服务器进行配置，如修改 SQL Server 2012 的内存大小等
setupadmin	安装程序管理员。可以添加或删除连接服务器；可以执行某些系统存储过程
processadmin	进程管理员。可以管理数据库进程
diskadmin	磁盘管理员。可以管理磁盘文件，该角色适用于助理 DBA
dbcreator	数据库创建者。可以创建、修改、删除和还原任何数据库，该角色适用于助理 DBA 或开发者
bulkadmin	可以执行 BULK INSERT 语句。使用 BULK INSERT 语句，可以以用户指定的格式将数据文件导入 SQL Server 2012 中的数据库表或视图

除了表 13-1 列出的固定服务器角色外，通过图形界面查看角色时还有一种特殊的固定服务器角色——public。每个 SQL Server 登录名均属于 public 服务器角色。它的实现方式与其他角色不同，但是可以从 public 授予、拒绝或撤销权限。

2. 为登录账户指定角色

可以直接为登录账户指定固定服务器角色，通过图形界面指定的一般步骤是：在打开的【对象资源管理器】窗格中展开【安全性】|【服务器角色】节点，双击某一个服务器角色名称或者右击选择【属性】命令，弹出【服务器角色属性】对话框，如图 13-20 所示。单击其中的【添加】按钮为该角色添加成员，在弹出的对话框选择【浏览】按钮查找对象，如图 13-21 所示。

图 13-20 【服务器角色属性】对话框

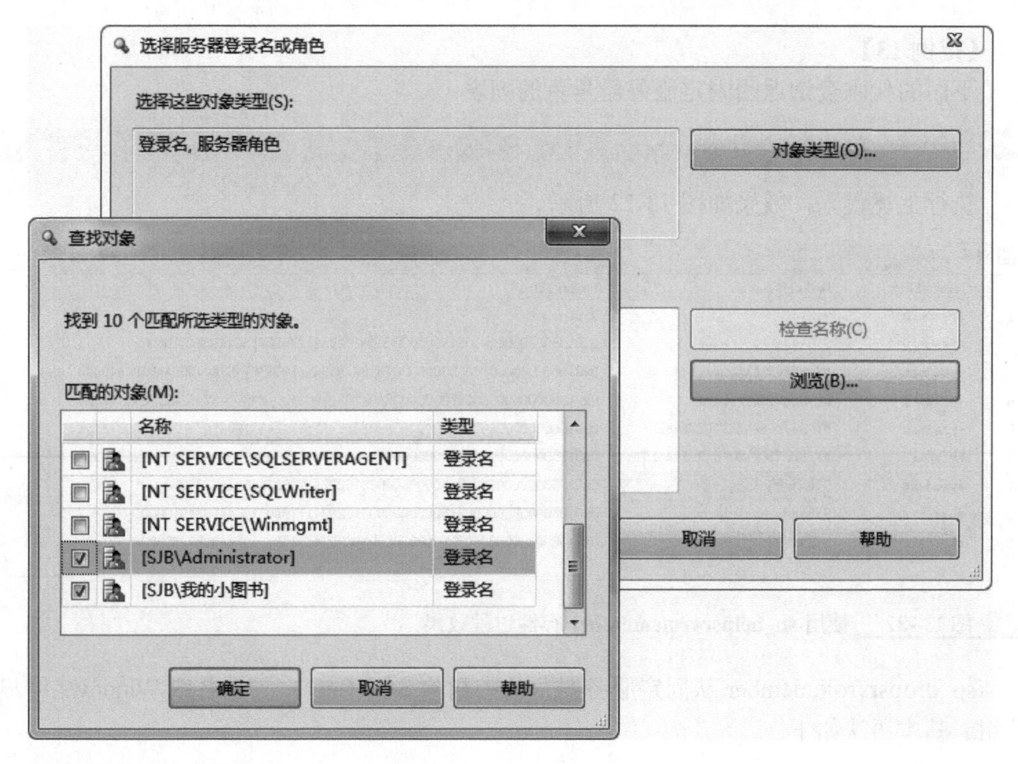

图 13-21　为指定的角色添加对象

除了使用上述方式指定固定服务器角色外，还可以使用存储过程将登录账户添加到固定服务器角色中。sp_addsrvrolemember 表示添加登录名以作为固定服务器角色的成员。基本语法如下：

```
sp_addsrvrolemember [ @loginame= ] 'login', [ @rolename = ] 'role'
```

其中，[@loginame=]'login' 表示将添加到固定服务器角色中的登录名，[@rolename=]'role'表示将添加登录名的固定服务器角色的名称。

【范例 12】

下面的代码将“SJB\我的小图书”添加到 sysadmin 固定服务器角色中：

```
EXEC sp_addsrvrolemember 'SJB\我的小图书', 'sysadmin';
```

3. 相关存储过程

SQL Server 2012 中有多个与固定服务器角色相关的系统存储过程，如前面介绍的 sp_helpsrvrole 和 addsrcrolemember。除了这两个系统存储过程外，下面了解一下 sp_helpsrvrolemember 和 sp_dropsrvrolemember 存储过程。

sp_helpsrvrole 返回 SQL Server 固定服务器角色成员列表。基本语法如下：

```
sp_helpsrvrole [ [ @srvrolename = ] 'role' ]
```

【范例 13】

下面的代码查询返回固定服务器角色的列表：

```
EXEC sp_helpsrvrolemember;
```

执行上述代码，效果如图 13-22 所示。

结果 消息

	ServerRole	MemberName	MemberSID
1	sysadmin	sa	0x01
2	sysadmin	SJB\Administrator	0x010500000000000515000000C0061C2D241778D0513C4AD3F4010000
3	sysadmin	NT SERVICE\SQLWriter	0x010600000000000550000000732B9753646EF90356745CB675C3AA6CD6B4D28B
4	sysadmin	NT SERVICE\Winmgmt	0x0106000000000005500000005A048DDFF9C7430AB450D4E7477A2172AB4170F4
5	sysadmin	NT Service\MSSQLSERVER	0x010600000000000550000000E20F4FE7B15874E48E19026478C2DC9AC307B83E
6	sysadmin	NT SERVICE\SQLSERVERAGENT	0x010600000000000550000000DCA88F14B79FD47A992A3D8943F829A726066357
7	sysadmin	SJB\我的小图书	0x010500000000000515000000C0061C2D241778D0513C4AD3F0030000
8	dbcreator	SJB\Administrator	0x010500000000000515000000C0061C2D241778D0513C4AD3F4010000
9	dbcreator	SJB\我的小图书	0x010500000000000515000000C0061C2D241778D0513C4AD3F0030000

图 13-22　使用 **sp_helpsrvrolemember** 存储过程效果

sp_dropsrvrolemember 从固定服务器角色中删除 SQL Server 登录名或 Windows 用户或组。基本语法如下：


```
sp_dropsrvrolemember [ @loginame = ] 'login' , [ @rolename = ] 'role'
```

其中，[@loginname=]'login' 表示要从固定服务器角色中删除的登录名，[@rolename=]'role'表示服务器角色的名称。

【范例 14】

从 sysadmin 固定服务器角色中删除登录用户"SJB\我的小图书"，从 dbcreator 固定服务器角色中删除登录用户"SJB\Administration"和"SJB\我的小图书"。代码如下：

```
EXEC sp_dropsrvrolemember 'SJB\我的小图书', 'sysadmin';
EXEC sp_dropsrvrolemember 'SJB\我的小图书', 'dbcreator';
EXEC sp_dropsrvrolemember 'SJB\Administrator', 'dbcreator';
```

13.4.2 固定数据库角色

固定数据库角色是在数据库级上定义的，具有执行特定数据库级管理活动的权限。与固定服务器角色相似，用户无法添加或删除固定数据库角色，也无法更改授予固定数据库角色的权限。

1. 查看固定数据库角色

用户可以通过图形界面和系统存储过程语句两种方式查看固定数据库角色，这里只介绍如何通过系统存储过程进行查询。sp_helpdbfixedrole 返回固定数据库角色的列表。通过执行该语句可以知道 SQL Server 2012 中有 9 个固定数据库角色，其说明如表 13-2

所示。

表 13-2 固定数据库角色

角色名称	说明
db_owner	数据库所有者。可以执行任何操作
db_accessadmin	数据库访问管理员。可以添加、删除用户
db_securityadmin	数据库安全管理员。可以修改角色成员身份和管理权限
db_ddladmin	数据库 DDL 管理员。可以在数据库中运行任何数据定义语言（DDL）语句
db_backupoperator	数据库备份操作员。可以备份数据库
db_datareader	数据库数据读取者。可以读取所有用户表中的所有数据
db_datawriter	数据库数据写入者。可以在所有表中添加、修改或删除数据
db_denydatareader	数据库拒绝数据读取者。不能读取数据库内用户表中的任何数据
db_denydatawriter	数据库拒绝数据写入者。不能添加、修改或删除数据库内用户表中的任何数据

除了表 13-2 中列出的固定数据库角色外，用户在对象资源管理器中查看固定数据库角色时会发现一种特殊的角色——public。它为数据库中的用户提供所有默认权限，数据库中的每个合法用户都属于该角色。

2．为数据库用户指定固定数据库角色

用户可以通过图形界面与 Transact-SQL 语句两种方式为数据库用户指定固定数据库角色。通过图形界面指定固定数据库角色的操作步骤与固定服务器角色相似，这里不再详细介绍。

通过 Transact-SQL 语句指定固定数据库角色时需要使用系统存储过程 sp_addrolemember。该存储过程为当前数据库中的数据库角色添加数据库用户、数据库角色、Windows 登录名或 Windows 组。基本语法如下：

```
sp_addrolemember [ @rolename = ] 'role', [ @membername = ] 'security_
account'
```

其中，[@rolename=]'role'表示当前数据库中的数据库角色的名称，[@membername=]'security_account'表示添加到该角色中的安全账户。

【范例 15】

下面的代码将数据库用户 guest 添加到 bookmanage 数据库的 db_owner 数据库角色中：

```
USE bookmanage;
GO
EXEC sp_addrolemember 'db_owner', 'guest'
```

3．用于修改数据库角色的存储过程

SQL Server 2012 中提供了多个用于修改数据库角色的存储过程，除了范例 15 使用到的 sp_addrolemember 外，还会使用到 sp_helprole 和 sp_droprolemember 两个存储过程。

sp_helprole 返回当前数据库中有关角色的信息。基本语法如下：

```
sp_helprole [ [ @rolename = ] 'role' ]
```

sp_droprolemember 从当前数据库的 SQL Server 角色中删除安全账户。基本语法如下：

```
sp_droprolemember [ @rolename = ] 'role' , [ @membername = ] 'security_
account';
```

13.4.3 应用程序角色

应用程序角色是一个数据库主体，它使应用程序能够用其自身的、类似用户的权限来运行。使用应用程序角色，可以只允许通过特定应用程序连接的用户访问特定的数据。与数据库角色不同的是，应用程序角色默认情况下不包含任何成员，而且是非活动的。下面分别从应用程序角色的创建和启用两方面进行介绍。

1．创建应用程序角色

在图形界面中为 bookmanage 数据库创建应用程序角色，一般步骤如下。

（1）在打开的【对象资源管理器】窗格中展开【数据库】节点，找到 bookmanage 数据库，然后展开 bookmanage 数据库查看所有子节点。

（2）右键单击【安全性】|【角色】|【应用程序角色】节点，在弹出的快捷菜单中选择【新建应用程序角色】命令，弹出【应用程序角色-新建】对话框，如图 13-23 所示。

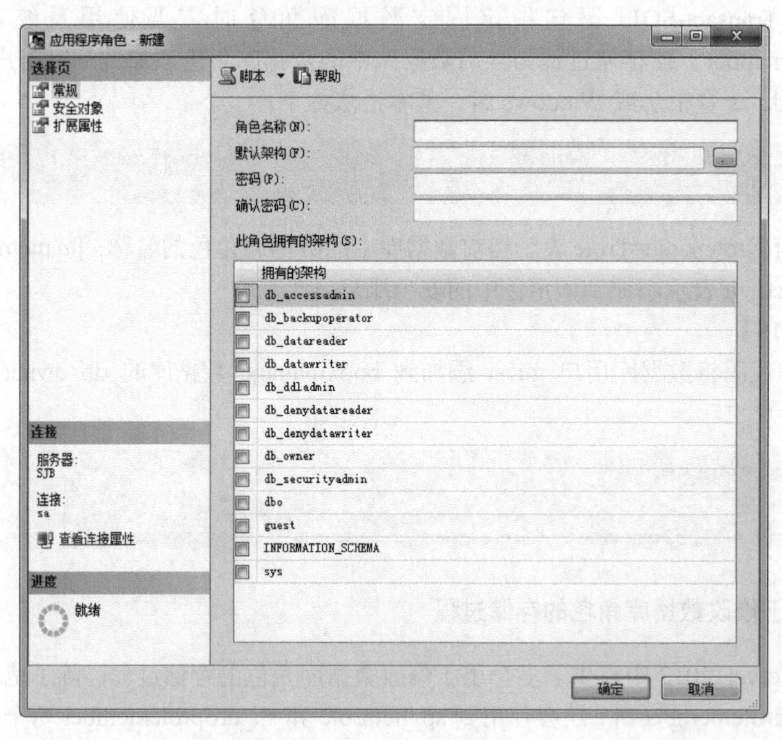

图 13-23 【应用程序角色-新建】对话框

（3）在如图 13-23 所示的对话框中输入角色名称 test_role、默认架构 dbo，密码和确认密码 123456。

（4）选择图 13-23 左侧的【安全对象】命令，在打开的页面中单击【搜索】按钮，弹出【添加对象】对话框。

（5）单击【添加对象】对话框中的【确定】按钮，弹出【选择对象】对话框。单击该对话框中的【对象类型】按钮，选中弹出的【选择对象类型】对话框中的【表】复选框，如图 13-24 所示。

图 13-24 在弹出的对话框中选择【表】类型

（6）依次单击前面步骤中的【确定】按钮重新返回【应用程序角色-新建】对话框，在该对话框中的【dbo.Book 的权限】列表框中选中【选择】选项（也就是 SELECT 权限）所在行的【授予】复选框。

（7）最后单击【确定】按钮，完成应用程序角色的创建。

2. 启用应用程序角色

如果要启用应用程序角色，那么可以使用 sp_setapprole 存储过程，它表示激活与当前数据库中的应用程序角色关联的权限。基本语法如下：

```
sp_setapprole [ @rolename = ] 'role',
   [ @password = ] { encrypt N'password' }
     |
      'password' [ , [ @encrypt = ] { 'none' | 'odbc' } ]
```

```
        [ , [ @fCreateCookie = ] true | false ]
    [ , [ @cookie = ] @cookie OUTPUT ]
```

上述语法的说明如下。

（1）[@rolename=]'role'：当前数据库中定义的应用程序角色的名称。

（2）[@password=]{encrypt N'password'}：激活应用程序角色所需的密码。

（3）@encrypt：取值为 none 时指定不使用任何模糊代码；取值为 odbc 时指定在将密码发送到 SQL Server 数据库引擎之前，ODBC 使用 DOBC 加密函数对密码进行处理。

（4）@fCreateCookie：指定是否创建 cookie，true 隐式转换为 1，false 隐式转换为 0。

（5）[@cookie=]@cookie OUTPUT：指定包含 cookie 的输出参数。只有当 @fCreateCookie 的值为 true 时，才生成 cookie。

【范例 16】

下面的代码使用 sp_setapprole 启用应用程序角色 test_role：

```
EXEC sp_setapprole 'test_role','123456';
```

启用 test_role 角色之后，任何访问 bookmanage 数据库的用户都不再被作为用户本身来看待，SQL Server 2012 将这些用户看成是应用程序，并给它们指定应用程序角色权限。

13.4.4 用户自定义角色

SQL Server 2012 数据库提供了固定服务器角色和固定数据库角色，将这些角色赋予一个数据库用户，则该用户就拥有了这些角色的权限。但是，由于这些角色都是系统提供的，因此它们可能不满足实际应用的需求。

用户可以自定义角色，先将需要的权限赋予自定义角色，然后将数据库用户指定给这个角色。

【范例 17】

创建名称为 self_role 的角色，并为其指定给数据库用户，实现步骤如下。

（1）在打开的【对象资源管理器】窗格中展开【数据库】节点，找到节点下的 bookmanage 数据库，然后展开该数据库查看所有子节点。单击【安全性】节点，打开【角色】选项。

（2）右键单击 bookmanage 数据库下的【安全性】|【角色】节点，在弹出的快捷菜单中选择【新建】|【新建数据库角色】命令，弹出【数据库角色】对话框，在该对话框中输入角色名称 self_role，所有者为 dbo，如图 13-25 所示。

（3）选择【安全对象】选项，在打开的页面中单击【搜索】按钮，弹出【添加对象】对话框。

（4）单击【添加对象】对话框中的【确定】按钮，弹出【选择对象】对话框。

（5）在【选择对象】对话框中单击【对象类型】按钮，弹出【选择对象类型】对话框，在该对话框中选中【表】复选框。类似的实现效果可以参考图 13-24，这里不再显示。

图 13-25 【数据库角色-新建】对话框

（6）单击【确定】按钮，返回【选择对象】对话框，单击【浏览】按钮，在打开的【查找对象】对话框中选中【[dbo].[Book]】复选框。

（7）继续单击对话框中的【确定】按钮，最终返回【数据库角色-新建】对话框界面。在该界面的【dbo.Book 的权限】列表框中选中【删除】和【选择】选项所在行的【授予】复选框，如图 13-26 所示。

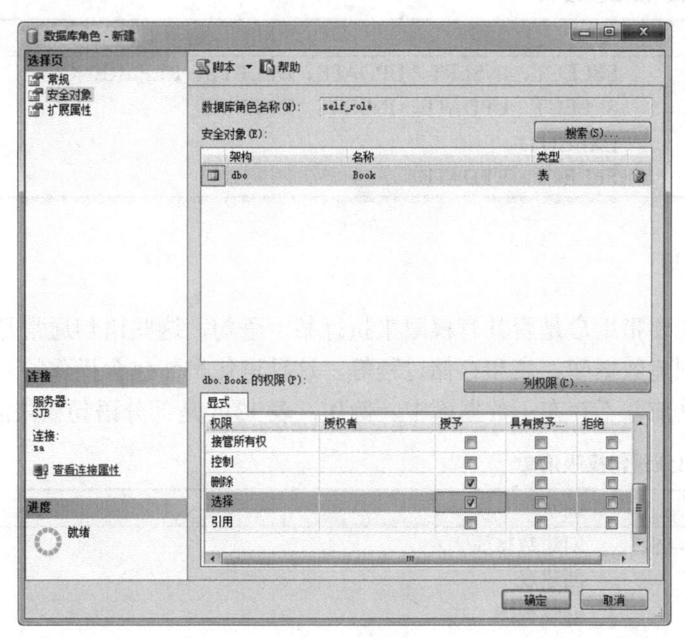

图 13-26 为 dbo.Book 指定拥有的权限

（8）如果为要该角色指定数据库用户，重新选择【常规】选项，在该页面中单击【添加】按钮添加数据库用户。添加完成后单击【确定】按钮，这里不再显示效果图。

13.5 权限管理

权限用来控制用户如何访问数据库对象，用户可以直接分配权限，也可以作为角色中的一个成员间接得到权限。用户还可以同时属于具有不同权限的多个角色，这些不同的权限提供对同一个数据库对象的不同级别的访问。下面简单了解一下 SQL Server 2012 中的权限管理。

13.5.1 权限类型

用户登录到 SQL Server 之后，角色和用户账号被授予的权限决定了该用户能够对哪些数据库对象执行何种操作以及能够访问、修改哪些数据。在 SQL Server 中包括两种类型的权限，即对象权限和语句权限。

1. 对象权限

对象权限总是针对表、视图和存储过程而言的，它决定了能对表、视图和存储过程执行哪些操作。如果用户想要对某一对象进行操作，必须具有相应操作的权限。如果用户想成功修改表的数据，前提条件是他已经被授予表的 UPDATE 权限。例如，表 13-3 是一个对象权限的总结表。

表 13-3 对象权限总结表

对象	操作
表	SELECT、INSERT、UPDATE、DELETE、REFERENCE
视图	SELECT、UPDATE、INSERT、DELETE
存储过程	EXECUTE
列	SELECT、UPDATE

2. 语句权限

语句权限主要指用户是否具有权限来执行某一语句，这些语句通常是一些具有管理性的操作，如创建数据库、表和存储过程等。这种语句虽然包含操作的对象，但这些对象在执行语句之前并不存在于数据库中。例如，表 13-4 是部分语句权限清单。

表 13-4 部分语句权限清单

语句	说明
CREATE DATABASE	创建数据库
CREATE TABLE	创建表
CREATE VIEW	创建视图
CREATE RULE	创建规则

续表

语句	说明
CREATE FUNCTION	创建函数
CREATE PROCEDURE	在数据库中创建存储过程
BACKUP DATABASE	备份数据库
BACKUP LOG	备份数据库日志

13.5.2 分配权限

分配有两种方式：一种是通过图形界面；另一种是使用 Transact-SQL 语句。

1. 通过图形界面分配权限

通过这种方式分配权限非常简单，分配语句权限主要步骤是：右键单击要分配权限的数据库（如 bookmanage），在弹出的快捷菜单中选择【属性】命令，弹出【数据库属性-bookmange】对话框。在该对话框中列出了数据库的所有用户、组、角色以及可以设置权限的对象，直接选中复选框分配权限即可。

注意

分配对象权限的步骤与分配语句权限类似，只是需要选择数据库下的某个表后右击，在弹出的快捷菜单中选择【属性】命令，然后在弹出的对话框中进行操作。

2. 使用 Transact-SQL 语句分配权限

如果不想通过上述方式分配权限，可以使用 Transact-SQL 语句进行分配。下面分别通过 GRANT、DENY 和 REVOKE 进行说明。

（1）GRANT 授予权限

GRANT 既可以用来授予对象权限，也可以用来授予语句权限。授予对象权限的完整语法如下：

```
GRANT <permission> [ ,...n ] ON
   [ OBJECT :: ][ schema_name ]. object_name [ ( column [ ,...n ] ) ]
   TO <database_principal> [ ,...n ]
   [ WITH GRANT OPTION ]
   [ AS <database_principal> ]
<permission> ::=
   ALL [ PRIVILEGES ] | permission [ ( column [ ,...n ] ) ]
<database_principal> ::=
      Database_user | Database_role | Application_role | Database_user_
      mapped_to_Windows_User
   | Database_user_mapped_to_Windows_Group | Database_user_mapped_
   to_certificate
```

```
| Database_user_mapped_to_asymmetric_key | Database_user_with_
no_login
```

上述语法的部分参数说明如下。

① permission：指定可以授予的架构包含的对象的权限。

② ALL：该权限等同于授予适用于指定对象的所有 ANSI-92 权限。

③ PRIVILEGES：包含此参数以符合 ANSI-92 标准。

④ column：指定表、视图或表值函数中要授予对其权限的列的名称。需要使用括号( )。只能授予对列的 SELECT、REFERENCES 及 UPDATE 权限。可以在权限子句中或在安全对象名之后指定 column。

⑤ ON [OBJECT ::] [schema_name] .object_name：指定要授予对其权限的对象。如果指定 schema_name，则 OBJECT 短语是可选的。如果使用 OBJECT 短语，则需要使用作用域限定符（::）。

⑥ WITH GRANT OPTION：指示该主体还可以向其他主体授予所指定的权限。

⑦ AS <database_principal>：指定执行此查询的主体要从哪个主体派生其授予该权限的权限。

⑧ Database_user：指定数据库用户。

⑨ Database_role：指定数据库角色。

⑩ Application_role：指定应用程序角色。

⑪ Database_user_mapped_to_Windows_User：指定映射到 Windows 用户的数据库用户。

⑫ Database_user_mapped_to_Windows_Group：指定映射到 Windows 组的数据库用户。

⑬ Database_user_mapped_to_certificate：指定映射到证书的数据库用户。

⑭ Database_user_mapped_to_asymmetric_key：指定映射到非对称密钥的数据库用户。

⑮ Database_user_with_no_login：指定无相应服务器级主体的数据库用户。

授予语句权限的基本语法如下：

```
GRANT {ALL | statement [,...n]} TO security_account [,...n]
```

【范例 18】

使用 GRANT 语句，向数据库用户 dream 授予 bookmanage 数据库中的 Book 表的 SELECT 权限。代码如下：

```
USE bookmanage;
GO
GRANT SELECT ON Book TO dream;
```

（2）DENY 拒绝权限

为了阻止用户使用某对象权限，除了可以撤销用户的该对象权限以外，还可以使用

DENY 语句拒绝该对象权限的访问。拒绝对象权限的完整语法如下：

```
DENY <permission> [ ,...n ] ON
    [ OBJECT :: ][ schema_name ]. object_name [ ( column [ ,...n ] ) ]
       TO <database_principal> [ ,...n ]
    [ CASCADE ]
       [ AS <database_principal> ]
```

上述语法中部分参数的语法可以参考 GRANT 语句的完整语法。

拒绝语句权限的基本语法如下：

```
DENY {ALL | statement [,...n]} TO security_account [,...n]
```

【范例 19】

使用 DENY 语句拒绝为用户 dream 授予创建数据库和创建表的权限。代码如下：

```
USE master;
GO
DENY CREATE DATABASE,CREATE TABLE TO dream;
```

（3）REVOKE 撤销权限

如果要撤销给当前数据库内的用户授予或拒绝的权限，可以通过 REVOKE 来完成。REVOKE 撤销对象权限的完整语法如下：

```
REVOKE [ GRANT OPTION FOR ] <permission> [ ,...n ] ON
    [ OBJECT :: ][ schema_name ]. object_name [ ( column [ ,...n ] ) ]
       { FROM | TO } <database_principal> [ ,...n ]
    [ CASCADE ]
    [ AS <database_principal> ]
```

上述语法中部分参数的语法可以参考 REVOKE 语句的完整语法。

REVOKE 语句撤销语句权限的语法如下：

```
REVOKE {ALL | statement [,...n]} TO security_account [,...n]
```

【范例 20】

使用 REVOKE 语句，撤销数据库用户 dream 对 bookmanage 数据库中 Book 表的 SELECT 权限。代码如下：

```
REVOKE SELECT ON Book FROM dream;
```

下面的代码撤销拒绝数据库用户 dream 的 CREATE DATABASE 权限：

```
REVOKE CREATE DATABASE FROM dream;
```

提示

在本章介绍的安全机制中，着重介绍登录账户、数据库用户、角色和权限等内容。实际上，除了这些内容，安全机制还包含其他的内容，这里不再一一解释，感兴趣的读者可以查看相关资料。

13.6 思考与练习

一、填空题

1．SQL Server 2012 的两种身份验证模式是指__________和 SQL Server 身份验证。

2．删除登录账户时需要使用__________语句。

3．拒绝授予权限使用__________语句。

4．__________角色不允许用户读取数据库内所有表中的数据。

二、选择题

1．通过 Transact-SQL 语句创建数据库用户时，需要使用__________。

A．sp_adduser

B．sp_addlogin

C．sp_helpuser

D．sp_helplogins

2. 在 SQL Server 2012 提供的固定服务器角色中，__________表示安全管理员。

A．sysadmin

B．securityadmin

C．serveradmin

D．processadmin

3. 如果需要将登录账户 loginer 添加到固定服务器角色 dbcreator 中，可以使用__________语句。

A．EXEC sp_addrolemember 'loginer', 'sysadmin';

B．EXEC sp_addsrvrolemember 'loginer', 'sysadmin';

C．EXEC sp_addrolemember 'sysadmin', 'loginer';

D．EXEC sp_addsrvrolemember 'sysadmin', 'loginer';

4．__________不是固定数据库角色。

A．db_owner

B．db_accessadmin

C．db_ddladmin

D．dbcreator

5．系统存储过程 sp_droprolemember 表示__________。

A．从当前数据库的 SQL Server 角色中删除安全账户

B．返回当前数据库中有关角色的信息

C．返回有关当前数据库中某个角色的直接成员的信息

D．为数据库用户指定固定数据库角色

6．将数据库中创建表的权限授予数据库用户 administrator，需要使用__________语句。

A．DENY CREATE TABLE FROM administrator;

B．REVODE CREATE TABLE FROM administrator;

C．GRANT CREATE TABLE TO administrator;

D．GRANT administrator ON CREATE TABLE;

三、简答题

1．如何创建 SQL Server 2012 中的登录用户和数据库用户？

2．SQL Server 2012 中的固定服务器角色有哪些？（至少说出 5 个）

3．SQL Server 2012 中的固定数据库角色有哪些？（至少说出 5 个）

4．简单描述权限类型和分配权限语句。

第 14 章　数据库的备份和恢复

对于一个计算机系统来说，无论是网站系统还是软件系统，数据的重要性不言而喻。为了确保数据的安全，SQL Server 提供了数据库的备份和恢复功能，及时地备份和恢复数据库能够使数据的损失最小化。除此之外，SQL Server 为数据库提供了脱机与联机状态，控制数据的非法操作。

本章主要介绍数据库对数据的安全控制，包括数据库的联机、脱机、备份、还原、导入、导出等。

本章学习要点：

- 理解数据库的状态
- 掌握脱机状态和联机状态的切换
- 掌握数据库的分离和附加
- 了解数据库的收缩
- 理解数据库快照的功能
- 掌握数据库快照的使用方法
- 理解数据库备份的注意事项
- 掌握数据库备份的使用方法
- 掌握数据库恢复的使用方法

14.1 数据库状态管理

在介绍数据库的操作之前，首先要了解一下数据库所处的状态。因为不同状态下的数据库，可执行的操作是不同的。本节介绍数据库的状态管理。

14.1.1 数据库状态查询

数据库通常有三种常见的状态，分别如下。

1．脱机

脱机状态下可以在 Microsoft SQL Server Management 中看到该数据库，但该数据库名称旁边有“脱机”的字样，说明该数据库现在虽然存在于数据库引擎实例中，但是不可以执行任何有效的数据操作，例如新增、修改、删除等，这就是脱机状态。

2．联机

该状态为数据库正常状态，也就是通常看到的数据库的状态，该状态下的数据库处于可操作状态，可以对数据库进行任何权限内的操作。

3. 可疑

和“脱机”状态一样，可以在 Microsoft SQL Server Management 中看到该数据库，但该数据库名称旁边有“可疑”的字样，这说明至少主文件组可疑或文件可能已损坏。

可以使用 SQL 命令查看数据库状态，在系统表 sys.databases 的 state_desc 列中标记了数据库的状态，因此查询该列即可找到数据库的状态，语句如下：

```
select name,state_desc from sys.databases
```

如使用上述语句执行查询，其效果如图 14-1 所示。

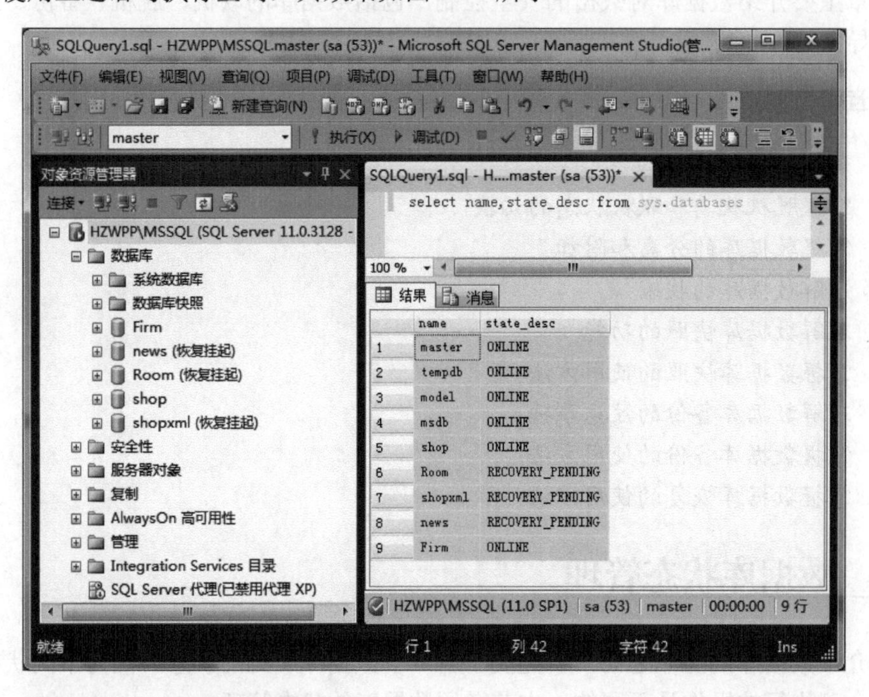

图 14-1 数据库状态查询

如图 14-1 所示，系统表使用鲜绿色显示，查询结果中将系统数据库和用户自定义数据库都列举了出来，左侧被显示“恢复挂起”的三个数据库处在 RECOVERING 状态，其余的都是 ONLINE 状态。

RECOVERING 表示正在恢复数据库，这是一个临时性状态。如果恢复成功，数据库自动处于在线状态。如果恢复失败，数据库处于不能正常使用的可疑状态。

ONLINE 状态是联机状态，相关数据库状态信息可查询本书第 2 章表 2-2 数据库状态。

14.1.2 脱机与联机

数据库在脱机状态和联机状态下可执行不同的操作，如脱机状态下不能够执行数据的新增、修改、删除等操作，但可以执行数据库的复制；相反，联机状态下可执行数据的新增、修改、删除等操作，但不可以执行数据库的复制。

在数据库文件没有损坏的情况下，数据库的脱机与联机状态是可以修改的。在 Microsoft SQL SERVER Management 中打开该数据库，在数据库上右击，在右键菜单中选择【任务】|【脱机】（或【联机】）即可切换该数据库的脱机和联机状态，如图 14-2 所示。

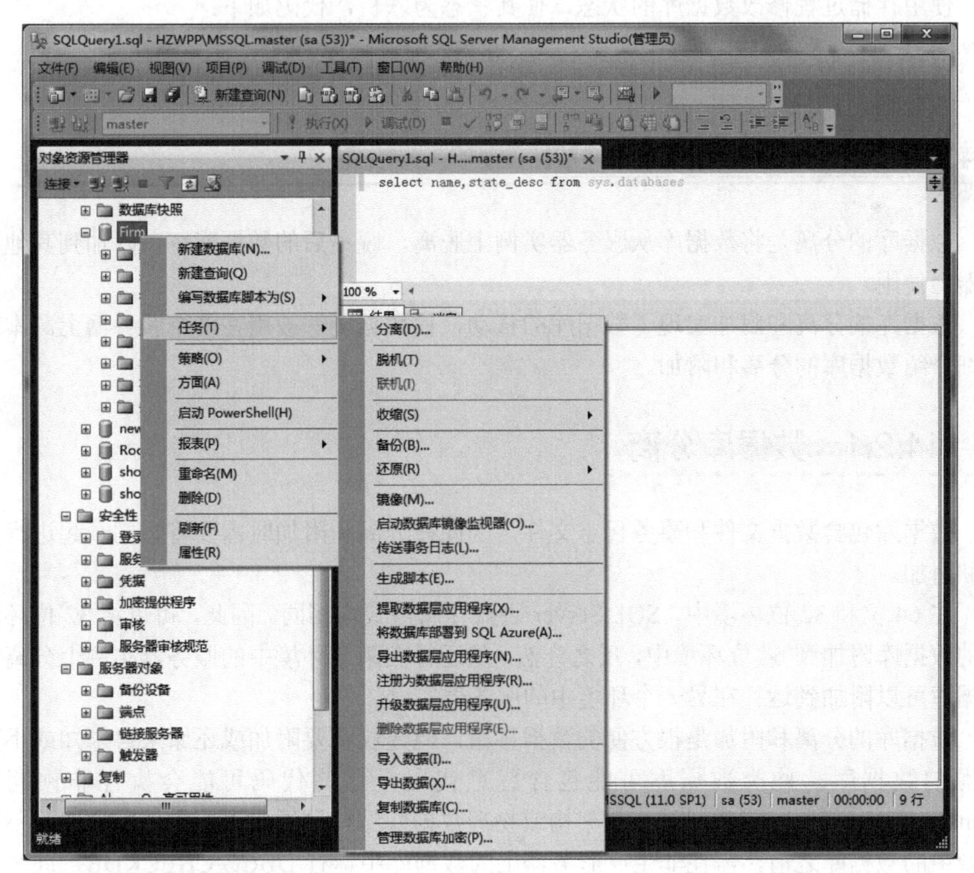

图 14-2 数据库任务

除此之外还可以使用 SQL 命令遏制数据库状态。有两种设置数据库状态的方式，一种是使用存储过程，一种是修改数据库的属性。

通过存储过程修改数据库的状态，使其状态为脱机，语法如下：

```
EXEC sp_dboption '数据库名称', 'offline', 'TRUE'
```

上述代码实现了数据库的脱机操作。其实质是将数据库的 offline 属性设置为 TRUE。

使用 ALTER DATABASE 语句修改数据库的属性，同样是修改数据库的状态为脱机，代码如下：

```
ALTER DATABASE 数据库名称
SET OFFLINE
```

而若将脱机状态下的数据库设置为联机状态，同样可使用上述两种方式，如下所示。

使用 ALTER DATABASE 语句修改数据库的属性，同样是修改数据库的状态为联机，代码如下：

```
ALTER DATABASE 数据库名称
SET ONLINE
```

使用存储过程修改数据库的状态，使其状态为联机，代码如下：

```
EXEC sp_dboption '数据库名称', 'offline', 'FALSE'
```

14.2 数据库的分离和附加

数据库的分离是将数据库从服务器实例上脱离，脱离后的数据库可以附加到其他服务器上使用。

数据库的分离和附加实现了数据库的移动，使数据能够被用在多个服务器上。本节详细介绍数据库的分离和附加。

14.2.1 数据库分离

数据库包含数据文件和事务日志文件，因此在分离和附加时需要将它们一起进行分离和附加。

在 64 位和 32 位环境中，SQL Server 磁盘存储格式均相同。因此，可以将 32 位环境中的数据库附加到 64 位环境中，反之亦然。从运行在某个环境中的服务器实例上分离的数据库可以附加到运行在另一个环境中的服务器实例。

数据库的分离和附加是很方便的数据移植，但建议不要附加或还原来自未知或不可信源的数据库。此类数据库可能包含恶意代码，这些代码可能会执行非预期的 Transact-SQL 代码，或者通过修改架构或物理数据库结构导致错误。在使用未知或不可信源中的数据库之前，需在非生产服务器上的数据库中运行 DBCC CHECKDB，同时检查数据库中的代码（例如存储过程或其他用户定义代码）。

分离数据库是指将数据库从 SQL Server 实例中删除，但使数据库的数据文件和事务日志文件保持不变。之后，就可以使用这些文件将数据库附加到任何 SQL Server 实例中，包括分离该数据库的服务器。如果存在下列任何情况，则不能分离数据库。

（1）已复制并发布数据库。

如果进行复制，则数据库必须是未发布的。必须通过运行 sp_replicationdboption 禁用发布后，才能分离数据库。

如果无法使用 sp_replicationdboption，可以通过运行 sp_removedbreplication 删除复制。

（2）数据库中存在数据库快照。

必须首先删除所有数据库快照，然后才能分离数据库。不能分离或附加数据库快照。

（3）该数据库正在某个数据库镜像会话中进行镜像。

除非终止该会话，否则无法分离该数据库。

（4）数据库处于可疑状态。

在 SQL Server 2005 和更高版本中，无法分离可疑数据库。必须将数据库设为紧急模式，才能对其进行分离。

（5）数据库为系统数据库。

分离只读数据库将会丢失有关差异备份的差异基准信息。

分离数据库时生成的错误会阻止完全关闭数据库和重新生成事务日志。收到错误消息后，可尝试执行下列更正操作。

（6）重新附加与数据库关联的所有文件，而不仅仅是主文件。

（7）解决导致生成错误消息的问题。

（8）再次分离数据库。

分离数据库的方法有很多种，可以用存储过程进行分离，也可以用图形界面进行分离。使用存储过程进行分离的语法如下：

```
EXEC sp_detach_db 数据库名称
```

【范例 1】

通过 SQL Server 图形化界面分离数据库时可以看到当前数据库的详细信息。假设要分离 Firm 数据库，使用鼠标右键单击【数据库】节点，选择【任务】|【分离】命令，如图 14-2 所示。打开【分离数据库】窗口，如图 14-3 所示。

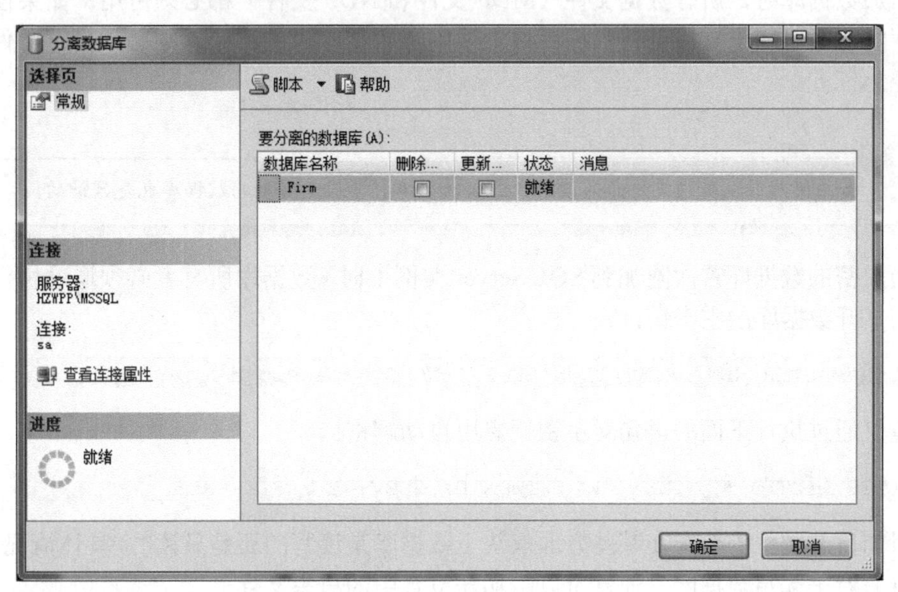

图 14-3 【分离数据库】窗口

在如图 14-3 所示的窗口中包括以下信息。

（1）【数据库名称】列：显示所选数据库的名称。

（2）【更新统计信息】列：以复选框形式显示。默认情况下，分离操作将在分离数据库时保留过期的优化统计信息；如果要更新现有的优化统计信息，可启用该复选框。

（3）【状态】列：显示“就绪”或者“未就绪”。如果状态是“未就绪”，在【消息】列将显示有关数据库的超链接信息。当数据库涉及复制时，【消息】列将显示 Database replicated。

（4）【消息】列：如果数据库有一个或多个活动连接，该列将显示“<活动连接数>活动连接”。此时在分离时必须启用【删除连接】复选框断开所有活动的连接。

以上信息设置完成后，单击【确定】按钮即可分离该数据库。分离后该数据库将从左侧数据库列表中消失。

14.2.2 数据库附加

分离出来的数据库和复制的数据库都可以被附加，脱机状态下是可以直接复制数据库文件的，复制出来的数据库文件也可以被附加。

另外，在附加数据库时需要用户具有该数据库的 CREATE DATABASE、CREATE ANY DATABASE 或 ALTER ANY DATABASE 权限。

当将包含全文目录文件的 SQL Server 2005 数据库附加到 SQL Server 2012 服务器实例上时，会将目录文件从其以前的位置与其他数据库文件一起附加，这与在 SQL Server 2005 中的情况相同。无法在早期版本的 SQL Server 中附加由较新版本的 SQL Server 创建的数据库。

附加数据库时，所有数据文件（MDF 文件和 NDF 文件）都必须可用。如果任何数据文件的路径不同于首次创建数据库或上次附加数据库时的路径，则必须指定文件的当前路径。

如果附加的主数据文件是只读的，那么数据库引擎假定附加的数据库也是只读的。

当加密的数据库首次附加到 SQL Server 实例上时，数据库所有者必须通过执行下面的语句打开数据库的主密钥：

```
OPEN MASTER KEY DECRYPTION BY PASSWORD ='password'
```

建议通过执行下面的语句对主密钥启用自动解密：

```
ALTER MASTER KEY ADD ENCRYPTION BY SERVICE MASTER KEY
```

附加日志文件的要求在某些方面取决于数据库是读写的还是只读的，具体情况如下。

（1）对于读写数据库，通常可以附加新位置中的日志文件。

不过，在某些情况下，重新附加数据库需要使用其现有的日志文件。因此，务必保留所有分离的日志文件，直到不需要这些日志文件的情况下就能成功附加数据库。

如果读写数据库具有单个日志文件，并且没有为该日志文件指定新位置，附加操作将在旧位置中查找该文件。如果找到了旧日志文件，则无论数据库上次是否完全关闭，都将使用该文件。但是，如果未找到旧文件日志，数据库上次是完全关闭且现在没有活动日志链，则附加操作将尝试为数据库创建新的日志文件。

（2）如果附加的主数据文件是只读的，则数据库引擎假定数据库也是只读的。

对于只读数据库，日志文件在数据库主文件中指定的位置上必须可用。因为 SQL Server 无法更新主文件中存储的日志位置，所以无法生成新的日志文件。

（3）附加数据库时的元数据更改。

分离再重新附加只读数据库后，会丢失有关当前差异基准的备份信息。“差异基准”是数据库或其文件或文件组子集中所有数据的最新完整备份。如果没有基准备份信息，master 数据库会变得与只读数据库不同步，这样之后进行的差异备份可能会产生意外结果。因此，如果对只读数据库使用差异备份，在重新附加数据库后，应通过进行完整备份来建立新的差异基准。

附加时，数据库会启动。通常，附加数据库时会将数据库重置为分离或复制时的状态。但是，附加和分离操作都会禁用数据库的跨数据库所有权链接。此外，附加数据库时，TRUSTWORTHY 均设置为 OFF。

（4）备份、还原及附加。

与任何完全或部分脱机的数据库一样，不能附加正在还原文件的数据库。如果停止了还原顺序，则可以附加数据库。然后，可以重新启动还原顺序。

除此之外还可以使用 ALTER DATABASE 计划重定位过程（而不使用分离和附加操作）移动数据库。

与分离数据库一样，SQL Server 提供了使用语句和使用图形向导两种方式来实现附加数据库。

【范例 2】

将分离的 Firm 数据库附加到当前服务器实例中，语句如下：

```
CREATE DATABASE Medicine
ON
(
FILENAME= 'D:\盼\Firm.mdf'
)
LOG ON
(
FILENAME='D:\盼\Firm_log.ldf'
)
FOR ATTACH
```

【范例 3】

可以使用图形化界面附加数据库，步骤如下。

（1）在【对象资源管理器】窗格中右击【数据库】节点，选择【附加】命令，打开【附加数据库】窗口，如图 14-4 所示。

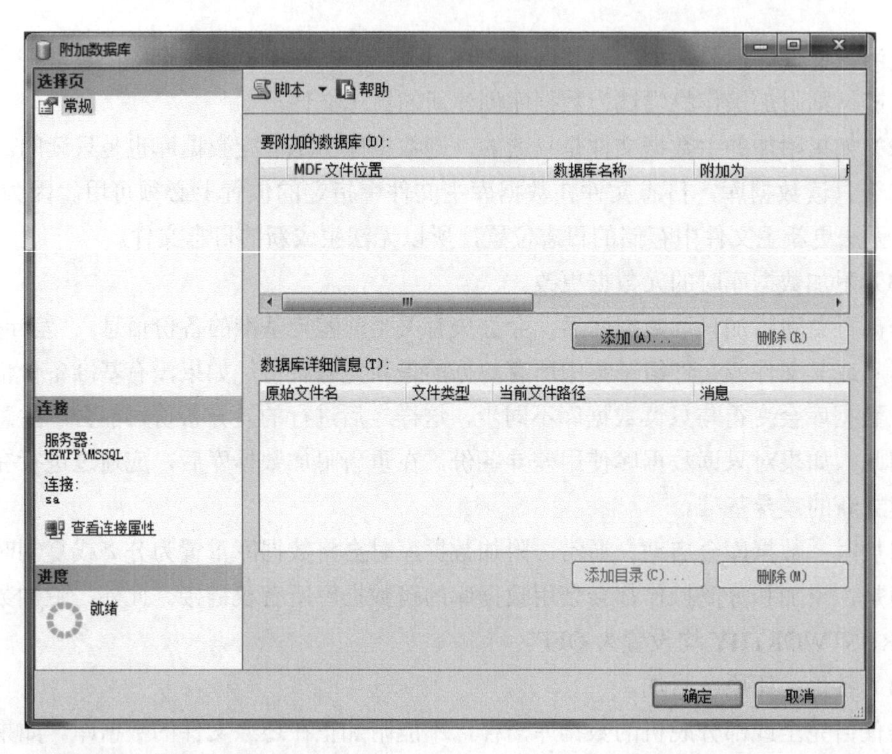

图 14-4 【附加数据库】窗口

（2）在【附加数据库】窗口中单击【添加】按扭，打开【定位数据库文件】对话框。选择需要添加的数据库，之后单击【确定】按钮，即可返回【附加数据库】窗口，如图 14-5 所示。

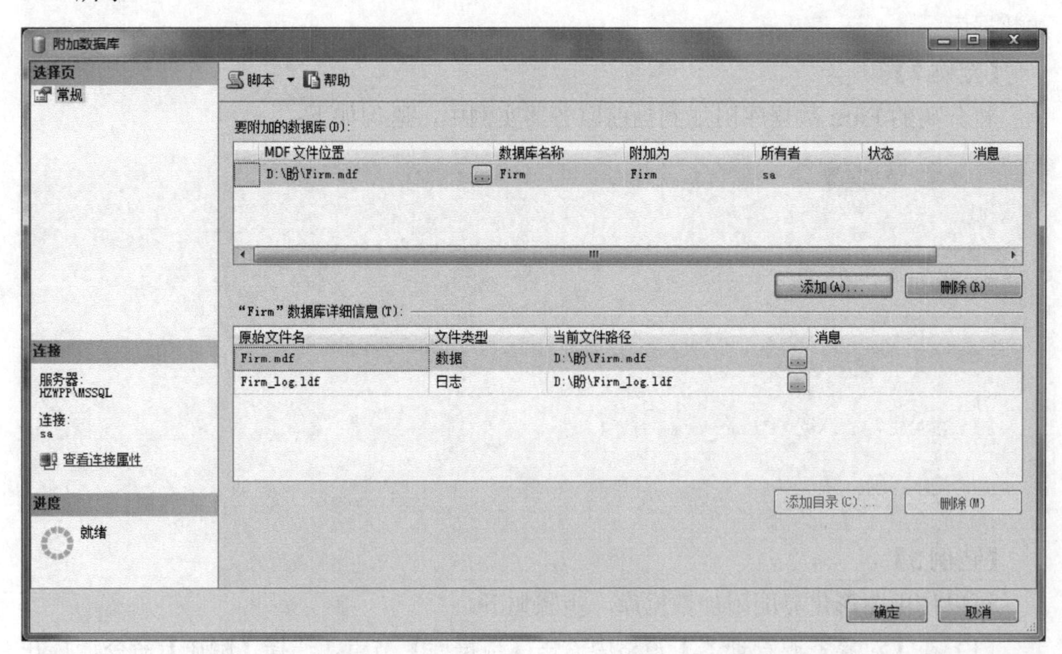

图 14-5 选择要附加的数据库

（3）单击【确定】按钮，即可完成数据库的附加。

14.2.3 数据库收缩

数据库的收缩能够有效减少数据库的大小，方便数据库的转移。在 SQL Server 中收缩数据库的方法有图形界面数据库收缩、自动数据库收缩和手动数据库收缩。操作时要注意收缩后的数据库不能小于数据库的最小大小。最小大小是在数据库最初创建时指定的大小，或是上一次使用文件大小更改操作设置的显式大小。

1. 图形界面数据库收缩

在 SQL Server 数据库系统中，通常使用 SQL Server Management Studio 中的对象管理器收缩数据库文件。

【范例 4】

以 Firm 数据库为例，使用图形界面收缩数据库的步骤如下。

（1）在【对象资源管理器】中的【数据库】节点下右击 Firm 数据库，然后执行【任务】|【收缩】|【数据库】命令。

（2）在打开的窗口中启用【在释放未使用的空间前重新组织文件】复选框，然后为【收缩后文件中的最大可用空间】指定值（值在 0～99 之间），如图 14-6 所示。

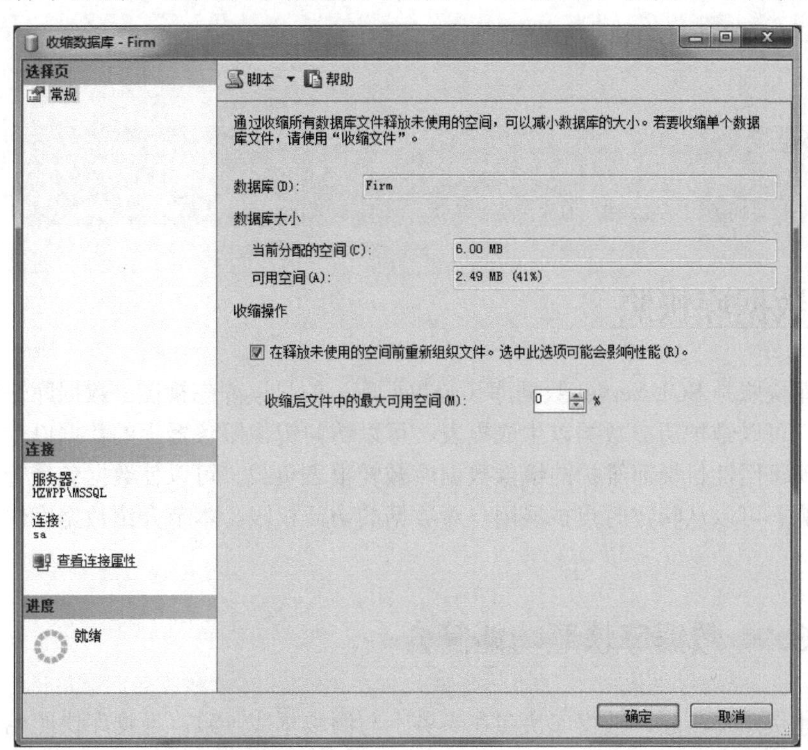

图 14-6 【收缩数据库】窗口

（3）设置后单击【确定】按钮完成即可。

2. 自动数据库收缩

在默认时数据库的 AUTO_SHRINK 选项为 OFF，表示没有启用自动收缩。可以在 ALTER DATABASE 语句中，将 AUTO_SHRINK 选项设置为 ON，此时数据库引擎将自动收缩有可用空间的数据库，并减少数据库中文件的大小。该活动在后台进行，并且不影响数据库内的用户活动。

3. 手动数据库收缩

手动数据库收缩是指在需要的时候运行 DBCC SHRINK DATABASE 语句进行收缩。该语句的语法如下：

```
DBCC SHRINK DATABASE ( database_name | database_id | 0 [ , target_percent ] )
```

参数说明如下：

（1）database_name|database_id|0：要收缩的数据库名称或 ID。如果指定 0，则使用当前数据库。

（2）target_percent：数据库收缩后的数据库文件中所需的剩余可用空间百分比。

【范例 5】

使用 DBCC SHRINK DATABASE 语句对 Firm 数据库进行手动收缩，实现语句如下：

```
DBCC SHRINK DATABASE (Firm)
```

或者

```
USE Firm
GO
DBCC SHRINK DATABASE (0 ,5)
```

14.3 数据库快照

数据库快照是 SQL Server 数据库（源数据库）的只读静态视图。数据库快照可用于报告目的、可以维护历史数据以生成报表、可以访问镜像服务器上的数据以生成报表、可以为实现可用性目标而维护的镜像数据库减轻报表负载、可以使数据免受管理失误所带来的影响、可以从特定时点扩展用户对数据的访问权限。本节介绍数据库快照的使用方法。

14.3.1 数据库快照功能简介

自创建快照那刻起，数据库快照在事务上与源数据库一致。数据库快照始终与其源数据库位于同一服务器实例上。当源数据库更新时，数据库快照也更新。因此，数据库快照存在的时间越长，就越有可能用完其可用磁盘空间。数据库快照与快照备份、事务的快照隔离或快照复制无关。

数据库快照在数据页级运行。在第一次修改源数据库页之前，先将原始页从源数据库复制到快照。快照将存储原始页，保留它们在创建快照时的数据记录。对要进行第一次修改的每一页重复此过程。对于用户而言，数据库快照似乎始终保持不变，因为对数据库快照的读操作始终访问原始数据页，而与页驻留的位置无关。

为了存储复制的原始页，快照使用一个或多个“稀疏文件”。最初，稀疏文件实质上是空文件，不包含用户数据并且未被分配存储用户数据的磁盘空间。

NTFS 文件系统提供的文件，需要的磁盘空间要比其他文件格式少很多。稀疏文件用于存储复制到数据库快照的页面。首次创建稀疏文件时，稀疏文件占用的磁盘空间非常少。随着数据写入数据库快照，NTFS 会将磁盘空间逐渐分配给相应的稀疏文件。

如果源数据库上出现用户错误，可将源数据库恢复到创建给定数据库快照时的状态。丢失的数据仅限于创建该快照后数据库中发生更新的数据。

数据库快照与源数据库相关。因此，使用数据库快照还原数据库不能代替备份和还原策略。严格按计划执行备份仍然至关重要。如果必须将源数据库还原到创建数据库快照的时间点，需要实施允许执行该操作的备份策略。

对于有着数据库快照的源数据库，其可执行操作将被限制，表现如下。

(1) 不能对源数据库进行删除、分离或还原，但可以进行备份。

(2) 源数据库的性能受到影响。由于每次更新页时都会对快照执行“写入时复制”操作，导致源数据库上的 I/O 增加。

(3) 不能从源数据库或任何快照中删除文件。

另外，创建数据库快照和已经定义的数据库快照存在以下限制。

(1) 数据库快照必须与源数据库在相同的服务器实例上创建和保留，始终对整个数据库制作数据库快照。

(2) 当将源数据库中更新的页强制压入快照时，如果快照用尽磁盘空间或者遇到其他错误，则该快照将成为可疑快照并且必须将其删除。

(3) 禁止对 model 数据库、master 数据库和 tempdb 数据库创建快照。

(4) 不能更改数据库快照文件的任何规范，不能从数据库快照中删除文件，不能备份或还原数据库快照，不能附加或分离数据库快照。

(5) 不能在 FAT32 文件系统或 RAW 分区上创建数据库快照。数据库快照所用的稀疏文件由 NTFS 文件系统提供。

(6) 数据库快照不支持全文索引。不从源数据库传播全文目录。数据库快照将继承快照创建时其源数据库的安全约束。由于快照是只读的，因此无法更改继承的权限，对源数据库的更改权限将不反映在现有快照中。

(7) 如果源数据库的状态为 RECOVERY_PENDING，可能无法访问其数据库快照。但是，当解决了源数据库的问题之后，快照将再次变成可用快照。

(8) 只读文件组和压缩文件组不支持恢复操作。

(9) 在日志传送配置中，只能针对主数据库，而不能针对辅助数据库创建数据库快照。如果用户在主服务器实例和辅助服务器实例之间切换角色，则在将主数据库设置为辅助数据库之前，必须先删除所有数据库快照。

(10) 不能将数据库快照配置为可缩放共享数据库。

（11）数据库快照不支持 FILESTREAM 文件组。如果源数据库中存在 FILESTREAM 文件组，则它们在数据库快照中被标识为脱机状态，且其数据库快照不能用于恢复数据库。

（12）当有关只读快照的统计信息丢失或变得陈旧时，数据库引擎将创建临时统计信息并在 tempdb 中进行维护。

如果数据库快照用尽了磁盘空间，将被标记为可疑，必须将其删除。但是，源数据库不会受到影响，对其执行的操作仍能继续正常进行。通常快照仅需足够的存储空间来存储在其生存期中更改的页。但是保留快照的时间越长，越有可能将可用空间用完。稀疏文件最大只能增长到创建快照时相应的源数据库文件的大小。除文件空间外，数据库快照与数据库占用的资源量大致相同。

创建数据库快照期间，可以使用数据库文件名来创建稀疏文件。这些文件名存储在 sys.master_files 中的 physical_name 列中。在 sys.database_files 中（无论是在源数据库还是在快照中），physical_name 列中始终包含源数据库文件的名称。

从数据库快照的 sys.database_files 中或从 sys.master_files 中选择 is_sparse 列，可判断文件是否是稀疏文件：列的值为 1 表示文件是稀疏文件；列的值是 0 表示文件不是稀疏文件。

稀疏文件按 64KB 的增量增长，因此，磁盘上稀疏文件的大小始终是 64KB 的倍数。

若要查看磁盘上当前使用的每个快照稀疏文件的字节数，可查询 SQL Serversys.dm_io_virtual_file_stats 动态管理视图的 size_on_disk_bytes 列。

若要查看稀疏文件占用的磁盘空间，在 Microsoft Windows 中右键单击文件，再单击【属性】命令，然后查看“占用空间”值。

稀疏文件最大只能增长到创建快照时相应的源数据库文件的大小。若要了解此大小，可以使用下列方法之一。

（1）使用 Windows 命令提示符

使用 Windows dir 命令或在 Windows 中，选择稀疏文件，打开文件【属性】对话框，然后查看“大小”值。

（2）在 SQL Server 实例上查看

从数据库快照的 sys.database_files 中或从 sys.master_files 中选择 size 列。“大小”列的值反映快照可以使用的最大空间（SQL 页数），此值相当于 Windows 的“大小”字段。但该“大小”列的数据单位是 number_of_pages×8192。

若要使用数据库快照，客户端需要知道它的位置。正在创建或删除另一个数据库快照时，用户可以从一个数据库快照读取。如果用新快照替代现有快照，则需要将客户端重新定向到新快照。用户可以通过 SQL Server Management Studio 手动连接到数据库快照。若要支持生产环境，需要创建一个编程解决方案，该方案透明地将报表编写客户端定向到数据库的最新数据库快照。

14.3.2 创建数据库快照

创建 SQL Server 数据库快照的唯一方式是使用 Transact-SQL。SQL Server

Management Studio 不支持创建数据库快照。

创建数据库快照之前，考虑如何命名它们是非常重要的。每个数据库快照都需要一个唯一的数据库名称。为了便于管理，数据库快照的名称可以包含标识数据库的信息。

根据源数据库的当前大小，确保有足够的磁盘空间存放数据库快照。数据库快照的最大大小为创建快照时源数据库的大小。

创建数据库快照使用 CREATE DATABASE 语句。具体的语法格式如下：

```
CREATE DATABASE database_snapshot_name
ON
(
NAME=logical_file_name,
FILENAME='os_file_name'
)[,…n]
AS SNAPSHOT OF source_database_name
```

其中，database_snapshot_name 用于指定数据库快照的名称，这个名称必须符合数据库的命名规则，而且必须具有唯一性。NAME 和 FILENAME 用于指定数据库快照的文件名和文件路径，AS SNAPSHOT OF 用于指定源数据库名称。

查看数据库快照则有使用 SQL Server Management Studio 和 Transact-SQL 两种方法，分别介绍如下。

（1）使用 SQL Server Management Studio 查看数据库快照

在对象资源管理器中，连接到 SQL Server 数据库引擎实例，然后展开该实例，展开“数据库”，展开“数据库快照”，然后选择要查看的快照。

（2）使用 Transact-SQL 查看数据库快照

列出 SQL Server 实例的数据库快照，可查询 sys.databases 目录视图的 source_database_id 列。

14.3.3 将数据库恢复到数据库快照

如果联机数据库中的数据损坏，在某些情况下，将数据库恢复到发生损坏之前的数据库快照是一种合适的替代方案，替代从备份中还原数据库。

通过恢复数据库可能会恢复最近出现的严重用户错误，如误删除的表。但是，在该快照创建以后进行的所有更改都会丢失。下列情况不支持恢复。

（1）数据库当前只有一个数据库快照，并且计划恢复到该快照。

（2）数据库中存在任何只读或压缩的文件组。

（3）数据库中有快照创建时联机而现在却脱机的任何文件。

恢复并不适用于介质恢复。数据库快照是不完整的数据库文件副本，因此，如果数据库或数据库快照损坏，则不可能从快照进行恢复。另外，如果损坏的话，即便可以恢复，也可能无法更正该问题。因此，定期执行备份并对还原计划进行测试对于保护数据库至关重要。

如果需要能够将源数据库还原至创建数据库快照的时点，使用完整恢复模式并实施允许执行该操作的备份策略。

在恢复时，原始的源数据库会被恢复后的数据库覆盖，因此该快照创建后的所有数据库更新都会丢失。恢复操作还会覆盖旧日志文件并重新生成日志。因此，无法将恢复后的数据库前滚至发生用户错误的点。所以建议在恢复数据库之前备份日志。

虽然不能还原原始日志以便将数据库前滚，但是可以使用原始日志文件中的信息来重新构造丢失的数据。恢复时需要注意以下几点。

（1）在执行恢复操作的过程中，快照和源数据库都不可用。源数据库和快照都将被标记为“正在还原”。如果在执行恢复操作的过程中出现错误，则当数据库再次启动时，恢复操作将会尝试完成恢复。

（2）恢复后的数据库的元数据与创建快照时的元数据相同。

（3）恢复操作会删除所有的全文目录。

恢复数据库操作要求对源数据库具有 RESTORE DATABASE 权限。将数据库恢复到数据库快照需要使用 Transact-SQL 语句，如法如下：

```
RESTORE DATABASE database_name FROM DATABASE_SNAPSHOT =database_
snapshot_name
```

其中，database_name 是源数据库的名称，database_snapshot_name 是要将数据库恢复到的快照的名称。必须在此语句中指定快照名称，而非备份设备。

14.3.4 删除数据库快照

删除数据库快照将删除 SQL Server 中的数据库快照，并删除快照使用的稀疏文件。删除数据库快照会终止所有到此快照的用户连接。具有 DROP DATABASE 权限的任何用户都可以删除数据库快照。执行 DROP DATABASE 语句，并指定要删除的数据库快照的名称，语法如下：

```
DROP DATABASE database_snapshot_name [ ,...n ]
```

其中，database_snapshot_name 是要删除的数据库快照的名称。

14.4 数据库备份

SQL Server 备份和还原组件为保护存储在 SQL Server 数据库中的关键数据提供了基本安全保障。为了最大限度地降低灾难性数据丢失的风险，用户需要定期备份数据库以保留对数据所做的修改。规划良好的备份和还原策略有助于防止数据库因各种故障而造成数据丢失。本节介绍数据库的备份。

14.4.1 数据库备份简介

备份 SQL Server 数据库、在备份上运行测试还原过程以及在另一个安全位置存储备份副本可防止可能的灾难性数据丢失。此外，数据库备份对于进行日常管理（如将数据库从一台服务器复制到另一台服务器、设置 AlwaysOn 可用性组或数据库镜像以及进行存档）非常有用。

通常将数据库和备份放置在不同的设备上，否则，如果包含数据库的设备失败，备份也将不可用。此外，将数据和备份放置在不同的设备上还可以提高写入备份和使用数据库时的 I/O 性能。从 SQL Server 2012 SP1 开始，支持 SQL Server 备份到 Windows Azure Blob 存储服务。

在 64 位和 32 位环境中，SQL Server 磁盘存储格式均相同。因此，可以将 32 位环境中的备份还原到 64 位环境中，反之亦然。在运行在某个环境中的服务器实例上，可以还原在运行在另一个环境中的服务器实例上创建的备份。

在实现备份之前，应当估计完整数据库备份将使用的磁盘空间。备份操作会将数据库中的数据复制到备份文件。备份仅包含数据库中的实际数据，而不包含任何未使用的空间。因此，备份通常小于数据库本身。可以使用 sp_spaceused 系统存储过程估计完整数据库备份的大小。SQL Server 2008 Enterprise 及更高版本支持压缩备份，并且 SQL Server 2008 及更高版本可以还原压缩后的备份。

在 SQL Server 2005 及更高版本中，可以在数据库在线并且正在使用时进行备份。但是，存在下列限制。

（1）无法备份脱机数据。

（2）备份过程中的并发限制。

通常，即使一个或多个数据文件不可用，日志备份也会成功。但如果某个文件包含大容量日志恢复模式下所做的大容量日志更改，则所有文件都必须都处于联机状态才能成功备份。

数据库仍在使用时，在数据库备份或事务日志备份的过程中无法执行的操作有以下几种。

（1）文件管理操作，如含有 ADD FILE 或 REMOVE FILE 选项的 ALTER DATABASE 语句。

（2）收缩数据库或文件操作，这包括自动收缩操作。

（3）如果在进行备份操作时尝试创建或删除数据库文件，则创建或删除操作将失败。

如果备份操作与文件管理操作或收缩操作重叠，则产生冲突。无论哪个冲突操作首先开始，第二个操作总会等待第一个操作设置的锁超时（超时期限由会话超时设置控制）。如果在超时期限内释放锁，第二个操作将继续执行。如果锁超时，则第二个操作失败。

数据库备份类型有三种，即完整数据库备份、差异备份和事务日志备份。

（1）完整数据库备份

完整数据库备份就是备份整个数据库，它备份数据库文件、这些文件的地址以及事务日志的某些部分。这是任何备份策略中都要求完成的第一种备份类型，因为其他所有备份类型都依赖于完整备份。

提示

完全数据库需要花费更多的时间和存储空间，所以完全数据库备份不需要频繁进行。如果使用完全数据库备份，那么执行数据恢复时只能恢复到最后一次备份时的状态，之后的所有改变都将丢失。

（2）差异数据库备份

差异备份是指备份最近一次完全数据库备份以后发生改变的数据。如果在完整备份后将某个文件添加至数据库，则下一个差异备份会包括该新文件。

提示

与完整数据库备份相比，执行差异备份的速度更快。虽然差异备份每做一次就会变得更大一些，但仍然比完整备份所占用的空间小得多。

（3）事务日志备份

尽管事务日志备份依赖于完整备份，但并不备份数据库本身。事务日志备份只记录事务日志的适当部分，即自从上一次备份以来又发生了变化的部分。事务日志备份比完整数据库节省时间和空间，而且利用事务日志进行恢复时，可以指定恢复到某一个时间，例如可以将其恢复到某个破坏性操作执行之前。通常情况下，事务日志备份需要与完整备份和差异备份结合使用。

14.4.2 备份数据库

执行数据库备份操作有两种方式：使用图形化工具进行备份和使用 Transact-SQL 命令进行备份。

【范例 6】

使用 SQL Server Management Studio 提供的图形化界面可以很方便地执行数据库的备份。例如备份数据库 Firm 的步骤如下。

（1）在【对象资源管理器】中展开【数据库】节点。右击数据库 Firm 节点选择【任务】|【备份】命令，打开【备份数据库】窗口。

（2）从【数据库】下拉菜单中选择 Firm 数据库；从【备份类型】下拉菜单中选择“完整”（差异和事务日志两个选项，分别用于执行差异备份和事务日志备份操作）。

（3）在【目标】选项组中设置备份的目标文件存储位置，如果不需要修改，保持默认即可。

（4）从左侧的【选择页】列表中打开【选项】页面，启用【覆盖所有现有备份集】选项（该选项用于初始化新的设备或覆盖现在的设备），选中【完成后验证备份】选项（该选项用来核对实际数据库与备份副本，并确保它们在备份完成之后是一致的），设置完成后的结果如图 14-7 所示。

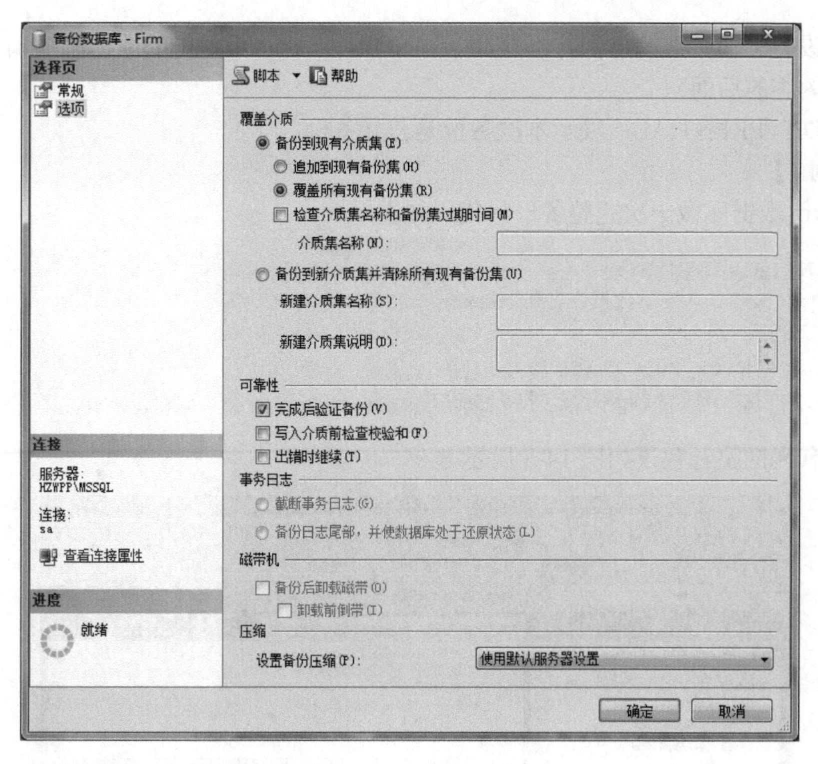

图 14-7 配置备份选项

（5）设置完成以后，单击【确定】按钮完成配置（备份操作执行成功以后会弹出提示对话框）。

（6）备份完成以后，在相应的目录中可以看到刚才创建的备份文件。

也可以使用 Transact-SQL 的 BACKUP 语句完成备份数据库的操作。BACKUP 语句的基本语法如下：

```
BACKUP DATABASE database_name
TO <backup_device> [...n]
[WITH
[[,] NAME=backup_set_name]
[ [,] DESCRIPITION= 'TEXT']
[ [,] {INIT | NOINIT } ]
[ [,]DIFFERENTIAL]
]
```

对上述参数的说明如下。

（1）database_name：要备份的数据库的名称。

（2）backup_device：为备份的目标设备，采用“备份设备类型=设备名”的形式。

（3）WITH 子句：指定备份选项。

（4）NAME=backup_set_name：指定了备份的名称。

（5）DESCRIPITION='TEXT'：给出了备份的描述。

（6）INIT|NOINIT：INIT 表示新备份的数据覆盖当前备份设备上的每一项内容，即

原来在此设备上的数据信息都将不存在了；NOINIT 表示新备份的数据添加到备份设备上已有的内容的后面。

（7）DIFFERENTIAL：表示本次备份是差异备份。

【范例 7】

对 Firm 数据库做一次完整备份，代码如下：

```
BACKUP DATABASE Firm
TO DISK = 'D:\公司数据库备份.bak'
WITH INIT,
NAME = ' Firm_Full_Backup',
DESCRIPTION = 'Firm 完整数据库备份'
```

上述代码的执行效果如图 14-8 所示。

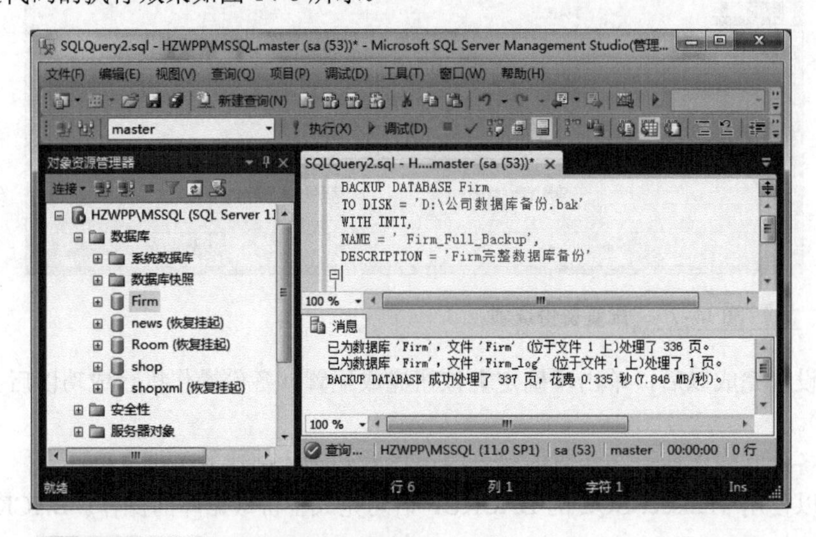

图 14-8 备份 Medicine 数据库

14.4.3 事务日志备份

尽管事务日志备份信赖于完整备份，但它并不备份数据库本身，这种类型的备份只记录事务日志的适当部分。在 SQL Server 2012 系统中日志备份有三种类型：纯日志备份、大容量操作日志备份和尾日志备份。具体说明如表 14-1 所示。

表 14-1 事务日志类型

日志备份类型	说明
纯日志备份	仅包含一定间隔的事务日志记录而不包含在大容量日志恢复模式下执行的任何大容量更改的备份
大容量操作日志备份	包含日志记录以及由大容量操作更改的数据页的备份。不允许对大容量操作日志备份进行时点恢复
尾日志备份	对可能已损坏的数据库进行的日志备份，用于捕获尚未备份的日志记录。尾日志备份在出现故障时进行，用于防止丢失工作，可以包含纯日志记录或大容量操作日志记录

使用图形界面为 Medicine 数据库创建一个事务日志备份，具体操作步骤可参考范例6。除非已经执行了至少一次完整数据库备份，否则不应该备份事务日志。另外，使用简单恢复模型时不能备份事务日志。

警告

当事务日志变成 100%满时，用户无法访问数据库，直到数据库管理员清除了事务日志时为止。避开这个问题的最佳办法是执行定期的事务日志备份。

使用 BACKUP LOG 语句创建事务日志备份的基本语法格式如下：

```
BACKUP LOG database_name
TO <backup_device> [...n]
WITH
 [[,] NAME=backup_set_name]
[ [,] DESCRIPITION='TEXT']
[ [,] {INIT | NOINIT } ]
[ [,]{ COMPRESSION | NO_COMPRESSION }
]
```

其中 LOG 指定仅备份事务日志。该日志是从上一次成功执行的日志备份到当前日志的末尾。必须创建完整备份，才能创建第一个日志备份。

【范例 8】

下面使用 BACKUP LOG 语句为 Firm 数据库创建一个事务日志备份，语句如下：

```
BACKUP LOG Firm
TO DISK = 'D:\公司数据库日志备份.bak'
WITH NOINIT,
NAME='Firm_log_backup',
DESCRIPTION='Firm 事务日志备份'
```

上述代码的执行结果如图 14-9 所示。

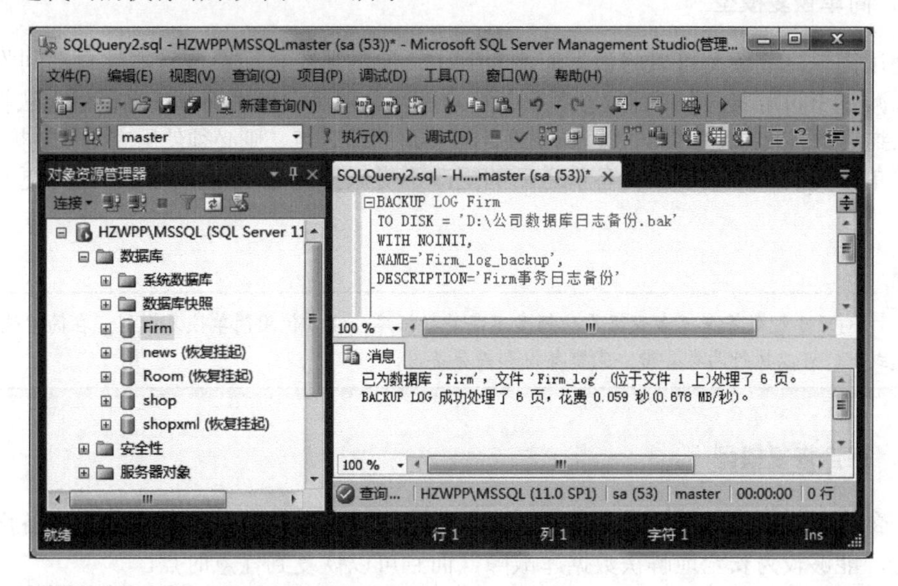

图 14-9 执行事务日志备份结果

14.5 数据库恢复

备份的数据库是无法直接使用的，需要对备份文件进行恢复。备份的方式不同，恢复的方法也不同。本节介绍数据库的恢复。

14.5.1 恢复模式

若要从故障中恢复 SQL Server 数据库，数据库管理员必须按照逻辑正确并且有意义的还原顺序还原一组 SQL Server 备份。SQL Server 还原和恢复支持从整个数据库、数据文件或数据页的备份还原数据，分别介绍如下。

（1）数据库完整还原

还原和恢复整个数据库，并且数据库在还原和恢复操作期间处于脱机状态。

（2）文件还原

还原和恢复一个数据文件或一组文件。在文件还原过程中，包含相应文件的文件组在还原过程中自动变为脱机状态。访问脱机文件组的任何尝试都会导致错误。

（3）页面还原

在完整恢复模式或大容量日志恢复模式下，可以还原单个数据库。可以对任何数据库执行页面还原，而不管文件组数为多少。

SQL Server 包括三种恢复模型，其中每种恢复模型都能够在数据库发生故障时恢复相关的数据。不同的恢复模型在 SQL Server 备份、恢复的方式和性能方面存在差异，而且，采用不同的恢复模型对于避免数据损失的程度也不相同。

SQL Server 主要包括三种恢复模型：简单恢复模型、完全恢复模型和大容量日志记录恢复模型。

1．简单恢复模型

使用简单恢复模型可以将数据库恢复到上一次的备份。简单恢复能够自动回收日志空间以减少空间需求，不再需要管理事务日志空间。但是，使用简单恢复模型无法将数据库还原到故障点或特定的即时点。如果要还原到这些即时点，则必须使用完全恢复模型。

简单恢复的风险在于最新备份之后的更改不受保护。在发生灾难时，这些更改必须重做。

技巧

对于小型数据库或者数据更改频度不高的数据库，通常使用简单恢复模型。在简单恢复模式下，可以执行两类备份：完整备份和差异备份。

2．完全恢复模型

完全恢复模型在故障还原中具有最高的优先级。这种恢复需要使用数据库备份和日志备份，能够较为安全地解决数据库故障，而且可以恢复到任意时点。

完全恢复模型下，数据文件丢失或损坏不会导致工作丢失，但如果日志尾部损坏，则必须重做自最新日志备份之后所做的更改。

如果有两个或更多必须在逻辑上保持一致的完整恢复模式数据库，则最好执行特殊步骤，以确保这些数据库的可恢复性。

技巧

对于不能承受数据损失的用户，推荐使用完全恢复模型。SQL Server 2012 默认使用完全恢复模型。用户可以在任何时间内修改数据库恢复模型，但是必须在更改恢复模型的时候备份数据库。

3. 大容量日志记录恢复模型

大容量日志记录恢复模型是完整恢复模式的附加模式，允许执行高性能的大容量复制操作。

大容量日志记录恢复模型使用数据库和日志备份来恢复数据库。该模型在执行大规模或大容量数据操作时提供最佳性能和最少的日志使用空间。

在这种模型下，日志只记录多个操作的最终结果，而并非存储操作的过程细节，所以日志尺寸更小，大批量操作的速度也更快。如果事务日志没有受到破坏，除了故障期间发生的事务以外，SQL Server 能够还原全部数据。

大容量日志记录恢复模式可以恢复到任何备份的结尾，不支持即时点恢复。

在实际应用中，用户可以根据实际需求选择适合的恢复模式。配置数据库恢复模式可以在 SQL Server Management Studio 视图界面中的【数据库属性】中完成，如图 14-10 所示。

图 14-10 配置数据库恢复模式

注意

master、msdb 和 templdb 使用简单恢复模式，model 数据库使用完整恢复模式。因为 model 数据库是所有新建数据库的模板数据库，所以用户数据库默认也是使用完整恢复模式。

14.5.2 恢复数据库

恢复数据库，就是让数据库根据备份的数据回到备份时的状态。当恢复数据库时，SQL Server 会自动将备份文件中的数据全部拷贝到数据库，并回滚任何未完成的事务，以保证数据库中的数据的完整性和一致性。

1．使用图形界面恢复数据库

在执行恢复之前，先介绍一下 RECOVERY 选项，如果该选项设置不正确，则可能导致数据库恢复工作全部失败。该选项用于通知 SQL Server 数据库恢复过程已经结束，用户可以重新开始使用数据库。它只能用于恢复过程的最后一个文件。

注意

如果备份来自 C 盘中的文件，SQL Server 就会将它恢复到 C 盘上。但是如果希望将备份的 C 盘中的文件恢复到 D 盘或者其他的地方，则可以使用 MOVE TO 选项，该选项允许将备份的数据库转移到其他地方。

SQL Server 允许在恢复数据库之前，先执行安全检查，以防止意外地恢复错误的数据库。SQL Server 首先比较当前恢复的数据库名称与备份设备中记录的数据库名称。如果两者不同，SQL Server 不执行恢复。如果两者不同还要进行恢复，则需要指定 REPLACE 选项，该选项可以忽略安全检查。

【范例 9】

使用图形界面恢复 Firm 数据库，具体步骤如下。

（1）在【对象资源管理器】窗格中展开【数据库】节点，右击 Firm 数据库，选择【任务】|【还原】|【数据库】命令，打开【还原数据库】窗口，如图 14-11 所示。

（2）如图 14-11 所示，在右侧【源】下选择【设备】单选框，之后单击右侧的...按钮，进入【选择备份设备】窗口，如图 14-12 所示。选择【添加】按钮，进入【定位设备文件】窗口，如图 14-13 所示。选择备份文件并单击【确定】按钮，即可实现数据库的恢复。

还原数据库需要停止一切对该数据库的访问，否则恢复操作将执行失败。

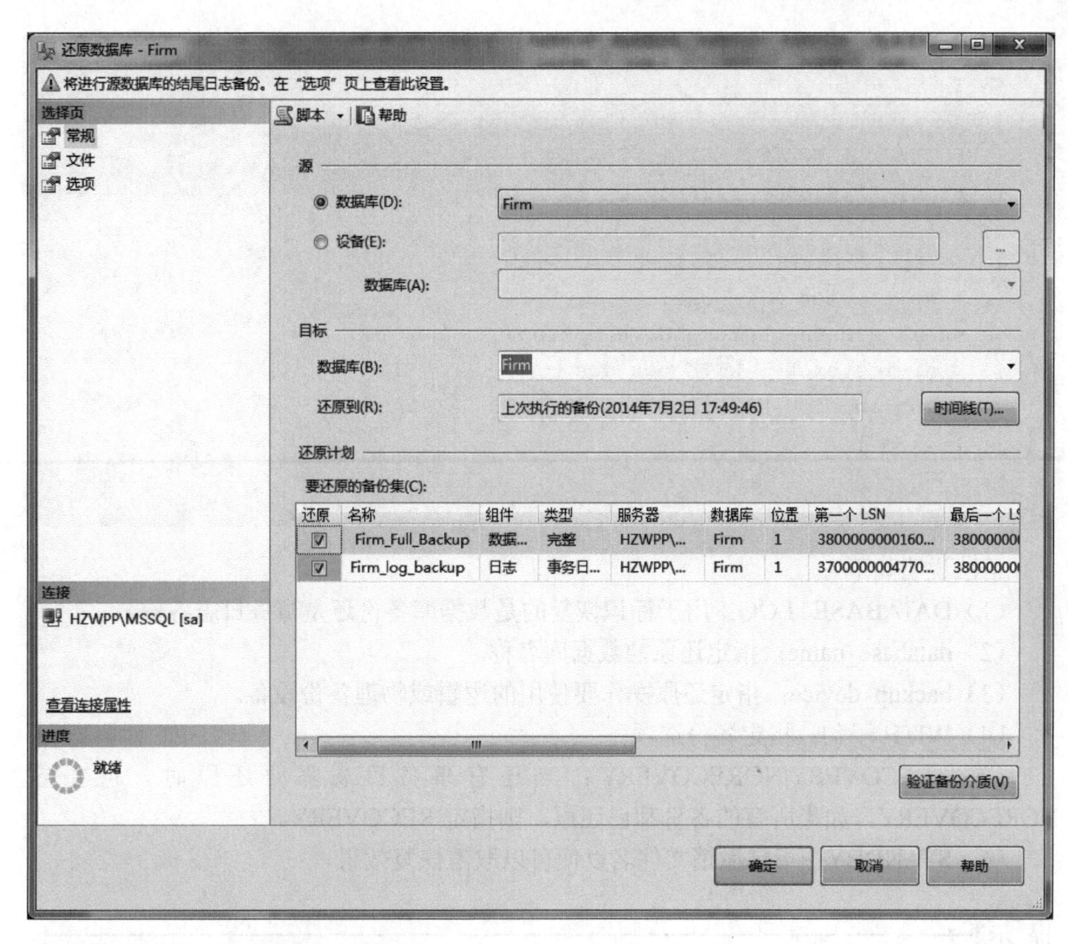

图 14-11 【还原数据库】窗口

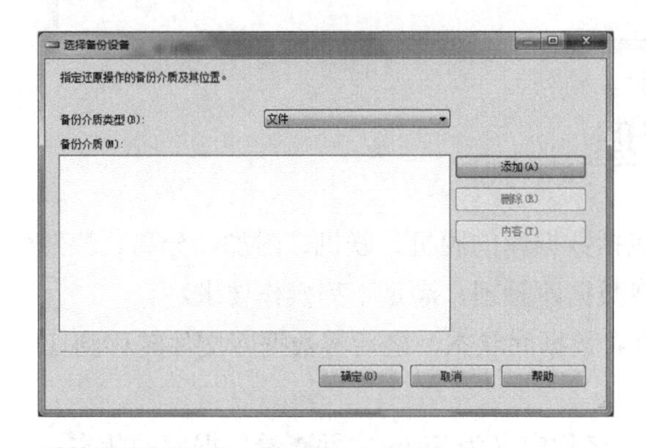

图 14-12 【选择备份设备】窗口

图 14-13 【定位设备文件】窗口

2. 使用 RESTORE 语句恢复

RESTORE 语句用于还原 BACKUP 语句创建的数据库备份，其语法格式如下所示：

```
RESTORE DATABASE | LOG { database_name | @database_name_var }
```

```
[FROM <backup_device> [ , ...n ] ]
[WITH
{
[ RECOVERY | NORECOVERY | STANDBY =
{standby_file_name | @standby_file_name_var }
]
|, <general_WITH_options>[ , ...n ]
|, <replication_WITH_option>
|, <change_data_capture_WITH_option>
|, <service_broker_WITH options>
|,<point_in_time_WITH_options—RESTORE_DATABASE>
}[ , ...n ]
]
[;]
```

语法说明如下。

（1）DATABASE | LOG：用于标识恢复的是数据库备份还是事务日志备份。

（2）database_name：指定还原的数据库名称。

（3）backup_device：指定还原操作要使用的逻辑或物理备份设备。

（4）WITH 子句：指定备份选项。

（5）RECOVERY|NORECOVERY：当还有事务日志需要还原时，应指定 NORECOVERY，如果所有的备份都已还原，则指定 RECOVERY。

（6）STANDBY：指定撤销文件名以便可以取消恢复效果。

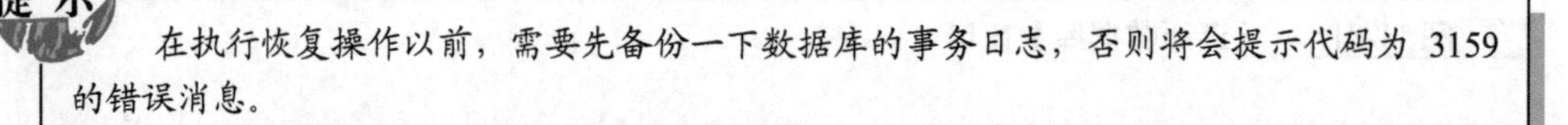

提示

在执行恢复操作以前，需要先备份一下数据库的事务日志，否则将会提示代码为 3159 的错误消息。

14.6 实验指导——数据库管理

本章主要介绍了数据库的安全管理，包括数据库的脱机、联机、附加、分离、快照管理、备份和恢复等。结合本章内容，实现数据库管理，满足下列操作要求。

（1）对 Firm 数据库进行脱机操作，查看数据库状态，之后将数据库文件转移到 D 盘下。

（2）对 Firm 数据库进行附加，附加后的名称定义为 Firms，并查看数据库的状态。

（3）对 Firms 数据库进行导出操作，放在局域网下另一台服务器中。

实现上述操作，步骤如下。

（1）首先执行 Firm 的脱机操作，代码如下：

```
ALTER DATABASE Firm
SET OFFLINE
```

（2）上述代码执行之后查看数据库状态，代码如下：

```
SELECT name,state_desc FROM sys.databases
```

上述代码的执行效果如下所示：

```
name    state_desc
master  ONLINE
tempdb  ONLINE
model   ONLINE
msdb    ONLINE
shop    ONLINE
Firm    OFFLINE
```

（3）对原数据库的两个文件进行剪切和粘贴操作并放在 D 盘下，步骤省略。

（4）对 Firm 数据库进行附加，附加后的名称为 Firms，代码如下：

```
CREATE DATABASE Firms
ON
(
FILENAME= 'D:\Firm.mdf'
)
LOG ON
(
FILENAME='D:\Firm_log.ldf'
)
FOR ATTACH
```

由于服务器中有 Firm 数据库，因此在附加时最好使用其他数据库名。

（5）执行上述代码，再次查询数据库状态，省略代码，其执行效果如下所示：

```
name    state_desc
master  ONLINE
tempdb  ONLINE
model   ONLINE
msdb    ONLINE
shop    ONLINE
Firm    OFFLINE
Firms   ONLINE
```

从上述执行效果可以看出，原 Firm 数据库仍然是脱机状态，而新加载的 Firms 是联机状态。

（6）数据库 Firms 进行导出操作，放在局域网下另一台服务器中。首先在数据库 Firms 名称处右击，其效果如图 14-2 所示。选择【任务】|【导出数据】可打开【SQL Server 导入和导出向导】窗口，单击【下一步】按钮可进入选择数据源对话框，如图 14-14 所示。

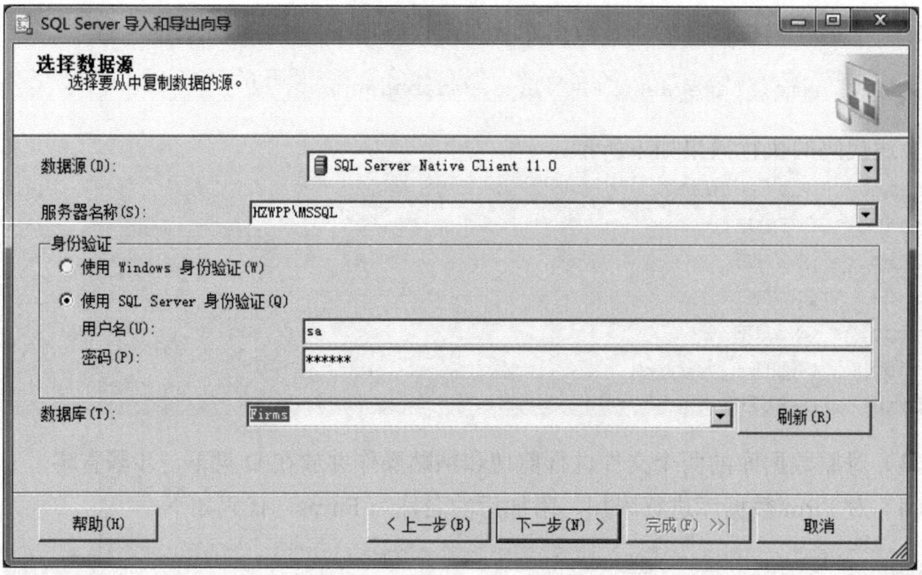

图 14-14　选择导出数据源

（7）如图 14-14 所示，在图中选择当前需要导出数据的服务器名称并填写身份验证信息，单击【下一步】可进入导出数据的服务器设置对话框，如图 14-15 所示。

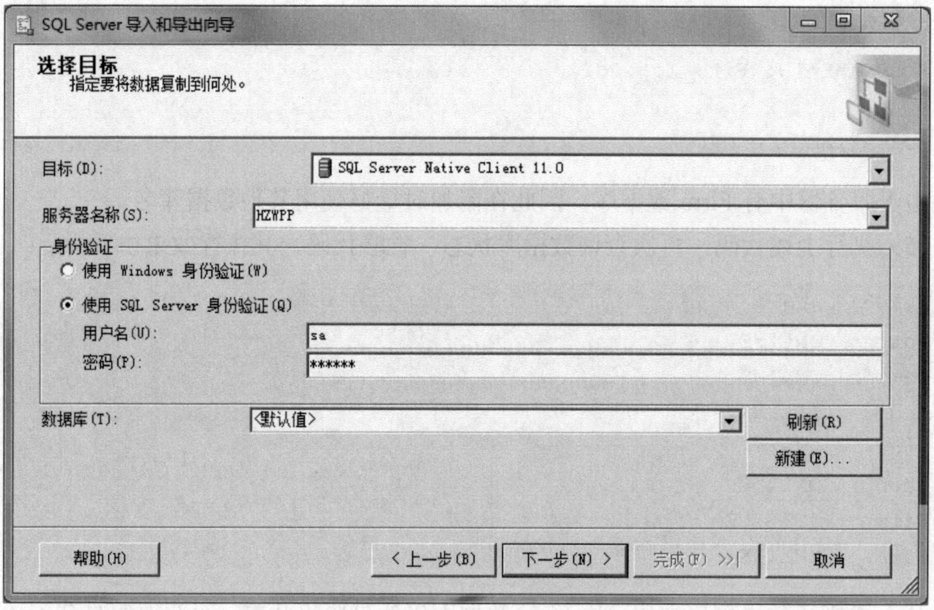

图 14-15　选择目标数据源

（8）如图 14-15 所示，选择需要导入的目标数据源的服务器名称和身份验证信息，选择需要导入数据的数据库，单击【下一步】按钮即可。在操作完成后将回到如图 14-15 所示的对话框，此时可继续向不同的目标数据源导入数据。

若打算将 Firms 数据库作为单独的数据库放在目标服务器中，可在如图 14-15 所示的页面中单击【新建】按钮在目标服务器上新建数据库，可打开【创建数据库】对话框，填写数据库相关设置，单击【确定】按钮即可执行数据从当前服务器导出并在目标服务器导入。

14.7 思考与练习

一、填空题

1．查询数据库状态时，OFFLINE 表示__________状态。

2．分离数据库使用__________存储过程。

3．数据库收缩使用 DBCC __________DATABASE 语句。

4．数据库快照是源数据库的只读静态__________。

二、选择题

1．备份数据库使用__________。

A．BACKUP 语句

B．RESTORE 语句

C．SHRINK 语句

D．DBCC 语句

2．下列说法错误的是__________。

A．简单恢复模型不需要日志备份

B．完全恢复模型与大容量日志记录恢复模型都需要日志备份

C．大容量日志记录恢复模型是完整恢复模式的附加模式

D．完全恢复模型与大容量日志记录恢复模型都可以即时点恢复

3．如果数据库出现下列哪一种情况仍然可以正确分离数据库？__________

A．该数据库中存在快照数据库

B．该数据库已复制并发布

C．数据库处于未知状态

D．该数据库执行过备份操作

4．下列说法中正确的是__________。

A. 创建的数据库快照必须保存在 FAT32 分区上

B．不能删除正在使用的数据库快照

C．在附加数据库的过程中，如果没有日志文件，系统将提示错误

D．可以给日志文件创建数据库快照

三、简答题

1．总结脱机与分离的区别。

2．简述数据库的状态类型。

3．简述数据库备份类型。

4．总结数据库恢复模式。

第15章 高级技术

SQL Server 2012 要比任何一个关系数据库产品都更灵活、更可靠并具有更高的集成度。本章将从三个方面讲解 SQL Server 2012 常用的高级开发技术。首先介绍了 XML 技术，包括 XML 数据类型、XML 模式和 XML 查询，然后介绍集成服务中包的使用，最后对报表服务进行简单介绍。

本章学习要点：

- ❑ 掌握创建 XML 类型列和变量的方法
- ❑ 熟悉 FOR XML 语句的 4 种模式
- ❑ 熟悉 OPENXML()函数的使用
- ❑ 熟悉 XML 类型方法的使用
- ❑ 了解集成服务的概念
- ❑ 熟悉包运行、配置、部署和安装操作的实现
- ❑ 了解报表服务
- ❑ 熟悉报表的创建以及发布

15.1 XML 技术

XML（eXtensible Markup Language，可扩展标记语言）是一种类似 HTML，但是可以自定义标记的语言，它的语法非常简单且扩展性强，被广泛用于数据交换和存储。SQL Server 最早从 SQL Server 2000 开始支持 XML，SQL Server 2012 在之前版本的 XML 基础上进行了增强和很多改进。

下面将详细介绍 SQL Server 2012 中 XML 技术的各种应用，假设读者已经掌握了 XML 语言的基本知识。

15.1.1 XML 数据类型

在 SQL Server 2012 的 XML 数据类型列中可以存储 XML 文档和片段。XML 片段是缺少单个顶级元素的 XML 实例。还可以创建 XML 类型的变量并存储 XML 实例。当然，也可以选择性地将 XML 架构集合与 XML 数据类型的列、参数或者变量进行关联。

1. 创建 XML 数据类型的列

创建 XML 数据类型列最简单的方法是使用 CREATE TABLE 语句，然后指定列的类型为 XML。

【范例 1】

例如，要创建一个包含两列的表，要求第 1 列为 int 型，第 2 列为 XML 型。语句如下：

```
CREATE TABLE TableForXml
(
c1 int PRIMARY KEY,
c2 xml
)
```

在上面的语句中创建的表为 TableForXml，其中的 c2 列是 XML 类型。

提示

也可以使用 ALTER TABLE 语句向表中添加 XML 数据类型列，其方法与添加普通数据类型列的方法相同。

2. 创建 XML 类型的变量

要创建 XML 类型的变量可以使用 DECLARE 语句，语法格式如下：

```
DECLARE @变量名 xml
```

当然，也可以通过指定 XML 架构集合创建类型化的 xml 变量，例如以下语句：

```
DECLARE @变量名 xml ( XML 架构集合名称 )
```

尽管在 SQL Server 2012 中 XML 数据类型与其他数据类型一样，但是在使用时还需要注意一些限制，这些限制包括如下几点。

（1）XML 数据类型实例所占据的存储空间大小不能超过 2GB。

（2）不能用作 sql_variant 实例的子类型。

（3）不支持转换为 text 或者 ntext，可以转换为 varchar(max)或者 nvarchar(max)。

（4）不能进行比较或排序。这意味着 xml 数据类型不能用在 GROUP BY 语句中。

（5）不能用作除 ISNULL、COALESCE 和 DATALENGTH 之外的任何内置标量函数的参数。

（6）不能用作索引中的键列，但可以作为数据包含在聚集索引中。如果创建了非聚集索引，也可以使用 INCLUDE 关键字显式添加到该非聚集索引中。

15.1.2 RAW 模式

在 SELECT 查询中指定 FOR XML 子句，可以将该查询的结果作为 XML 来查询。FOR XML 子句可以指定 4 种模式，分别是 RAW 模式、AUTO 模式、PATH 模式和 EXPLICIT 模式。本节首先介绍 RAW 模式。

RAW 模式在生成 XML 结果的数据集时，将结果集中的每一行数据作为一个元素输出。也就是说，在使用 RAW 模式时，每一条记录被作为一个元素输出，因此记录中的每一个字段也将被作为相应的属性（除非该字段为 NULL）输出。

【范例 2】

假设要使用 RAW 模式从【手镯营销系统】数据库的【手镯信息】表中查询出珠宝的代号、名称和售价，语句如下：

```
SELECT 珠宝代号,珠宝名称,珠宝售价
FROM 手镯信息 FOR XML RAW
```

上述语句在【手镯信息】表中检索珠宝信息，并指定将查询结果转换为 RAW 模式的 XML，执行结果如图 15-1 所示。

单击查询后返回的记录，在新打开的查询编辑器中查看该 XML，如图 15-2 所示。从图中可以看出，查询结果集中的每一行被作为一个元素，而行中的字段将被作为该元素所含的属性。

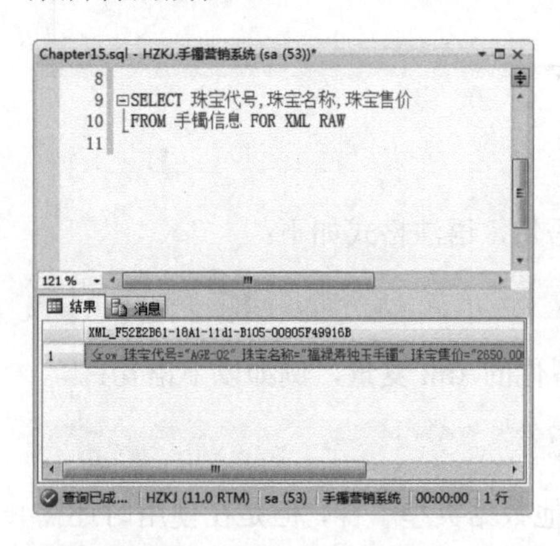

图 15-1 使用 RAW 模式

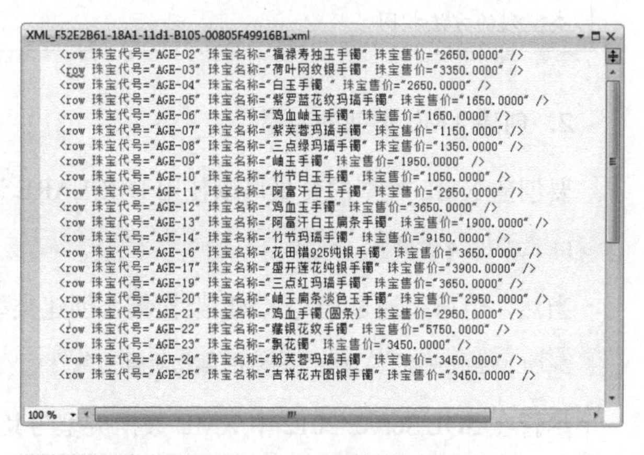

图 15-2 RAW 模式查看返回的记录

15.1.3 AUTO 模式

AUTO 模式将查询结果以嵌套 XML 元素的方式返回，生成的 XML 中的 XML 层次结构取决于 SELECT 子句中指定字段所标识的表的顺序。该模式将其查询的表名称作为元素名称，查询的字段名称作为属性名称。

【范例 3】

使用 AUTO 模式从【手镯商信息】表和【手镯信息】表中查询珠宝信息，语句如下：

```
SELECT g.珠宝商编号,j.珠宝代号,j.珠宝名称,j.珠宝售价
FROM 手镯商信息 g JOIN 手镯信息 j ON g.珠宝商编号=j.珠宝商编号
FOR XML AUTO
```

上述语句中定义了两个表的别名分别为 g 和 j，在使用 AUTO 模式执行查询后，数据表别名 g 和 j 被分别作为 XML 节点，表的列以节点属性方式显示。单击查询后返回的记录，在新打开的查询编辑器中查看该 XML，如图 15-3 所示。

XML_F52E2B61-18A1-11d1-B105-00805F49916B2.xml


```
<g 珠宝商编号="9">
  <j 珠宝代号="AGE-02" 珠宝名称="福禄寿独玉手镯" 珠宝售价="2650.0000" />
</g>
<g 珠宝商编号="8">
  <j 珠宝代号="AGE-03" 珠宝名称="荷叶网纹银手镯" 珠宝售价="3350.0000" />
</g>
<g 珠宝商编号="1">
  <j 珠宝代号="AGE-04" 珠宝名称="白玉手镯 " 珠宝售价="2650.0000" />
</g>
<g 珠宝商编号="9">
  <j 珠宝代号="AGE-05" 珠宝名称="紫罗蓝花纹玛瑙手镯" 珠宝售价="1650.0000" />
</g>
<g 珠宝商编号="5">
  <j 珠宝代号="AGE-06" 珠宝名称="鸡血岫玉手镯" 珠宝售价="1650.0000" />
</g>
<g 珠宝商编号="3">
  <j 珠宝代号="AGE-07" 珠宝名称="紫芙蓉玛瑙手镯" 珠宝售价="1150.0000" />
```


图 15-3 AUTO 模式查看返回的记录

注意

在使用 AUTO 模式时，如果查询字段中存在计算字段（即不能直接得出字段值的查询字段）或者聚合函数不能正常执行，可以为计算字段或者聚合函数的字段添加相应的别名后，再使用该模式。

15.1.4 PATH 模式

PATH 模式提供一种简单的方式来混合元素和属性。该模式为结果集中的每一行生成一个<row>元素。在该模式中，列名或者列别名被当作 XPath 表达式来处理，这些表达式指明如何将值映射到 XML。可以在各种条件下映射行集中的列，例如，没有名称的列、具有名称的列，以及名称指定为通配符的列等。

1. 没有名称的列

任何一个没有名称的列都将成为内联列。例如，不指定任何列别名或者嵌套标量查询将生成没有名称的列。如果该列是 XML 类型，那么将插入该数据类型实例的内容。否则，列内容将作为文本节点插入。

【范例 4】

使用 PATH 模式从【手镯信息】表查询珠宝代号、名称和 8 折后的价格信息，语句如下：

```
SELECT 珠宝代号,珠宝名称,珠宝售价*0.8
FROM 手镯信息
FOR XML PATH
```

上述语句中由于第 3 列是计算列，且没有列名，所以此时会直接作为<row>元素的值，执行结果如图 15-4 所示。

2. 具有名称的列

如果使用具有名称的列，在列名称中可以包含如下信息。

```
XML_F52E2B61-18A1-11d1-B105-00805F49916B3.xml
<row>
  <珠宝代号>AGE-02</珠宝代号>
  <珠宝名称>福禄寿独玉手镯</珠宝名称>2120.00000</row>
<row>
  <珠宝代号>AGE-03</珠宝代号>
  <珠宝名称>荷叶网纹银手镯</珠宝名称>2680.00000</row>
<row>
  <珠宝代号>AGE-04</珠宝代号>
  <珠宝名称>白玉手镯 </珠宝名称>2120.00000</row>
<row>
  <珠宝代号>AGE-05</珠宝代号>
  <珠宝名称>紫罗蓝花纹玛瑙手镯</珠宝名称>1320.00000</row>
<row>
  <珠宝代号>AGE-06</珠宝代号>
  <珠宝名称>鸡血岫玉手镯</珠宝名称>1320.00000</row>
<row>
  <珠宝代号>AGE-07</珠宝代号>
  <珠宝名称>紫芙蓉玛瑙手镯</珠宝名称>920.00000</row>
100 %
```

图 15-4　PATH 模式没有名称的列返回的记录

（1）列名以@符号开头

如果列名以@符号开头，并且不包含斜杠标记（/），将创建包含相应列值的<row>元素的属性。

（2）列名不以@符号开头

如果列名不以@符号开头，并且不包含斜杠标记（/），将创建一个 XML 元素，该元素是行元素（默认情况下为<row>）的子元素。

（3）列名不以@符号开头并包含斜杠标记（/）

如果列名不以@符号开头并包含斜杠标记（/），那么该列名指明一个 XML 层次结构。

（4）多个列共享同一前缀

如果若干后续列共享同一个路径前缀，则它们将被分组到同一名称下。如果它们使用的是不同的命名空间前缀，则即使它们被绑定到同一命名空间，也被认为是不同的路径。

（5）一列具有不同的名称

如果列之间出现具有不同名称的列，则该列将会打破分组。

【范例 5】

使用 PATH 模式从【手镯商信息】表和【手镯信息】表中查询珠宝信息，语句如下：

```
SELECT g.珠宝商编号 AS '@珠宝商编号',
       j.珠宝代号 AS '珠宝/编号',
       j.珠宝名称 AS '珠宝/名称',
       j.珠宝售价 AS '珠宝/售价'
FROM 手镯商信息 g JOIN 手镯信息 j ON g.珠宝商编号=j.珠宝商编号
FOR XML PATH
```

上述语句中珠宝商编号列的别名以@开头，因此将向<row>元素添加“珠宝商编号”属性。其他所有列的别名中均包含指明层次结构的斜杠标记（/），执行结果如图 15-5 所示。

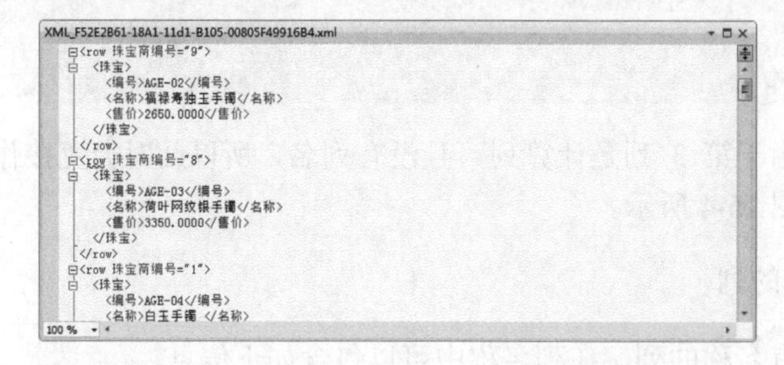

图 15-5　PATH 模式具有名称列返回的记录

15.1.5 EXPLICIT 模式

EXPLICIT模式与AUTO和RAW模式相比，能够更好地控制从查询结果生成的XML的形状。但是如果编写具有嵌套的查询，该模式又不及PATH模式简单。使用该模式后，查询结果集将被转换为XML文档，该XML文档的结构与结果集中的结果一致。

在EXPLICIT模式中，SELECT语句中的前两个字段必须分别命名为TAG和PARENT。这两个字段是元数据字段，使用它们可以确定查询结果集的XML文档中元素的父子关系，即嵌套关系。

1. TAG 字段

该字段表示查询字段列表中的第一个字段，用于存储当前元素的标记值。字段名称必须是TAG，标记号可以使用的值是1～255。

2. PARENT 字段

用于存储当前元素的父元素标记号，字段名称必须是PARENT。如果这一列中的值是NULL或者0，该行就会被放置在XML层次结构的顶层。

在使用EXPLICIT模式时，在添加上述两个附加字段后，还应该至少包含一个数据列。这些数据列的语法格式如下：

```
ElementName!TagNumber!AttributeName!Directive
```

语法说明如下。

（1）ElementName：所生成元素的通用标识符，即元素名。

（2）TagNumber：分配给元素的唯一标记值。根据两个元数据字段TAG和PARENT信息，此值将确定所得XML中元素的嵌套。

（3）AttributeName：提供要在指定的ElementName中构造的属性名称。

（4）Directive：为可选项，可以使用它来提供有关XML构造的其他信息。Directive选项的可用值如表15-1所示。

表 15-1 可用 Directive 值

Directive 值	描述
element	返回的结果都是元素，不是属性
hide	允许隐藏节点
xmltext	如果数据中包含了XML标记，允许把这些标记正确地显示出来
xml	与element类似，但是并不考虑数据中是否包含XML标记
cdata	作为cdata段输出数据
ID、IDREF和IDREFS	用于定义关键属性

【范例6】

创建一个使用EXPLICIT模式查询XML数据的示例，语句如下：

```
SELECT 1 AS TAG,
```

```
        0 AS PARENT ,
        珠宝商编号 AS [jewelry!1!no] ,
        珠宝名称 AS [jewelry!1!name!element] ,
        NULL AS [group!2!no!element],
        NULL AS [group!2!name!element],
        NULL AS [group!2!telphone!element]
FROM 手镯信息
UNION ALL
SELECT 2 AS TAG,
      1 AS PARENT,
      j.珠宝商编号,
      j.珠宝名称,
      g.珠宝商编号,
      g.珠宝商姓名,
      g.电话
FROM 手镯商信息 g JOIN 手镯信息 j ON g.珠宝商编号=j.珠宝商编号
ORDER BY [jewelry!1!no]
FOR XML EXPLICIT
```

在第一个 SELECT 查询语句中，设置 TAG 值为 1，并将其 PARENT 值设置为 0，因为该元素为顶层元素。然后为该元素指定相应的元素名 jewelry，在为元素指定相应的属性时，设置 Directive 值为 element，此时返回的结果都是元素，而不是属性。

在第二个 SELECT 查询语句中，设置 TAG 值为 2，然后通过将其 PARENT 值设置为 1 来指明其父级元素为 jewelry。执行结果如图 15-6 所示。

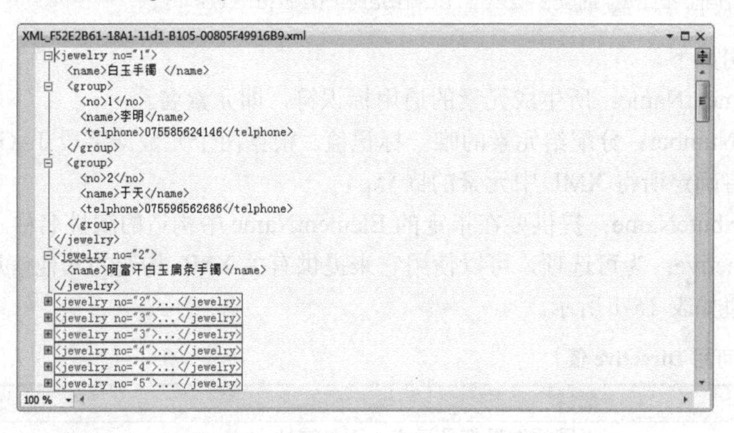

图 15-6 EXPLICIT 模式返回的记录

15.1.6 OPENXML()函数

OPENXML()是一个行集函数，类似于表或视图，提供内存中 XML 文档上的行集。OPENXML()可在用于指定源表或源视图的 SELECT 和 SELECT INTO 语句中使用。

要使用 OPENXML()编写对 XML 文档执行的查询，必须先调用系统存储过程 sp_xml_preparedocument。它将分析 XML 文档并向准备使用的已分析文档返回一个句柄。

具体的语法格式如下：

```
sp_xml_preparedocument @hdoc=<integer variable> OUTPUT
[, @xmltext=<character data> ]
[, @xpath_namespace=<url to a namespace >]
```

其中各参数的含义如下。

（1）@hdoc：新创建 XML 文档的句柄。

（2）@xmltext：将要分析的 XML 文档对象。

（3）@xpath_namespace：将要用于 XPath 表达式的命名空间。

当执行 sp_xml_preparedocument 系统存储过程后如果分析正确，则返回值 0，否则返回大于 0 的整数。在调用完这个存储过程并把句柄保存到文档之后，就可以使用 OPENXML 返回该文档的行集数据。具体的语法格式如下：

```
OPENXML( @idoc int [ in] , rowpattern nvarchar [ in ] , [ flags byte [ in ] ] )
[WITH ( SchemaDeclaration | TableName ) ]
```

其中，@idoc 参数表示已经准备的 XML 文档句柄；rowpattern 参数表示将要返回哪些数据行，它使用 XPATH 模式提供了一个起始路径；flags 参数指示应在 XML 数据和关系行集间如何使用映射解释元素和属性，是一个可选输入参数，在表 15-2 中列出它的可选值，WITH 子句用于控制行集中的哪些数据列将要检索出来。

表 15-2 flags 参数

值	说明
0	默认值，将会使用“以属性为中心”的映射
1	使用“以属性为中心”的映射。可以与 XML_ELEMENTS 一起使用。这种情况下，首先应用“以属性为中心”的映射，然后对所有未处理的列应用“以元素为中心”的映射
2	使用“以元素为中心”的映射。可以与 XML_ATTRIBUTES 一起使用。这种情况下，首先应用“以属性为中心”的映射，然后对所有未处理的列应用“以元素为中心”的映射
8	可与 XML_ATTRIBUTES 或 XML_ELEMENTS 组合使用（逻辑或）。在检索的上下文中，该标志指示不应将已使用的数据复制到溢出属性@mp:xmltext

【范例 7】

下面通过一个范例来学习 OPENXML()函数和 sp_xml_preparedocument 系统存储过程的使用，以及返回 XML 数据的方法。

（1）首先定义@Jewelery 和@xmlStr 两个变量，这两个变量分别用来存储分析过的 XML 文档的句柄和将要分析的 XML 文档。

```
DECLARE @Jewelery int
DECLARE @xmlStr xml
```

（2）使用 SET 语句为@xmlStr 变量赋予 XML 形式的数据。

```
SET @xmlStr=
'<row>
  <珠宝>
    <编号>AGE-06</编号>
```

```
    <名称>鸡血岫玉手镯</名称>
    <售价>1650.0000</售价>
  </珠宝>
  <珠宝>
    <编号>AGE-03</编号>
    <名称>荷叶网纹银手镯</名称>
    <售价>3350.0000</售价>
  </珠宝>
</row>'
```

（3）使用 sp_xml_preparedocument 系统存储过程分析由@xmlStr 变量表示的 XML 文档，将分析得到的句柄赋予@Student 变量。

```
EXEC SP_XML_PREPAREDOCUMENT  @Jewelery OUTPUT,@xmlStr
```

（4）接下来，在 SELECT 语句中使用 OPENXML()函数，返回行集中的指定数据。

```
SELECT * FROM OPENXML( @Jewelery,'/row/珠宝',2)
WITH (
    编号 varchar(10),
    名称 varchar(20),
    售价 float
)
```


（5）最后，使用 sp_removedocument 系统存储过程删除@Jewelery 变量所表示的内存中的 XML 文档结构。

```
EXEC SP_XML_REMOVEDOCUMENT @Jewelery
```

按顺序执行上述语句将会看到结果如图 15-7 所示。

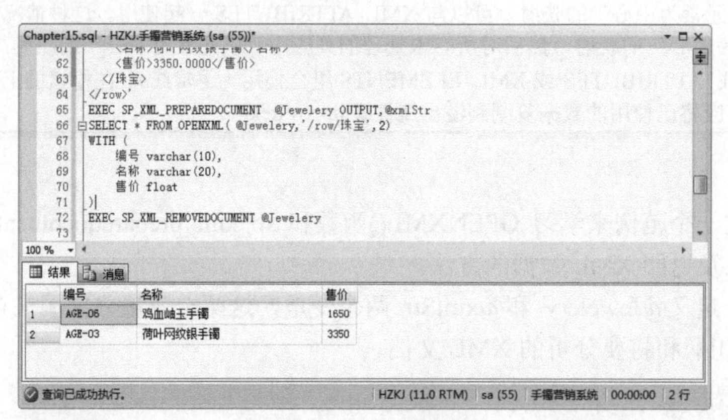

图 15-7 使用 OPENXML()函数结果

15.2 实验指导——操作 XML 数据类型

15.1.1 节讲解了如何创建 XML 数据类型的列，以及 XML 类型的限制。SQL Server

2012 提供了 5 个方法来操作 XML 数据类型，如表 15-3 所示。下面详细介绍每个方法的具体使用方法。

表 15-3 XML 数据类型方法

方法名称	描述
query()	执行一个 XML 查询并且返回查询的结果
exists()	执行一个 XML 查询，如果有结果的话返回值 1
value()	计算一个查询以从 XML 中返回一个简单的值
modify()	在 XML 文档的适当位置执行一个修改操作
nodes()	允许把 XML 分解到一个表结构中

15.2.1 query()方法

query()方法执行一个 XML 查询，并且返回查询的结果。其语法格式如下：

```
query('XQuery')
```

其中，参数 XQuery 是一个字符串，用于查询 XML 实例中 XML 节点（如元素、属性）的 XQuery 表达式。

使用 query()方法从一个 xml 数据类型的变量中返回一个 XML 实例的一部分。语句如下：

```
DECLARE @xmlStr xml
SET @xmlStr='
<root>
  <珠宝>
    <编号>AGE-02</编号>
    <名称>福禄寿独玉手镯</名称>
  </珠宝>
  <珠宝>
    <编号>AGE-03</编号>
    <名称>荷叶网纹银手镯</名称>
  </珠宝>
  <珠宝>
    <编号>AGE-04</编号>
    <名称>白玉手镯 </名称>
  </珠宝>
</root>'
SELECT @xmlStr.query('/root/珠宝/名称 ') AS 珠宝名称列表
```

在以上语句中，声明一个 xml 数据类型的变量 xmlStr，并赋予它一个 XML 实例的值。在语句的最后，使用 query()方法针对 xml 数据类型变量指定一个 XQuery 表达式，并选出 XML 实例的一部分。

在此实例中将返回 student 节点下 name 的所有内容，执行结果如图 15-8 所示。

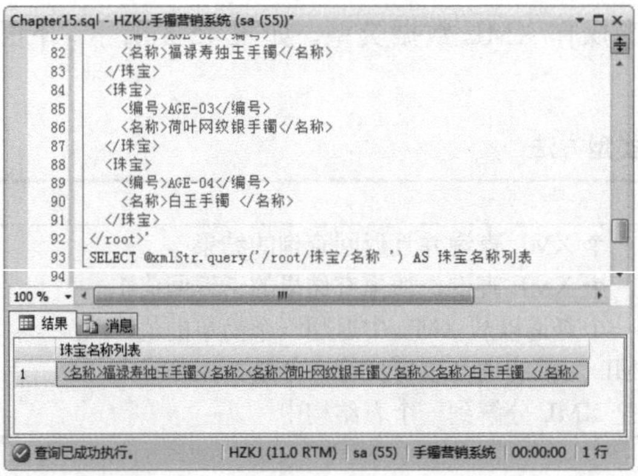

图 15-8　使用 query()方法效果

15.2.2　value()方法

value()方法执行一个查询以便从 XML 中返回一个简单的值。其语法格式如下：

```
value(XQuery,SQLType)
```


参数说明如下。

（1）XQuery：XQuery 表达式，用于从 XML 实例内部检索数据。该表达式必须最多返回一个值，否则，将返回错误。

（2）SQLType：该参数是一个字符串的值，用于指定要转换到的 SQL 类型。此方法的返回类型与 SQLType 参数匹配。

创建一个案例使用 value()方法从 XML 实例中提取节点的值，语句如下：

```
DECLARE @xmlStr xml
DECLARE @id1 varchar(50),@id2 varchar(50)
SET @xmlStr='
<root>
  <珠宝>
    <编号>AGE-02</编号>
    <名称>福禄寿独玉手镯</名称>
  </珠宝>
  <珠宝>
    <编号>AGE-03</编号>
    <名称>荷叶网纹银手镯</名称>
  </珠宝>
  <珠宝>
    <编号>AGE-04</编号>
    <名称>白玉手镯 </名称>
  </珠宝>
</root>'
SET @id1=@xmlStr.value('(/root/珠宝/编号)[1]','varchar(50)')
SET @id2=@xmlStr.value('(/root/珠宝/编号)[2]','varchar(50)')
```

```
SELECT @id1 AS '珠宝编号1', @id2 AS '珠宝编号2'
```

以上语句中，定义 XML 数据类型的变量 xmlStr 用来存放 XML 实例。value()方法中的 XQuery 表达式使用[1]来指定第 1 个编号节点的值，[2]指定第 2 个编号节点的值。最后使用 SELECT 语句输出，执行结果如图 15-9 所示。

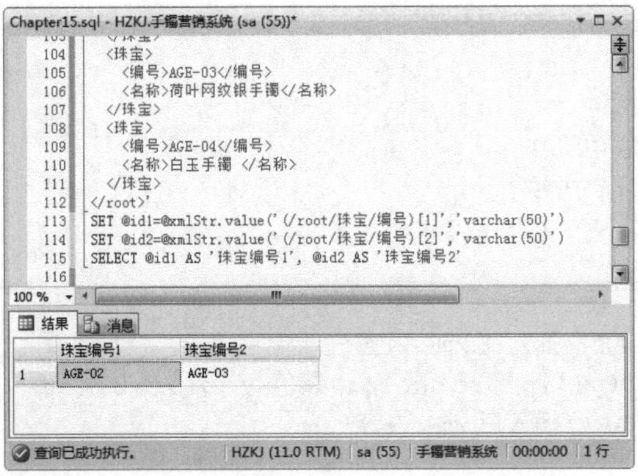

图 15-9 使用 value()方法效果

15.2.3 exist()方法

exist()方法用于判断指定 XML 类型结果集中是否存在指定节点，如果存在，返回值为 1；否则返回 0。语法格式如下：

```
exist(XQuery)
```

其中，XQuery 表示指定的 XML 型查询语句，该查询语句将生成一组 XML 型结果集。

例如，如下语句使用 exist()方法在 achievement 表中查询是否存在不及格的成绩。

```
DECLARE @成绩 xml
SET @成绩 = 'achievement/score'
SELECT @成绩.exist('/achievement/score<60') AS 返回值
```

如果返回结果为 1，则说明在 achievement 表中存在不及格的成绩。

15.2.4 modify()方法

modify()方法表示在 XML 文档的适当位置执行一个修改操作，可以修改一个 xml 类型的变量或字段。语法格式如下：

```
modify(XML_DML)
```

其中，XML_DML 是 XML 数据操作语言中的字符串。将根据此字符串表达式来更新 XML 文档。

xml 数据类型的 modify()方法只能在 UPDATE 语句的 SET 子句中使用。

创建一个案例，使用 modify()方法向 XML 类型中添加一个节点，语句如下：

```
DECLARE @xmlStr xml
SET @xmlStr='
<colors>
    <color>红色</color>
    <color>绿色</color>
    <color>黄色</color>
</colors>
'
SELECT @xmlStr AS '插入前 xml 内容'
SET @xmlStr.modify('insert <color>黑色</color> after (/colors/color)[1]')
SELECT @xmlStr AS '插入后 xml 内容'
```

上述语句使用 modify()方法向 xml 数据类型变量中添加一个“<color>黑色</color>”节点，添加位置为第 1 个 color 节点之后。执行结果如图 15-10 所示。

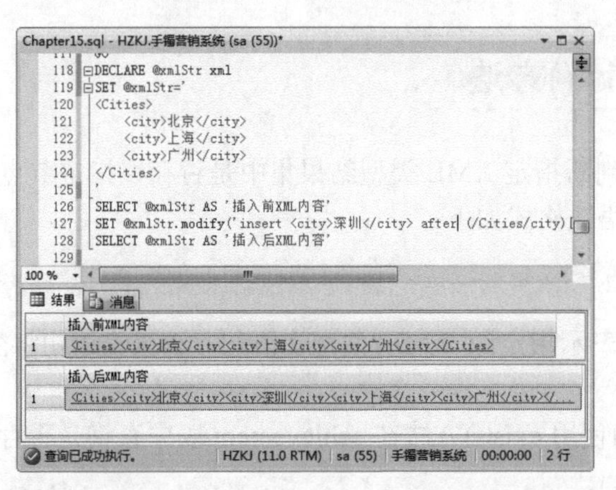

图 15-10 使用 modify()方法效果

15.2.5 nodes()方法

nodes()方法允许把 XML 分解到一个表结构中，其目的是指定哪些节点映射到一个新数据集的行。语法格式如下：

```
nodes(XQuery) as Table(Column)
```

参数说明如下。

（1）XQuery：指定 XQuery 表达式。如果语句返回节点，那么节点包含在结果行集中。类似地，如果表达式的结果为空，那么结果行集也为空。

（2）Table(Column)：指定结果行集的表名称和字段名称。

创建一个案例，使用 nodes()方法将指定节点映射到一个新的数据集的行，语句如下：

```
DECLARE @xmlStr xml
SET @xmlStr='
<colors>
    <color>
        <cn_name>红色</cn_name>
        <en_name>red</en_name>
    </color>
    <color>
        <cn_name>绿色</cn_name>
        <en_name>green</en_name>
    </color>
    <color>
        <cn_name>黄色</cn_name>
        <en_name>yellow</en_name>
    </color>
</colors>
'
SELECT color.str.query('.')
AS 结果
FROM @xmlStr.nodes('/colors/color') color(str)
```


上述语句使用 nodes()方法的 XQuery 语句将每个 color 节点作为一行返回，执行结果如图 15-11 所示。

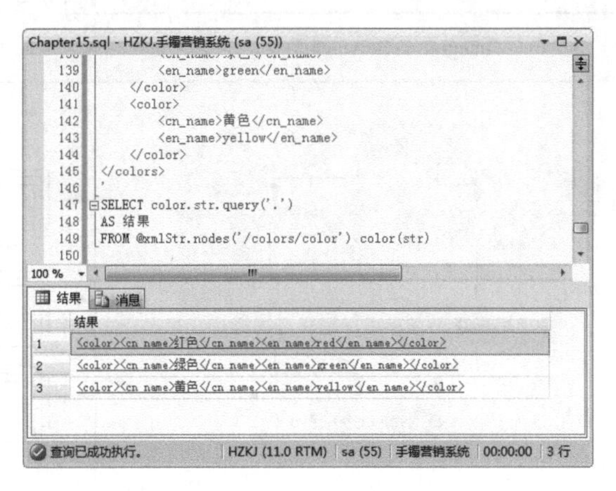

图 15-11 使用 nodes()方法效果

15.3 集成服务

SQL Server 2012 集成服务（SQL Server Integration Services，SSIS）是一个数据集成平台，负责完成有关数据的提取、转换和加载等操作。使用集成服务可以高效地处理各种各样的数据源，例如 SQL Server、Oracle、Excel、XML 文档、文本文件等。

下面介绍集成服务的概念，以及包的管理，包括创建、运行、配置和部署。

15.3.1 集成服务简介

SQL Server 2012 集成服务提供了一列支持业务应用程序开发的数据提取、转换和加载（Extraction、Transformation and Loading、ETL）数据适配器。用户不用编写一行代码，就可以创建 SSIS 解决方案来使用 ETL 和商业智能解决复杂的业务问题，管理 SQL Server 2012 数据库以及在 SQL Server 2012 实例之间复制 SQL Server 2012 对象。

集成服务非常适合用于合并来自异类数据存储区的数据、填充数据仓库和数据集市、清除数据和将数据标准化、将商业智能置入数据转换过程以及使管理功能和数据加载自动化。

如图 15-12 所示为 SQL Server 2012 集成服务的体系结构，由 4 个关键部分组成：Integration Services 服务、Integration Services 对象模型、Integration Services 运行时和运行时可执行文件以及封装数据流引擎和数据流组件的数据流任务。

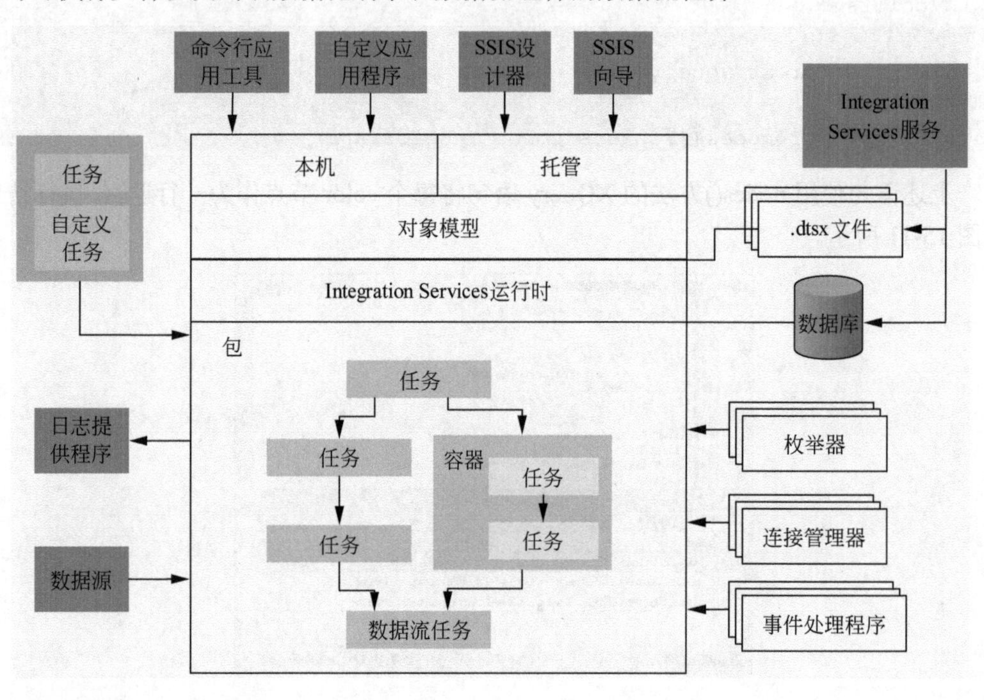

图 15-12 体系结构

其中，图 15-12 中的数据流任务又可分为如图 15-13 所示的结构。

SSIS 服务负责处理 SSIS 的运行。它是一种 Windows 服务，在安装 SQL Server 2008 的 SSIS 组件时随之安装，负责跟踪程序包（程序包是工作条目的集合）的执行并辅助程序包的存储。SSIS 服务默认关闭，而且被设置为禁用。只有当程序包第一次执行时 SSIS 服务才打开。并不需要 SSIS 服务来运行 SSIS 程序包，但是如果该服务停止，则所有当前运行的 SSIS 程序包都将停止运行。

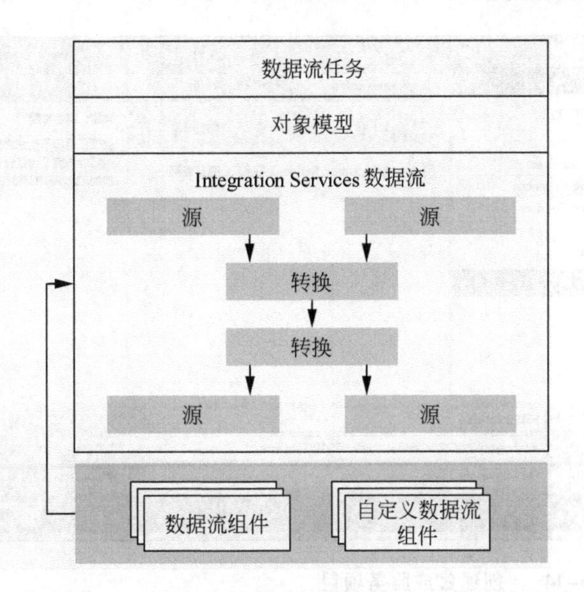

图 15-13 数据流任务体系结构

SSIS 运行时引擎和补充程序负责实际运行 SSIS 程序包。该引擎负责保存程序包的布局并管理日志记录、调试、配置、连接和事务处理。另外，当程序包出现事件时该引擎还负责处理事件。运行时可执行文件为程序包提供了以下功能。

（1）容器（Container）：为程序包提供结构和作用域。

（2）任务（Task）：为程序包提供功能。

（3）事件处理程序（Event Handler）：对程序包中产生的事件进行响应。

（4）优先约束（Precedence Constraint）：提供程序包中各种条目之间的顺序关系。

15.3.2 创建包

包是集成服务中的一个重要概念，它是一个有组织的集合，其中可包括连接、控制流元素、数据流元素、事件处理程序、变量和配置等。可以使用集成服务提供的图形设计工具或者以编程方式将这些对象组合到包中。然后，再将完成的包保存到 SQL Server 2008、集成服务包存储区或者文件系统中。

1. 创建项目

创建包之前，必须先有存放包的项目。一个集成服务项目包含对数据源、数据源视图和包对象的定义。

【范例 8】

创建一个名称为 SSIS_Example 的集成服务项目，具体步骤如下。

（1）在 SQL Server 2012 的程序组中选择 SQL Server Data Tools 命令，打开 SSDT 工具。

（2）选择【文件】|【新建】|【项目】命令，打开【新建项目】对话框，展开【商业智能项目】列表，选择【Integration Services 项目】选项，并设置项目名称为 SSIS_Example，项目路径和解决方案名称使用默认值，如图 15-14 所示。

图 15-14 创建集成服务项目

（3）单击【确定】按钮，完成项目的创建，进入项目设计窗口，如图 15-15 所示。

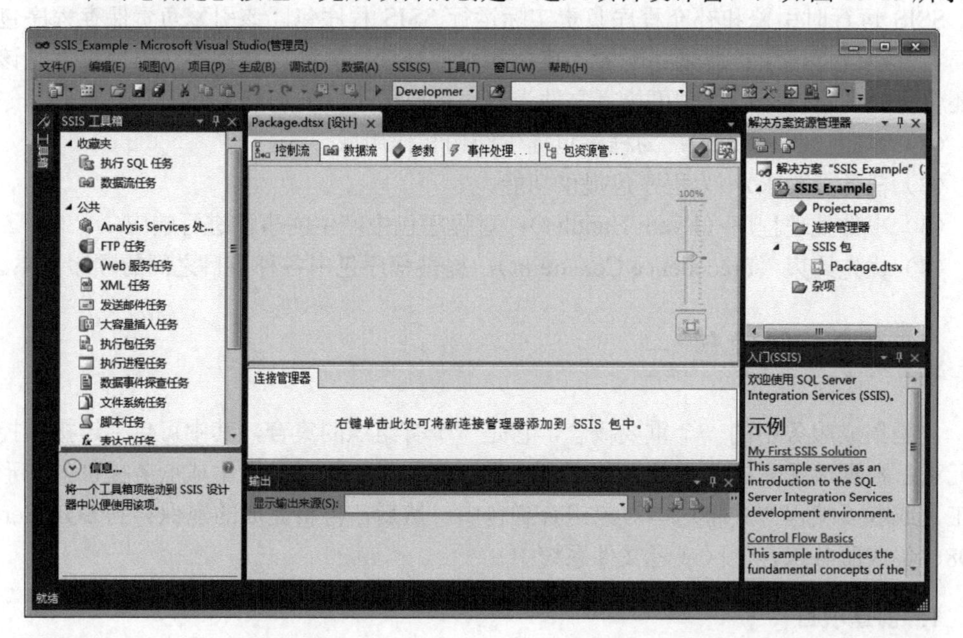

图 15-15 项目设计窗口

如图 15-15 所示，在【解决方案资源管理器】窗格中默认为项目建立了 4 个文件夹，每个文件夹分别有不同的用途：

（1）连接管理器：在包中引用的项目级数据源，可以有多个。

（2）Project.params：它们是基于数据源并可以由源、转换和目标的引用而生成的视图。

（3）SSIS 包：存储项目中使用包的文件夹，可以有多个。

（4）杂项：存储除以上这些项之外的文件。

2. 创建包

SQL Server 2008 为集成服务包的开发和管理提供了两种解决方案。第 1 种是使用导入和导出向导，该方法是创建包的最简单、常用的方式；第 2 种是使用 SSIS 设计器，此方法可以灵活地对包进行操作，适合有一定基础的用户。

【范例 9】

下面在集成项目 SSIS_Example 中使用第 1 种方法创建一个包，并对包的创建进行简单介绍。

（1）在【解决方案资源管理器】窗格中右击【SSIS 包】，选择【SSIS 导入和导出向导】命令。在弹出的【SQL Server 导入和导出向导】窗口中直接单击【下一步】，进入【选择数据源】界面。指定使用 SQL Server 身份验证，选择数据库为“手镯营销系统”，如图 15-16 所示。

（2）单击【下一步】按钮，进入【选择目标】界面，单击【新建】按钮，创建一个新的数据库，名称为 testSSIS，如图 15-17 所示。

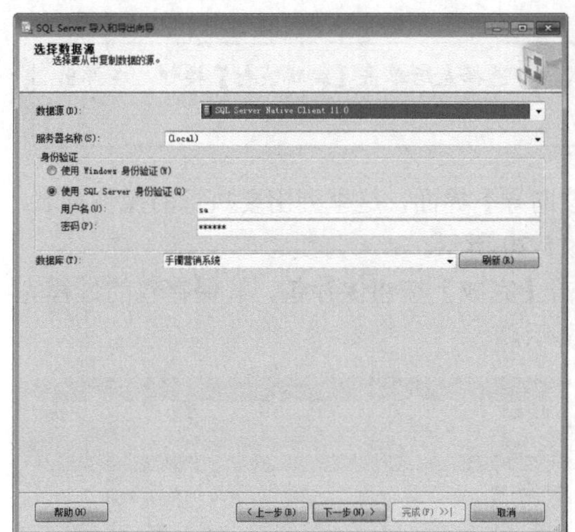

图 15-16 选择数据源

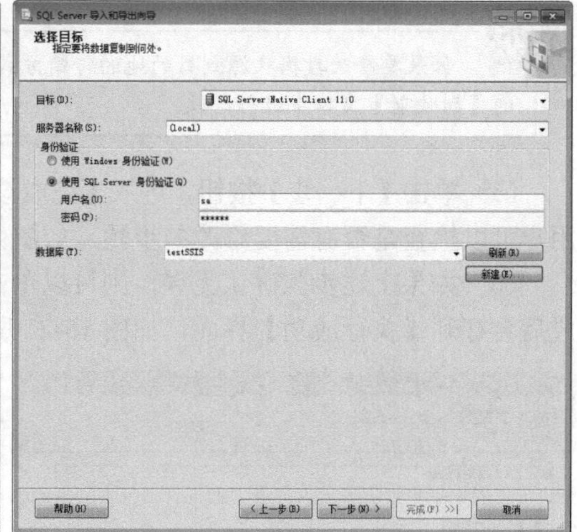

图 15-17 选择目标

注意

如果需要将数据复制到网络服务器，首先必须确保能够使用正确的登录账户连接到该网络服务器，否则将会提示相应的错误信息。

（3）单击【下一步】按钮，进入【指定表复制或查询】界面，如果希望将完整的表从源转移到目的地，可选择【复制一个或多个表或视图的数据】选项。这里使用默认值，如图 15-18 所示。

（4）单击【下一步】按钮，进入【选择源表和源视图】界面，选择需要复制的表和视图。这里选择[顾客信息]表、[手镯商信息]表和[手镯信息]表，如图 15-19 所示。

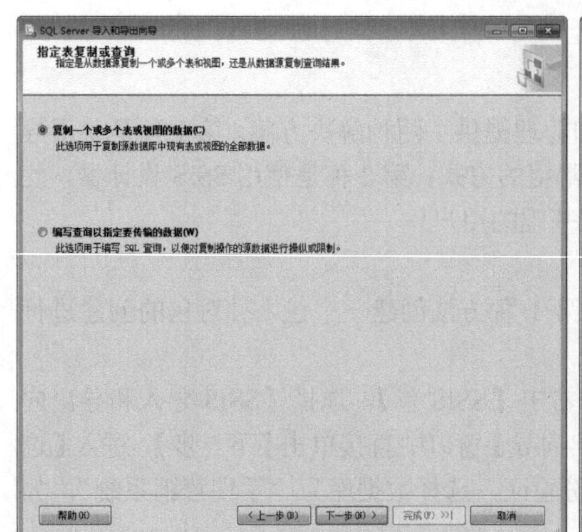

图 15-18 指定复制类型

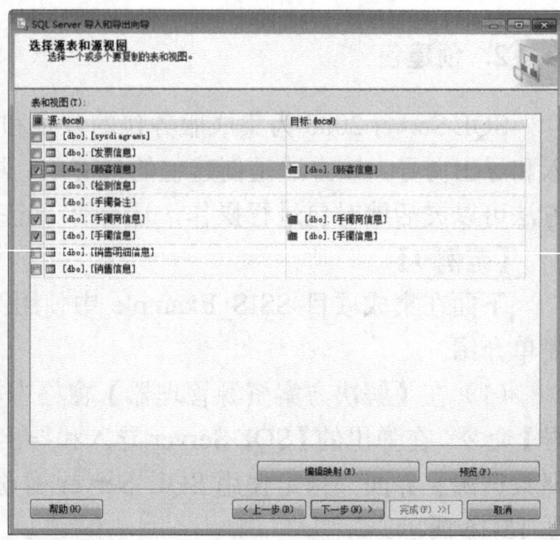

图 15-19 选择复制对象

提示

如果要修改数据从源到目的地的传输方式，可选择表后单击【编辑映射】按钮，在弹出的【列映射】窗口中进行修改。

（5）单击【下一步】按钮，进入【完成该向导】界面，这里列出要执行的操作列表，用户可以检查是否有需要修改的步骤，如图 15-20 所示。

（6）如果上述步骤确认无误，则可以单击【完成】按钮保存包。等保存包的过程完成后会打开【执行成功】界面，如图 15-21 所示。

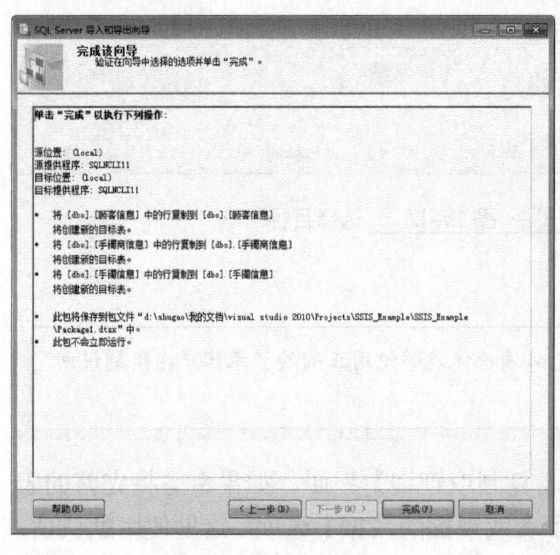

图 15-20 检查操作步骤

图 15-21 向导执行成功

（7）关闭【导入和导出向导】窗口后，在 SSIS 设计器【解决方案资源管理器】窗格的【SSIS 包】文件夹中会出现名为 Package1.dtsx 的包，在设计器的【数据流】选项卡会显示各个任务的明细，如图 15-22 所示。

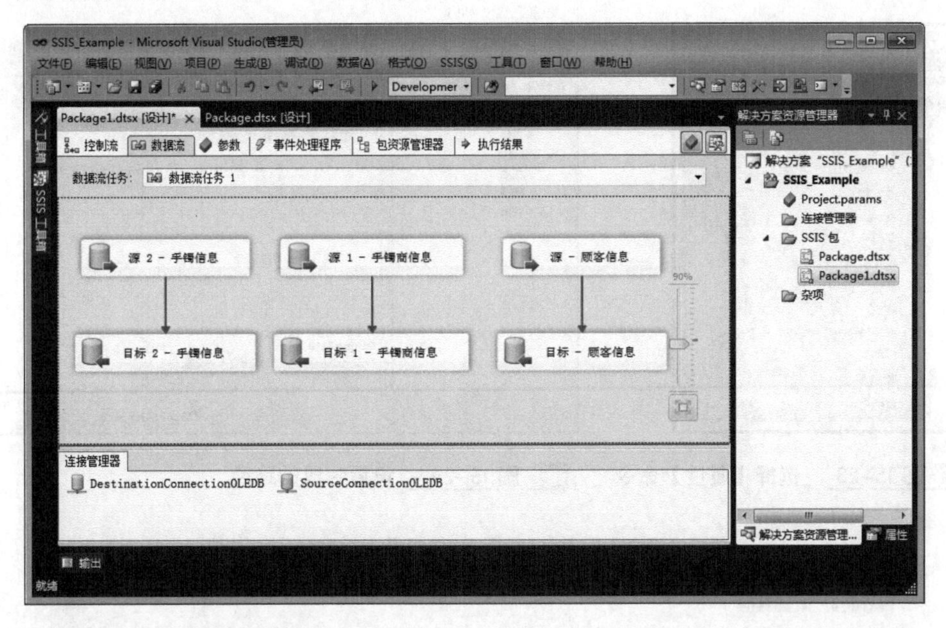

图 15-22 设计器中的包

提示

使用导入和导出向导创建包之后，并不会立即执行数据表复制操作，而是选择运行包命令，来执行这些操作。

15.3.3 运行包

在创建了包之后，就可以在需要时运行它。包可以立即运行，也可以安排在某个特定的时间运行。在 SQL Server 2008 中运行包有多种方式，例如通过 SSIS 设计器、SQL Server Management Studio 工具和 SQL Server 代理等。

【范例 10】

在 15.3.2 节使用向导创建包的基础上进行操作，使用 SSIS 设计器对其进行运行，具体步骤如下。

（1）在【解决方案资源管理器】窗格中右击项目名称 SSIS_Example，选择【属性】命令，如图 15-23 所示。

（2）打开解决方案的【属性页】对话框。在【生成】节点中设置 OutputPath 值为设计时部署的文件夹，再单击【确定】按钮返回，如图 15-24 所示。

（3）在【解决方案资源管理器】窗格中，在【SSIS 包】文件夹中右击要运行的包 Package1.dtsx，选择【设为启动对象】命令。

（4）通过右击 Package1.dtsx 包选择【执行包】命令，或者打开要运行的包再单击工具栏上的【启动调试】按钮▶来运行包。如图 15-25 所示为执行包后的【数据流】选项卡。

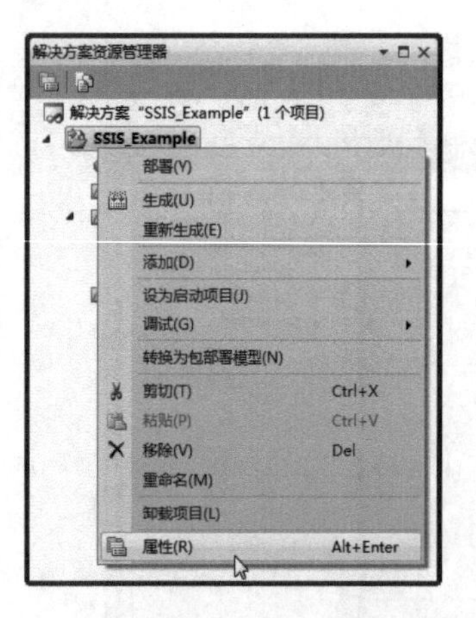

图 15-23 选择【属性】命令

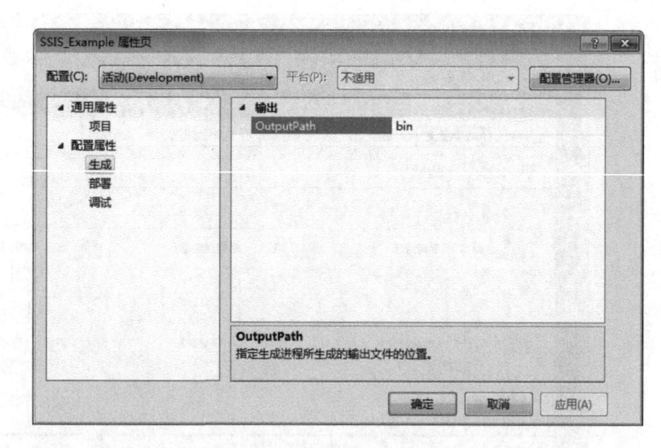

图 15-24 设置生成的路径

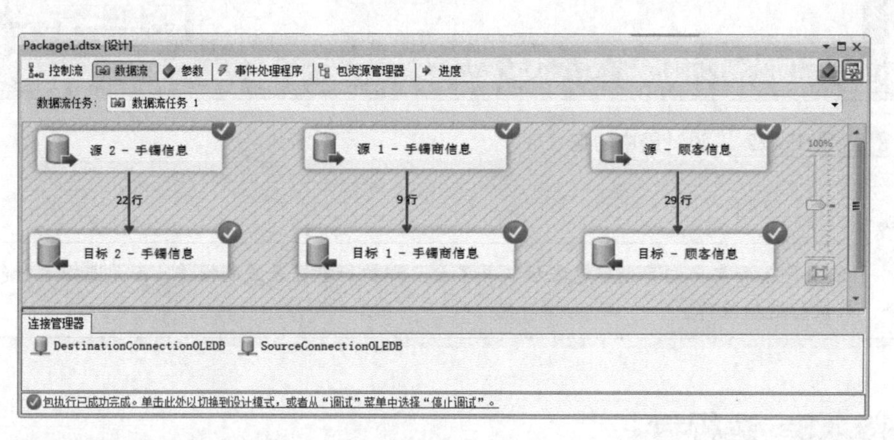

图 15-25 执行包后的【数据流】选项卡

（5）包执行完成后会多出一个【进度】选项卡，这里列出了执行时任务在各个阶段的详细信息，如图 15-26 所示。

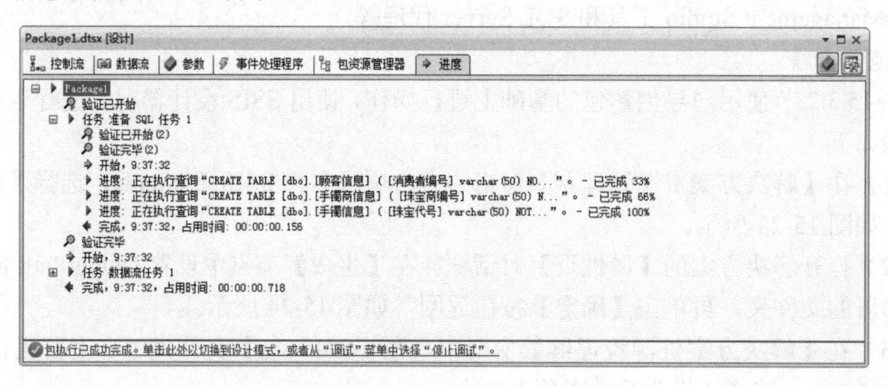

图 15-26 执行后包的【进度】选项卡

（6）包运行完成后，则可以连接到目标服务器，验证包中的操作是否正确执行。从

图 15-27 可以看出，在目标服务器上已经存在从源服务器上复制的 4 个数据表，而且数据也一致，说明包运行成功。

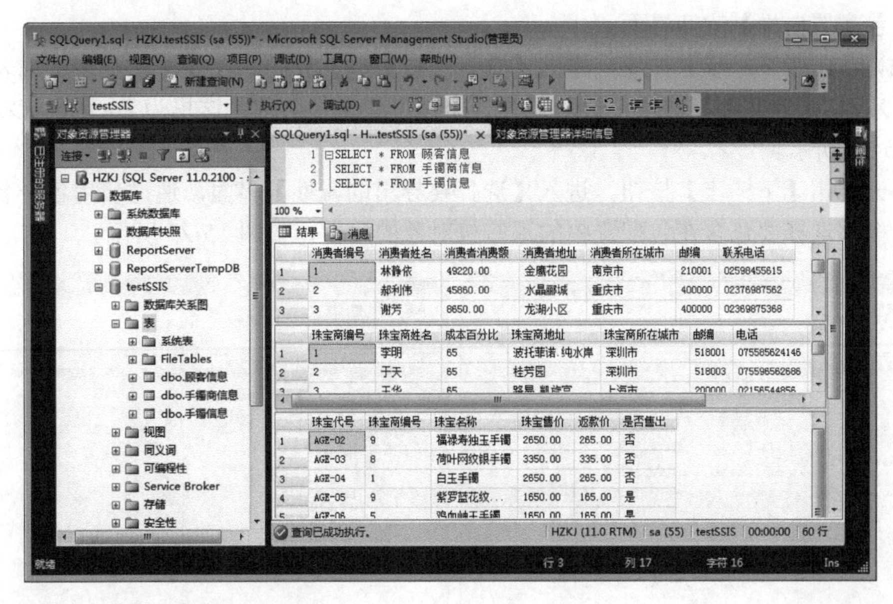

图 15-27 验证包的执行

15.3.4 包配置

包配置用来更改包元素在运行时的属性，例如，可以更新变量的值和连接管理器的连接字符串等。当将包部署到多台不同的服务器上时，配置非常有用，使用配置可以更轻松地将包从开发环境转移到生产环境中。如表 15-4 所示列出了 SSIS 包支持的配置类型，也称为存储包配置的地点。

表 15-4 SSIS 包配置类型

类型	说明
XML 配置文件	XML 文件包含配置。XML 文件可以包括多个配置
环境变量	环境变量包含配置
注册表项	注册表项包含配置
父包变量	包中的变量包含配置，这种配置类型通常用于更新被调用的包中的属性
SQL Server 表	SQL Server 数据库中的表包含配置，表可以包括多个配置

提示

每个包配置都是一个属性/值对。在创建包配置实用工具时，包配置被明确地包含。在安装包时，包配置可作为包安装时的一个步骤来更新。

【范例 11】

通过对 SSIS_Example 项目中的 Package1.dtsx 包进行配置，介绍包配置的具体过程。

（1）打开 SSIS_Example 项目并进入 Package1.dtsx 包的设计器，在空白处右击【包配置】命令，弹出【包配置组织程序】窗口，启用【启用包配置】复选框再单击【添加】，打开【包配置向导】欢迎界面。

（2）单击【下一步】按钮，进入【选择配置类型】界面。在【配置类型】列表框中选择【XML 配置文件】选项，然后设置一个包配置文件名称，这里为 Package_Config，如图 15-28 所示。

（3）单击【下一步】按钮，进入【选择要导出的属性】界面，通过启用各个名称前的复选框来选择要包含在包配置中的那些包对象的属性，如图 15-29 所示。

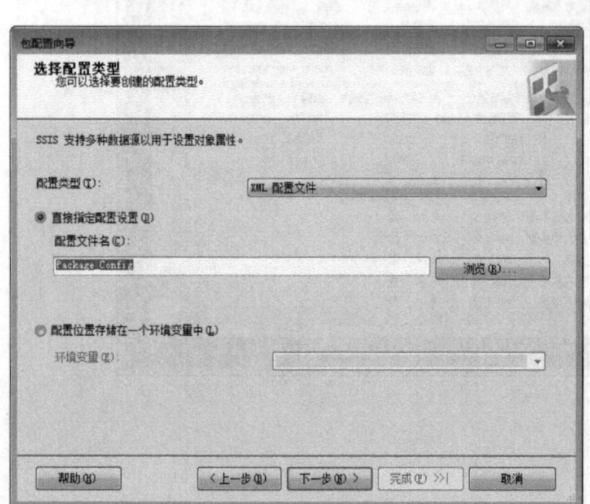

图 15-28 选择配置类型

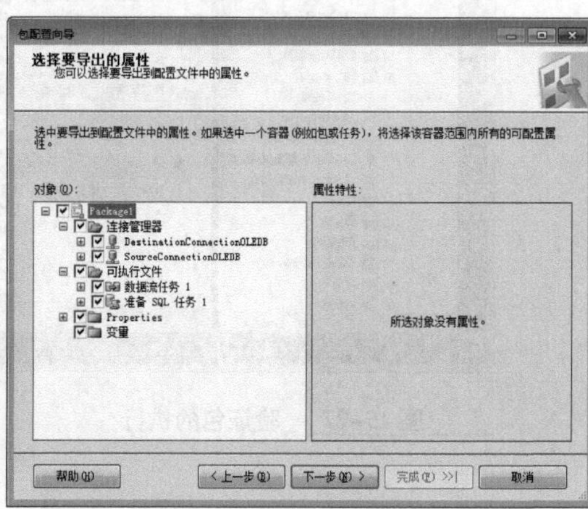

图 15-29 选择要导出的属性

（4）选择完成后单击【下一步】按钮，在【完成向导】窗口的【配置名称】文本框中指定包配置的名称并检查设置是否正确，如图 15-30 所示。

（5）单击【完成】按钮，返回【包配置组织程序】窗口，此时会在【配置】列表中看到新建的包配置，如图 15-31 所示。单击【关闭】按钮结束向导。这样就完成了创建包配置的过程，这个配置会在包运行时随同包一起得到部署。

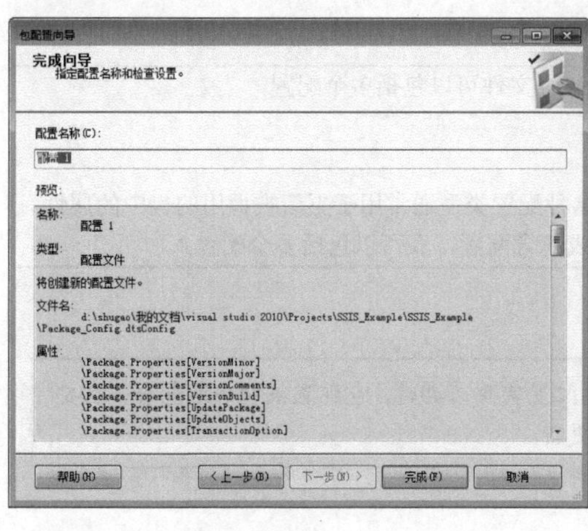

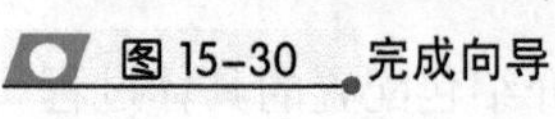

图 15-30 完成向导

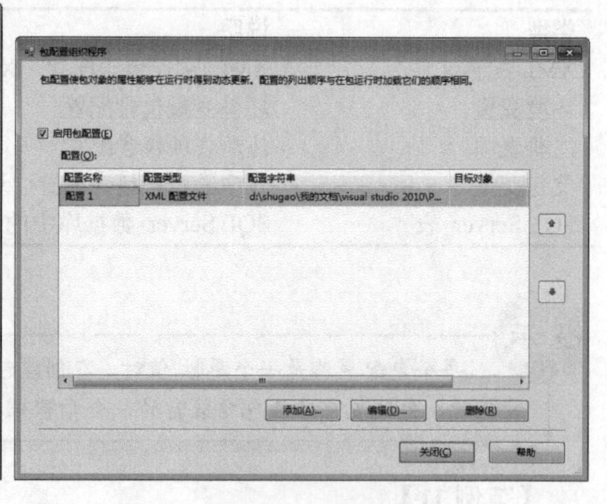

图 15-31 查看包的配置文件

15.3.5 部署包

前面已经介绍了如何创建、保存和运行包，本节将介绍操作包的最后一步——部署，通过部署包，使包变得可供使用。SSIS 设计器提供了多种可以用来部署包的工具和向导，从而使包部署到任何计算机上都变得非常简单。

包部署过程有两个主要步骤。第一步创建用于 Integration Services 项目的部署实用工具，这个部署实用工具包含要部署的包。第二步是运行包安装向导来安装那些文件到文件系统或者 SQL Server 2012 实例上。

技巧

部署实用工具其实就是一个文件夹，其中包含部署一个项目中的包到目标服务器上所需要的各个文件。

【范例 12】

下面将演示如何使用 SSIS_Example 项目的包创建一个部署实用工具，具体步骤如下。

（1）使用 SSIS 设计器打开 SSIS_Example 项目，在【解决方案资源管理器】中打开【SSIS 包】文件夹下的 Package1.dtsx 包。

（2）右击 SSIS_Example 项目选择【属性】命令，从弹出的对话框中选择【部署】节点，将 AllowConfigruationChanges 和 CreateDeploymentUtility 属性设置为 True，还可以修改部署的路径，如图 15-32 所示。

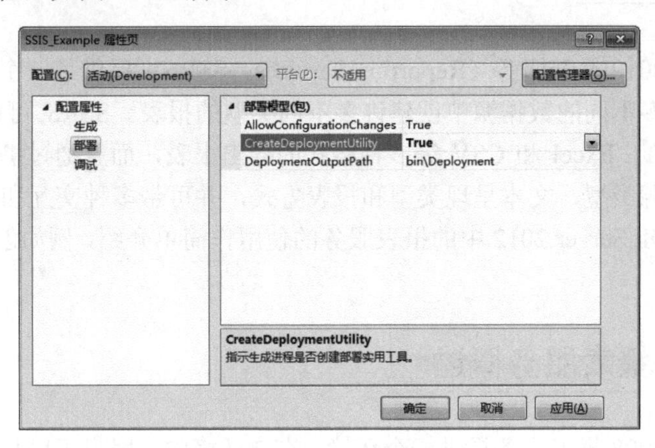

图 15-32 设置部署实用工具的属性

提示

部署实用工具属性中，AllowConfigurationChange 表示一个指定在部署过程中是否可以更新配置的值；CreateDeploymentUtility 表示一个指定在生成项目时是否创建包部署实用工具的值，此属性必须为 True 才能创建部署实用工具，DeploymentOutputPath 表示部署实用工具相对于 Integration Services 项目的位置。

（3）单击【确定】按钮返回。然后在【解决方案资源管理器】中右击项目名称选择【生成】命令。在部署实用工具生成过程中，会在【输出】窗格中显示生成进度和任何生成时的错误。如果部署成功则会在状态栏看到“生成成功”提示，如图 15-33 所示。

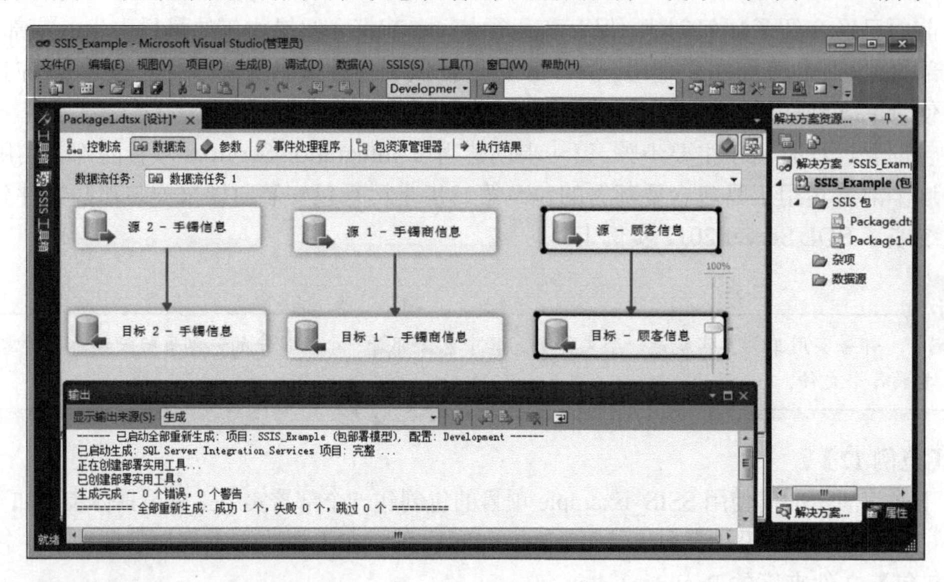

图 15-33　生成项目成功

15.4 报表服务

SQL Server 2012 报表服务（Reporting Services，SSRS）提供了一个环境，在该环境中用户可以从众多不同的数据源中创建许多不同类型的报表。SSRS 可以输出 HTML、TIFF、PDF、TXT、Excel 和 CSV 等多种格式的导出报表，而且通过扩展机制几乎可以涵盖所有的数据源类型、文本呈现类型和报表方式，并可带多种交互和打印选项。

本节将对 SQL Server 2012 中的报表服务的使用作简单介绍，例如创建报表、发布报表和维护报表等。

15.4.1 报表服务概述

SQL Server 2008 报表服务提供一个环境，在该环境中，用户可以从众多不同的数据源中创建许多不同类型的报表。用户可以用 HTML、PDF、Txt、Excel 等多种格式导出报表，而且通过扩展机制几乎可以涵盖所有的数据源类型、所有的文本呈现类型和所有的报表方式，并可带多种交互和打印选项。通过把报表作为更进一步的商业智能的数据源来分发，复杂的分析可被更多的用户所用。

通过报表服务可以在可视化环境中完成报表设计过程，并且可以在 Web 上完成绝大多数的报表管理工作，还可以在运行时对报表的内容进行筛选。

作为 SQL Server 2008 的一个集成组件，报表服务由下面几部分组成。

（1）一个高性能引擎，用来处理和格式化报表。

（2）一个完整的工具集，用来创建、管理和查看报表。

（3）一个可扩展架构和开放式接口，可将报表嵌入或集成报表解决方案到不同的 IT 环境中。

SQL Server 2012 报表服务服务体系如图 15-34 所示。

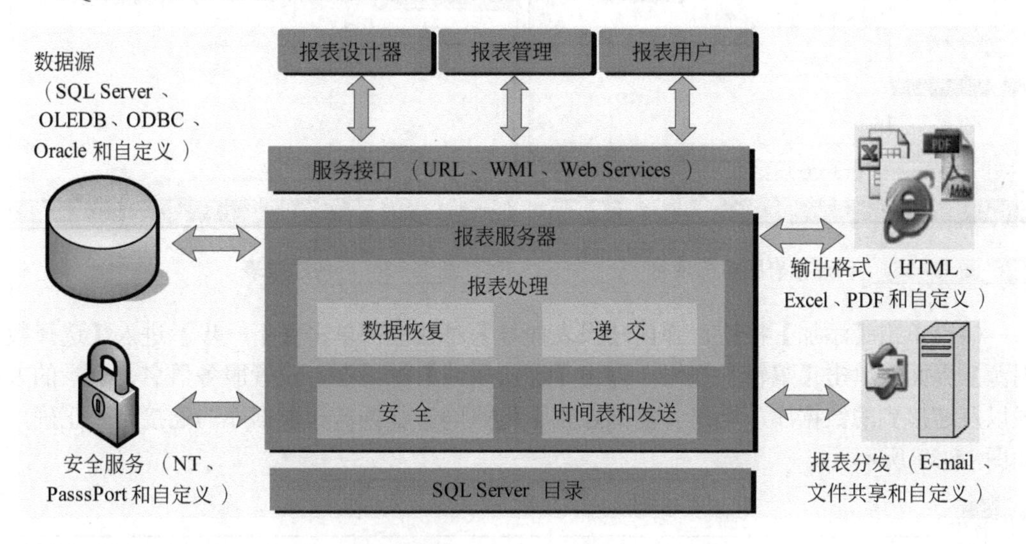

图 15-34 Reporting Services 服务体系

在从不同的数据源中创建成报表后，就可以将这些报表部署到一个报表服务器上，然后由这个服务器通过一个经过结构化的、安全可靠的过程将这些报表变成可通过 Web 加以利用的多种格式的报表，如 HTML、Excel、PDF 等。

报表服务还可以很容易地和其他微软商业智能产品集成。例如，报表服务可以把来自集成服务的数据流作为报表的数据源，这一独特的特性将允许数据源在为报表使用之前无须包含数据。

15.4.2 创建报表

在了解报表服务提供的组件和工具之后，本节将详细向读者介绍如何创建一个满足需求的报表。创建报表有三种方法：第 1 种方法是使用【报表向导】创建基于数据的表格式或者矩阵式报表；第 2 种方法是创建空白报表，用户自己添加所需的查询和布局；第 3 种方法是直接从 Microsoft Access 中导入现有的报表。

【范例 13】

使用【报表向导】工具创建一个用于显示所有手镯信息的报表，具体步骤如下。

（1）从 SQL Server 2012 的程序组选择 SQL Server Data Tools 命令打开 SSDT 工具。

（2）选择【文件】|【新建】|【项目】命令，打开【新建项目】对话框。在【项目类型】中选择【商业智能项目】节点，在右侧的【模板】中选择【报表服务器项目】选项。设置报表项目的名称为 SSRS_Example，如图 15-35 所示。

（3）单击【确定】按钮，返回 Visual Studio 开发环境。在【解决方案管理器】窗格中右击【报表】选项，选择【添加】|【新建项】命令，在弹出的【添加新项】对话框中选择【报表向导】。再设置报表的名称为“手镯信息报表”，如图 15-36 所示。

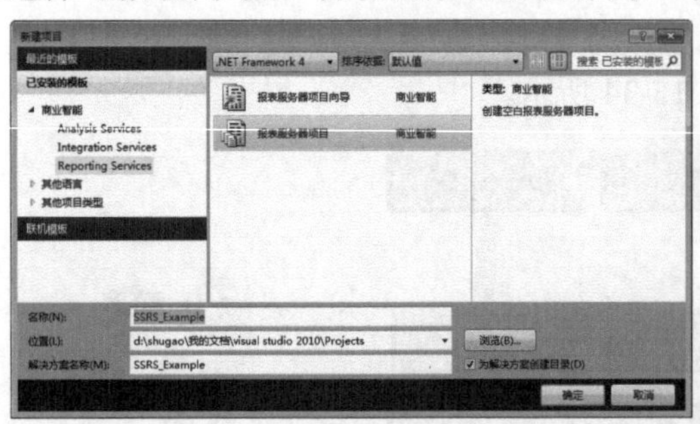

图 15-35 新建报表服务器项目

图 15-36 创建报表

（4）单击【添加】按钮，弹出【报表向导】对话框，单击【下一步】进入【选择数据源】界面。单击【编辑】按钮，弹出【连接属性】对话框，设置服务器名、登录的方式以及连接到的数据库，单击【测试连接】按钮确认服务器和数据库的连接是否正确，如图 15-37 所示。

技巧

启用“将此作为共享数据源”复选框，可以将该数据源作为共享数据源，后面再创建报表时即可直接使用该数据源。

（5）连续单击两次【确定】按钮，可以看到相应的连接字符串，如图 15-38 所示。

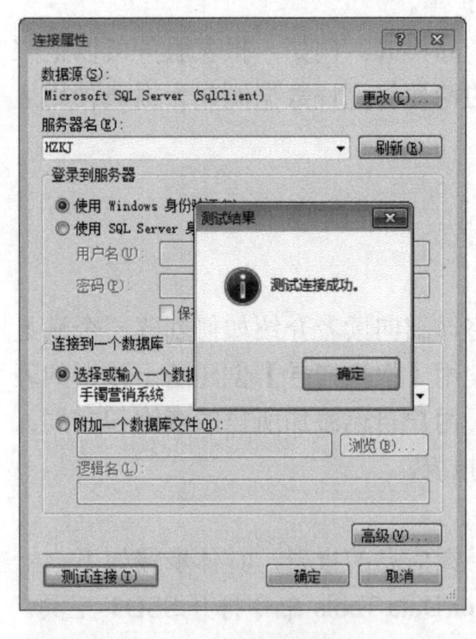

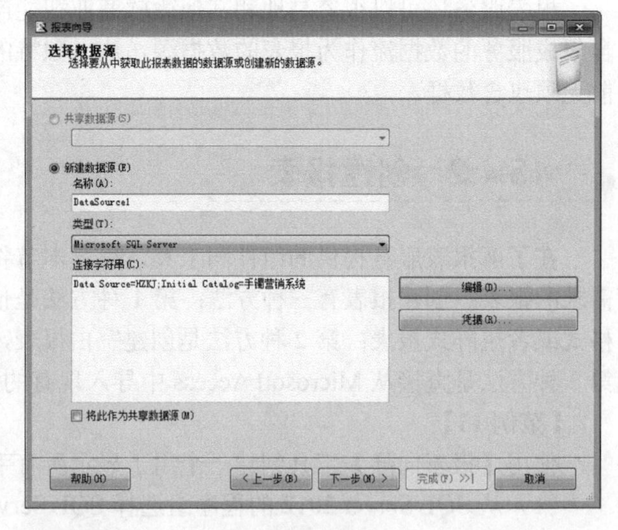

图 15-37 选择数据源　　图 15-38 查看连接字符串

（6）单击【下一步】按钮，弹出【设计查询】界面，在【查询字符串】下的文本框中输入如下代码：

```
SELECT  珠宝代号，珠宝商编号，珠宝名称，珠宝售价，返款价，是否售出
FROM   手镯信息
```

（7）输入后界面如图 15-39 所示。单击【查询生成器】按钮，打开【查询设计器】对话框，如图 15-40 所示。然后单击【确定】按钮。

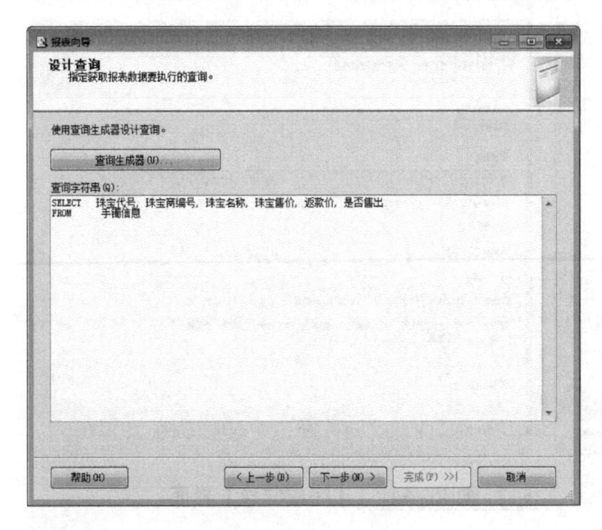

图 15-39　设计查询

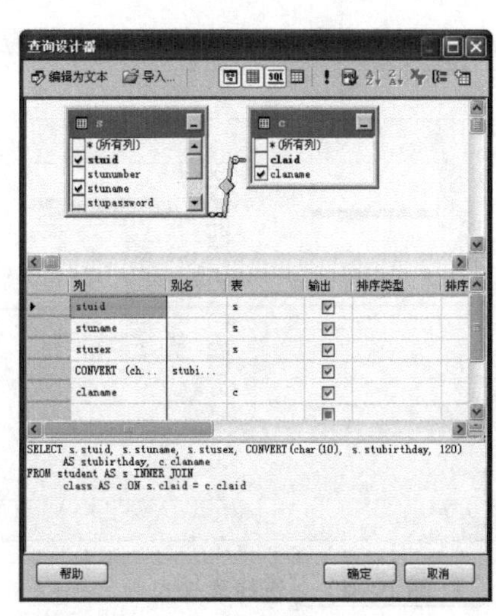

图 15-40　查询设计器

（8）设计查询后，进入【选择报表类型】界面。这里有两种类型可供选择：[表格]格式和[矩阵]格式，单击不同的类型，在右边的预览窗口中显示了该类型的布局。在此选择[表格]格式，如图 15-41 所示。

（9）接下来进入【设计表】界面，设置表中数据的分组方式，如图 15-42 所示。

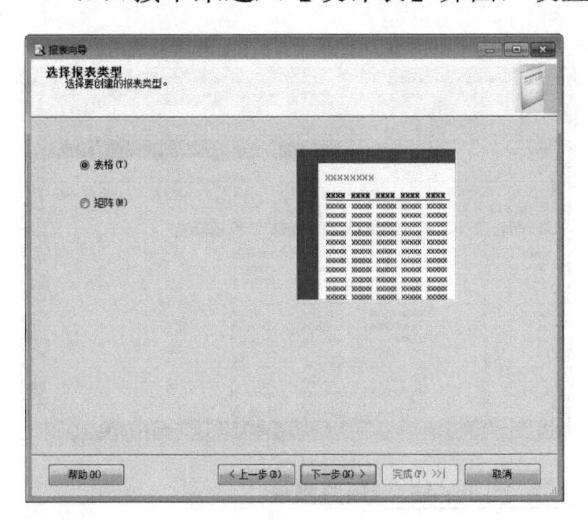

图 15-41　选择报表类型

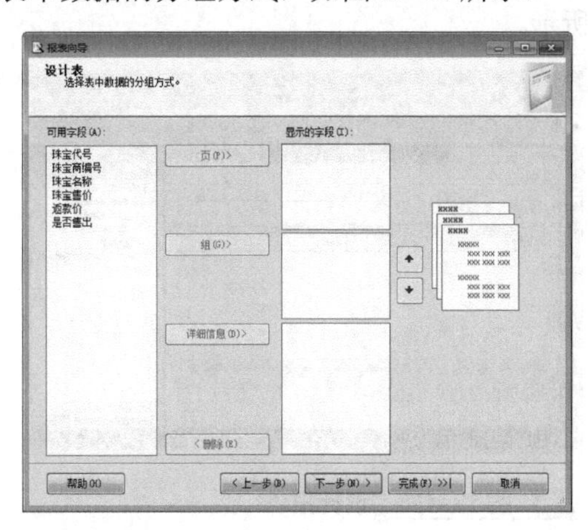

图 15-42　设计表

技巧

分页和分组两种方式可以混合使用，并且每一种方式都可以使用多个字段作为分页或者分组凭据。

（10）接下来进入【选择表样式】界面，在左边的列表项中列出了 6 种样式，在右边的预览窗口中显示了应用该样式的报表。这里选择【海洋】类型，如图 15-43 所示。

（11）最后打开【完成向导】界面。设置新建报表的名称，并检查报表的各个选项设置是否正确，检查无误后单击【完成】按钮，如图 15-44 所示。

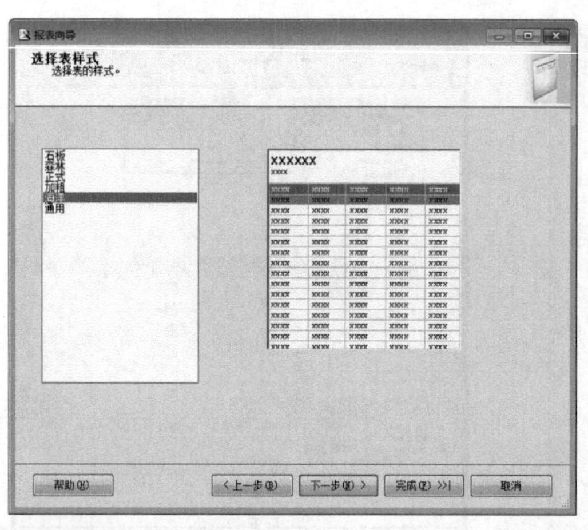

图 15-43 选择表样式

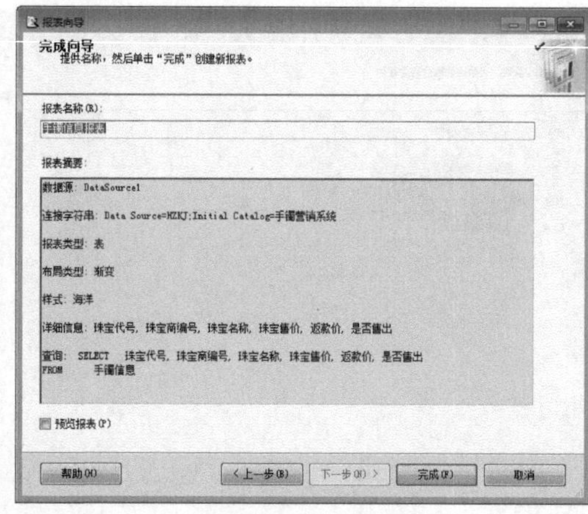

图 15-44 【完成向导】界面

（12）单击【下一步】按钮，最后完成数据集的配置，进入报表【设计】界面，如图 15-45 所示。

（13）调整表格各个单元格的布局，设置各个单元格居中对齐。

（14）设置完成后，在【文件】菜单中选择【全部保存】命令，将以上这些操作保存至文件使其生效。最后单击【预览】按钮，在【预览】视图中将会看到效果如图 15-46 所示。

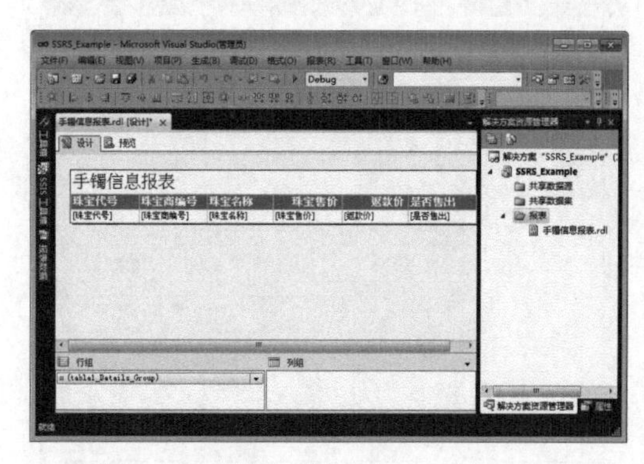

图 15-45 设计报表

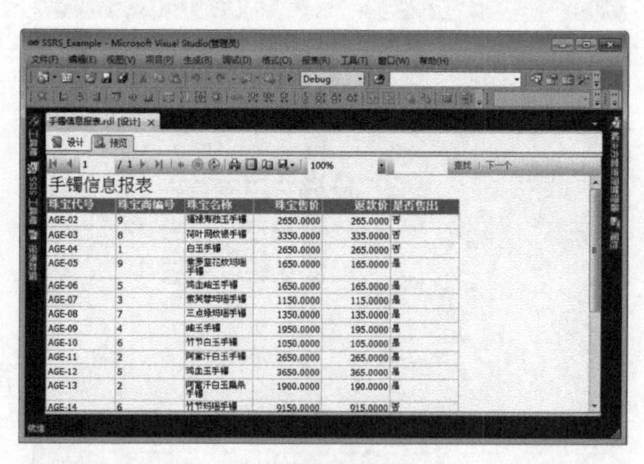

图 15-46 预览报表

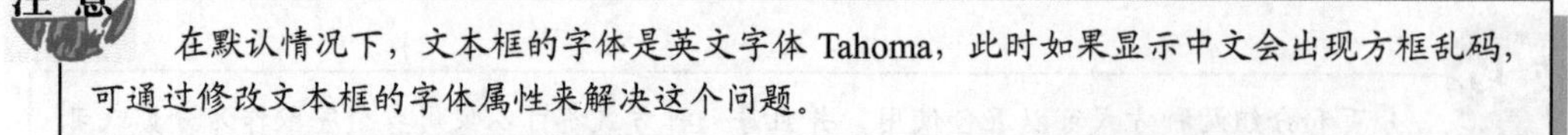

注意

在默认情况下，文本框的字体是英文字体 Tahoma，此时如果显示中文会出现方框乱码，可通过修改文本框的字体属性来解决这个问题。

15.4.3 发布报表

当创建完满意的报表或者报表项目并进行测试后，就可以发布报表。发布报表的过程可以通过报表设计器将报表发布到报表服务器上来实现。如果希望用户能够访问到发布的报表，唯一的途径就是发布到一个报表服务器上。

发布报表先后包含两个步骤：生成和部署。当创建好报表后，首先需要生成报表。在生成报表或者报表项目时，只生成但不部署或者显示。如果希望在部署报表到报表服务器上以前先检查报表中的错误，这个特性则非常有用。

【范例14】

对15.4.2小节中使用报表向导创建的报表项目SSRS_Example中的“手镯信息报表”进行发布。

（1）使用SSDT打开SSRS_Example项目，在【解决方案资源管理器】中右击项目名称，选择【属性】命令。

（2）打开【打开SSRS_Example 属性页】对话框，在【配置】下拉列表中选择【活动（Debug）】；然后确认TargetReportFolder属性值为“学生信息报表”。

（3）接着设置TaretServerURL属性值为“http://localhost/ReportServer”。TaretServerURL是一种部署属性，该属性包含目标服务器的URL。最后设置属性StartItem的值为“手镯信息报表.rdl”，如图15-47所示。

（4）单击【应用】按钮使设置生效，然后单击【配置管理器】按钮，打开【配置管理器】对话框，如图15-48所示。从【活动解决方案配置】下拉列表中选择Debug，将【项目】设置为SSRS_Example、【配置】设置为debug，并启用【生成】和【部署】复选框。

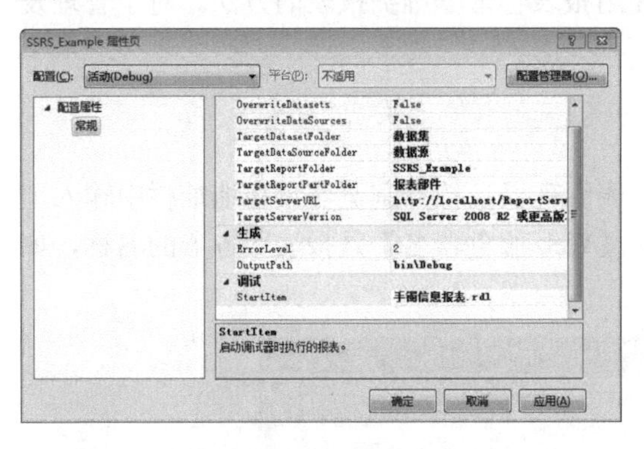

图15-47 【学生信息报表 属性页】对话框

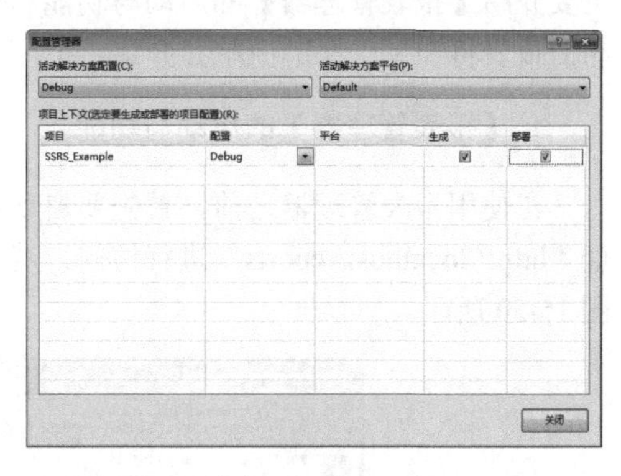

图15-48 【配置管理器】对话框

（5）返回报表设计器。最后，选择【生成】|【部署SSRS_Example】命令或者右击项目名称，选择【部署】命令，就可以部署报表到报表服务器。部署成功之后，在【输出】窗格中将看到成功信息，如图15-49所示。

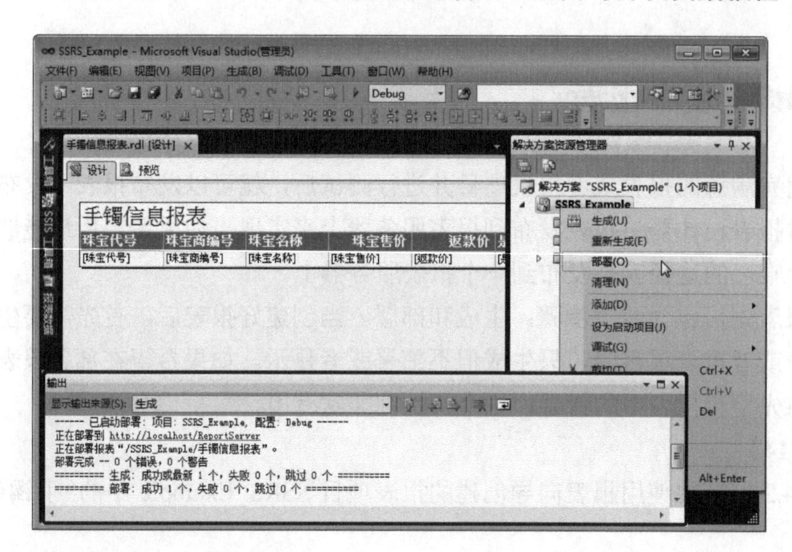

图 15-49 部署报表

注 意

如果 SQL Server Reporting Services 服务没有启动则会导致部署失败。

15.4.4 创建报表

在对报表或者报表项目进行创建并发布后，接着就需要随时对报表及报表服务器进行管理和维护工作。报表管理器允许使用基于 Web 的工具管理单个报表服务器实例。使用报表管理器可以处理报表文件夹、用户自己的报表和管理发布的报表。在这一小节中主要介绍【报表管理器】的启动与功能和使用报表管理器维护报表的方法。对于管理发布的报表将在下一小节中单独介绍。

1.【报表管理器】的启动与功能

在使用报表管理器之前，首先要启动报表管理器。打开浏览器，在地址栏中输入地址“http://localhost/reports”进行访问，其中【Web 服务器名】是报表服务器的名称，如图 15-50 所示。

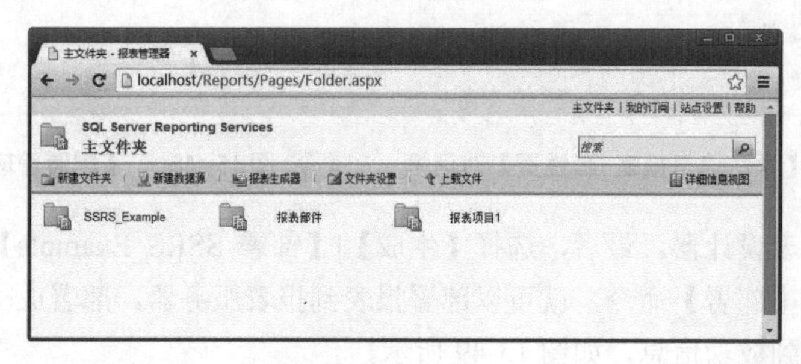

图 15-50 【报表管理器】窗口

在【报表管理器】中，主界面窗口右侧最上面有4个超链接，分别是主文件夹、我的订阅、站点设置和帮助。

（1）主文件夹：用来链接报表管理器的主页。

（2）我的订阅：可以打开一个可以用来管理个人订阅的页面。

（3）站点设置：页面可以配置站点安全、我的报表、日志与访问链接，以及管理共享时间表与作业。

（4）帮助：可以打开报表管理器的帮助文件。4个超链接下的搜索可以用于查找报表服务器的内容，如文件夹、报表等。

页面中的工具栏上有5个按钮，分别是新建文件夹、新建数据源、报表生成器、文件夹设置和上载文件。这5个按钮的功能已经通过字面意思表达出来了。

2. 处理文件夹

报表管理器中的文件夹提供了报表服务器中存储的所有可用项的导航结构和路径。文件夹中可以包含已发布的报表、共享数据源、订阅和其他文件夹。文件夹提供了安全性基础。为特定文件夹定义的角色分配可以扩展到该文件夹内的项及该文件夹的子文件夹。

处理报表服务器文件夹类似于处理文件系统中的文件夹。通过报表管理器，用户可以自由地查看文件夹内容，并可以随时向文件夹添加内容，在文件夹之间移动项、修改文件夹名或者位置，还可以删除不需要的文件夹。

（1）查看文件夹

要查看某个文件夹的内容，只要单击该文件夹的名称即可。例如查看主文件夹下名为 SSRS_Example 的文件夹。将鼠标移至该文件夹名称处，当鼠标的形状变为手状时，单击该文件夹，便可打开文件夹显示其内容，如图15-51所示。

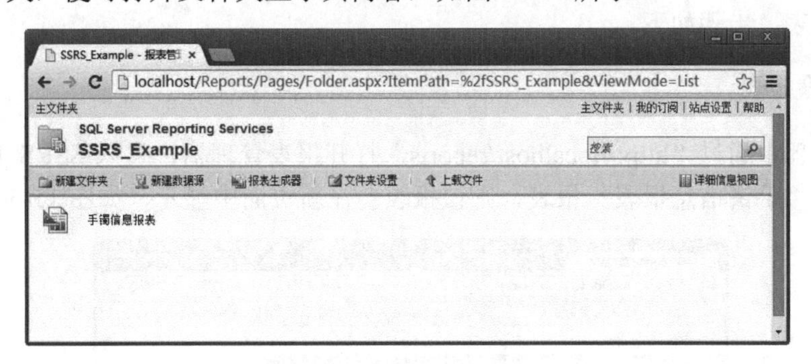

图 15-51 查看文件夹内容的详细信息

（2）新建文件夹

单击【新建文件夹】按钮可以在报表服务器文件夹层次结构中创建新文件夹。创建的文件夹将作为当前选定文件夹的子文件夹。所以在创建文件夹以前，应先导航到要创建该文件夹的位置。

例如，在主文件夹下创建一个名为 ReportFile 的新文件夹，如图15-52所示。

单击【确定】按钮，返回到主文件夹下，可以看到新创建的文件夹已经创建成功，且新文件夹的注释也随之显示，如图 15-53 所示。

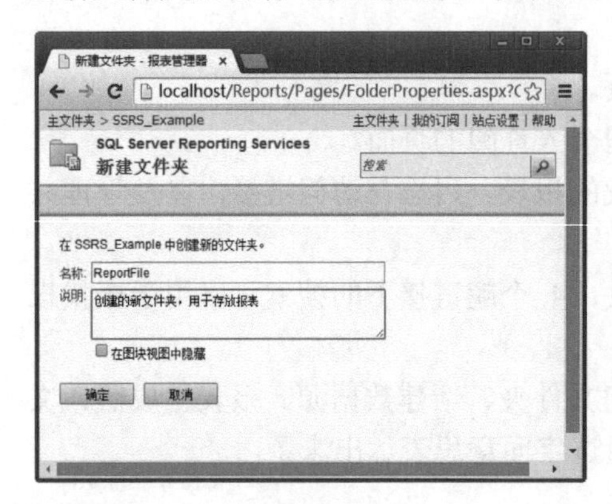

图 15-52 新建文件夹

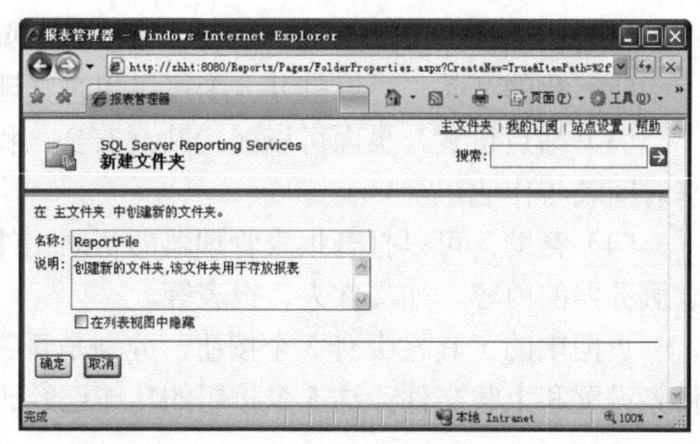

图 15-53 文件夹创建成功

（3）修改和删除文件夹

使用页面上提供的按钮还可以对文件夹进行修改和删除操作，这里就不再演示。

提 示

在删除文件夹时，只是删除了报表服务器上的虚拟文件夹，而对文件夹的内容并无影响。

15.5 实验指导——管理已发布的报表

使用报表管理器不仅可以对报表文件夹进行自由的维护和管理，而且可以对已发布的报表具有同样的易使用性和灵活性。使用报表管理器管理已发布的报表包括查看、转移和删除报表，步骤如下。

1. 查看报表

在浏览器中通过“http://localhost/reports”打开报表管理器，进入 SSRS_Example 文件夹，单击“手镯信息报表”报表，则该报表会在新页面中显示，如图 15-54 所示。

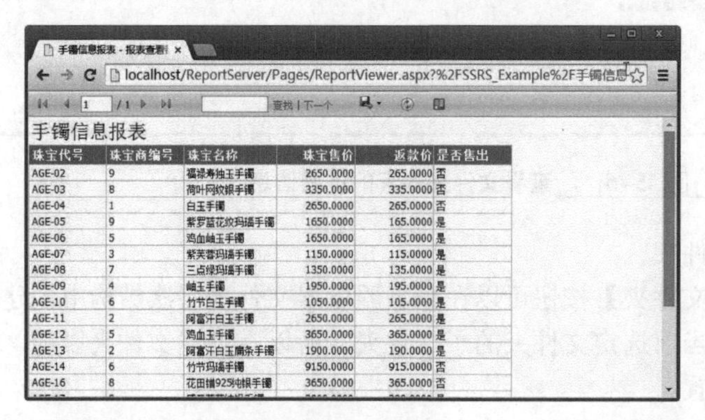

手镯信息报表

珠宝代号	珠宝商编号	珠宝名称	珠宝售价	返款价	是否售出
AGE-02	9	福禄寿独玉手镯	2650.0000	265.0000	否
AGE-03	8	荷叶网纹银手镯	3350.0000	335.0000	否
AGE-04	1	白玉手镯	2650.0000	265.0000	否
AGE-05	9	紫罗蓝花纹玛瑙手镯	1650.0000	165.0000	是
AGE-06	5	鸡血岫玉手镯	1650.0000	165.0000	是
AGE-07	3	紫芙蓉玛瑙手镯	1150.0000	115.0000	是
AGE-08	7	三点绿玛瑙手镯	1350.0000	135.0000	是
AGE-09	4	岫玉手镯	1950.0000	195.0000	是
AGE-10	6	竹节白玉手镯	1050.0000	105.0000	是
AGE-11	2	阿富汗白玉手镯	2650.0000	265.0000	是
AGE-12	5	鸡血玉手镯	3650.0000	365.0000	是
AGE-13	2	阿富汗白玉扁条手镯	1900.0000	190.0000	是
AGE-14	6	竹节玛瑙手镯	9150.0000	915.0000	否
AGE-16	8	花田错925纯银手镯	3650.0000	365.0000	否

图 15-54 查看手镯信息报表

2．转移报表

单击【属性】选项卡，并单击【移动】按钮，在显示的页面中选择要移动到的文件夹，单击【确定】按钮即可实现报表的转移，如图 15-55 和图 15-56 所示。

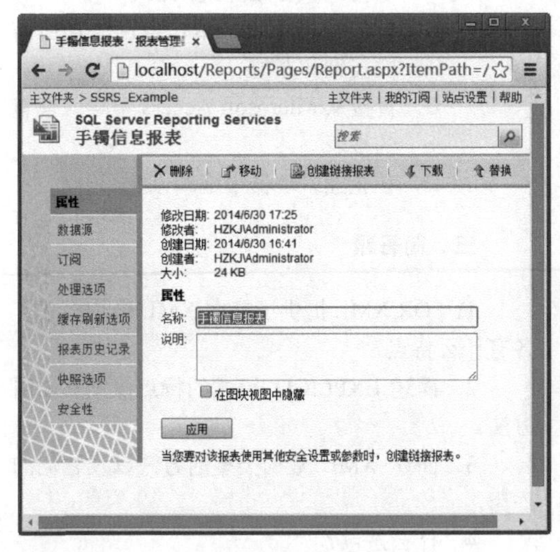

图 15-55 【属性】选项卡

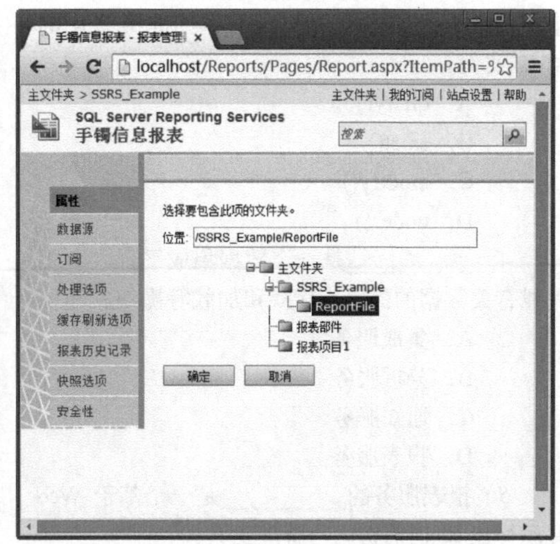

图 15-56 选择要转移的文件夹

3．删除报表

要删除已发布的报表，只需要在该报表的【属性】选项卡中单击【删除】按钮即可。

15.6 思考与练习

一、填空题

1．XML 类型的__________方法执行后从 XML 中返回一个简单的值。

2．在下面程序的空白处填写适当的语句使其完整，并且可以查询出所有<teacher>元素的信息。

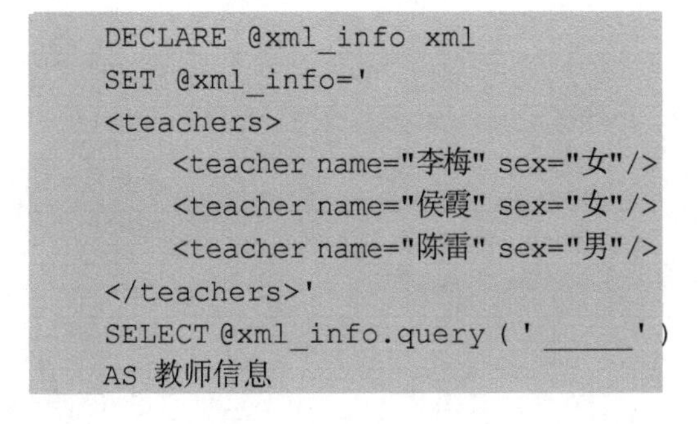

```
DECLARE @xml_info xml
SET @xml_info='
<teachers>
    <teacher name="李梅" sex="女"/>
    <teacher name="侯霞" sex="女"/>
    <teacher name="陈雷" sex="男"/>
</teachers>'
SELECT @xml_info.query ('______')
AS 教师信息
```

3．在 FOR XML 子句的__________模式中将会把查询结果集中的每一行转换为带有通用标记符<row>或可能提供元素名称的 XML 元素。

4．完成 XML 文档到数据表的转换之后，可以使用__________系统存储过程来释放转换句柄所占用的内存资源。

二、选择题

1．在__________模式中，SELECT 语句中的前两个字段必须分别命名为 TAG 和 PARENT。

A．AUTO 模式

B．EXPLICIT 模式

C．PATH 模式

D．RAW 模式

2．XML 类型的__________方法返回 0 或者 1 表示是否存在指定元素。

A．query()

B．exist()

C．modify()

D．nodes()

3. XML类型的__________方法有一个字符串类型的表达式参数、执行后返回非类型化的XML实例。

A．query()

B．exist()

C．modify()

D．nodes()

4．__________是一个数据集成平台，负责完成有关数据的提取，转换和加载等操作。

A．集成服务

B．分析服务

C．通知服务

D．报表服务

5．报表服务的__________是一个基于Web并运行在IE内的访问与管理工具。

A．报表管理器

B．报表生成器

C．报表设计器

D．模型设计器

6．下列不属于创建报表方法的是_______。

A．使用【报表向导】创建基于数据的表格式或者矩阵式报表

B．创建空白报表，用户自己添加所需的查询和布局

C．直接从Microsoft Access中导入现有的报表

D．在企业管理器中拖动创建

三、简答题

1．FOR XML提供了哪些XML查询模式？各有什么特点？

2．简述EXPLICIT模式的特点以及其使用方法。

3．简述XML数据类型的方法以及它们的作用。

4．什么是包？

5．SQL Server 2005报表服务是怎样的一个服务？如何理解？

第16章　ATM自动取款机系统数据库设计

通过本章前面内容的学习，相信读者一定掌握了 SQL Server 2012 的各种数据库操作，像数据库设计、数据表和数据的操作、SQL 查询以及数据库编程等。

本章以 ATM 自动取款机系统为背景进行需求分析，然后在 SQL Server 2012 中实现。具体实现包括数据库的创建、创建表和视图，并在最后模拟常见业务的办理及实现，像修改密码、余额查询、转账和销户等。

本章学习要点：

- 了解 ATM 系统的功能
- 掌握数据库的创建及文件组的使用
- 掌握数据表的创建及约束的应用
- 掌握视图的创建
- 掌握使用 INSERT、UPDATE 和 DELETE 语句实现基本业务逻辑的方法
- 掌握触发器在 ATM 系统中的创建及测试
- 掌握如何在存储过程中使用参数及判断业务逻辑
- 熟悉 ATM 业务的实现过程及测试方法

16.1　系统分析

ATM（Automatic Teller Machine，自助取款机）是由计算机控制的持卡人自我服务型的金融专用设备。ATM 是最普通的自助银行设备，可以提供最基本的银行服务之一，即出钞交易，有些全功能的产品还可以提供信封存款业务。在 ATM 自动取款机上也可以进行账户查询、修改密码和转账等业务。作为自助式金融服务终端，除了提供金融业务功能之外，ATM 自动取款机还具有维护、测试、事件报告、监控和管理等多种功能。

16.1.1　功能分析

ATM 系统向用户提供了一个方便、简单、及时、随时随地可以随心所欲存取款的互联的现代计算机化的网络系统。可以大大减少工作人员，节约人力资源的开销，同时由于手续程序减少也可以减轻业务员的工作负担，有效地提高了整体的工作效率和精确度，减少了用户办理业务的等待时间。

在 ATM 系统中，要为每个用户建立一个账户，账户中存储用户的个人信息、存款信息、取款信息和余额信息。根据账号，用户可以通过 ATM 系统进行存款、取款、查询余额、转账等操作，这些操作的具体实现分析如下。

（1）开户：根据用户输入的身份证号自动生成一个随机的数字组合，并作为用户的卡号。

（2）修改密码：根据用户输入的卡号和原密码，对账户的真实度进行验证。如果存在该账户，则对密码进行修改操作。

（3）挂失账户：当银行卡丢失或不能正常使用时，用户可以对账户进行挂失操作。

（4）存取现金：根据用户输入的交易类型进行存款或取款的业务办理。如果用户选择的交易类型为“支取”，则表示要办理取款业务，系统将检验用户输入的密码是否正确，如果正确，即可取出相应余额的现金。

（5）余额查询：根据用户输入的账号和密码，对用户信息进行验证。如果存在该用户，则显示该用户的余额。

（6）转账：用户可以通过该操作将自己账户上的金额转到其他账户。

（7）销户：用户可以对自己的账户进行撤销操作。

ATM 系统的结构分析图如图 16-1 所示。

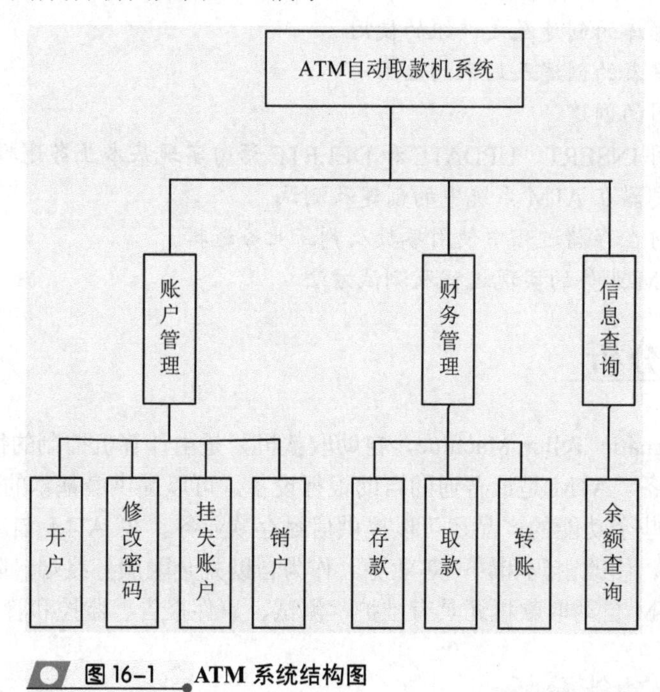

图 16-1 ATM 系统结构图

16.1.2 数据库分析

通过对 ATM 系统的需求分析，我们应该为该系统设计三个表，分别为用户信息表（UserInfo）、银行卡信息表（CardInfo）和交易信息表（TransInfo）。

1. 用户信息表（UserInfo）

用户信息表用于存储用户的基本信息，包括用户的编号、开户名、身份证号、联系电话和家庭住址等信息，其表结构如表16-1所示。

表16-1 用户信息表

字段名称	数据类型	长度	说明
customerID	int	4	用户编号
customerName	VARCHAR(20)	20	开户名
PID	VARCHAR(18)	18	身份证号
telephone	VARCHAR(13)	13	联系电话
address	VARCHAR(50)	50	家庭住址

2. 银行卡信息表（CardInfo）

银行卡信息表用于存储与银行卡相关的信息，主要包括卡号、存储的货币类型、存款类型、开户日期、开户金额、余额、密码、是否挂失和用户编号等信息，其结构如表16-2所示。

表16-2 银行卡信息表

字段名称	数据类型	长度	说明
cardID	VARCHAR(19)	20	卡号
curType	VARCHAR(10)	10	货币种类
savingType	VARCHAR(8)	8	存款类型
openDate	date		开户日期
openMoney	float	8	开户金额
balance	float	8	余额
pass	VARCHAR(6)	6	密码
IsReportLoss	VARCHAR(2)	2	是否挂失
customerID	int	4	用户编号

3. 交易信息表（TransInfo）

交易信息表用于存储用户的交易记录，主要包括交易日期、卡号、交易类型、交易金额等信息，其表结构如表16-3所示。

表16-3 交易信息表

字段名称	数据类型	长度	说明
transDate	date		交易日期
cardID	VARCHAR(19)	20	卡号
transType	VARCHAR(4)	4	交易类型
transMoney	float	4	交易金额
remark	VARCHAR(50)	50	备注

通过上面的数据库设计，可以看出用户信息表、银行卡信息表和交易信息表这三个表之间是有一定的联系的，它们的E-R图如图16-2所示。

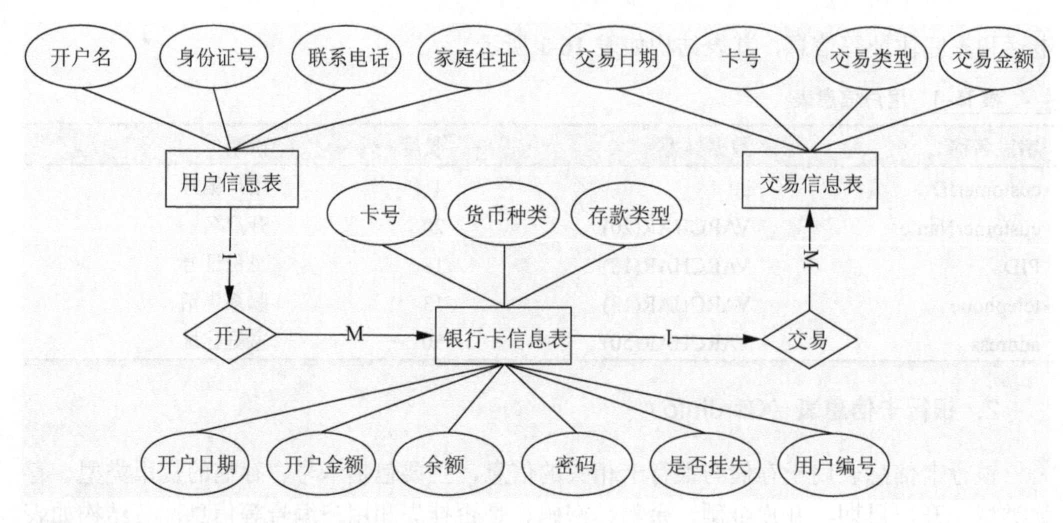

图 16-2 ATM 系统数据库设计 E-R 图

16.2 系统设计

完成系统分析之后，接下来进入数据库的设计阶段，具体的工作就是将分析设计阶段的结果在数据库系统中进行实现，这包括创建数据库、创建表和创建视图等工作。

下面所有的操作都是以 SQL Server 2012 为环境进行的，并且所有操作都以语句的形式完成。

16.2.1 创建数据库

本书第 2 章详细介绍了如何在 SQL Server 2012 中创建数据库，第 12 章介绍了各种操作数据库的方法。

本系统中创建的数据库名称为 BankSystem，并为其分配 3 个数据文件和 1 个日志文件，具体语句如下所示：

```
CREATE DATABASE BankSystem
ON(
    NAME=BankSystem_DATA,
    FILENAME='D:\sql 数据库\BankSystem_DATA.mdf',
    SIZE=5MB,
    MAXSIZE=20MB,
    FILEGROWTH=10%
),(
    NAME=BankSystem_DATA1,
    FILENAME='D:\sql 数据库\BankSystem_DATA1.ndf',
    SIZE=3MB,
    MAXSIZE=5MB,
    FILEGROWTH=10%
```

```
),(
    NAME=BankSystem_DATA2,
    FILENAME='D:\sql 数据库\BankSystem_DATA2.ndf',
    SIZE=3MB,
    MAXSIZE=5MB,
    FILEGROWTH=10%
)
LOG ON(
    NAME=BankSystem_LOG,
    FILENAME='D:\sql 数据库\BankSystem_LOG.ldf',
    SIZE=1MB,
    MAXSIZE=5MB,
    FILEGROWTH=10%
)
```

上述语句中 BankSystem_DATA 是主数据文件，BankSystem_DATA1 和 BankSystem_DATA2 是辅助数据文件，BankSystem_LOG 是日志文件。

16.2.2 创建数据表

创建数据库之后就像有了一块空地，由于还没有房子所以不能居住。数据表就相当于房子，在创建时需要规划好里面的结构，一旦创建之后便可以往里面填充数据（居住）。

根据 16.1.2 节的分析，可以将 ATM 系统划分为三个表，分别是用户信息表（UserInfo）、银行卡信息表（CardInfo）和交易信息表（TransInfo）。在本书的第 3 章介绍了 SQL Server 2012 中数据表的相关操作，读者可以回顾一下，下面介绍具体的创建语句。

1．创建用户信息表

用户信息表保存了用户的基本信息，该表的创建语句如下：

```
CREATE TABLE UserInfo
(
 customerID int NOT NULL IDENTITY(1,1),
 customerName VARCHAR(20) NOT NULL,
 PID VARCHAR(18) NOT NULL,
 telephone VARCHAR(13) NOT NULL,
 address VARCHAR(50)
)
```

如上述语句，UserInfo 表中包含用户编号（customerID）、开户名（customerName）、身份证号（PID）、联系电话（telephone）和家庭住址（address）。其中：

（1）customerID 为主键、自增（从 1 开始）。

（2）PID 只能是 18 位或 15 位，并且是唯一的。

（3）telephone 必须为 xxxx-xxxxxxxx 的格式或 13 位的手机号码。

下面为 UserInfo 表添加约束，语句如下：

```
ALTER TABLE UserInfo ADD
  CONSTRAINT PK_customerID PRIMARY KEY(customerID),     --主键约束
  CONSTRAINT UK_PID UNIQUE(PID),                         --唯一性约束
  CONSTRAINT CK_PID CHECK(LEN(PID)=18 OR LEN(PID)=15),
  CONSTRAINT CK_telephone
     CHECK( telephone LIKE '[0-9][0-9][0-9][0-9]-[0-9][0-9][0-9][0-9]
     [0-9][0-9][0-9][0-9]'
            OR LEN(telephone)=13
     )
```

2. 银行卡信息表

银行卡信息表保存了有关银行卡的基本信息，该表的创建语句如下：

```
CREATE TABLE CardInfo
(
  cardID VARCHAR(20) NOT NULL,
  curType VARCHAR(10) NOT NULL,
  savingType  VARCHAR(8) NOT NULL,
  openDate  DATE NOT NULL,
  openMoney float NOT NULL,
  balance float NOT NULL,
  pass VARCHAR(6) NOT NULL,
  IsReportLoss VARCHAR(2) NOT NULL,
  customerID  int NOT NULL
)
```


银行卡信息表中包含了卡号（cardID）、货币种类（curType）、存款类型（savingType）、开户日期（openDate）、开户金额（openMoney）、余额（balance）、密码（pass）、是否挂失（IsReportLoss）和用户编号（customerID）等信息。其中：

（1）cardID 为主键，必须为 1010 3576 xxxx xxxx 的格式。

（2）curType 默认为 RMB。

（3）savingType 必须为“活期/定活两便/定期”三者之一。

（4）openDate 默认为系统当前日期。

（5）openMoney 不能低于 1 元。

（6）balance 也不能低于 1 元。

（7）pass 默认为 88888888。

（8）IsReportLoss 的值必须是“是/否”其中之一，默认为“否”。

（9）customerID 为外键，引用 UserInfo 表中的 customerID 列。

下面为 CardInfo 表添加约束条件，语句如下：

```
ALTER TABLE CardInfo ADD
   CONSTRAINT PK_cardID PRIMARY KEY(cardID),
   CONSTRAINT CK_cardID
      CHECK(LEN(cardID)=19 AND LEFT(cardID,10)='1010 3576 '),
```

```
  CONSTRAINT CK_sav
      CHECK(savingType IN ('活期','定活两便','定期')),
  CONSTRAINT CK_openMoney
      CHECK (openMoney>=1),
  CONSTRAINT CK_pass
      CHECK(LEN(pass)=6),
  CONSTRAINT CK_IsReportLoss
      CHECK(IsReportLoss IN ('是','否')),
  CONSTRAINT FK_customerID
     FOREIGN KEY(customerID) REFERENCES UserInfo(customerID),
  CONSTRAINT DF_curType DEFAULT 'RMB' FOR curType,
  CONSTRAINT DF_openDate DEFAULT getdate() FOR openDate,
  CONSTRAINT DF_pass DEFAULT '888888' FOR pass,
  CONSTRAINT DF_IsReportLoss DEFAULT '否' FOR IsReportLoss
```

3. 交易信息表

交易信息表保存了银行账号的交易记录，该表的创建语句如下：

```
CREATE TABLE TransInfo
 (
   transDate DATE NOT NULL,
   cardID VARCHAR(19) NOT NULL,
   transType VARCHAR(4) NOT NULL,
   transMoney float NOT NULL,
   remark VARCHAR(50)
 )
```

交易信息表包含了5个字段，分别为transDate（交易日期）、cardID（卡号）、transType（交易类型）、transMoney（交易金额）和remark（备注）。其中：

（1）transDate默认为系统当前日期。

（2）cardID为外键，引用CardInfo表中的cardID列，可重复。

（3）transType只能是“存入/支取”其中之一。

（4）transMoney必须大于0。

下面为TransInfo表添加约束条件，语句如下：

```
ALTER TABLE TransInfo  ADD
  CONSTRAINT FK_cardID
     FOREIGN KEY(cardID) REFERENCES CardInfo(cardID),
   CONSTRAINT CK_transType
     CHECK(transType IN ('存入','支取')),
   CONSTRAINT CK_transMoney
     CHECK(transMoney>0),
   CONSTRAINT DF_transDate DEFAULT getdate() FOR transDate
```

16.2.3 创建视图

视图（View）是一种查看数据的方法，当用户需要同时从数据库的多个表中查看数据时，可以通过视图来实现。本书第 10 章详细介绍了 SQL Server 2012 中视图的创建、查询和管理操作。

在这里为 ATM 系统定义了 6 个视图，分别如下：

（1）UserInfo 表的视图；

（2）CardInfo 表的视图；

（3）TransInfo 表的视图；

（4）挂失的用户信息视图；

（5）本周开户的卡号信息视图；

（6）当前交易金额最高的卡号信息视图。

1．UserInfo 表的视图

为 UserInfo 表中的字段定义别名，并创建名为 V_UserInfo 的视图，语句如下：

```
CREATE VIEW V_UserInfo
AS
  SELECT customerID AS 用户编号,customerName AS 用户名称,
          PID AS 身份证号,telephone AS 联系电话,address AS 家庭住址
  FROM UserInfo
```


2．CardInfo 表的视图

为 CardInfo 表中的字段定义别名，并创建名为 V_CardInfo 的视图，语句如下：

```
CREATE VIEW V_CardInfo
AS
  SELECT cardID AS 银行卡号,curType AS 货币类型,savingTYpe AS 存款类型,
          openDate AS 开户日期,openMoney AS 开户金额,balance AS 余额,
          pass AS 密码,IsReportLoss AS 是否挂失,customerID AS 用户编号
  FROM CardInfo
```

3．TransInfo 表的视图

为 TransInfo 表中的字段定义别名，并创建名为 V_TransInfo 的视图，语句如下：

```
CREATE VIEW V_TransInfo
AS
  SELECT transDate AS 交易日期,cardID AS 卡号,transType AS 交易类型,
          transMoney AS 交易金额,remark AS 备注
  FROM TransInfo
```

4．挂失的用户信息视图

银行卡信息 CardInfo 表中的 IsReportLoss 列记录了该银行卡是否已经挂失的信息，并且在 CardInfo 表中也引用了用户信息表 UserInfo 中的主键 customerID，即表明通过该列可以获取挂失的用户信息。

下面创建 V_UserInfo_IsReportLoss 视图获取银行账号挂失的用户信息，语句如下：

```
CREATE  VIEW V_UserInfo_IsReportLoss
AS
  SELECT u.customerID AS 用户编号,u.customerName AS 开户名,
         u.pid AS 身份证号,u.telephone AS 联系电话,u.address AS 家庭住址
  FROM UserInfo u INNER JOIN CardInfo c
  ON u.customerID=c.customerID
  WHERE IsReportLoss='是'
```

5. 本周开户的卡号信息视图

通过银行卡信息表 CardInfo 中的开户日期 openDate 列可以获取本周开户的卡号信息。下面创建 V_Query_Week_Information 视图，使用 SELECT 语句查询 CardInfo 表中的数据，并在 WHERE 子句中使用 BETWEEN AND 获取本周开户的银行卡信息，语句如下：

```
CREATE VIEW V_Query_Week_Information
AS
  SELECT cardID AS 卡号,curType AS 货币类型,savingType AS 存款类型,
         openDate AS 开户日期, openMoney AS 开户金额,balance AS 余额,
         pass AS 密码,IsReportLoss AS 是否挂失,customerID AS 用户编号
  FROM CardInfo
  WHERE openDate BETWEEN DATEADD(wk, DATEDIFF(wk,0,getdate()), 0) AND
  GETDATE()
```

6. 当前交易金额最高的卡号信息视图

通过在 WHERE 子句中使用子查询，并在子查询中使用 MAX()函数获取交易信息表中交易金额的最高值，从而获取交易金额最高的卡号信息。V_Top_Balance 视图的创建语句如下：

```
CREATE VIEW V_Top_Balance
AS
  SELECT DISTINCT cardID AS交易最高的卡号,transMoney AS 交易金额
  FROM TransInfo
  WHERE  transMoney=(SELECT Max(transMoney) FROM TransInfo)
```

16.2.4 模拟简单业务逻辑

当用户在银行办理账户开通以后，就可以使用 ATM 系统来进行一些常规的业务操作。ATM 系统一次只能服务一名用户，必须向用户提供如下的服务。

（1）用户可以做一次取款（取款金额必须是 100 元人民币的整数倍），在现金被提取之前，必须得到银行的许可。

（2）用户可以做一次存款（存款金额也必须是 100 元人民币的整数倍）。

（3）用户可以进行一次详细账户信息查询。

（4）用户通过有效验证后可以更改密码。

（5）在银行卡丢失后，用户通过有效验证后可以申请挂失。

1. 用户开户

假设现有 4 个用户要开户，分别为刘利利、祝晓方、王慧和马玲，这就需要分别向用户信息表（UserInfo）和银行卡信息表（CardInfo）中插入数据，具体步骤如下。

（1）刘利利开户，身份证：445125199002218524，电话：0371-67898978，家庭住址：郑州市中原区，开户金额：1000，存款类型：活期，卡号：1010 3576 1234 8567。实现语句如下：

```
INSERT INTO UserInfo(customerName,PID,telephone,address)
VALUES('刘利利','445125199002218524','0371-67898978','郑州市中原区')
INSERT INTO CardInfo(cardID,savingType,openMoney,balance,customerID)
VALUES('1010 3576 1234 8567','活期',1000,1000,1)
```

（2）祝晓方开户，身份证：452185198705022258，电话：0371-67898698，家庭住址：郑州市二七区，开户金额：8000，存款类型：活期，卡号：1010 3576 1234 5678。实现语句如下：

```
INSERT INTO UserInfo (customerName,PID,telephone,address)
VALUES('祝晓方','452185198705022258','0371-67898698','郑州市二七区')
INSERT INTO CardInfo(cardID,savingType,openMoney,balance,customerID)
VALUES('1010 3576 1234 5678','活期',8000,8000,2)
```


（3）王慧开户，身份证：452185197610135548，电话：0371-68956478，家庭住址：郑州市金水区，开户金额：20000，存款类型：定期，卡号：1010 3576 8978 6892。实现语句如下：

```
INSERT INTO UserInfo (customerName,PID,telephone,address)
VALUES('王慧','452185197610135548','0371-68956478','郑州市金水区')
INSERT INTO CardInfo(cardID,savingType,openMoney,balance,customerID)
VALUES('1010 3576 8978 6892','定期',20000,20000,3)
```

（4）马玲开户，身份证：452185195503215548，电话：0371-68953595，家庭住址：郑州市金水区，开户金额：5000，存款类型：活期，卡号：1010 3576 8888 6666。实现语句如下：

```
INSERT INTO UserInfo (customerName,PID,telephone,address)
VALUES('马玲','452185195503215548','0371-68953595','郑州市金水区')
INSERT INTO CardInfo(cardID,savingType,openMoney,balance,customerID)
VALUES('1010 3576 8888 6666','活期',5000,5000,4)
```

上述代码分别向 UserInfo 表和 CardInfo 表中插入了 4 条数据，开通了 4 个用户的账户。下面分别查询这两个表中的数据，检测是否成功插入。

首先使用 V_UserInfo 视图查询用户信息，语句如下：

```
SELECT * FROM V_UserInfo
```

执行效果如图 16-3 所示。

使用 V_CardInfo 视图查询银行卡信息，语句如下：

```
SELECT * FROM V_CardInfo
```

执行效果如图 16-4 所示。

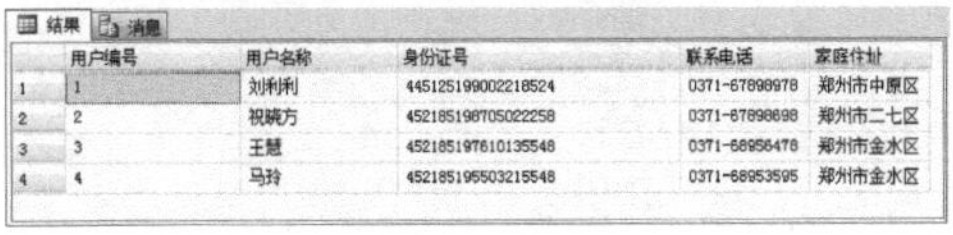

	用户编号	用户名称	身份证号	联系电话	家庭住址
1	1	刘利利	445125199002218524	0371-67898978	郑州市中原区
2	2	祝晓方	452185198705022258	0371-67898898	郑州市二七区
3	3	王慧	452185197610135548	0371-68956478	郑州市金水区
4	4	马玲	452185195503215548	0371-68953595	郑州市金水区

图 16-3 查看用户信息

	银行卡号	货币类型	存款类型	开户日期	开户金额	余额	密码	是否挂失	用户编号
1	1010 3576 1234 5678	RMB	活期	2014-07-01	8000	8000	888888	否	2
2	1010 3576 1234 8567	RMB	活期	2014-07-01	1000	1000	888888	否	1
3	1010 3576 8888 6666	RMB	活期	2014-07-01	5000	5000	888888	否	4
4	1010 3576 8978 6892	RMB	定期	2014-07-01	20000	20000	888888	否	3

图 16-4 查看银行卡信息

2. 用户取款

假设刘利利（卡号为 1010 3576 1234 8567）现在需要从自己的账户中取款 200 元，要求保存交易记录，以便用户查询和银行业务统计。

当用户办理取款业务时，需要向交易信息表 TransInfo 中添加一条交易记录，同时应更新银行卡信息表 CardInfo 中的现有余额（如减少 200 元）。下面编写两条 SQL 语句，完成刘利利的取款业务办理，具体如下：

```
--交易信息表插入交易记录
INSERT INTO TransInfo(transType,cardID,transMoney)
VALUES('支取','1010 3576 1234 8567',200)
--更新银行卡信息表中的现有余额
UPDATE CardInfo SET balance=balance-200
WHERE cardID='1010 3576 1234 8567'
```

3. 用户存款

假设马玲（卡号为 1010 3576 8888 6666）现在要向自己的账户中存入 2000 元，同样要求保存交易记录，以便客户查询和银行业务统计。

当用户要向自己的账户中存款时，同样需要向交易信息表（TransInfo）中添加一条交易记录，同时应更新银行卡信息表（CardInfo）中的现有余额（如增加 2000 元）。下面编写两条 SQL 语句，完成马玲的存款业务办理，具体如下：

```
--交易信息表插入交易记录
INSERT INTO TransInfo(transType,cardID,transMoney)
VALUES('存入','1010 3576 8888 6666',2000)
--更新银行卡信息表中的现有余额
UPDATE CardInfo SET balance=balance+2000
WHERE cardID='1010 3576 8888 6666'
```

4. 更改密码

假设祝晓方（卡号为 1010 3576 1234 5678）需要修改银行卡密码为 101368；王慧（卡号为 1010 3576 8978 6892）需要修改银行卡密码为 123789，下面编写两条 UPDATE 语句，对 CardInfo 数据表中的 pass 字段进行修改，具体如下：

```
--办理祝晓方的银行卡密码修改业务
UPDATE CardInfo SET pass='101368'
WHERE cardID='1010 3576 1234 5678'
--办理王慧的银行卡密码修改业务
UPDATE CardInfo SET pass='123789'
WHERE cardID='1010 3576 8978 6892'
```

5. 挂失账号

假设刘利利（卡号为 1010 3576 1234 8567）的银行卡丢失，需要挂失该卡号。下面编写一条 UPDATE 语句，将 CardInfo 数据表中的 IsReportLoss 字段值修改为“是”，如下：

```
UPDATE CardInfo SET IsReportLoss='是'
WHERE cardID='1010 3576 1234 8567'
```

16.3 业务办理

至此，我们已经完成了 ATM 系统从需求分析到数据库的创建，再到数据表的创建及约束数据，另外还模拟了简单的业务逻辑。本节将介绍更多 ATM 系统上的业务办理流程及实现语句，例如修改密码、存款、余额查询以及销户等。

16.3.1 更新账号

用户的银行卡一旦被开户后，该银行卡的卡号是不能更改的。因此，我们可以为银行卡信息表（CardInfo）创建一个 FOR UPDATE 触发器，一旦对 CardInfo 表中的 CardID 列进行 UPDATE 操作，将触发该触发器并抛出异常。具体语句如下：

```
--禁止更新银行卡账号触发器
CREATE TRIGGER trig_DenyUpdateCardId
ON CardInfo
FOR UPDATE
AS
IF UPDATE(cardID)
BEGIN
    PRINT '操作失败！不允许修改用户银行卡的账号。'
    ROLLBACK TRANSACTION
END
```

一旦上述的 trig_DenyUpdateCardId 触发器创建成功，将无法对银行卡的卡号进行修改操作。下面编写一条 UPDATE 语句，对 CardInfo 表中的 cardID 列进行修改操作，将账号 1010 3576 8888 6666 修改为 1010 3576 1234 1222，检测触发器是否有效，语句如下：

```
UPDATE CardInfo SET cardID='1010 3576 1234 1222'
 WHERE cardID='1010 3576 8888 6666'
```

执行结果如图 16-5 所示，可以看到 trig_DenyUpdateCardId 触发器阻止了对 cardID 列的更新操作。

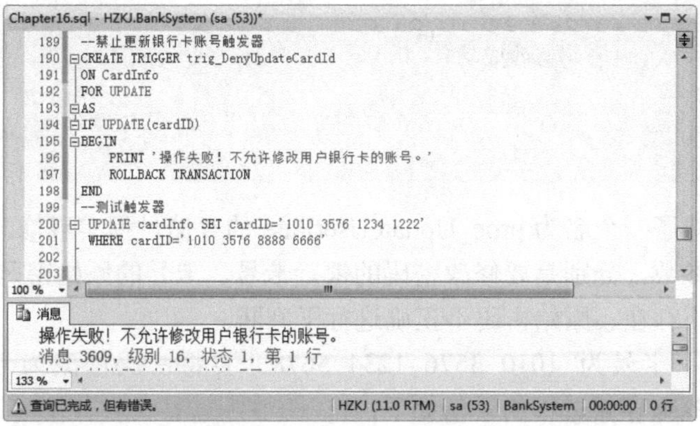

图 16-5　测试 trig_DenyUpdateCardId 触发器

16.3.2　修改密码

一个银行账号对应一个密码，因此当用户输入的卡号和原密码相对应时，可以为该银行卡设置新的密码。修改密码的实现代码如下：

```
CREATE PROCEDURE proc_UpdateUserPass
@temp_cardid VARCHAR(19),              --卡号
@oldpass VARCHAR(6),                   --原密码
@newpass VARCHAR(6)                    --新密码
AS
BEGIN
    DECLARE @i int
    DECLARE @t_pass varchar(6)
    SET @i=(
      SELECT COUNT(*) FROM CardInfo WHERE cardID=@temp_cardid
    )
    IF @i=0
    BEGIN
      PRINT('此卡号不存在！')
    END
    ELSE
    BEGIN
        SET @t_pass=(
          SELECT pass FROM CardInfo WHERE cardID=@temp_cardid
        )
        IF @oldpass<>@t_pass
        BEGIN
          PRINT('旧密码输入不正确！')
        END
```

```
            ELSE
            BEGIN
              UPDATE CardInfo SET pass=@newpass
              WHERE cardID=@temp_cardid
              PRINT('密码修改成功！')
            END
       END
   END
```

上述语句创建了一个名为 proc_UpdateUserPass 的存储过程实现修改密码操作。该存储过程需要三个参数，分别是要修改密码的银行卡号、卡号的原始密码和新密码，在存储过程中对卡号不存在、原始密码不正确进行了判断。

假设祝晓方（卡号为 1010 3576 1234 5678）要将密码修改为 123456，则调用 proc_UpdateUserPass 存储过程的语句如下：

```
   EXEC proc_UpdateUserPass '1010 3576 1234 5678','101368','123456'
```

为了确保密码已经被修改为 123456，可以在执行存储过程前后分别使用 SELECT 查询查询卡号为 1010 3576 1234 5678 的密码信息。执行结果如图 16-6 所示。

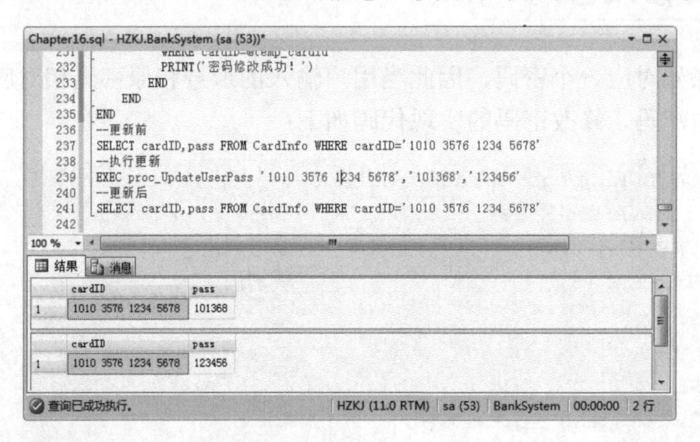

图 16-6 修改密码操作

16.3.3 实现简单的交易操作

当用户办理取款或存款业务时，不仅需要向交易信息表（TransInfo）中添加一条交易记录，还需要修改当前账户中的余额。如果办理取款业务，则将当前账户中的余额减去支取金额；如果办理存款业务，则将当前账户中的金额加上存入金额。

交易信息表（TransInfo）中包含一个名称为 transType 的字段，该字段用于表示交易类型，取值范围必须是“存入”或“支取”，因此我们可以为 TransInfo 表创建 FOR INSERT 和 UPDATE 触发器。根据要办理的交易类型判断出当前的交易类型，如果 transType 字段值为支取，则表示要办理取款业务，检测当前余额是否大于或等于要支取的金额，如果满足该条件，则修改 CardInfo 表中的 balance 字段值，将该字段值减去交易金额

（transMoney）；如果 transType 字段值为存入，则表示要办理存款业务，修改 CardInfo 表中的 balance 字段值，将该值加上交易金额（transMoney）。

触发器的具体创建语句如下：

```
CREATE TRIGGER trig_Transfer
ON transinfo
FOR INSERT,UPDATE
AS
BEGIN
  DECLARE @balance float
  SET @balance=(
    SELECT balance FROM CardInfo
     WHERE cardID IN (SELECT cardID FROM inserted)
  )
  DECLARE @action varchar(4)
  SET @action=( SELECT transType FROM inserted  )
  DECLARE @newMoney float
  SET @newMoney=(SELECT transMoney FROM inserted)
  IF @action='支取'
  BEGIN
     IF @balance<@newMoney-1
       BEGIN
         PRINT('对不起，账户余额不足！')
          ROLLBACK TRANSACTION
       END
     IF @balance>@newMoney-1
       BEGIN
         UPDATE CardInfo SET balance=@balance-@newMoney
          WHERE cardID IN(SELECT cardID FROM inserted)
          PRINT('支取交易成功！')
       END
  END
  IF @action='存入'
  BEGIN
     UPDATE CardInfo SET balance=@balance+@newMoney
     WHERE cardID IN(SELECT cardID FROM inserted)
     PRINT('存入交易成功！')
  END
END
```

上述语句执行之后将创建名为 trig_Transfer 的触发器，该触发器会在对 TransInfo 表执行 INSERT 和 UPDATE 语句时执行，然后实现交易操作。

假设祝晓方（卡号为 1010 3576 1234 5678）要办理存款业务，那么需要向 TransInfo 表中添加一条交易记录，具体如下：

```
INSERT INTO TransInfo(transdate,cardID,transType,transMoney)
VALUES(getdate(),'1010 3576 1234 5678','存入',1000)
```

为了确保存款交易成功，可以在存款前后查询 V_CardInfo 视图以查看账户余额是否有变化，以及查询 V_TransInfo 视图中是否有交易记录。成功执行后将看到如图 16-7 所示的结果。

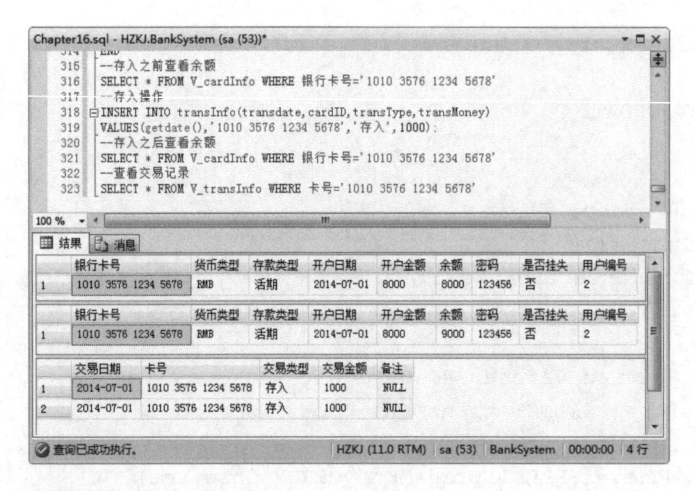

图 16-7 存款操作

16.3.4 存取款业务

当用户输入银行卡的账号和密码后，则可选择要办理的业务（取款或存款）和输入要交易的金额。如果用户办理的是取款业务，则需要根据输入的账号获取该账号对应的密码，并与输入的密码进行核对，如果核对通过，则向交易信息表（TransInfo）中添加一条交易记录，同时会触发 16.3.3 节创建的 trig_Transfer 触发器，更改 CardInfo 表中的 balance 字段值；如果用户办理的是存款业务，则不需要对用户进行真实性验证，直接向 TransInfo 表中添加一条交易记录即可。

存取款业务办理的实现代码如下：

```
CREATE PROCEDURE proc_TakeMoney
@t_cardId VARCHAR(19),              --卡号
@t_transType VARCHAR(4),            --交易类型
@t_pass VARCHAR(6),                 --密码
@t_transMoney float,                --交易金额
@t_remark VARCHAR(50)               --备注
AS
BEGIN
    DECLARE @t_pwd varchar(6)
    IF @t_transType='支取'
    BEGIN
      SET @t_pwd=(SELECT PASS FROM CardInfo WHERE cardID=@t_cardId)
      IF @t_pwd=@t_pass
      BEGIN
         INSERT INTO TransInfo(transType,cardID,transMoney,remark)
```

```
            VALUES(@t_transType,@t_cardId,@t_transMoney,@t_remark)
        END
        ELSE
           PRINT('密码错误，请重新输入！')
    END
    ELSE
        INSERT INTO TransInfo(transType,cardID,transMoney,remark)
        VALUES('存入',@t_cardId,@t_transMoney,@t_remark)
END
```

上述语句创建了一个名为 proc_TakeMoney 的存储过程实现存取款业务办理操作。该存储过程需要 5 个参数，分别交易的卡号、交易类型、密码、交易金额和备注。

假设祝晓方（卡号为 1010 3576 1234 5678）要办理取款业务，支取现金 500 元，则调用 proc_TakeMoney 存储过程的语句如下：

```
EXEC proc_takeMoney '1010 3576 1234 5678','支取','123456',500,' '
```

假设刘利利（卡号为 1010 3576 1234 8567，密码为 888888）要办理存款业务，存入金额 2000 元，则可以使用如下的方式来调用 proc_TakeMoney 存储过程：

```
EXEC proc_takeMoney '1010 3576 1234 8567','存入','888888',2000,' '
```

完成上述两笔交易之后，调用 V_CardInfo 视图和 V_TransInfo 视图来查询数据是否有变化。执行成功后的效果如图 16-8 所示。

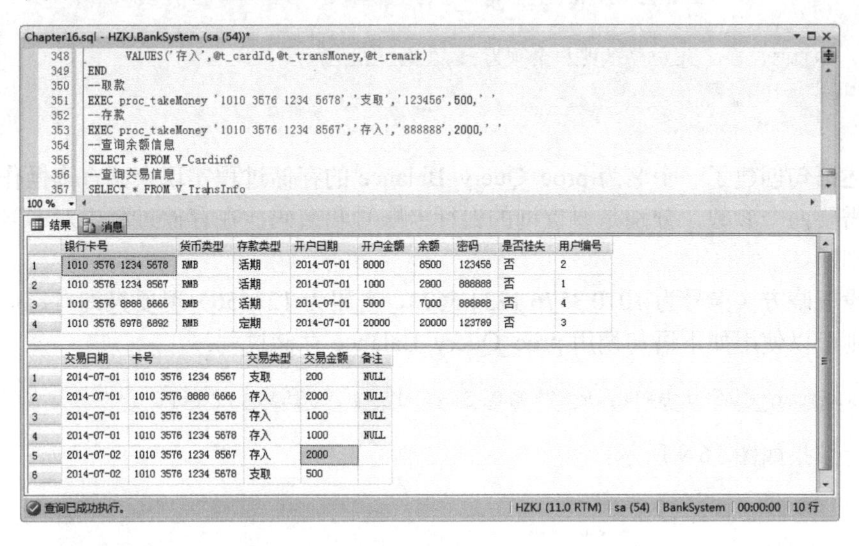

	银行卡号	货币类型	存款类型	开户日期	开户金额	余额	密码	是否挂失	用户编号
1	1010 3576 1234 5678	RMB	活期	2014-07-01	8000	8500	123456	否	2
2	1010 3576 1234 8567	RMB	活期	2014-07-01	1000	2800	888888	否	1
3	1010 3576 8888 6666	RMB	活期	2014-07-01	5000	7000	888888	否	4
4	1010 3576 8978 6892	RMB	定期	2014-07-01	20000	20000	123789	否	3

	交易日期	卡号	交易类型	交易金额	备注
1	2014-07-01	1010 3576 1234 8567	支取	200	NULL
2	2014-07-01	1010 3576 8888 6666	存入	2000	NULL
3	2014-07-01	1010 3576 1234 5678	存入	1000	NULL
4	2014-07-01	1010 3576 1234 5678	存入	1000	NULL
5	2014-07-02	1010 3576 1234 8567	存入	2000	
6	2014-07-02	1010 3576 1234 5678	支取	500	

图 16-8　存取款操作

从图 16-8 的执行结果可以看出：卡号为 1010 3576 1234 5678 的账户取款 500 之后，余额由 9000 修改为 8500；卡号为 1010 3576 1234 8567 的账户存款 2000 之后，余额由 5000 修改为 7000。这说明，当调用 proc_takeMoney 存储过程后，系统会向 TransInfo 表中添加一条交易记录，从而触发 Trig_trans 触发器对 CardInfo 表中的 balance 字段值进行修改操作。

16.3.5 余额查询

用户可以使用 ATM 自动取款机系统办理余额查询业务，系统要求用户输入银行卡的账号和密码，当用户输入的账号和密码都合法时，系统将查询该用户的账户余额，否则将提示用户“账号或密码错误！”。

余额查询的实现代码如下：

```
CREATE PROCEDURE proc_Query_Balance
@t_cardid VARCHAR(19),                --卡号
@t_pass VARCHAR(6)                    --密码
AS
BEGIN
  DECLARE @i int
  DECLARE @balance float
  SET @i=(SELECT COUNT(*) FROM CardInfo WHERE cardID=@t_cardid)
  IF @i=0
  BEGIN
    PRINT('卡号异常，请核实！')
  END
  ELSE
  BEGIN
    SET @balance=(SELECT balance FROM CardInfo
              WHERE cardID=@t_cardid AND pass=@t_pass
         )
     PRINT(concat('您的账户余额为：',@balance))
  END
END
```

上述语句创建了一个名为 proc_Query_Balance 的存储过程实现余额查询操作。该存储过程需要两个参数，分别是要查询的银行卡账号和密码，在存储过程中对卡号不存在进行了判断。

假设祝晓方（卡号为 1010 3576 1234 5678，密码为 123456）现要查询自己账户上的余额，则可以使用如下语句调用 proc_Query_Balance 存储过程：

```
EXEC proc_Query_Balance '1010 3576 1234 5678','123456'
```

执行结果如图 16-9 所示。

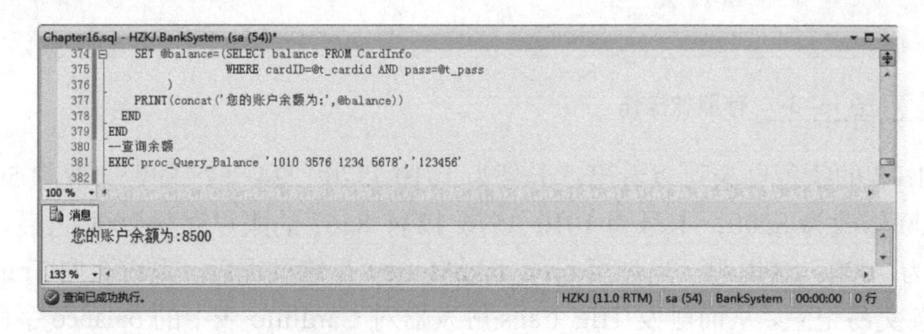

图 16-9 查询余额操作

16.3.6 转账业务

使用 ATM 系统办理转账业务时，要求用户输入正确的用于转账的卡号和密码，以及获得转账的卡号和转账金额。系统将根据用户输入的卡号和密码检测该银行卡是否存在。如果存在，则判断该银行卡余额是否大于要转账的金额。如果大于，则向 TransInfo 表中插入两条交易记录，一条为支取的记录，一条为存入的记录，并提示用户“转账成功!”。如果用户输入的卡号和密码不正确，则提示“您的卡号或密码有误!”。

转账业务办理的实现代码如下：

```
CREATE PROCEDURE proc_Transfer
@from_cardID VARCHAR(19),                --要进行转账的卡号
@from_cardPass VARCHAR(6),               --要进行转账的密码
@to_cardID VARCHAR(19),                  --获得转账的卡号
@t_money float,                          --转账金额
@remark VARCHAR(50)                      --备注
AS
BEGIN
  DECLARE @i int
  DECLARE @c_money float
  --检测用户输入的卡号和密码是否存在
  SET @i=(SELECT COUNT(*) FROM CardInfo
          WHERE cardID=@from_cardID AND pass=@from_cardPass
     )
  IF @i>0
  BEGIN
    --获取账户余额
    SET @c_money=(SELECT balance  FROM CardInfo
                  WHERE cardID=@from_cardID AND pass=@from_cardPass
        )
    IF @c_money>@t_money
    BEGIN
      --记录取款操作
      INSERT INTO TransInfo(cardID,transType,transMoney,remark)
      VALUES(@from_cardID,'支取',@t_money,@remark)
      --记录存款操作
      INSERT INTO TransInfo(cardID,transType,transMoney,remark)
      VALUES(@to_cardID,'存入',@t_money,@remark)
      PRINT('转账成功！')
      PRINT(concat('转入账号：',@to_cardID,'，转账金额：',@t_money))
    END
    ELSE
      PRINT('账户余额不足，转账失败！')
  END
  ELSE
    PRINT('转账账户信息不对，请核实！')
END
```

上述语句创建了一个名为 proc_Transfer 的存储过程实现转账操作。该存储过程需要 5 个参数，在存储过程中对卡号不存在以及余额不足等情况进行了判断。

假设祝晓方（卡号为 1010 3576 1234 5678，密码为 123456）要办理转账业务，转账金额为 2500，接收转账金额的用户是刘利利（卡号为 1010 3576 1234 8567）。调用 proc_Transfer 存储过程的语句如下：

```
EXEC  proc_Transfer  '1010  3576  1234  5678','123456','1010  3576  1234
8567',2500,' '
```

执行成功后的结果如图 16-10 所示。

```
Chapter16.sql - HZKJ.BankSystem (sa (54))*
417      END
418      ELSE
419        PRINT('转账账户信息不对，请核实！')
420    END
421    --测试转账功能
422    EXEC proc_Transfer '1010 3576 1234 5678','123456','1010 3576 1234 8567',2500,' '
423
100 %
消息

(1 行受影响)
支取交易成功!

(1 行受影响)

(1 行受影响)
存入交易成功!

(1 行受影响)
转账成功!
转入账号：1010 3576 1234 8567，转账金额：2500
133 %
查询已成功执行。    HZKJ (11.0 RTM) | sa (54) | BankSystem | 00:00:00 | 0 行
```

图 16-10　转账操作

当办理转账业务时，系统不仅会向 TransInfo 表中插入交易记录，也会修改相应的用户余额，上述执行结果中的“交易成功！”即为 trig_trans 触发器的执行结果。

16.3.7 账号挂失

当用户的银行卡丢失后，可以对该卡进行挂失。挂失时 ATM 系统需要验证用户的真实性，当用户输入的银行卡号和密码相对应时，才可对该卡进行挂失操作，即修改 CardInfo 表中的 IsReportLoss 列为“是”，否则提示“无权挂失！”。

实现账号挂失的存储过程代码如下：

```
CREATE PROCEDURE proc_LostCard
@cardid varchar(19),
@pass varchar(6)
AS
BEGIN
    DECLARE @i int
    SET @i=(
```

```
        SELECT COUNT(*) FROM CardInfo
        WHERE cardID=@cardid AND pass=@pass
    )
    IF @i=0
    BEGIN
        PRINT('卡号或者密码不正确，请核实！')
    END
    ELSE
    BEGIN
        DECLARE @status varchar(2)
        SET @status=(
            SELECT IsReportLoss FROM CardInfo
            WHERE cardID=@cardid AND pass=@pass
        )
        IF @status='是'
          PRINT('此卡已挂失！')
        ELSE
        BEGIN
          UPDATE CardInfo  SET IsReportLoss='是' WHERE cardID=@cardid;
          PRINT('该卡已成功挂失,请带相关证件到柜台去办理恢复该卡！')
        END
    END
END
```


上述语句创建了一个名为 proc_LostCard 的存储过程实现挂失操作。该存储过程需要两个参数，分别是要挂失的银行卡号、卡号的密码，在存储过程中对卡号不存在，以及挂失状态进行了判断。

假设祝晓方（卡号为 1010 3576 1234 5678，密码为 123456）需要办理银行卡挂失业务，则调用 proc_lostCard 存储过程的语句如下：

```
EXEC proc_LostCard '1010 3576 1234 5678','123456'
```

为了确保银卡号已经挂失，可以执行两次上述语句。当第二次调用时会提示该卡已经挂失，执行结果如图 16-11 所示。

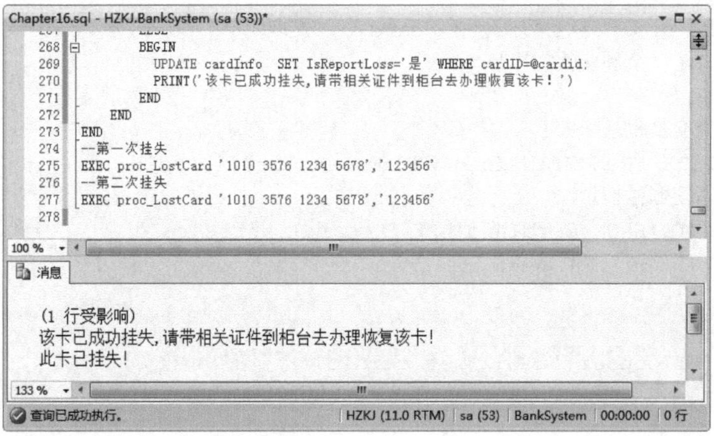

图 16-11　挂失操作

16.3.8 销户

当用户不再需要使用某张银行卡时，可去银行办理销户操作。销户操作需要用户输入正确的卡号和密码，系统将根据用户输入的数据对该银行卡进行验证，如果该银行卡存在，则需要将卡上的余额全部取出，并删除该卡在 CardInfo 表中的记录，以及在 TransInfo 表中的所有交易记录。

销户的实现代码如下：

```
CREATE PROCEDURE proc_DeleteUser
@t_cardId varchar(19),          --卡号
@t_pass VARCHAR(6)              --密码
AS
BEGIN
  DECLARE @i int
  DECLARE @p_balance float
  --检测用户输入的卡号和密码是否存在
  SET @i=(SELECT COUNT(*) FROM CardInfo
         WHERE cardID=@t_cardId AND pass=@t_pass
     )
  IF @i>0
  BEGIN
    --获取账户余额
    SET @p_balance=(SELECT balance FROM CardInfo
                 WHERE cardID=@t_cardId AND pass=@t_pass
        )
    --余额大于零
    IF @p_balance>0
    BEGIN
      PRINT(concat('账号：',@t_cardId,'还有存款金额：',@p_balance))
      PRINT('销户需要将存款全部取出！')
      --执行取款操作
      EXEC proc_takeMoney @t_cardId,'支取',@t_pass,@p_balance,' '
      PRINT('余额取款完毕！')
    END
    --清空交易记录
      DELETE FROM TransInfo WHERE cardID=@t_cardId
      --清空账号信息
      DELETE FROM CardInfo WHERE  cardID=@t_cardId
      PRINT('销户操作成功！')
    END
    ELSE
      PRINT(concat('账号：',@t_cardId,'不存在，请核实！'))
END
```

上述语句创建了一个名为 proc_DeleteUser 的存储过程实现销户操作。该存储过程需

要两个参数，即销户的卡号和密码，在存储过程中对卡号不存在以及销户时还有存款等情况进行了判断。

假设祝晓方（卡号为 1010 3576 1234 5678，密码为 123456）要求销户。在销户操作之前首先查询该账户的余额，再调用 proc_DeleteUser 存储过程来实现销户，实现语句如下：

```
--查询余额
EXEC proc_Query_Balance '1010 3576 1234 5678','123456'
--执行销户
EXEC proc_DeleteUser  '1010 3576 1234 5678',123456'
```

执行成功后将看到如图 16-12 所示的输出结果。

```
Chapter16.sql - HZKJ.BankSystem (sa (54))
454        PRINT('销户操作成功！')
455      END
456      ELSE
457        PRINT(concat('账号：',@t_cardId,'不存在，请核实！'))
458    END
459    --查询余额
460    EXEC proc_Query_Balance '1010 3576 1234 5678','123456'
461    --执行销户
462    EXEC proc_DeleteUser  '1010 3576 1234 5678','123456'
100 %
消息
您的帐户余额为:6000
账号：1010 3576 1234 5678还有存款金额：6000
销户需要将存款全部取出!

(1 行受影响)
支取交易成功!

(1 行受影响)
余额取款完毕!

(5 行受影响)

(1 行受影响)
销户操作成功!
133 %
查询已成功执行。    HZKJ (11.0 RTM) | sa (54) | BankSystem | 00:00:00 | 0 行
```

图 16-12　销户操作

附录　思考与练习答案

第 1 章　SQL Server 2012 入门基础

一、填空题

1. 键
2. 第二
3. Windows 7
4. exit

二、选择题

1. D
2. A
3. D
4. A
5. B

三、简答题

略

第 2 章　操作数据库

一、填空题

1. tempdb
2. OBJECT_DEFINITION()
3. 事务日志文件
4. CREATE DATABASE

二、选择题

1. D
2. B
3. C
4. C
5. A

三、简答题

略

第 3 章　操作数据表

一、填空题

1. sys.tables
2. money
3. text
4. PRIMARY KEY

二、选择题

1. B
2. C
3. D
4. D
5. B
6. A

三、简答题

略

第 4 章　数据更新操作

一、填空题

1. INSERT
2. INSERT INTO
3. WHERE
4. TRUNCATE TABLE

二、选择题

1. C
2. D
3. B
4. A

三、简答题

略

第 5 章　SELECT 基本查询

一、填空题

1．DISTINCT
2．NOT
3．不等于
4．一个或多个任意字符
5．降序排序

二、选择题

1．A
2．D
3．C
4．B
5．B

三、简答题

略

第 6 章　SELECT 高级查询

一、填空题

1．逗号
2．EXISTS
3．SOME
4．LEFT
5．UNION

二、选择题

1．A
2．A
3．B
4．B

三、简答题

略

第 7 章　Transact-SQL 编程基础

一、填空题

1．数据操作语言
2．DECLARE
3．^
4．WHILE
5．NULL
6．ERROR_NUMBER()

二、选择题

1．A
2．C
3．A
4．D
5．B

三、简答题

略

第 8 章　SQL Server 2012 内置函数

一、填空题

1．聚合函数
2．124
3．COS()
4．REVERSE()
5．LOWER()
6．REPLACE()

二、选择题

1．A
2．B
3．C
4．C
5．D
6．B

三、简答题

略

第 9 章　存储过程和自定义函数

一、填空题

1．ENCRYPTION
2．sp_
3．OUTPUT
4．ALTER PROCEDURE
5．多语句表值函数
6．OUTPUT

二、选择题

1．C
2．C
3．D
4．D
5．B

三、简答题

略

第 10 章　创建和使用视图

一、填空题

1．索引视图
2．CREATE VIEW
3．ALTER VIEW
4．sp_rename

二、选择题

1．D
2．B
3．B
4．B
5．A
6．C

三、简答题

略

第 11 章　SQL Server 2012 触发器

一、填空题

1．DDL 触发器
2．AFTER 触发器
3．inserted
4．16

二、选择题

1．D
2．C
3．B
4．A

三、简答题

略

第 12 章　索引、事务和游标

一、填空题

1．一
2．sp_rename
3．原子性
4．COMMIT TRANSACTION
5．游标结果集
6．@@CURSOR_ROWS

二、选择题

1．B
2．C
3．A
4．B
5．D
6．C
7．A

三、简答题

略

第 13 章　数据库的安全机制

一、填空题

1. Windows 身份验证
2. sp_droplogin
3. DENY
4. db_denydatareader

二、选择题

1. A
2. B
3. B
4. D
5. A
6. C

三、简答题

略

第 14 章　数据库的备份和恢复

一、填空题

1. 脱机
2. sp_detach_db
3. SHRINK
4. 视图

二、选择题

1. A
2. D
3. D
4. B

三、简答题

略

第 15 章　高级技术

一、填空题

1. value()
2. /teachers/teacher
3. RAW
4. sp_xml_removedocument

二、选择题

1. B
2. B
3. A
4. A
5. A
6. D

三、简答题

略